100 Jahre
Thesaurus linguae Latinae

Wie die Blätter am Baum, so wechseln die Wörter

100 Jahre Thesaurus linguae Latinae

Vorträge der Veranstaltungen am
29. und 30. Juni 1994 in München

herausgegeben von
Dietfried Krömer

Mit einem Anhang:

Materialien zur Geschichte
des Thesaurus linguae Latinae

Springer Fachmedien Wiesbaden GmbH 1995

ISBN 978-3-663-12448-1   ISBN 978-3-663-12447-4 (eBook)
DOI 10.1007/978-3-663-12447-4

Die Deutsche Bibliothek – CIP-Einheitsaufnahme

Wie die Blätter am Baum, so wechseln die Wörter :
100 Jahre Thesaurus linguae Latinae ;
Vorträge der Veranstaltungen am 29. und 30. Juni 1994 in München.
Mit einem Anhang:
Materialien zur Geschichte des Thesaurus linguae Latinae.
Hrsg. von Dietfried Krömer. – Stuttgart ; Leipzig : Teubner, 1995
ISBN 978-3-663-12448-1
NE: Krömer, Dietfried [Hrsg.]; Thesaurus linguae Latinae <München>;
Materialien zur Geschichte des Thesaurus linguae Latinae

© Springer Fachmedien Wiesbaden, 1995
Ursprünglich erschienen bei B. G. Teubner Stuttgart und Leipzig in 1995
Softcover reprint of the hardcover 1st edition 1995

Inhalt

Anhang: Materialien zur Geschichte des Thesaurus linguae Latinae

DOKUMENTE ZUR ENTSTEHUNGSGESCHICHTE

VI

GRUNDSÄTZLICHES ZUR LEXIKOGRAPHIE

Abbildungen: S. X. 122. 126. 158. 160. 178

Vorwort

Wenn man sich der ursprünglichen Planungen erinnert, welche für unser Unternehmen eine Laufzeit von zwanzig Jahren vorsahen, so mag man das Centenarium des Thesaurus linguae Latinae mit Fug und Recht als ein ungewolltes Jubiläum bezeichnen. Hätten wir also dieses Datum schamhaft überspielen und uns jeden Tag ganz unserer eigentlichen Aufgabe widmen sollen, um dem Ende des Alphabets wieder einen Schritt näher zu kommen? Das verbot schon die Bedeutung des Unternehmens, bezeugt einerseits durch die Generationen von Latinisten, welche ihren Beitrag zu dem Wörterbuch geleistet haben, andererseits durch die beträchtlichen Mittel, welche seine Träger dankenswerterweise immer wieder zur Verfügung stellen. Deshalb schien es der Internationalen Thesaurus-Kommission und den Mitarbeitern des Instituts doch angemessen, einen kleinen Marschhalt einzuschieben und Rückschau und Ausblick zu halten.

So wurde die ordentliche Tagung der Kommission im Sommer 1994 ausgeweitet durch eine Jubiläumsfeier und ein Colloquium, die am 29. und 30. Juni in der Münchner Residenz stattfanden. Die Vorträge des Colloquiums galten zum einen der äußeren und inneren Geschichte des Thesaurus; zum andern sollte das Wörterbuch nicht nur im Rahmen der Latinistik präsentiert werden, sondern es sollten auch die Wechselwirkungen zur Darstellung kommen, die sich aus der Zusammenarbeit mit benachbarten Disziplinen ergeben. Im vorliegenden Band sind die Beiträge dieses Colloquiums und der Festvortrag von Herrn Delz mehr oder weniger im originalen Wortlaut abgedruckt, in den meisten Fällen ergänzt durch Anmerkungen. Bei der Darstellung der inneren Geschichte sind auch einige längere Exkurse hinzugefügt, welche zeigen sollen, wie sich die Artikelpraxis im Lauf der Zeit entwickelt hat. Wir möchten damit vor allem für die Benutzung der älteren Bände Hinweise und Erklärungen bieten, in Ergänzung zu den 1990 erschienenen Praemonenda, wo die neuere Praxis dargestellt ist.

Auf eine eingehende Geschichte des Thesaurus, wie man sie zu diesem Anlaß wohl hätte erwarten können, mußten wir aus verschiedenen Gründen verzichten. Einen gewissen Ersatz dafür bieten die inhaltsreichen Erinnerungen von Theodor Bögel, einem Mitarbeiter der Anfangszeit, die gleichzeitig als eigene Publikation erscheinen, versehen mit einem detaillierten Kommentar. Zur Ergänzung dieses ganz persönlichen Bildes werden im Anhang des vorliegenden Bandes einige Materialien zur Geschichte des Thesaurus abgedruckt: einerseits die wichtigsten, zum Teil schwer zugänglichen oder noch gar nicht veröffentlichten Dokumente aus der Entstehungszeit, andererseits zwei grundsätzliche Äußerungen zur lateinischen Lexikographie aus dem Beginn und aus der zweiten Hälfte unseres Jahrhunderts. Der

Text der Dokumente wird praktisch unverändert und ohne Kommentar wiedergegeben, so daß auch vereinzelte sachliche Unstimmigkeiten stehen geblieben sind.

Ein herzlicher Dank gilt neben den Autoren und dem Herausgeber allen, die auf andere Weise zu diesem Band beigetragen haben: „unserem" Verlag B. G. Teubner, der sich auch dieser Publikation gerne angenommen hat; dem Verlag Walter de Gruyter für die Erlaubnis, den Aufsatz von W. Ehlers abzudrucken (Anhang Nr. XII); vor allem aber jenen, welche die Druckvorlage innerlich und äußerlich fertiggestellt haben, Herrn Flieger und seinen bewährten Helfern in unserem Sekretariat (insbesondere Frau Bernhard und unserem Computerfachmann, Herrn Danay) sowie Herrn Dubielzig.

München, im Oktober 1995   Peter Flury

Die Autoren

Prof. Dr. Josef DELZ (Jg. 1922)
> em. Ordinarius f. Klass. Philologie a. d. Universität Basel
> Thesaurus-Mitarbeiter 1950/51, Fahnenleser seit 1971
> Mitglied der Intern. Thesaurus-Kommission seit 1980
> Mitglied von deren Geschäftsf. Ausschuß seit 1988
> Präsident der Kommission seit 1994

Dr. Peter FLURY (Jg. 1938)
> Thesaurus-Mitarbeiter 1966 – 1969
> Generalredaktor des Thesaurus seit 1974

Dr. Dietfried KRÖMER (Jg. 1938)
> Thesaurus-Mitarbeiter 1978 – 1983
> Redaktor 1983 – 1990
> Geschäftsf. Direktor des Thesaurus seit 1990

Prof. Dr. Heikki SOLIN (Jg. 1938)
> Ordinarius f. Latein a. d. Universität Helsinki
> Fahnenleser seit 1977
> Mitglied der Intern. Thesaurus-Kommission seit 1993

Prof. Dr. Arnulf STEFENELLI (Jg. 1938)
> Ordinarius f. Romanische Sprachwissenschaft a. d. Universität Passau
> Verfasser der romanistischen Kommentare im Thesaurus seit 1973

Prof. Dr. Ernst VOGT (Jg. 1930)
> Ordinarius f. Klass. Philologie a. d. Ludwig-Maximilians-Universität
> München
> Mitglied der Intern. Thesaurus-Kommission seit 1983
> Mitglied von deren Geschäftsf. Ausschuß seit 1986
> Vizepräsident der Kommission seit 1988

Prof. Dr. Roland WITTMANN (Jg. 1942)
> Ordinarius f. Römisches Recht a. d. Europa-Universität Viadrina
> Frankfurt a. d. Oder
> Fahnenleser seit 1975

Thesaurus-Commission.

Sitzung am 15. Mai 1894 Nachm. 4 Uhr, Göttingen
Frühlingstraße 36

Anwesend: Ebert Bücheler Nagel Diels Wölfflin Leo

1) Zum ständigen Vorsitzenden der Commission ward gewählt Diels.
Zu Directoren des Thesaurus: Bücheler Wölfflin Leo
Die Stelle des Secretärs wird für diesmal ausgesetzt ?.
den Directoren aufzugeben, gemeinsam die Vollziehung
protokoll zu verständigen.

F. Leo, Protokoll der Göttinger Konferenz von 1894
(s. u. S. 191; verkleinert) – sie markiert den
Beginn der praktischen Thesaurus-Arbeit

Josef Delz

Wie die Blätter am Baum,
so wechseln die Wörter

Ich möchte mit einer kleinen *captatio benevolentiae* beginnen. Bei der Vorbereitung dieses Anlasses war zunächst keineswegs ich als Festredner vorgesehen. In einer plötzlich entstandenen Zwangslage, während einer Sitzung des Geschäftsführenden Ausschusses der Internationalen Thesaurus-Kommission, mußte ich mich kurzfristig entschließen, die Aufgabe zu übernehmen.

Nun, daß die Ehre und Bürde einem Schweizer und zudem einem Vertreter der Universität Basel zufällt, ist vielleicht nicht ganz abwegig. Basel ist Eduard Wölfflins Vaterstadt und Sitz der Eduard Wölfflin-Thesaurus-Stiftung, die unser Unternehmen seit vielen Jahren finanziell unterstützt. Diese Stiftung wurde von einem Sohn Wölfflins, der in Basel Ophthalmologie dozierte, eingesetzt, und ihr fließen auch die Tantièmen aus den Werken des andern Sohnes zu, des Kunsthistorikers Heinrich Wölfflin. Seit dem Jahr 1921 schickt die Schweiz junge Gelehrte zur Mitarbeit am Thesaurus nach München. Sie wurden zuerst aus privaten Mitteln bezahlt, dann durch Beiträge der Eidgenossenschaft; und im Jahr 1969 wurden diese vom Schweizerischen Nationalfonds fest übernommen. Vermittler der Stipendien sind der Schweizerische Altphilologenverband und die Schweizerische Thesauruskommission. Bis heute sind es etwa dreißig Stipendiatinnen und Stipendiaten, die meist zwei oder drei Jahre in München gearbeitet haben. Namen aufzuzählen würde hier zu weit führen; aber zwei Ausnahmen drängen sich auf: Manu Leumann und Heinz Haffter. Beide haben als junge Mitarbeiter angefangen und später, während des Zweiten Weltkriegs und in der Nachkriegszeit, das Schicksal des Thesaurus entscheidend mitbestimmt. Näheres wird vermutlich morgen Herr Dr. Krömer in seinem Colloquiumsvortrag[1] zu sagen haben.

Die so gut wie lückenlose Dokumentation der Aktivitäten der Schweizerischen Thesauruskommission könnte ein klärendes Seitenlicht auf die Geschichte des Thesaurus werfen, falls diese einmal geschrieben werden sollte. Unmittelbar nach Kriegsende tauchte kurz die Idee auf, man sollte das Zettelmaterial und die Bibliothek in die Schweiz transferieren. Während der Bemühungen um die Gründung einer internationalen Thesauruskommission, die dann 1949 mit Leumann als ihrem ersten Präsidenten erfolgte, verlangte übrigens ein amerikanischer Philologe, es sei

---

[1] Abgedruckt u. S. 13 ff.

unverzüglich alles nach den Vereinigten Staaten abzuliefern; man werde dort innerhalb von zehn Jahren das ganze zähflüssige Unternehmen abschließen. Ein letzter
Berührungspunkt Schweiz – Thesaurus: In Bd. 9 der Zeitschrift Museum Helveticum (1952) erschienen die 'Beiträge aus der Thesaurus-Arbeit VII' mit der Fuß-
note: „Hiermit wird die 1934 im 'Philologus' begonnene Reihe ... fortgesetzt; die in
der Heimat Eduard Wölfflins erscheinende Zeitschrift schien dafür besonders geeignet zu sein." Der Band 50 von 1993 enthält die 26. Reihe dieser Beiträge.

So viel zu meiner Legitimation als Sprecher. Aber da das Programm des morgi-
gen Colloquiums bereits festgelegt war, ergab sich sofort die Frage, was für ein
Thema sich für meinen Vortrag eignen könnte. Man bedeutete mir, 'wissenschaftliche Grundlagenforschung' sei das, was man erwarte. Jedoch, was bedeutet Grundlagenforschung im Hinblick auf den Thesaurus linguae Latinae? Daß die grie-
chisch-römische Kultur, vermittelt durch ihre sprachlich geformte Hinterlassen-
schaft, zusammen mit dem Christentum Grundlage der europäischen Kultur ist,
diese Tatsache dürfte allen Gebildeten bekannt sein, und ich müßte entweder Bana-
litäten bieten oder Spezialitäten. Sprachliche Grundlagenforschung ist allerdings in
diesem Jahrhundert reichlich betrieben worden. Man braucht nur einen Blick in
eine neuere Bibliographie zur Linguistik zu werfen. Vor zwei, drei Jahrzehnten war
man auch als Universitätslehrer gezwungen, auf die Frage: „Wie hältst du's mit der
TG?" (= Transformationsgrammatik) Farbe zu bekennen, als nämlich die herkömm-
liche Art, den Schülern Latein beizubringen, von linguistischer Seite als völlig ver-
altete und inadäquate Methode unter Beschuß geriet. Sollte ich also nochmals die
Literatur von Ferdinand de Saussure bis Noam Chomsky und seiner Schule nach
Verwendbarem durchsuchen? Meine Erfahrungen mit den verschiedenen Sprach-
theorien des 20. Jahrhunderts rieten davon ab. Statt in die Tiefen des Strukturalismus hinunterzusteigen, bleibe ich also lieber an der Oberfläche. Ich wähle als Material einige Aussagen antiker Autoren aus, in denen entweder beiläufig Probleme der
Sprache in den Blick kommen oder theoretisch solche behandelt werden. Dabei
geht es, in loser Verknüpfung, um die Themen Sprachentstehung, Sprachenver-
wandtschaft, Sprachrichtigkeit und Sprachwandel. Sprachwandel im weitesten Sinn
ist ja der Aspekt, der die Arbeit an unserem Wörterbuch so reizvoll macht. Mich
fasziniert die absurd tönende Frage, was wohl z. B. der Universalgelehrte Marcus
Terentius Varro oder die Dichter Lucrez und Horaz vom Plan eines Thesaurus linguae Latinae gehalten hätten.

Es wäre sinnlos, in diesem Kreis näher auszuführen, was der Thesaurus linguae
Latinae ist, worin der Inhalt des Schatzhauses besteht und was damit geleistet wird.
Den vielen ehemaligen und gegenwärtigen Mitarbeitern unter Ihnen müßte ich Be-
kanntes bringen, für die weniger Eingeweihten zu weit ausholen. Diesen letzteren
mag die Zweckerklärung eine Vorstellung verschaffen, die an der Gründungssitzung vom 21. / 22. Oktober 1893 in Berlin, in der Wohnung von Hermann Diels,

vorbereitet wurde.[2] Die lateinische Lexikographie, heißt es da, „will die Geschichte der Sprache sowohl der Schrift- wie der Volkssprache durch alle Jahrhunderte, in denen das Latein lebendig war, also bis zur Abtrennung der romanischen Tochtersprachen, in jedem einzelnen Worte zur Darstellung bringen. Das Wort ist der Spiegel des Gedankens. Die Lebensgeschichte also der einzelnen Wörter, ihre Entstehung, Verbindung, Vermehrung, Abänderung in Form und Bedeutung, ihre gegenseitige Vertretung und Ersetzung, endlich ihr Absterben stellt in tausendfacher Brechung die Geschichte des nationalen Fühlens und Denkens dar; und die zwei wichtigsten Veränderungen der römischen Cultur durch griechischen, dann durch christlichen Einfluss, spiegeln sich nicht minder treu im lateinischen Lexicon als in der lateinischen Litteratur ab. Die Wörter haben ja keine Sonderexistenz, sondern sie leben und weben in der Seele des Volkes, aus der sie geboren sind." Wir würden heutzutage etwas weniger romantisch formulieren und, was die Volkssprache im Gegensatz zur Schriftsprache betrifft, die Anmerkung machen müssen, daß wir praktisch nur die Schriftsprache als Untersuchungsobjekt zur Verfügung haben, abgesehen von einigen indirekten Bemerkungen in der Literatur und den pompejanischen Wandkritzeleien. Das Einzigartige an der Materialsammlung des Thesaurus besteht darin, daß wir ein abgeschlossenes vollständiges Corpus einer Sprache für den Zeitraum eines Jahrtausends besitzen, wie es für keine andere ausgestorbene oder lebendige Sprache vorhanden oder auch nur denkbar ist. Tendenzen der Sprachentwicklung, die sich an diesem Material beobachten lassen, können aber auch für die Untersuchung anderer Sprachen fruchtbar gemacht werden.

In jedem Kulturvolk taucht wohl früher oder später das Bedürfnis auf, über das Wesen der eigenen Sprache nachzudenken, besonders wenn schon eine schriftliche Überlieferungsmasse vorliegt. Für den griechischen Raum trifft das früh zu. Schon bei Homer finden sich etymologische Spielereien, z. B. mit dem Namen Odysseus. Der Philosoph Heraklit stellt fest, daß es zum Wort τόξον 'Pfeilbogen' ein Synonym βιος gebe; βιος aber heißt auch 'Leben' (es handelt sich natürlich um Homonyme, zwei was die Herkunft betrifft völlig verschiedene Wörter), und er prägt den Satz: „Der Name des Bogens ist also βιος, Leben, sein Werk aber θάνατος, Tod" (Heraklit frg. 48 Diels). Das ist ein Vorläufer des etymologischen Prinzips 'Erklärung aus dem Gegenteil', *lucus a non lucendo*. Etymologie, die Feststellung des wahren Sinnes der Wörter, war für die frühe griechische Philosophie aufs engste mit der Erklärung der Phänomene überhaupt verknüpft. Besteht ein direkter Zusammenhang zwischen der Lautform des Wortes und der damit bezeichneten Sache? Ist dieses Verhältnis naturgegeben, φύσει, oder beruht das Wort nur auf einer Übereinkunft zwischen Menschen, νόμῳ, und gab es einen νομοθέτης, der die Wörter mehr oder weniger der Natur entsprechend erfunden hat? Diese Probleme bilden den Inhalt von Platons Dialog Kratylos; der Sophist dieses

---

2 Abgedruckt u. Anhang Nr. VIII.

Namens war angeblich ein Schüler Heraklits. Die Versuche, von der Etymologie her in das Mysterium der Sprachentstehung einzudringen, dauern das ganze Altertum hindurch an, bis zu den *Etymologiae* des Isidor von Sevilla, des schon ins siebente Jahrhundert gehörenden spätesten Autors, der im Thesaurus noch berücksichtigt wird. Er ist mit seinem Werk, neben den Grammatikern Donat und Priscian, der wichtigste Vermittler des antiken Wissens an die unmittelbar anschließenden Jahrhunderte. Wir haben es heute leicht, mit Sokrates im platonischen Dialog die ausgefallenen Etymologien zu ironisieren. Die Indogermanistik deckte ja erst seit dem Ende des 18. Jahrhunderts das Geheimnis schrittweise auf, und auch nur zurück bis zu einem relativ späten Zeitpunkt in der Vergangenheit. Die Jahrtausende vorher liegen in undurchdringlichem Dunkel.

Auch die römischen Sprachbeobachter rüttelten an verschlossenen Türen, als sie die nicht zu übersehende Verwandtschaft zwischen griechischen und lateinischen Wörtern wie z. B. den Wörtern für 'Vater' und 'Mutter' feststellten. Sie mußten sich mit der Erklärung zufrieden geben, die lateinische Sprache sei offenbar ein stark abgewandelter Dialekt der griechischen. Auch ein anderes brennendes Problem, das im späten Hellenismus heftig diskutiert wurde, ließ sich aus demselben Grund nicht lösen: Warum benehmen sich die Wörter in der Flexion so unregelmäßig und unlogisch? Soll man diesen Befund einfach hinnehmen als συνήθεια, *consuetudo*, oder soll man eingreifen und nach einem logischen System normalisieren? Der Streit zwischen den sogenannten Anomalisten, d. h. den Verteidigern des bestehenden Zustands, und den Analogisten bildet den Inhalt von Varros teilweise erhaltenem Werk *De lingua Latina*. Er wendet die Diskussion auf die lateinische Sprache an, aber in dauernder Auseinandersetzung mit den griechischen, nicht erhaltenen Vorgängern. Die Systematiker forderten sogar, daß die Dichter und Schriftsteller durch Vermeidung der Unregelmäßigkeiten die Sprachreinheit herstellen und durch ihren Einfluß eine neue *consuetudo* schaffen sollten. Die Puristen haben damit im Lateinischen, wie das Thesaurusmaterial immer wieder zeigt, einigen Erfolg gehabt. Aber das allmähliche Abstoßen alter unregelmäßiger und der Ersatz durch analogisch gebildete regelmäßige Formen ist eine allgemeine Tendenz auch in andern Sprachen.

Merkwürdigerweise haben die Griechen wenig Interesse an fremden Sprachen entwickelt. Alles Nichtgriechische war für sie einfach 'barbarisch', und weil sie es nicht verstanden, glaubten sie, sich nicht darum kümmern zu müssen. Immerhin wirft Sokrates im platonischen Dialog einmal die Frage auf, ob nicht gewisse Wörter, die ihm in ihrer Form irgendwie ungriechisch vorkamen, aus fremden Sprachen entlehnt seien (Platon, Kratylos 409 c ff.). Seine Beispiele, πῦρ 'Feuer', ὕδωρ 'Wasser', κύων 'Hund', gehören zu den interessantesten Erbstücken aus unserer indogermanischen Vergangenheit. Im Falle von πῦρ glaubte Sokrates, die Phryger hätten dasselbe Wort, nur ein wenig abgeändert. Eine Ausnahme macht in dieser Beziehung aber vor allem Herodot, 'der Vater der Geschichte'. Er interessierte sich auf seinen Erkundungsreisen in außergriechische Länder überall auch für die sprachliche Situation. In Ägypten fragte er seine Gewährsleute, wie das Krokodil auf ägyptisch heiße; denn die Jonier bezeichneten mit diesem Wort die Eidechse (2,69). Herodot verdanken wir auch die berühmte Geschichte (2, 2), wie der König Psammetich zwei neugeborene Kinder in vollständiger Sprachisolation durch einen Hirten besorgen ließ, um zu erfahren, welches Wort sie zuerst von sich aus äußern würden. Er wollte nämlich wissen, welches die ursprüngliche, d. h. die älteste Sprache sei. Eines Tages riefen die Kinder βέκος βέκος; das war, wie der König herausfand, das phrygische Wort für 'Brot', und daraus wurde gefolgert, nicht das Ägyptische, wie man geglaubt hatte, sondern das Phrygische sei die älteste Sprache der Welt. Der Zufall will es, daß das Phrygische eine indogermanische Sprache ist; die schriftlichen Überreste sind immerhin so umfangreich, daß die Sprachwissenschafter das eindeutig erkennen konnten; und das Wort βέκος ist vielleicht tatsächlich mit dem deutschen 'backen', 'Gebäck' urverwandt. Ein rationalistischer Ausleger der Geschichte bemerkte freilich, die Kleinen hätten wohl einfach das Blöken der Schafe nachgeahmt (Schol. Apoll. Rhod. 4, 261). Die Frage nach der ältesten Sprache, dies nur nebenbei, ist natürlich für die jüdisch-christliche Kultur beantwortet: Es muß das Hebräische sein; und der Turmbau zu Babel erklärt die Tatsache, daß es verschiedene Sprachen gibt. Probleme tauchten auch hier freilich bald auf, als es um das Verständnis der biblischen Texte und die Zuverlässigkeit der Übersetzungen ging. Augustinus entwirft in der Schrift *De doctrina christiana* anhand dieser Fragen eine komplette Semiologie und nimmt damit im Grundsätzlichen de Saussure und Umberto Eco vorweg.

Ganz anders als Griechenland war Rom von Anfang an gezwungen, sich mit andern Sprachen auseinanderzusetzen, und die Römer entwickelten dabei ein differenzierteres Sprachbewußtsein. Mit dem griechischen Teil Italiens waren die Bewohner Latiums seit frühesten Zeiten in Kontakt. Die Kodifikation der geltenden Gesetze auf den Zwölf Tafeln ist ohne griechischen Einfluß nicht denkbar, so wenig wie später sämtliche Gattungen der lateinischen Literatur. Was die Entfaltung des sprachlichen Ausdrucksvermögens betrifft, brauchen wir nur an die zahlreichen Lehnwörter und Lehnübertragungen aus dem Griechischen zu denken, besonders im Bereich der Philosophie. Seneca umreißt das witzig in einem Brief an Lucilius (epist. 58, 1): „Wie groß unsere Armut, ja Bedürftigkeit an Wörtern ist (*verborum paupertas, immo egestas*), habe ich noch nie so sehr wie heute empfunden, als wir über Platon sprachen und tausend Dinge vorkamen, die eine Benennung verlangten und keine hatten." Nach längerem Hin und Her über nicht mehr vorhandene lateinische Wörter fingiert er den Einwurf seines Briefpartners: „Wo hinaus willst du eigentlich mit dieser Einleitung?" – „Ich möchte deine Zustimmung haben zum Wort *essentia* als Wiedergabe des griechischen οὐσία. Ich glaube, ich habe dafür in Cicero einen zuverlässigen Gewährsmann". In den erhaltenen Werken Ciceros kommt dieses zukunftsträchtige Wort freilich nicht vor. Über die *patrii sermonis egestas* hatte sich schon Lucrez beklagt (1, 832), als er sich bemühte, die epikureische Philosophie seinen Landsleuten zu vermitteln. Er sieht sich immer wieder gezwungen, den griechischen Begriff unübersetzt in den lateinischen Satz einzufügen. Diesem Manko hat dann vor allem Cicero abgeholfen. Etwas anderes ist es, wenn der Satirendichter Lucilius unbekümmert griechische Wörter einfließen läßt. Und Ciceros Briefen und den Fragmenten von Briefen des Augustus können wir entnehmen, daß der gebildete Römer in der Umgangssprache elegant ins Griechische ausweicht, wenn ihm gerade keine passende lateinische Wendung einfällt.

Andere Sprachen konnten natürlich nicht in diesem Ausmaß auf das Lateinische einwirken. Immerhin war den Römern bewußt, daß die Etrusker ihnen nicht nur gewisse Kulturgüter, sondern auch das zugehörige Vokabular vermittelt haben; man denke etwa an *histrio* 'Schauspieler', und dasselbe gilt für die Übernahmen aus gallisch sprechenden Gebieten, z. B. der verschiedenen Fahrzeugtypen mitsamt den Namen.

Früh geriet Rom auch zu Karthago und damit notgedrungen zu einer semitischen Sprache in Beziehung. Der griechische Historiker Polybios, in der Mitte des zweiten vorchristlichen Jahrhunderts in Rom schreibend, gibt eine Vorgeschichte der Punischen Kriege und setzt einen ersten Vertrag Rom / Karthago ins Jahr 508. Den ins Griechische übersetzten Wortlaut dieses Dokuments leitet er mit der Bemerkung ein: „Wir teilen diesen Vertrag in möglichst getreuer Übersetzung mit. Denn so groß ist auch bei den Römern der Unterschied ihrer jetzigen Sprache von der alten, daß auch die Kundigsten manches trotz eingehender Bemühung nicht verstehen" (Polyb. 3, 22). Die lateinisch sprechenden Zeitgenossen des Polybios hätten auch die berühmte Foruminschrift aus dem sechsten Jahrhundert wohl kaum verstanden. Das Zwölftafelgesetz stammt zwar aus der Mitte des fünften Jahrhunderts, aber seine ja nur literarisch überlieferten Fragmente sind sprachlich modernisiert. Am besten erhält sich Ursprüngliches im Ritual; so sang die Kultgenossenschaft der *fratres Arvales* noch in der Kaiserzeit ein Lied, dessen Text sie, weil völlig unverständlich geworden, aus jeweils ausgeteilten Rollen ablesen mußten. Schon unter Augustus sammelte und erklärte der Antiquar Verrius Flaccus veraltetes Sprachgut. Sein Werk ist uns zum Glück, wenn auch nur in späterer Verdünnung, noch erhalten.

Ein kleines kostbares Zeugnis für antike Soziolinguistik möchte ich hier einflechten. Es stammt aus Ciceros Werk *De oratore* (3, 45). Der Mitunterredner Crassus charakterisiert die Sprache seiner Schwiegermutter Laelia (geboren um 160 v. Chr.), der Frau des Mucius Scaevola Augur, mit folgenden Worten: „Wenn ich meine Schwiegermutter Laelia höre, fühle ich mich in die Zeit des Plautus oder des Naevius zurückversetzt. Frauen bewahren ja leichter als Männer ihre Sprache unverdorben (*facilius mulieres incorruptam antiquitatem conservant*), weil sie nicht teilhaben an der Ausdrucksweise der Masse und die Sprache so behalten, wie sie sie in der Jugend gelernt haben. Schon der Klang ihrer Stimme ist so richtig und einfach, nichts von Affektation oder Nachahmung. Ich schließe daraus, daß so auch ihr Vater gesprochen haben muß, so ihre Vorfahren." Später, bei Martial und Juvenal, lautet das Urteil über die Sprache der Frauen dann anders.

Daß Sprache sich dauernd wandelt, die einzelnen Wörter sowohl in ihrem Lautbestand wie auch in ihrer Bedeutung sich ändern, daß sie aber auch ganz verschwinden und durch andere ersetzt werden, diese Erkenntnis spricht Varro am Anfang des erhaltenen Teils seines Werks *De lingua Latina* wie eine Selbstverständlichkeit aus (5, 3–5). Er unterscheidet zunächst zwischen der Etymologie eines Wortes und seiner Anwendung, d. h. dem gebräuchlichen Sinn, will sich aber hauptsächlich mit der Herkunft befassen. „Das Etymon", schreibt er, „ist oft schwer zu finden, weil durch Alter verdunkelt, und die Zeit hat gewisse ursprüngliche Wörter verschwinden lassen, und diejenigen, die noch vorhanden sind, haben verschiedenartige Veränderungen erleiden müssen. *litterae* sind umgestellt worden, und der Ursprung (*origo*) liegt nicht bei allen Wörtern in unserer eigenen Sprache; auch bedeuteten viele Wörter früher etwas anderes als jetzt, wie z. B. das Wort *hostis*. Früher bezeichnete man nämlich mit diesem Wort den Fremden (*peregrinus*), der nach seinen eigenen Gesetzen lebte, jetzt aber den, den man damals *perduellis* nannte." Die ursprüngliche Bedeutung von *hostis* ist bekanntlich noch in den Zwölftafeln und in der Zusammensetzung *hospes* (aus *hosti-potis*) 'Gastherr' zu fassen; vielleicht kann man auch heute noch Gymnasiasten mit den Gleichungen *hostis*/Gast, *hortus*/Garten für das Fach Vergleichende Sprachwissenschaft begeistern.

An einer andern Stelle schreibt Varro (9, 17): *consuetudo loquendi est in motu*, „der Sprachgebrauch ist immer im Fluß; neue, nach der Logik gebildete Wortformen, die der Mann auf der Straße nicht anerkennt, müssen die Dichter, vor allem die Dramatiker, anwenden und die Ohren des Volkes an sie durch Zwang gewöhnen; denn gerade die Dichter vermögen in dieser Beziehung viel." Und dazu führt er Beispiele an. Die Beobachtung ist sicher richtig, daß oft für Veränderungen in der Sprache ein Einzelner verantwortlich ist.

Und ein letztes Zitat aus Varro (9, 56): „Der *usus*, die Notwendigkeit, das Bedürfnis, bewirkt oft eine Neuerung. Wir sagen zwar *equus* und *equa*, 'Hengst' und 'Stute', aber nicht *corvus* und *corva*, 'Rabe' und 'Rabin', weil der Geschlechtsunterschied für uns belanglos ist. Früher hatte man nur das Wort *columba* 'Taube'; aber seit wir Tauben als Haustiere halten" – hier spricht Varro in seiner Eigenschaft als Gutsbesitzer und Landwirtschaftsschriftsteller – „verwenden wir für das Männchen das Wort *columbus*." Also: Kulturwandel verantwortlich für Spracherneuerung. Ich muß es mir versagen, auf die schwindelerregende diesbezügliche Entwicklung in unserer eigenen Sprache einzugehen, ganz abgesehen von den meist abgeschmackten, aber offenbar erfolgreichen Schöpfungen der Werbestrategen. Nur ein harmlos aussehendes Beispiel: Wir verbringen gegenwärtig einen beträchtlichen Teil unserer Zeit mit der 'Entsorgung' des Abfalls, den unsere Wohl-

stands- und Wegwerfgesellschaft produziert. Den Begriff 'entsorgen' kennt man
erst seit kurzem, zunächst vom Beseitigen des Atommülls. Wer das Wort zuerst
geprägt hat, konnte ich nicht feststellen. Vielleicht ist es in Analogie zu 'entlasten'
gebildet. Dabei handelt es sich aber um einen Euphemismus; denn diese Sorge
schieben wir ja nur von uns weg an einen andern Ort.

Kehren wir nochmals kurz zu den Griechen zurück. Gegenüber den verschiedenen sprachphilosophischen Theorien scheint Epikur eine nüchterne, pragmatische
Haltung eingenommen zu haben. Er polemisiert gegen gewisse Ansichten über die
Entstehung der menschlichen Sprache. Daß ein νομοθέτης den Dingen ihre Bezeichnungen gegeben habe, sei eine lächerliche Vorstellung. Sprache sei an verschiedenen Orten auf natürliche Weise entstanden, wobei die Unterschiede auch
durch klimatische Verschiedenheit bedingt seien (epist. 1, 75; Diogenes Oenoan-
densis frg. 10). Diese Theorie, die natürlich im Zusammenhang mit der epikurei-
schen Kulturentstehungslehre betrachtet werden muß, hat auf den römischen
Dichter Lucrez einen großen Eindruck gemacht. Ich möchte einige Verse aus seiner
ausführlichen poetischen Version zitieren, in der Übersetzung von Hermann Diels,
einem der Erzväter des Thesaurus linguae Latinae. Im Anschluß an die Entstehung
der Pflanzen- und Tierwelt und die Entwicklung des Menschengeschlechts heißt es
da (5, 1028 ff.):

> Wenn nun der Zwang der Natur verschiedene Laute der Sprache
> bildete und das Bedürfnis die Namen der Dinge hervorrief,
> ging dies grade so zu, wie wenn sich auch unsere Kleinen
> stummer Gebärden bedienen aus Unvermögen der Sprache
> und mit dem Finger auf das, was sie sehen, zu deuten gewöhnt sind.
> …
> Wahnsinn ist es daher an einen Erfinder zu glauben,
> der einst Namen den Dingen verliehn und den Menschen die ersten
> Wörter gelehrt. Weshalb hat denn dieser allein es verstanden,
> alles mit Worten zu nennen und Laute verschieden zu bilden,
> während zur selbigen Zeit dies keiner der andern vermochte?
> …
> Endlich was ist denn dabei so sehr zu verwundern, wenn wirklich
> unser Menschengeschlecht, deß Stimme und Zunge gesund war,
> nach den verschiednen Gefühlen den Dingen verschiedenen Laut gab.

Und nun folgt mit der Parallele aus dem Tierleben ein Glanzstück lucrezischer
Naturbeobachtung und Sprachmeisterschaft (1063 ff.):

> Wenn die gewaltige Dogge molossischer Rasse gereizt wird
> und aus dem fleischigen Rachen mit bleckenden Zähnen hervorknurrt,
> klingt ihr Drohn bei verhaltener Wut ganz anders, als wenn sie
> losbellt und schier alles mit ihrem Gebrülle erfüllet.
> Oder auch wenn sie die Brut mit der Zunge so zärtlich belecket
> oder sie rollt mit den Pfoten und harmlos beißend sie anfällt
> oder mit achtsamem Zahne die Nestlinge droht zu verschlingen,

> dann ist ihr sanftes Gekläffe doch sehr von dem Belfern verschieden,
> das sie allein vollführt, wenn ihr Herr sie zu Hause gelassen
> oder wenn winselnd dem Schlag sie entflieht mit gekniffenem Leibe.
> …
> Wenn demnach schon die Tiere verschiedne Empfindungen zwingen,
> ob sie auch sprachlos sind, verschiedene Stimmen zu äußern,
> wieviel mehr war der Mensch natürlich damals im Stande
> mit verschiedenen Lauten bald dies zu bezeichnen, bald jenes.

Daß der Dichter Horaz die epikureische Kulturentstehungslehre akzeptiert hat, ergibt sich aus der Satire 1, 3, wo er diese mehrere hundert Verse lange Abhandlung des Lucrez in wenige Sätze zusammendrängt: „Als zuerst aus der Erde Lebewesen hervorkrochen, ein sprachloses und plumpes Vieh, kämpften sie um Eicheln und Lagerstatt mit Krallen und Fäusten, dann mit Knütteln und weiter mit andern Waffen, die in der Folge das Bedürfnis (*usus*) verfertigt hatte, bis sie schließlich Wörter, mit denen die Stimme Gegenstände und Empfindungen bezeichnen konnte, und Namen erfanden; darauf begannen sie vom Krieg abzustehen und feste Wohnstätten anzulegen und sich Gesetze zu geben."

Auch in seinen späten Literaturbriefen kommt Horaz mehrmals auf das Problem der Sprache zurück. Der gute Dichter, schreibt er im Brief an Florus (epist. 2, 2, 115 ff.), soll Wörter, die dem Volk nicht mehr geläufig sind, ausgraben und in neuem Glanz erstrahlen lassen. Er wird aber auch neue aufnehmen, welche das Bedürfnis erzeugt und hervorgebracht hat,

adsciscet nova, quae genitor produxerit usus,

und so die lateinische Sprache bereichern.

Und nun komme ich zu der berühmten Stelle, der ich den Titel dieses Vortrags entnommen habe. Der Passus wirkt allerdings zunächst etwas befremdend und ist, nach dem Urteil der strengeren Textkritiker, nicht intakt überliefert. Auf dem langen Weg von der Niederschrift durch den Autor über die antiken und mittelalterlichen Abschreiber bis zum Buchdruck ist auch im Falle der horazischen Dichtungen viel mehr verdorben worden, als die meisten Philologen zugeben wollen. Ich glaube, die Stelle, wie auch in anderen Fällen mit Hilfe des Thesaurusmaterials, heilen zu können, muß aber hier die vollständige Begründung weglassen. In der *Ars Poetica* nimmt der Dichter, wie an der soeben zitierten Stelle des Florusbriefs, das Recht in Anspruch, neue Wörter zu schaffen, was immer erlaubt gewesen sei und immer erlaubt bleiben müsse. Und dann folgt ein Vergleich:

„Wie die Bäume, wenn das Jahr jeweils sich neigt, an ihren Blättern verändert werden, die ersten fallen, so geht eine alte Generation von Wörtern unter, und jugendfrisch erblühen neu geborene und stehen in Kraft",

60   *ut silvae foliis pronos mutantur in annos,*

61   *prima cadunt, ita verborum vetus interit aetas*

62   *et iuvenum ritu florent modo nata vigentque.*

So der überlieferte Wortlaut. Ein antiker Grammatiker zitiert die Stelle anders, *ut folia in silvis ... mutantur* 'wie die Blätter an den Bäumen sich ändern', und normalisiert damit den kühnen Ausdruck *silvae foliis mutantur* 'die Bäume ändern sich in Beziehung auf die Blätter'. Frühe Herausgeber haben dieser Leseart zugestimmt. Andere wollten normalisieren, indem sie das Wort *mutantur* ersetzen durch *nudantur* oder *viduantur*, 'wie die Bäume von ihren Blättern entblößt werden'. Noch mehr Sorge hat den Erklärern das Wort *pronos* gemacht. Shackleton Bailey in der Teubner-Ausgabe und Niall Rudd in einer 1989 erschienenen kommentierten Ausgabe der Literaturbriefe setzen beide, wie schon frühere Editoren, Richard Bentleys Konjektur *privos in annos* 'Jahr für Jahr' in den Text. Unser verehrter Charles Brink in seiner monumentalen Ausgabe setzt *pronos* zwischen Kreuze und notiert zu Bentleys Konjektur: *fortasse recte*. Auch *plenos* ist in neuerer Zeit vorgeschlagen worden. Meines Erachtens kann die Überlieferung des ganzen Verses verteidigt werden. Die Hauptschwierigkeit liegt im folgenden Vers: *prima cadunt* 'die ersten fallen'. Ohne Verbindungspartikel mit dem Vorhergehenden wirkt der Ausdruck abrupt und eigentlich sinnlos. So kann der Dichter nicht geschrieben haben. Der junge Alfred Housman durchhieb den gordischen Knoten elegant, indem er die übliche Interpunktion nach *cadunt* um zwei Wörter nach hinten versetzte (*prima cadunt ita verborum*, 'so fallen die früheren Wörter') und *vetus interit aetas* dann als Neueinsatz faßte. Nachfolge hat Housman, soweit ich sehe, nur kurz in England gefunden.

Die drei genannten Herausgeber, Brink, Shackleton Bailey und Rudd, nehmen mit früheren Kritikern einen Versausfall an. Rudd schiebt *exempli gratia* zwischen die Verse 60 und 61 einen hölzernen Hexameter von Karl Lehrs ein, die andern beiden lassen eine Lücke hinter *prima cadunt* offen, wie Otto Ribbeck 1869 vorgeschlagen hatte. Seither hat aber Robin Nisbet, ein hervorragender Horazkenner und Textkritiker, wiederholt seine Meinung publik gemacht, daß durch eine solche Ergänzung der Vergleichssatz aus den Fugen gerate; nur die beiden Wörter *prima cadunt* seien korrupt. Er sucht als Ersatz nach einem Adverb, das noch in den Nebensatz gehört, und schlägt ein lucrezisches Wort vor: *particulatim* 'stückweise', 'allmählich'. Ich vermute, daß Horaz geschrieben hat *privanturque*: Wie die Bäume jeweils gegen Ende des Jahres ihr Aussehen verändern und der Blätter beraubt werden, so geht die alte Generation der Wörter unter.

mutantur wäre dann von der Verfärbung der Blätter zu verstehen. Daß der Landwirtschaftsschriftsteller Columella einmal schreibt (5, 9, 10) *optimum est omni fronde privare truncum* 'es ist am besten, den Stamm des ganzen Laubes zu berauben', möchte ich weniger zur Stütze anführen als andere Stellen aus Horaz selbst, in denen er das Motiv des Blätterverlustes anbringt. In der elften Epode 'schlägt der Dezember den Bäumen ihren Schmuck ab' (*December silvis honorem decutit*), und wenn der eisige Nordwind bläst, 'werden die Eschen ihrer Blätter beraubt' (*foliis viduantur orni*, carm. 2, 9); mit dürrem Laub, *aridae frondes*, das der Wintersturm entführt, wird die gealterte Lydia in Beziehung gesetzt (carm. 1,25). Zur Satzform und zur Elision von *-que* über eine starke Pause hinweg wäre etwa zu vergleichen Satire 2,1,82 f.

> *'si mala condiderit in quem quis carmina, ius est*
> *iudiciumque.' 'esto, si quis mala ...'*

Unmittelbar an die drei behandelten Verse der *Ars Poetica* schließt der Dichter mit der lapidaren Einleitung *debemur morti nos nostraque* 'wir Menschen sind dem Tod verfallen und damit alles Menschenwerk' einige Beispiele an für Veränderungen, die der Mensch an der natürlichen Umgebung vornimmt, aber: *mortalia facta peribunt.* 'Um so weniger hat Ansehen und Gunst der jeweiligen Sprechweisen dauernden Bestand',

> *nedum sermonum stet honos et gloria vivax.*

'Viele Wörter, die untergegangen sind, werden neu wieder erwachsen, und andere, die jetzt in Ansehen stehen, werden untergehen, *si volet usus*, wenn das Bedürfnis es so will' – aber hier geht das Wort *usus* über in die Bedeutung von *consuetudo*, Sprachgebrauch – 'der *usus*, der darüber entscheidet, was Sprachnorm ist',

> *quem penes arbitrium est et ius et norma loquendi.*

Befremdend, sagte ich, könnte der Vergleich des Sprachwandels mit dem jährlichen Wechsel des Laubes wirken. Hat Horaz hier durch die Nachahmung eines berühmten Vorbildes eine Ungeschicklichkeit begangen, wie ihm gelegentlich vorgeworfen worden ist? Denn es kann kein Zweifel sein, daß er an die Antwort des Glaukos auf Hektors Frage im sechsten Buch der Ilias denkt (145 ff.):

> Tydeus' mutiger Sohn, was fragst du nach meinem Geschlechte?
> Gleich wie Blätter im Wald, so sind die Geschlechter der Menschen.
> Siehe, die einen vertreibt der Wind, die anderen wieder
> treibt das knospende Holz hervor zur Stunde des Frühlings:
> so der Menschen Geschlecht; dies wächst und jenes verschwindet.

In vielfacher Variation ist dieser homerische Vergleich in der griechischen Dichtung bis an das Ende des Altertums aufgenommen worden, und er wirkt auch nach bei Vergil (Aen. 6,309 f.), wenn die Seelen der Verstorbenen am Acheron in so großer Zahl auf die Überfahrt warten 'wie Blätter von den Bäumen rauschen / im Walde bei des Herbstes erstem Frost',

> *quam multa in silvis autumni frigore primo*
> *lapsa cadunt folia.*

Zweifellos läßt Horaz auch diese Verse seines Freundes mit anklingen. Fast überall, wo der Blättervergleich erscheint, ist ein Hauch von Melancholie, von Vergehen und Tod, zu spüren. Nirgends sonst aber in der antiken Literatur, soweit wir sehen, wird dieser homerische Vergleich 'Menschengeschlecht wie die Blätter des Baumes' auf die Wandelbarkeit und Vergänglichkeit der Sprache übertragen. Das ist meines Erachtens eine großartige Kühnheit des Dichters Horaz. Sprechen zu können macht das Wesen des Menschen aus, dadurch unterscheidet er sich vom Tier. Aber damit ist auch die Sprache als Menschenwerk dem Gesetz der Vergänglichkeit unterworfen. Gewiß haben die zeitgenössischen Leser der *Ars Poetica* das homerische Vorbild erkannt und die Absicht des Dichters richtig verstanden. Mit *iuvenum ritu* und *modo nata* lenkt Horaz die Aufmerksamkeit von den Wörtern zurück zu den Menschen des homerischen Vergleichs.

Ein anderer großer Dichter und zugleich Sprachtheoretiker hat den horazischen Gedanken übernommen. Im 26. Buch des *Paradiso* (136 ff.) spricht Adam zu Dante über die Entwicklung der Sprache: „Naturgabe ist es, daß der Mensch spricht; aber die Natur läßt euch dann die Sprache so oder so behandeln, wie es euch gefällt. Bevor ich in die Bedrängnis der Hölle hinunter stieg, hieß 'I' auf Erden das höchste Gut (d. h. Gott); später hieß er dann 'El'. Und das kommt davon, daß der Sprachgebrauch der Menschen wie Laub am Zweig ist, das geht, und andres kommt",

> *e ciò convene,*
> *ché l'uso d'i mortali è come fronda*
> *in ramo, che sen va e altra vene.*

In seiner frühen lateinisch geschriebenen Abhandlung *De vulgari eloquentia* wußte Dante noch nichts von einem solchen Sprachwandel. Dort ist Hebräisch die dem ersten Menschen von Gott gegebene Sprache, und allein die Hebräer haben diese nach dem Turmbau bewahrt (1, 6, 5). In der Zwischenzeit muß Dante die *Ars Poetica* in die Hand bekommen haben.

Mit Adam und Dante sind wir, meine verehrten Damen und Herren, weit über den Rahmen des Thesaurus linguae Latinae hinausgeraten. Natürlich war es absurd, sich vorzustellen, was wohl Horaz zu unserem Unternehmen gesagt hätte. An ein ewiges Weiterleben des römischen Volkes, wie es Jupiter der Venus in der Aeneis versprochen hatte, und damit an ein ewiges Leben der lateinischen Sprache hat er als Epikureer wohl kaum geglaubt. Aber in die Zukunft schauen kann niemand. Auch Eduard Wölfflin konnte es nicht. Wir dürfen jedoch von heute aus rückblickend vermuten, daß Horaz stolz darauf gewesen wäre, hätte er wissen können, daß Menschen sich noch nach zweitausend Jahren um den Sinn seiner Dichtungen bemühen. Und gewiß wäre auch Wölfflin stolz darauf, daß sein Werk – wenn auch das geplante Wörterbuch noch nicht fertig gedruckt vorliegt – zu einem viele Nationen mit einbeziehenden wissenschaftlichen Unternehmen herangewachsen ist. Das Schatzhaus der lateinischen Sprache, einer zwar nicht mehr gesprochenen, aber in vielfältiger Weise weiterwirkenden Sprache, steht auch in Zukunft jedem Wißbegierigen offen.

Dietfried Krömer

Ein schwieriges Jahrhundert

„Sonst wäre ich gerne gekommen, nicht zuletzt, um ... zu erfahren, ob das schwierige Jahrhundert das letzte oder das nächste ist." So schrieb mir vor ein paar Tagen ein Freund aus Cambridge, den die Dienstgeschäfte daran hindern, heute bei uns zu sein.[1] In dieser leicht hingeworfenen freundlich-ironischen Bemerkung, meine Damen und Herren, steckt mehr Realitätsbezug, als es auf den ersten Blick scheinen mag. Wir hoffen zwar und wünschen inständig, daß dem Thesaurus in der Zukunft Probleme, ja Extremsituationen wie in den vergangenen hundert Jahren erspart bleiben; doch problemlos wird auch seine Zukunft nicht sein, und natürlich wird hier und jetzt auch über diese Zukunft zu reden sein. Eigentlich wollte und sollte das Charles Brink tun. Er, der vor über 60 Jahren, im April 1933, an den Thesaurus gekommen war und seit 1967 fast 30 Jahre lang offiziell für ihn Sorge getragen hat, wäre der geeignete Mann gewesen, die Linien aus der Vergangenheit in die Zukunft zu ziehen.[2] Mit dem großen Gelehrten, dem energischen Präsidenten, dem väterlichen Freund ist uns auch dieser kompetente Blick in die Zukunft genommen worden;[3] so müssen Sie mit einem Blick von wesentlich niedrigerer Warte vorlieb nehmen, wie ich ihn zu bieten habe, der ich dem Thesaurus-Alltag verhaftet bin.

Doch bevor wir in die Zukunft schauen, wollen wir Bilanz ziehen, wollen das schwierige Jahrhundert, das der Thesaurus nun hinter sich hat, gemeinsam überblicken. Der Wandteppich hier neben mir[4] bietet dazu die passende Illustration: Die Arbeit am Thesaurus war und ist ein herkulisches Geschäft, und Schwierigkeiten

---

Für wirkungsvolle Hilfe bei der Beschaffung des Materials für diesen Beitrag danke ich Georg Eder, dem ehemaligen Sekretär des Thesaurus.

1 Michael D. Reeve, Brief vom 8.6.1994.

2 Charles O. Brink, geb. 13.3.1907 in Berlin, gest. 2.3.1994 in Cambridge; 1933–1938 Wiss. Mitarbeiter am Thesaurus in München, Delegierter der British Academy in der Internationalen Thesaurus-Kommission seit 1967, Präsident seit 1988. Biographische Darstellung: H.D. Jocelyn, Gnomon 67 (1995) S. 650–655. – Eine Zusammenstellung der seit der Gründung am Thesaurus beteiligten Personen (mit Daten) bietet jetzt das „Personenverzeichnis 1894–1995", publiziert als Anhang von Th. Bögel, Thesaurus-Geschichten, Leipzig 1995.

3 „Ein Blick in die Zukunft" war als Titel des geplanten Referats vorgesehen.

4 An der Stirnwand des Plenarsaals der Bayerischen Akademie der Wissenschaften hängt eine Darstellung von Herakles' Kampf mit der lernäischen Hydra (aus dem von M. de Bos 1565–1579 in Antwerpen geschaffenen Zyklus von Wandteppichen, dem der Herkules-Saal der Münchner Residenz seinen Namen verdankt; s. dazu L. Hager, Die Herkules-Teppiche im neuen Fest- und Konzertsaal, in: Z. Eröffn. d. Fest- und Konzertsaales i. d. Münchener Residenz ..., München 1953, S.12f.).

folgten auf Schwierigkeiten, Gefahren auf Gefahren, so daß man sich eigentlich nur dankbar wundern kann, daß es das Unternehmen immer noch gibt, daß seine Basis immer noch fester und breiter wird und daß Artikelarbeit und Publikation kontinuierlich fortschreiten.

Eigentlich müssen wir, wenn wir von Schwierigkeiten für den Thesaurus reden, sogar noch weiter zurückgreifen als ein Jahrhundert. Denn schon bis zur Gründung des Unternehmens im Jahre 1893 und dem Arbeitsbeginn im darauffolgenden Jahr war es ein weiter, mühsamer Weg. Um von Früherem zu schweigen: 1858 war man mit der Planung eines Thesaurus linguae Latinae immerhin schon so weit, daß dafür Geld bereitstand; der Münchner Professor und Direktor der hiesigen Staatsbibliothek Karl Halm[5] konnte auf der Philologen-Versammlung in Wien am 25. 9. 1858 verkünden, daß der bayerische König Max II. „zur Förderung eines solchen Werkes aus Seiner Cabinetscasse eine Summe von 10,000 fl. anzuweisen geruht hat."[6] Diese finanzielle Zusage wurde später freilich wieder zurückgenommen, und auch sonst gab es mannigfaltige Schwierigkeiten, wirkliche und solche, die uns heute kurios anmuten. So hatte der Bonner Gelehrte Friedrich Ritschl[7], einer der Verfechter des Planes, geradezu panische Angst davor, Österreich könne sich des Thesaurus-Projekts annehmen, um sich „in den Augen des gelehrten Deutschlands und in seiner Schätzung zu hcbcn, damit es ebenbürtig werde." „Was sollten wir sagen", so fährt er in einem Brief an Halm fort, „wenn auf einmal von Regierungsseite das Erbieten gemacht würde, den Thes. durch namhafte Subvention zu fördern?" Jedenfalls blieb dieser schon so weit gediehene Plan eines Thesaurus, für dessen Druck auch schon mit dem Verlag Teubner konkret verhandelt wurde, auf der Strecke.[8]

Der Wunsch, dieses so dringend notwendige neue Fundament für die Erforschung der lateinischen Sprache und Literatur gelegt zu sehen bzw. zu legen, blieb freilich weiter wirksam. Für seine Realisierung waren drei Gelehrte von besonderer Bedeutung, Martin Hertz, Theodor Mommsen und der Schweizer Eduard Wölfflin. Hertz[9], der Breslauer Professor aus Hamburg, war schon Anfang der sechziger Jahre in dieser Richtung tätig geworden;[10] im Herbst 1889 gab er dann bei der

---

5 1809–1882. Biographische Darstellungen: E. Wölfflin, Gedächtnisrede auf Karl von Halm, München 1883 (m. Schriftenverzeichnis); M. Pauer, Neue Deutsche Biographie 7 (1966) S. 570f.

6 Verhandlungen der achtzehnten Versammlung dt. Philologen, Schulmänner und Orientalisten in Wien vom 25. bis 28. September 1858, Wien 1859, S. 7 (Nachdruck von Halms Rede s. u. Anhang Nr. I).

7 1806–1876.

8 Über diesen frühen Thesaurus-Plan H. Haffter, Friedrich Ritschl an Karl Halm zum Thesaurus-Plan vor hundert Jahren, Mus. Helv. 16 (1959) S. 302–308 (der zitierte Brief S. 308).

9 1818–1895. Biographische Darstellungen: F. Skutsch, Bursians Jahresber. 107 (1900) S. 42–70 (m. Schriftenverzeichnis); G. Baader, Neue Deutsche Biographie 8 (1969) S. 710f.

10 Er hatte (vergeblich) versucht, die Angelegenheit bei den Philologen-Versammlungen von Augsburg (1862) und Meißen (1863) zur Sprache zu bringen, wie er selbst in seiner Görlitzer Rede mitteilte (s. nächste Anm.).

Philologen-Versammlung in Görlitz als Präsident mit seiner Eröffnungsrede[11] den Anstoß für die tatsächliche Verwirklichung. Die gedruckte Fassung dieser Rede schickte er an den preußischen Kultusminister v. Goßler, der sich der Sache anzunehmen versprach und das auch tat: Am 15. 2. 1891 fand in Berlin eine Konferenz von Hertz, dem Vertreter des Ministeriums, Althoff, sowie den Mitgliedern der Berliner Akademie Mommsen, Vahlen und Diels statt; dabei wurde Hertz mit der Ausarbeitung einer Denkschrift über das Projekt eines Thesaurus beauftragt;[12] zu diesem Memorandum nahm dann die Berliner Akademie offiziell, und zwar positiv-kritisch Stellung.[13] Der Thesaurus linguae Latinae war damit offiziell im Gespräch. Für die Beteiligten war Hertzens Rolle bei der Gründung des Thesaurus unbestritten.[14] Dementsprechend wurde er nach der Frankfurter Konferenz vom 5. 6. 1893, die mit dem Beschluß, einen Ausschuß von je einem Delegierten der fünf Akademien zu bilden, einen Durchbruch bedeutete, als erster durch ein Glückwunschtelegramm verständigt.[15]

Das eben erwähnte Gutachten der Berliner Akademie war von keinem Geringeren als Theodor Mommsen verfaßt.[16] Doch das war natürlich keineswegs Momm-

---

[11] Verhandlungen der vierzigsten Versammlung dt. Philologen und Schulmänner in Görlitz vom 2. bis 5. Oktober 1889, Leipzig 1890, S. 1–12 (die entsprechende Passage abgedruckt u. Anhang Nr. II).

[12] Sie ist veröffentlicht Sitz. Ber. Berl. Ak. 1891, S. 671–684 (Nachdruck u. Anhang Nr. III); über die unmittelbare Vorgeschichte S. 676.

[13] Veröffentlicht zuerst Sitz. Ber. Berl. Ak. 1891, S. 685–689 (Nachdruck u. Anhang Nr. III).

[14] Zum späteren Disput um seine Verdienste s. jetzt Th. Bögel, Thesaurus-Geschichten (o. Anm. 2) S. 86. – 1892 mahnte Hertz noch einmal öffentlich die Verwirklichung des Projekts an, und zwar mit seiner *Dissertatio vernaculo sermone conscripta de Thesauro latinitatis condendo* (Index lectionum Breslau SS 1892, S. 3–11).

[15] E. Wölfflin, Martin Hertz, Arch. Lat. Lex. 9 (1896) S. 625. – Auch an der praktischen Thesaurus-Arbeit beteiligte sich Hertz noch, indem er es übernahm, den Text von Horazens Briefen und Satiren zu revidieren, und zwar, obwohl er diese Arbeit für Zeitverschwendung hielt. In einem Brief vom 8. 10. 1894 (Abbild. u. S. 122) an F. Leo heißt es u. a.: „Da ich einmal mit dem thesaurus in einem gewissen Verhältnisse stehe oder doch stand, habe ich die Aufforderung dazu nicht ablehnen wollen. Aber ich kann nicht verhehlen, dass diese Anfertigung von Textausgaben ad hoc für kritisch durchgearbeitete und auf ihren Wortschatz gründlich untersuchte Schriftsteller mir, und nicht nur mir, als ein unnützer Aufschub des Beginns der eigentlichen Arbeit erscheint, wie namentlich für Horaz in Zangemeisters index eine durchaus brauchbare Grundlage ... vorlag. Doch meine Sache war es nur, die von mir übernommene Arbeit möglichst zweckgemäsz zu fördern, was ich nach Kräften zu erreichen bemüht gewesen bin."

[16] Mommsens (1817–1903) Stellungnahme wurde allerdings nicht überall als Förderung dieses Projekts angesehen; U. v. Wilamowitz-Moellendorff schreibt am 4. 11. 1891 an seinen Schwiegervater: „Der Thesaurus ist von Dir gegenüber Wölfflin schon in den wahren Dimensionen dargestellt: ich nahm das für eine Beseitigung des Projektes, und ähnlich wird's wohl werden." (Mommsen und Wilamowitz, Briefwechsel 1872–1903, Berlin 1935, S. 441) – zugleich ein Ausdruck seiner Aversion gegen E. Wölfflin (s. z. B. den Brief v. 8. 7. 1893 [ebd. S. 472]: „Ich hoffe, Du übernimmst die Oberdirektion, denn Wölfflin mag ich nicht unterstützen"), die von Mommsen geteilt wurde (s. z. B.

sens einzige Leistung für den Thesaurus. Mommsen war vor allem eine treibende
Kraft für den 1893 erfolgten Zusammenschluß der deutschen Akademien zum
Kartell,[17] der dem Gemeinschaftsprojekt des Thesaurus den Weg bereitete; allerdings wirkte Mommsen teilweise hinter den Kulissen, so daß man seine Bedeutung
in diesem Fall leicht unterschätzt.[18] Sein Engagement für den Thesaurus reicht allerdings viel weiter zurück.[19] So hatte er schon 1879 Wölfflin dazu zu bestimmen
versucht, offiziell einen Plan für einen Thesaurus linguae Latinae vorzulegen, ein
Versuch, auf den Wölfflin damals freilich zurückhaltend reagierte.[20]

Wölfflin[21] wurde allerdings auf andere Weise für die Sache des Thesaurus aktiv,
so aktiv, daß er vielen aus heutiger Sicht als *der* Gründer gilt. Zum einen demon-
strierte er in einer Reihe von Veröffentlichungen, welche Aufgaben ein solcher
Thesaurus habe und welche Erkenntnismöglichkeiten eine solche historische
Sprachbetrachtung von den Anfängen bis an die Grenze der romanischen Tochtersprachen böte.[22] Gleichzeitig aber wurde er, glänzender Organisator und Praktiker,
der er *auch* war, auch praktisch tätig: Mit Hilfe der Bayerischen Akademie der
Wissenschaften und des Verlages Teubner gründete er 1883 eine neue Zeitschrift,
das Archiv für lateinische Lexikographie und Grammatik, das den programmati-
schen Untertitel trug „als Vorarbeit zu einem Thesaurus linguae Latinae".[23] Hier

---

Mommsens Brief v. 16.7.1893 [ebd. S.475]: „Auch braucht man einen Mann von starkem Relief
und von entschiedenem Gegensatz zu Wölfflins Fabrikmanier").

[17] Trotzdem trat die Berliner Akademie diesem dann zunächst nicht bei (s. W. v. Hartel, Organisation der wissenschaftlichen Arbeit, Zeitschr. österr. Gymn. 58, 1907, S.1–15, hier S.10; über die
Hintergründe s. Mommsen und Wilamowitz [vorige Anm.] S.467–469). Dokumente zur Gründung
des Kartells s. Almanach Wien. Ak. 43 (1893) S.183–210.

[18] Siehe v. Hartel, Organisation (vorige Anm.) S.8. – Von Mommsen stammt auch der Entwurf
der „Vorläufigen Instruction" (Satzung) für den Thesaurus (Autograph bei den Thesaurus-Akten,
Abbild. u. S.126), der in modifizierter Form von der Coburger Konferenz vom 30.7.1893 angenom-
men wurde; daß Mommsen, wie noch am 27.7. vorgesehen (Telegramm an Wölfflin), bei dieser Sit-
zung anwesend war, ist so gut wie ausgeschlossen (s. Diels' Brief vom 1.8.1893 an Wilamowitz
[„Lieber Prinz", Hildesheim 1995, S.76]; das handschriftlich erhaltene Protokoll nennt nur Diels,
Hartel, Ribbeck und Wölfflin; Überlegungen Mommsens zur Frage seiner Teilnahme im zitierten
Brief vom 16.7.1893 [o. Anm. 16] S.476).

[19] Siehe dazu H. Haffter (o. Anm. 8) S.304 Anm.14.

[20] Siehe dazu F. Vogel, Zu Eduard Wölfflins hundertstem Geburtstag, Bayer. Bl. Gymn.-Schulw.
66 (1930) S.345–350, insb. S.345f. Das von G. Dittmann (s. die folgende Anm.) S.338 genannte
Datum 18.1.1880 für den Brief Mommsens an Wölfflin ist falsch.

[21] 1831–1908. Biographische Darstellung: O. Hey, Bursians Jahresb. 155 (1911) S.103–136 (m.
Schriftenverzeichnis); s. auch die beiden Reden von J. Stroux (E.W. und die lateinische Philologie)
und G. Dittmann (W. und der Thesaurus l.L.), in: E.W., Ausgew.Schr., hrsg. v. G. Meyer, Leipzig
1933, S.329–335 bzw. 336–344.

[22] Genannt sei hier nur der Aufsatz „Ueber die Aufgaben der lateinischen Lexikographie",
Rhein.Mus. 37 (1882) S.83–123.

[23] Wölfflin selbst hat die Zeitschrift kurz vor seinem Tod als nicht mehr notwendig eingestellt
(s. Bd.15, 1908, S.602).

wurde mit einem in die Hunderte gehenden Stab von Beteiligten an einzelnen Wörtern und Wortgruppen experimentiert und probiert; vor allem aber wurde praktisch demonstriert, welche Erkenntnisfortschritte gezieltes Suchen und Auswerten des Sprachmaterials bringen könne, und auf diese Weise in der wissenschaftlichen Welt der Boden für das Thesaurus-Projekt bereitet, das dann in den verschiedenen Konferenzen des Jahres 1893 allmählich Gestalt gewann[24] und schließlich bei der Berliner Konferenz im Hause von Hermann Diels am 21. und 22. Oktober 1893 sozusagen offiziell aus der Taufe gehoben wurde.[25] *Tantae molis erat Romanum condere librum.*

Damit konnte also Mitte 1894 die Arbeit beginnen,[26] zunächst die Materialsammlung, die gleichzeitig in München und Göttingen betrieben wurde; im Herbst 1899 wurde dann das Unternehmen in München zusammengeführt und hier die eigentliche Artikelarbeit aufgenommen, als deren erste Frucht im Jahre 1900 der erste Faszikel des Thesaurus erschien – er reichte bis *absurdus*.[27]

Mit dem Arbeitsbeginn 1894 begann aber auch das schwierige Jahrhundert, über das ich eigentlich zu sprechen habe. Nicht eingehen will ich in diesem Zusammenhang auf die alltäglichen Schwierigkeiten der wissenschaftlichen Arbeit im allgemeinen und der Thesaurus-Arbeit im speziellen. Daß Wissenschaft insgesamt nicht nur ein aufregendes und befriedigendes Geschäft ist, sondern auch ein mühseliges, das weiß jeder, der es betreibt; und was die Thesaurus-Arbeit im besonderen betrifft, so genügt auch für den Außenstehenden ein Blick in die Vitrinen unserer Ausstellung[28], um das zu unterstreichen – ich nenne als zwei Beispiele Wölfflins nach den Thesaurus-internen Autoren-Nummern geordnetes Protokoll der Materialsammlung,[29] aus dem hervorgeht, wie vieler Schritte es bedurfte, um auch nur einen einzigen Autor dem Material einzuverleiben, und das eine Blatt des Thesau-

---

24 Leipzig 29.1., Frankfurt/Main 5.6., Coburg 30.7.

25 Das Protokoll dieser Tagung s.u. Anhang Nr. V.

26 Zuvor mußten freilich erst die fünf beteiligten Akademien (Berlin, Göttingen, Leipzig, München, Wien) dem ihnen im Anschluß an die Berliner Konferenz zugeschickten „Plan zur Begründung eines Thesaurus linguae latinae den fünf Deutschen Akademieen von der Berliner Delegirtenconferenz zur Genehmigung vorgelegt" (veröffentlicht in: Arch.Lat.Lex. 8, 1893, S.621–625; Nachdruck u. Anhang Nr. VIII) offiziell zustimmen. Erst damit war der Thesaurus auch streng juristisch etabliert; dementsprechend begann die Göttinger Konferenz vom 15. und 16.5.1894 damit (Protokoll u. Anhang Nr. IX, s. auch Abbild. o. S.X), daß Kommissionsvorsitzender (Diels) und Direktoren (Bücheler, Leo, Wölfflin) noch einmal gewählt wurden.

27 Bei den Nachdrucken haben sich die Faszikelgrenzen von Bd.I um einen Bogen verschoben.

28 Eine Vorstellung davon vermittelt der Bericht von B. Löschhorn über die Münchner Jubiläums-Veranstaltungen im Bulletin des Schweizerischen Altphilologenverbandes No.44 (Oktober 1994), S.13–25 (nachgedruckt im Mitteilungsblatt des Deutschen Altphilologenverbandes 1/1995, S.9–16).

29 Aufgeschlagen war Nr.198 Boethius (Ausschnitt s. Th. Bögel, Thesaurus-Geschichten [o. Anm.2] S.18); dieses Beispiel zeigte zugleich, daß Wölfflin oft genug in letzter Minute einspringen mußte, um nicht fertig gewordene Arbeiten selbst zu erledigen.

rus-Manuskripts,[30] das nach all den verschiedenen Bearbeitungs- und Korrektur-
gängen eher einem Irrgarten als einem lesbaren Text gleicht.

Nein, nicht mit diesen alltäglichen Schwierigkeiten will ich Sie konfrontieren,
sondern mit wichtigeren Dingen, u. a. dem Einfluß des weltpolitischen Geschehens
auf unser Unternehmen, der natürlich gewaltig war.

An erster Stelle soll jedoch eine Schwierigkeit stehen, die in der Sache selbst lag
und von den Katastrophen unseres Jahrhunderts nur potenziert worden ist – ich
meine das Problem der zeitlichen Verzögerung oder (um es in einer theologischen
Kategorie auszudrücken) der enttäuschten Naherwartung.

Als ich unlängst bei einem Seminar über lateinische Lexikographie von der ursprünglichen Thesaurus-Planung berichtete, die fünf Jahre für die Materialsammlung und fünfzehn Jahre für die eigentliche lexikographische Arbeit vorsah,[31]
fragte mich ein Teilnehmer sarkastisch: „Haben die das damals wirklich geglaubt?"
Ja, sie haben es geglaubt[32], so wie auch die Planer anderer Großprojekte an ihre
Prognosen geglaubt haben, z. B. die Limes-Kommission, die das Projekt in fünf
Jahren abgeschlossen sehen wollte, aus denen dann fast 50 geworden sind.[33]

Dabei hatte man diesem Punkt bei der Planung durchaus die gebührende Aufmerksamkeit geschenkt. Mommsens Akademie-Gutachten[34] kritisiert an der Planung von Hertz: „Nicht minder als die Sammelarbeit wird in der Denkschrift die
Redaction unterschätzt." Doch Mommsen sieht das Ganze in erster Linie als ein
Kostenproblem: „Man wird acht bis zehn geeignete Gelehrte einen jeden zehn bis
zwölf Jahre hindurch ausschliesslich für diese lexikalische Arbeit zu beschäftigen
haben, wenn dieselbe in absehbarer Zeit zum Abschluss gelangen soll." Wölfflin,
dem Praktiker, war auch dieser Ansatz noch zu optimistisch, wie er in seiner Be-

---

30 Teil des Artikels *doctrina*.

31 Im offiziellen, den Akademien zur Genehmigung vorgelegten Plan (u. Anhang Nr. VIII) heißt
es (S. 4): „Danach wird das ganze Unternehmen auf 20 Jahre und einen Gesammtaufwand von
605000 Mark veranschlagt." Die Berliner Konferenz von 1893 hatte sich also von den drei Modell-
rechnungen (16, 20, 24 Jahre) des Memorials (u. Anhang Nr. VI, S. 23–25) die „Mittlere Dauer" zu
eigen gemacht (5 Jahre Sammlung, 15 Jahre Ausarbeitung).

32 Vielleicht ist „gehofft" die treffendere Formulierung; denn eine gewisse Unsicherheit in diesem Punkt ist trotz aller Sorgfalt der Planung von Anfang an zu spüren. So heißt es im Protokoll der
Berliner Konferenz von 1893 (u. Anhang Nr. V, S. 4), obwohl sich diese auf die Dauer von 20 Jahren festgelegt hatte (s. vorige Anmerkung): „... wird die Hoffnung ausgesprochen, die Subvention
auch über 20 Jahre hinaus zu erhalten."

33 Offiziell etabliert wurde das Forschungsunternehmen 1892 (auch in diesem Fall begegnen wir
Mommsen als treibender Kraft), 1937 erschien die letzte Lieferung der Publikation (zur Geschichte
dieses Unternehmens s. R. Braun, Die Geschichte der Limesforschung in Bayern, in: Der römische
Limes in Bayern. 100 Jahre Limesforschung [Ausstellungskatalog], München 1992, S. 11–27,
insbes. S. 20–23). – Zu anderen Beispielen aus dem Bereich der Altertumswissenschaft s. Th. Bögel,
Thesaurus-Geschichten (o. Anm. 2) S. 9.

34 Siehe u. Anhang Nr. III, S. 689.

sprechung der beiden Gutachten ausführt;[35] aber die endgültige Zeitplanung erschien dann offenbar auch ihm realistisch.

Und zunächst konnten sich die Gründerväter in dieser ihrer Planung auch bestätigt sehen; denn nach den für die Materialsammlung geplanten fünf Jahren war diese so weit gediehen, daß sie meinten, man könne mit der Artikelarbeit beginnen. Aus heutiger Sicht erscheint dieses Urteil freilich etwas problematisch, da das Material damals aus verschiedenen Gründen doch noch erhebliche Lücken aufwies. Beispielsweise fehlte Fronto, der auch sprachlich so interessante Lehrer des Kaisers Marc Aurel; vom Riesenwerk des Hieronymus war nur ein relativ kleiner Teil berücksichtigt, insbesondere die Vulgata und die Briefe.[36]

Auch die für die Ausarbeitung vorgesehene Zeit meinte man noch zu Beginn des Jahrhunderts sicher einhalten zu können. In einem von der Thesaurus-Kommission mit dem Verlag Teubner gemeinsam gestalteten Prospekt, der im Herbst 1900 verbreitet worden ist,[37] erklärt der Verlag zu Umfang und Bearbeitungsdauer: „Beide Zahlen werden, wie bereits jetzt in bestimmte Aussicht gestellt werden kann, keinesfalls überschritten, eher nicht erreicht werden. Völlige Sicherheit bietet hierfür ...". Diese Sicherheit stellte sich allerdings sehr schnell trotz allen Einsatzes der Beteiligten und des aus heutiger Sicht traumhaften Publikationstempos[38] als Illusion heraus; Theodor Bögel, der Chronist der frühen Thesaurusjahre, bemerkt dazu für seinen zweiten Münchner Arbeitsaufenthalt (1909–1912) lapidar: „Niemand sprach mehr von einem Ende nach 15 Jahren."[39]

So mußte man, als der vorgesehene Zeitraum seinem Ende entgegenging, an die beteiligten Regierungen herantreten und um Verlängerung der Förderung des Unternehmens bitten.[40] Zur Begründung führt die Denkschrift der beiden preußischen

---

[35] Siehe u. Anhang Nr. IV, S. 518–521.

[36] Allerdings wurden zahlreiche Lücken noch in der Zeit zwischen dem Beginn der Artikelarbeit (Oktober 1899) und dem Erscheinen des 1. Faszikels (2. 11. 1900) geschlossen, wie u. a. ein Vergleich der in der Praefatio dieses Faszikels (S. V–XIII) enthaltenen Liste der berücksichtigten Texte mit einer älteren, nur für den internen Thesaurus-Gebrauch gedruckten Version (offenbar vor allem für die Revision des Materials durch die Kommission im Rahmen ihrer Münchner Konferenz am 14. 10. 1899) zeigt.

[37] Siehe u. Anhang Nr. X, S. 6.

[38] 1901: 4 Faszikel (von größerem Umfang als heute); 1902: 3; 1903: 2; 1904: 4.

[39] Th. Bögel, Thesaurus-Geschichten (o. Anm. 2) S. 133. Aber schon für den Beginn seiner ersten Arbeitsperiode im November 1901 stellt Bögel fest (S. 46): „Es mußte aber jedem klar sein, daß man das Werk nicht in 15 Jahren vollenden könne." Im Bericht der Kommission über ihre Konferenz im Oktober 1901, der für die beteiligten Akademien bestimmt war, heißt es: „... sind ... über die Einhaltung der Fristen die Erfahrungen noch nicht abgeschlossen." Bei der nächsten Konferenz im Oktober 1902 war dann die inzwischen absehbare Verzögerung bereits ein ausgiebig diskutierter Programmpunkt, zu dem Wölfflin ein spezielles Papier vorgelegt hatte.

[40] Protokoll der Kommissionstagung vom 30. 3. 1912: „Der Vorsitzende erklärt sich bereit, den Entwurf einer an die Regierungen zu richtenden Eingabe über die Fortführung des Unternehmens auszuarbeiten."

Akademien Berlin und Göttingen[41] vom 29.11.1913 u.a. aus: „Daß die Frist bei
Begründung des Unternehmens unrichtig angesetzt worden ist, liegt daran, daß es
kein Beispiel gab, nach dem man sich richten konnte, da es ein in ähnlichem Stil
aufgebautes und nur nach wissenschaftlichen Gesichtspunkten eingerichtetes lexi-
kalisches Unternehmen noch nicht gab."[42] Nach den inzwischen gemachten Erfahrungen rechnete man nun mit der doppelten Zeit.[43]

Die Rechnungen, mit denen diese neue Prognose untermauert wurde, erscheinen
in sich stimmig und überzeugend. Trotzdem habe ich die größten Zweifel, ob sie
aufgegangen wären, wenn es den Ersten Weltkrieg nicht gegeben hätte. Denn die
Gründe, die dafür hauptsächlich verantwortlich sind, daß wir heute ein noch wesentlich geringeres Publikationstempo haben als das damals der Planung zugrunde
gelegte, begannen schon damals zu wirken. Zum einen konnte man sich mit dem
wachsenden zeitlichen Abstand zum Zeitpunkt der Materialsammlung immer weniger auf den Materialzettel als die beste existierende Textedition verlassen, die er
zum Zeitpunkt seiner Erstellung tatsächlich war, mußte vielmehr immer mehr in
den Ausgaben nachschlagen, bis man bei der heute notwendigen Praxis gelandet
war, daß jede Belegstelle an der inzwischen maßgeblichen Ausgabe überprüft wird.
Dazu kam: Mit dem Fortschreiten der Thesaurus-Arbeit und durch die dabei gemachten Erfahrungen und erzielten Erfolge stiegen die eigenen und fremden Ansprüche an das Werk, und ihre Befriedigung kostet natürlich Zeit – auf dieses Problem der stärkeren Differenzierung und Systematisierung wird Herr Flury in seinem
Beitrag genauer eingehen.[44]

Jedenfalls zieht sich spätestens seit der Zeit unmittelbar vor dem Ersten Weltkrieg die Diskussion um mögliche und notwendige Beschleunigung der Thesaurus-
Arbeit wie ein roter Faden durch die Geschichte des Unternehmens; das Thema
Zeitdruck ist auch heute der Punkt, der den meisten Beteiligten, Mitarbeitern wie
Redaktoren, am meisten zu schaffen macht (ich selber weiß ein Lied davon zu sin-
gen), und das wird auch in Zukunft sicher so bleiben – ich komme darauf noch zu
sprechen.[45]

Aber zurück in die Zeit kurz vor 1914, als diese neue Prognose abgegeben
wurde. Sie wurde durch den Ausbruch des Ersten Weltkrieges sehr schnell Maku-

---

41 Sie schließt ein Schreiben der beiden Akademien an den zuständigen Minister vom 11.7.1912
ein.

42 Denkschrift S.2.

43 Denkschrift S.5: „Wir glauben in Berücksichtigung aller in Betracht kommenden Momente
sagen zu können, daß zu Anfang 1930 das Unternehmen beendigt sein wird." – Der Bericht der
Kommission über die Zeit vom 1.4.1913 bis 31.3.1914 kann mitteilen (S.2): „Die Verhandlungen
mit den beteiligten Regierungen ... haben sehr erfreulichen Fortgang genommen: es darf als sicher
betrachtet werden, daß sämtliche in der Kommission vertretene gelehrte Gesellschaften in der Lage
sein werden, ihre Beiträge bis zum Jahre 1930 weiter zu entrichten."

44 Siehe u. S.29–56.

45 Siehe u. S.27f.

latur. In seiner Gedenkrede vom 24. Oktober 1956 auf Georg Dittmann, den Generalredaktor jener Zeit,[46] skizziert Wilhelm Ehlers, einer seiner Nachfolger,[47] die durch den Krieg eingetretene Situation: „11 von 18 Mitarbeitern, darunter auch der 2. Redaktor, mussten ins Feld, vier fielen noch in den ersten Kriegsmonaten. In Leipzig fehlte es an Setzern, Papiermangel kam hinzu, und die Produktion sank für lange Jahre auf ein Minimum, zeitweise auf den Nullpunkt herab."

Mit dem Ende des Ersten Weltkrieges wurde die Lage noch schlimmer. Jetzt fehlte das Geld. Schon 1920 war der Institutsbetrieb trotz geringster Mitarbeiterzahl nur dank großzügiger Hilfe aus dem Ausland aufrechtzuerhalten: Aus Schweden gingen (noch 1919) fast 35.000 M. ein; auch niederländische und amerikanische Freunde halfen. Trotzdem war die Situation Ende 1920 so prekär, daß F. Vollmer als Vorsitzender der Kommission am 31. 12. allen vom Thesaurus besoldeten Mitarbeitern vorsorglich zum 1. 4. 1921 kündigen mußte.

Diese Kündigung brauchte zwar dann doch nicht wirksam zu werden; doch die in Aussicht gestellten Zahlungen der „Notgemeinschaft der deutschen Wissenschaft", die ab Herbst 1921 für den Thesaurus eine ganz wichtige Rolle spielen sollte, blieben zunächst aus. Was das bedeutete, hat Generalredaktor Dittmann in seinem handschriftlichen Bericht vom 1. 7. 1921 so formuliert: „Eine Katastrophe erschien somit fast unvermeidlich, und sie wäre ohne Zweifel eingetreten, wenn nicht alsbald die Hilfe der Schweiz sehr tatkräftig eingesetzt hätte. Auf die Anregung Wackernagels und seiner Baseler Kollegen erfolgten Sammlungen an allen schweizer Hochschulen, die der Welschschweiz nicht ausgenommen, und haben bis jetzt ein Ergebnis von etwa 30 000 M. erbracht." Es ist eine imponierende Liste von 62 Personen aus dem Heimatland Wölfflins, die dem Thesaurus das Überleben gesichert haben – Sie finden diese Liste natürlich auch in unserer Ausstellung.

Neben dieser direkten finanziellen Hilfe für den Thesaurus, die nicht auf dieses eine Jahr beschränkt blieb, half die Schweiz aber noch auf eine andere Weise, die zukunftsweisend für die Zeit nach dem Zweiten Weltkrieg sein sollte: Sie entsandte Schweizer Stipendiaten als Mitarbeiter auf Zeit an den Thesaurus,[48] eine Praxis, die bald darauf von Dänemark übernommen wurde[49] und seit Gründung der Internationalen Thesaurus-Kommission 1949 von einer ganzen Reihe ausländischer Akade-

---

[46] G.D. (1871–1956) war Generalredaktor von 1912 bis 1936.

[47] W.E. (1908–1988) war Generalredaktor von 1952 bis 1974.

[48] Der erste war Dr. Jakob Sulser; er arbeitete (finanziert durch ein St. Galler Stiftungsstipendium) vom 1.2.1921 bis zum 31.7.1922 am Thesaurus mit.

[49] Als erster Stipendiat der Carlsbergstiftung und des Rask-Ørsted-Fond war Franz Blatt vom Februar 1928 bis Ende September 1930 am Thesaurus tätig, dem er später von 1953 bis zu seinem Tod 1979 als Mitglied der Internationalen Thesaurus-Kommission gedient hat (1970–1973 als Vizepräsident).

mien praktiziert wird;[50] für den Thesaurus bedeutet sie eine Bereicherung nicht nur in materieller Hinsicht – ebenso wie natürlich auch für die Stipendiaten.

Auch aus anderen Ländern erfuhr der Thesaurus in den schweren Zwischenkriegsjahren mannigfaltige Hilfe – eine Zusammenstellung finden Sie im Anschluß an das Vorwort des D-Bandes (ThlL V 1) und natürlich auch wieder in unserer Ausstellung. Die wichtigste Unterstützung war zweifellos die der amerikanischen Rockefeller-Foundation, die für die Jahre 1933–1937 insgesamt 20.000 $ zur Verfügung stellte und damit die legendäre Blüte des Thesaurus in den dreißiger Jahren recht eigentlich hervorrief – konnten mit diesen Mitteln doch zahlreiche Stipendiaten eingestellt und der Fortgang des Werkes dadurch nachhaltig gefördert werden;[51] zudem scheint diese amerikanische Unterstützung, die seit 1933 sogar auf dem Titelblatt der neuerscheinenden Faszikel dokumentiert wurde,[52] einen gewissen Schutz für Mitarbeiter bedeutet zu haben, die durch den verbrecherischen nationalsozialistischen Rassenwahn grundsätzlich gefährdet waren.[53]

Diese Blüte aber wurde jäh beendet durch den Ausbruch des Zweiten Weltkrieges. Wieder, wie im Ersten Weltkrieg, wurde das Kollegium durch Einberufungen dezimiert, wieder blieben Mitarbeiter auf den Schlachtfeldern, darunter auch der junge Generalredaktor Bernhard Rehm[54]; noch drei Tage vor seinem Tod, am 11. Juli 1942, hatte er via Feldpost mit dem ebenfalls eingezogenen ehemaligen Thesauristen Otto Prinz, der inzwischen mit dem Aufbau des Mittellateinischen

---

[50] Genaueres s. unten S. 26.

[51] In den Jahren 1930–1932 erschienen 4 Faszikel, 1933–1939 aber 24.

[52] Es hieß dort: *auxiliantibus et aliis et curatoribus fundationis Rockefellerianae* (so erstmals im Faszikel VI 2,11, der im Sommer 1933 erschien). Im Bericht für die Vereinigten Deutschen Akademien vom 12. 10. 1934 bittet die Thesaurus-Kommission in diesem Zusammenhang „dafür Sorge zu tragen, dass das Werk trotz seiner reichen Unterstützung durch das Ausland ein rein deutsches Unternehmen, ein Werk der d e u t s c h e n W i s s e n s c h a f t, bleibt." Übles Mitläufertum oder der listige Versuch, bei den damals Herrschenden mit deren eigenen Argumentationsmustern etwas zu erreichen? Die Wahrheit scheint ganz woanders zu liegen – das Protokoll der Kommissions-Tagung vom 1. und 2. 4. 1932 notiert (im Zusammenhang mit einer zur Debatte stehenden Erweiterung der Kommission): „Herr Norden[!] hält es für notwendig, mit Hinblick auf die drohende Internationalisierung des Thesaurus, zur rechten Zeit die deutsche Basis zu verbreitern."

[53] So konnte Charles (Karl) O. Brink (Rockefeller-Stipendiat seit 1933) bis zum Frühjahr 1938 am Thesaurus mitarbeiten. Im Protokoll der Kommissions-Tagung v. 9. und 10. 6. 1933 hieß es zum Thema „Arier-Paragraph" und dem im Zusammenhang damit auszugebenden Fragebogen ursprünglich: „Die Notgemeinschaftsstipendiaten (Skutsch) gehen uns nichts an, sondern die NG. Diese und die Stipendiaten der Rockefellerstiftung (Brink und Wolff) erhalten die Personalbogen nicht vorgelegt"; dies wurde 1934 berichtigt zu: „Die Notgemeinschaft-Stipendiaten unterstehen in dieser Hinsicht nicht dem Thesaurus, sondern der Notgemeinschaft. Ebensowenig übt der Thesaurus in dieser Hinsicht eine Aufsicht aus über die Stipendiaten der Rockefellerstiftung."

[54] Geb. am 19. 2. 1909 in München, Promotion 1931 ebd. (Dissertation: Das geographische Bild des alten Italien in Vergils Aeneis, Leipzig 1932 [Philologus, Suppl. 24, 2]), Mitarbeiter am Thesaurus seit 1. 3. 1933, seit 5. 9. 1936 Generalredaktor; gefallen in Rußland am 14. 7. 1942.

Wörterbuchs beauftragt worden war, über philologische Fragen korrespondiert, auf derselben Karte aber auch bekannt: „Ich habe jetzt oft das Gefühl langsam aus Beruf und Philologie herauszukommen".

Gegenüber der Situation im Ersten Weltkrieg war man aber mit einer zusätzlichen, für den Thesaurus tödlichen Gefahr konfrontiert. Aufgrund der Fortschritte der Waffentechnik (das Wort Fortschritt geht einem in diesem Zusammenhang nur schwer über die Lippen) mußte man mit Bombenangriffen auf München rechnen und daher Vorsorge gegen den Verlust des einzigartigen Zettelarchivs treffen, von dem es damals ja noch keine Kopie gab.[55] Es galt also, zumindest das Archiv auszulagern, zumal das Maximilianeum, wo der Thesaurus seit Ende 1930 eine schöne Bleibe gefunden hatte,[56] als Flakzentrum besonders gefährdet war. Als Zufluchtstätte dafür wurde 1942 die Benediktinerabtei Scheyern (zwischen München und Ingolstadt) gefunden. Je mehr die Gefahr in München wuchs, desto größer wurde die Hilfe des Klosters: Obwohl auch mit anderen schutzsuchenden Institutionen wie Staatsbibliothek und Glyptothek belastet, nahm es zusätzlich noch unsere Bibliothek auf, und schließlich fand sogar der größte Teil unserer Arbeit im Schutz der Klostermauern statt.[57] In Scheyern erinnert man sich noch gut an die im Ort wohnenden Thesauristen; einer der Patres, der aus dem Ort selbst stammt, hatte als Bub Ida Kapp, die legendäre Redaktorin,[58] die in seinem Elternhaus wohnte, besonders ins Herz geschlossen, weil er durch ihre Freigebigkeit solche Köstlichkeiten wie Schokolade kennenlernte.

Durch die Großzügigkeit der Scheyerer Benediktiner, die wir noch bis 1948 in Anspruch nehmen mußten,[59] hat das Arbeitsmaterial des Thesaurus Krieg und Zu-

---

[55] Es wurde erst in den sechziger Jahren verfilmt.

[56] Bis Anfang 1908 war der Thesaurus in München in der Alten Akademie untergebracht (Neuhauser Str. 51); von dort zog er zunächst in die ehemalige Augenklinik (Herzogspitalstr. 18, jetzt 12) und im Frühjahr 1911 in die Thierschstr. 11.

[57] Siehe H. Haffter, Der Thesaurus Linguae Latinae in Kloster Scheyern 1942–1948, in: Der Scheyerer Turm Nr. 12 (1964) S. 27–29. – Einige Notizen aus dem Tagebuch des Abtes Franz Seraph Schreyer (ihre Kenntnis verdanke ich P. Franz Gressierer, dem damaligen und heutigen Bibliothekar und Archivar der Abtei): „14.10.1942. ... Der Thesaurus linguae Latinae wird heute, morgen und übermorgen hier in den 2 Konventgängen des 1. und 2. Stockes und im Praelatensaal untergebracht. ... Auch das Gastzimmer Nr. 2 wird den Herren als Arbeitszimmer ständig überlassen." „11.08.1943. ... Desgleichen erweitert der Thesaurus ... seine bisherige Ausdehnung hier im Kloster. Es wird ihm von uns auch der obere Gang des Konventes zugesprochen, desgleichen wird der Praelatensaal als Bibliotheksraum zur Verfügung gestellt u. der Vorraum des Bischofszimmers als Arbeitszimmer." „18.08.1943. ... Heute brachte der Thesaurus L.L. von München auch seine Bibliothek hierher."

[58] I.K. (1884–1979) war seit 1916 als erste Frau am Thesaurus tätig.

[59] Abt Schreyer (o. Anm. 57) notiert unter dem 7.10.1948: „Desgleichen beginnt der Thesaurus Linguae Latinae seine Regale abzubauen." Der Thesaurus fand zunächst in der Münchner Arcisstr. (jetzt Meiserstr.) 8 Unterkunft; seit Frühjahr 1959 hat das Institut seinen Sitz im Gebäude der Bayerischen Akademie der Wissenschaften, Marstallplatz 8 (Residenz).

sammenbruch unbeschadet überstanden – anders als beispielsweise unser Verlag, der durch die Zerstörung Leipzigs am 4. Dezember 1943 schwerstens beeinträchtigt war. Am Thesaurus konnte, wenn auch in kleinster Besetzung, bis zum Zusammenbruch und darüber hinaus weiter gearbeitet werden.[60]

An einen wirklichen kräftigen Neubeginn der Arbeit jedoch war aus den Kräften des geschlagenen und zerstörten Deutschlands heraus nicht zu denken. In dieser so schwierigen Situation bewährte sich wieder die Hilfe des Auslandes, und wiederum übernahm die Schweiz eine führende Rolle. Manu Leumann[61], von 1919 bis 1927 selbst Mitarbeiter und Redaktor am Thesaurus,[62] seit 1939 als Vertreter der Thesaurus-Kommission des Schweizerischen Altphilologenverbandes Mitglied der interakademischen Thesaurus-Kommission,[63] wirkte gleich nach Kriegsende als Zentralstelle für die diversen Anfragen und Hilfsangebote des Auslandes zugunsten des Thesaurus. Um den Hilfsbereiten ein genaueres Bild von der tatsächlichen Situation des Thesaurus zu verschaffen, reiste in Leumanns Auftrag der frühere Schweizer Thesaurus-Mitarbeiter und Redaktor Heinz Haffter[64] Anfang 1946[65] nach München und Scheyern, und Haffter war es dann auch, der von der Schweizerischen Thesaurus-Kommission in Verbindung mit der American Philological Association, der British Academy und der Stockholmer Akademie beauftragt wurde, ab 1.4.1947 „als ihr Delegierter im Einvernehmen mit der Thesaurusaufsichtskommission die Leitung des Thesaurus Linguae Latinae ... zu übernehmen"[66], d.h. als neuer Generalredaktor zu fungieren, und der diesen Auftrag auch übernahm.

Was diese Bereitschaft Haffters bedeutete, aus der vom Krieg nicht betroffenen Normalität der Schweiz in das Chaos des zerstörten Deutschlands zu gehen, wo die banalsten Dinge ein Riesenproblem waren, kann nur der ermessen, der die damaligen Zustände noch erlebt hat. Für diese wahrhaft mutige Entscheidung, im Interesse einer als wichtig erkannten Sache den unbequemen Lebensweg zu gehen, gebührt

---

[60] Offiziell unterlag der Thesaurus wie die gesamte Bayerische Akademie der Wissenschaften vom 1.10.1945 bis 31.7.1946 einer durch Verfügung der Militärregierung verhängten Arbeitssperre.

[61] Über L. (1889–1977) s. außer dem Nachruf von B. Forssman, Gnomon 49 (1977) S.830–832 insbes. H. Haffter, Leumanns Herkunft und Mitarbeit beim Thesaurus Linguae Latinae, Mus.Helv. 47 (1990) S.3–8; ders., Neue Deutsche Biographie 14 (1985) S.375.

[62] Nach seiner Habilitation schied Leumann als Mitarbeiter zum 1.10.1922 aus, war aber vom 1.10.1923 bis zu seiner Berufung nach Zürich ehrenamtlich als Redaktor tätig.

[63] Sein 1939 verstorbener Vorgänger O. Schulthess war 1934 auf Vorschlag von J. Stroux „für die Dauer der Gewährung einer Unterstützung durch die Schweizer Regierung" (Beschlußprotokoll der Sitzung v. 25. und 26.5.1934) in die interakademische Kommission gewählt worden. 1936 und 1938 waren als weitere Ausländer E. Löfstedt und L. Castiglioni kooptiert worden.

[64] Geb. 1.6.1905; seit 1.10.1932 als Schweizer Stipendiat am Thesaurus, von 1935 bis zur Rückkehr in die Schweiz 1939 Redaktor.

[65] Vom 25.1. bis 6.2.

[66] So der Wortlaut des von Leumann als Präsident der Schweizerischen Thesaurus-Kommission am 27.3.1947 ausgestellten Ausweises.

Heinz Haffter der wärmste Dank aller, die den Thesaurus für ein notwendiges Unternehmen halten. Haffter ist auch nach seiner endgültigen Rückkehr in die Schweiz[67] Mitte April 1952 in all den Jahren seiner Universitätskarriere und danach bis heute dem Thesaurus engstens verbunden geblieben: als Fahnenleser[68], als Mitglied der Internationalen Thesaurus-Kommission,[69] als Mitglied von deren Geschäftsführendem Ausschuß[70] und schließlich sogar als deren Präsident[71] – er ist der einzige in der ganzen Thesaurusgeschichte, der alle Aufgaben, die es am Thesaurus zu übernehmen gibt, übernommen hat. Leider verwehrt es ihm sein hohes Alter, heute bei uns zu sein. Aber er hat geschrieben,[72] bittet darum, den Teilnehmern der Veranstaltungen Gruß und Dank zu überbringen „eines alt gewordenen Philologen, der vor mehr als sechzig Jahren im Münchner Maximilianeum Mitarbeiter geworden ist. Diese Verbindung eingegangen zu sein, hat nie bereut Ihr ergebener Heinz Haffter". Ich erwidere diesen bewegenden Gruß von dieser Stelle aus in herzlicher Dankbarkeit.

Die internationale Zusammenarbeit, die sich schon bei der Entsendung Haffters bewährt hatte, bekam am 7. April 1949 schließlich eine endgültige feste Form durch die Gründung der Internationalen Thesaurus-Kommission, wodurch die interakademische Kommission der fünf Gründungsakademien abgelöst wurde;[73] in der neuen Kommission traten zu ihnen die Heidelberger Akademie sowie die American Philological Association, die British Academy, die Schwedische Akademie und der Schweizerische Altphilologenverband.

Mit diesem Zusammenschluß der zehn wissenschaftlichen Gesellschaften, zu denen sich sehr schnell weitere gesellten,[74] waren zwar noch nicht ein für allemal alle finanziellen Schwierigkeiten beseitigt – Wilhelm Ehlers, der Nachfolger von Haffter als Generalredaktor,[75] mußte noch des öfteren seine persönlichen Bezie-

---

[67] 1947 aus dem Schweizer Schuldienst beurlaubt, hatte er seit Herbst 1949 seine Funktion als Generalredaktor neben seiner Tätigkeit als Gymnasiallehrer weitgehend von der Schweiz aus wahrgenommen; 1953 wurde er Professor an der Universität Zürich.

[68] 1953–1994.

[69] Seit 1954.

[70] 1970–1979.

[71] 1973–1979.

[72] Brief vom 23.6.1994 an den Präsidenten der Internationalen Thesaurus-Kommission.

[73] Siehe dazu den Bericht von H. Haffter in: Jb. d. Bayer. Akad. d. Wiss. 1949, München 1950, S. 43–49.

[74] Noch im ersten Jahr traten bei: Frankreich (Société des Etudes Latines), die Niederlande (Nederlands Klassiek Verbond) sowie die FIEC (Fédération Internationale des Associations d'Etudes Classiques). Es folgten 1953 Italien (Accademia Nazionale dei Lincei), 1959 die Mainzer Akademie sowie Belgien (Koninklijke Academie voor Wetenschappen, Letteren en Schone Kunsten van België), 1964 Dänemark (Det Kongelige Danske Videnskabernes Selskab), 1979 die Nordrhein-Westfälische Akademie, 1980 Polen (Polska Akademia Nauk), 1987 Japan (The Japan Academy), 1993 Finnland (Suomen Tiedeakatemiain Valtuuskunta).

[75] Siehe o. S. 21 Anm. 47.

hungen zu Männern der Industrie einsetzen, um die nächsten fälligen Gehälter zahlen zu können; doch es war damit ein Fundament gelegt, das ständig verbreitert worden ist – heute umfaßt die Kommission mit 21 beteiligten Akademien[76] mehr als die doppelte Zahl. 21 wissenschaftliche Gesellschaften aus 14 Ländern und 3 Kontinenten bekennen sich damit inzwischen durch die Tat zur wissenschaftlichen Notwendigkeit des Unternehmens und zu ihrer Verantwortung dafür; 6 der ausländischen Gesellschaften entsenden als ihren Beitrag zur Förderung der Arbeit (z. T. sogar zusätzlich zu einer direkten Zahlung) regelmäßig einen Stipendiaten zur wissenschaftlichen Mitarbeit[77] – wahrhaftig eine breite internationale Unterstützung, für die wir sehr dankbar sind, auch wenn wir im gleichen Atemzug, um der Wahrheit die Ehre zu geben, sagen müssen, daß der Löwenanteil der Kosten vom deutschen Steuerzahler stammt, und hiervon wieder der größere Teil aus Bayern.

Diese deutschen Zuwendungen haben inzwischen ein Maß von Sicherheit erreicht, von dem frühere Generationen von Thesaurus-Leitern und Thesaurus-Mitarbeitern nur träumen konnten. Vor allem seit 1980, als die jährlich zu beantragenden und zu bewilligenden Stipendien der Deutschen Forschungsgemeinschaft durch das Akademienprogramm von Bund und Ländern abgelöst wurden, muß kein Wissenschaftler, der sich in der Arbeit bewährt, fürchten, kurzfristig auf die Straße gesetzt zu werden; und erst recht muß sich niemand mehr darum sorgen, wie es ihm im Alter oder im Fall von Krankheit ergehen werde – Probleme, die sowohl die Mitarbeiter als auch den Thesaurus noch nach dem Zweiten Weltkrieg stark belastet haben.[78]

Bei den ausländischen Beiträgen müssen wir allerdings immer wieder einmal bangen. Geldgeber und Akademien sind ja durchaus nicht immer identisch, die entsprechende Akademie ist dann selbst nur Bittsteller und kann nicht fordern. Auch gibt es durchaus den Fall, daß sich eine Akademie jeweils nur für einen bestimmten

---

[76] Jeder neue Faszikel bietet auf der vorderen Innenseite des Umschlags die aktuelle Liste.

[77] Stipendiaten werden regelmäßig aus folgenden Ländern entsandt: Dänemark, Italien, Niederlande, Schweiz, USA. Bei dem österreichischen Mitarbeiter handelt es sich nicht um einen Stipendiaten im eigentlichen Sinn, sondern um einen Bediensteten der Österreichischen Akademie der Wissenschaften, der dem Thesaurus zur Dienstleistung zugewiesen ist.

[78] Einen Versicherungsschutz gab es anfangs nur für den Generalredaktor (und natürlich für die an den Thesaurus abgeordneten Gymnasiallehrer [dazu s.u. Anm.83]; das Problem war der Thesaurus-Kommission durchaus bewußt und wurde in der Konferenz vom 16. 4. 1914 ausgiebig erörtert). Gerade die Altersversorgung blieb ein wunder Punkt, auch nachdem (ab 1921) bei den ständigen Mitarbeitern der Staat jeweils einen Teil der Besoldung übernommen hatte (seit 1924 Bayern drei Fünftel). Schon allein um die sich auf diese Weise allenfalls ergebende allzu karge Rente aufzustokken, blieben Mitarbeiter über das Rentenalter hinaus im Dienst bzw. schloß der Thesaurus mit Mitarbeitern im Rentenalter Privatdienstverträge ab, deren Hauptziel nicht eine tatsächliche Arbeitsleistung, sondern die wirtschaftliche Absicherung der verdienten Mitarbeiter war. Noch 1962 wurde ein solcher auf unbestimmte Zeit geschlossener Vertrag mit einem damals 78 Jahre alten Vertragspartner ausdrücklich erneuert!

Zeitraum verpflichtet. So gleicht ein Haushaltsplan des Thesaurus auch heute noch immer wieder einer Rechnung mit einigen Unbekannten. Außerdem haben die ausländischen Beiträge vielfach die fatale Tendenz, im Gegensatz zu den Kosten über Jahre hin gleich zu bleiben, und es bedarf vieler Mühen der jeweiligen Delegierten, hier ab und zu eine Angleichung an die Kostenentwicklung zu erreichen.

Insgesamt können wir jedoch dankbar feststellen: Die wirtschaftliche Situation des Thesaurus ist heute so, daß wir davon ausgehen dürfen, auch in Zukunft das leisten zu können, was wir jetzt leisten.

War dann also die eingangs zitierte ironische Frage, ob das schwierige Jahrhundert nicht noch vor uns liege, völlig gegenstandslos? In einer Hinsicht sicher: Ein weiteres volles Jahrhundert wird es mit Sicherheit nicht mehr dauern, bis wir am Ende des Alphabets angekommen sind. Diese Prognose kann man wagen, ohne sich der Gefahr auszusetzen, beim nächsten Jubiläum nachsichtig als blauäugiger Illusionist belächelt zu werden. Fest steht auf jeden Fall, daß wir, wenn wir die Eigennamen einmal außer Betracht lassen, die in jeder Hinsicht ein Kapitel für sich sind,[79] etwa zwei Drittel unseres Pensums erledigt haben – ganz gleich, ob wir bei der Rechnung vom alten Forcellini ausgehen, dem Lexikon, das seit alters das Maß für den Umfang des Thesaurus ist,[80] oder vom vorliegenden Material.

Wenn wir aber für zwei Drittel knapp 100 Jahre gebraucht haben, dann erscheinen etwa 50 Jahre für das letzte Drittel nicht ganz unrealistisch. Das ist natürlich eine sehr überschlägige Rechnung, gegen die man einiges anführen kann, u.a. das sehr viel höhere Publikationstempo der ersten Jahre. Trotzdem kommt man, wenn man versucht, all die verschiedenen Faktoren gewissenhaft in die Kalkulation einzubeziehen (die Details erspare ich Ihnen hier), schließlich zum gleichen Ergebnis.

Das bedeutet freilich nicht, daß wir in Zukunft sorglos-geruhsam vor uns hinarbeiten können. Erstens nämlich ist dieser Zeitplan nur einzuhalten, wenn wir wieder zu einem konstanten „Output" von 1 1/2 Faszikeln pro Jahr kommen, wie wir ihn in den siebziger und frühen achtziger Jahren aufzuweisen hatten, bevor er dann durch einen radikalen Generationswechsel in unserem Kollegium und vor allem durch die Herausgabe von zwei Extrapublikationen, der Zitierliste und den Praemonenda,[81] auf einen Faszikel pro Jahr absank. Die Chancen dafür stehen übrigens gut. Dazu kommt als zweiter Grund, daß wir natürlich gar nicht sicher sein können, ob man uns von seiten der Geldgeber diese 50 Jahre noch konzedieren wird.

Es wird also weiter schwierig bleiben, wir werden uns weiter plagen müssen, um diese Fünfzig-Jahre-Frist einzuhalten und möglichst zu unterbieten.[82] Doch plagen allein genügt nicht – das tun wir ohnehin schon. Wenn wir also unser Niveau nicht

---

[79] Siehe dazu Th. Bögel, Thesaurus-Geschichten (o. Anm. 2) S.61–63.

[80] Siehe dazu Th. Bögel, Thesaurus-Geschichten (o. Anm. 2) S.54 Anm. 5.

[81] Index librorum scriptorum inscriptionum, ex quibus exempla afferuntur, editio altera, Leipzig 1990; Praemonenda de rationibus et usu operis, Leipzig 1990.

[82] Das ist natürlich unser Ziel.

senken wollen (und das wollen weder wir noch unsere Benutzer), müssen wir andere Maßnahmen ergreifen, Maßnahmen, die ich aus Zeitgründen nur noch kurz nennen kann, ohne sie genauer zu erörtern.

Wir müssen erstens versuchen, die vorhandenen Stellen besser zu nutzen – das bedeutet vor allem, daß Stipendiaten für mindestens zwei Jahre zu uns kommen sollten. Ein Jahr oder gar noch weniger ist unökonomisch, weil dann immer zumindest die Gefahr besteht, daß wir mehr in die Ausbildung des Stipendiaten investieren, als wir durch seine Mitarbeit gewinnen.

Zweitens müssen wir versuchen, die Zahl der Mitarbeiter zu erhöhen. Das wird schwer sein; am ehesten wird es wohl noch gelingen, die Entsendung von Stipendiaten aus weiteren Ländern zu erreichen (entsprechende Bemühungen laufen). Auf eine Stellenvermehrung im Rahmen des Akademienprogramms zu hoffen, ist sicher zur Zeit unrealistisch; geholfen wäre uns aber auch, wenn das vor dem Zweiten Weltkrieg sehr wichtige Instrument der befristeten Abordnung von Gymnasiallehrern an den Thesaurus[83] wieder aktiviert würde – im Zeitalter der angestrebten Verbindung von Schule und Wissenschaft auch für die Schule wohl nicht ohne Interesse.[84]

Drittens müssen wir versuchen, mehr Redaktoren, d.h. Betreuer für die Mitarbeiter, die die Artikel erarbeiten, heranzubilden und die Herangebildeten zu halten. Das ist der wichtigste, aber auch der schwierigste Punkt, und es ist nicht nur eine Frage der vorhandenen Mittel. Doch auch diese spielen eine wichtige Rolle: Solange ein Redaktor, der sehr viel mehr Verantwortung trägt, als reguläres Gehalt nicht mehr erreichen kann als ein normaler Mitarbeiter nach Bewährungsaufstieg (und das bedeutet BAT I b, also, auf Beamte umgerechnet, Oberstudienrat), werden wir gerade wirklich gute Leute immer wieder verlieren, weil wir, was die Aufstiegsmöglichkeiten betrifft, nicht nur gegen die Universität keine Chance haben, sondern nicht einmal mit der Schule konkurrieren können.

In summa: Die Schwierigkeiten bleiben uns auch nach einem Jahrhundert treu. Doch wie unsere Vorgänger wollen wir uns ihnen energisch stellen, um dazu beizutragen, daß der Thesaurus möglichst bald den einzigen wirklichen Makel verliert, den er noch hat: daß er noch nicht komplett vorliegt.[85]

---

[83] Bayern, Österreich, Preußen und Sachsen hatten zeitweise zusätzlich zu den jährlichen Zahlungen ihrer Akademien Gymnasiallehrer zur Mitarbeit an den Thesaurus entsandt, deren Gehalt weiterlief; s. dazu Th. Bögel (er war einer von ihnen), Thesaurus-Geschichten (o. Anm.2) S.95f., sowie D. Krömer, Hundert Jahre Thesaurus linguae Latinae, Gymnasium 103 (1996) S.65f.

[84] Inzwischen ist dieser Wunsch bereits einmal in Erfüllung gegangen. Das Bayerische Staatsministerium für Unterricht, Kultus, Wissenschaft und Kunst hat dankenswerterweise eine Möglichkeit gefunden, diese Praxis wiederaufzunehmen: Seit dem 20.2.1995 ist ein bayerischer Studienrat mit der Hälfte seiner Unterrichtspflichtzeit an den Thesaurus abgeordnet.

[85] Bisher sind erschienen: Bd. I–VIII (A–M); IX 2 (O); X 1, 1–9 (*p–perfundo*); X 2, 1–8 (*porta–princeps*); Onomasticon Bd.II und III (C und D; Eigennamen mit den Anfangsbuchstaben A und B sind in den Hauptbänden enthalten).

Peter Flury

Vom Tintenfaß zum Computer

Tintenfaß und Computer – damit sind sozusagen die äußersten Gegensätze bei der Form unserer Arbeitsinstrumente gekennzeichnet. Allerdings gab es in den vergangenen hundert Jahren nicht eine kontinuierliche Entwicklung vom einen zum andern, sondern lange Zeit hat das Tintenfaß unangefochten das Feld beherrscht. Noch vor 25 Jahren konnten wir den trefflichen Setzern in Leipzig echte Manuskripte liefern. Erst anfangs der siebziger Jahre kam dann die Umstellung auf Typoskripte, und vor bald zehn Jahren zog auch bei uns der Computer ein, den Sie heute in fast allen Mitarbeiterzimmern finden. Mit diesem 'fast' ist angedeutet, daß es im Kollegium auch heute noch einige Partisanen der Handschrift gibt, und ich erwähne das ohne Scheu vor dem Kopfschütteln über eine solche antiquierte Arbeitsweise. Die Erfahrung der letzten Jahre hat nämlich gezeigt, daß die Anhänger des traditionellen Schreibgeräts mit ihrer effektiven Leistung keineswegs abfallen gegenüber der großen Mehrzahl derer, die den Computer einsetzen.

Gewiß anerkennen wir alle dankbar die Erleichterungen, welche die neue Technik uns in vieler Hinsicht gebracht hat – so zum Beispiel im Verkehr mit unseren Fahnenlesern, also jenen Gelehrten außerhalb des Instituts, welche sich dankenswerterweise immer wieder zur Verfügung stellen, um unsere fertigen Artikel zu überprüfen. Bis vor wenigen Jahren erhielten sie aus Leipzig Abzüge der ersten Korrektur, welche sie dann, mit ihren Notizen versehen, nach München zur Auswertung schickten. Wenn diese Anmerkungen nicht nur Formalien, sondern die Substanz der Artikel betrafen, etwa die Interpretation und Einordnung einzelner Stellen kritisierten, dann hatte der Redaktor nicht selten veritable Knacknüsse zu bewältigen: Wie konnte man sachlich gebotene Änderungen so ausführen, daß sie für Setzerei und Verlag möglichst wenig Arbeit und Mehrkosten verursachten? Seit einigen Jahren hingegen können wir unsere Computerausdrucke an die Fahnenleser verschicken und deren Beiträge dann einfügen, bevor irgendwelche Satzkosten entstanden sind.[1]

Der Text des Vortrages wird ohne nennenswerte Änderungen wiedergegeben. Außer den üblichen Nachweisen sind einige Anmerkungen und am Ende mehrere Exkurse hinzugefügt. Darin werden verschiedene Punkte näher ausgeführt und mit Beispielen dokumentiert, in der Hoffnung, damit dem Benutzer auch gewisse Hilfen geben zu können. – Für Anregungen und Ratschläge danke ich Hugo Beikircher und Gabriele Thome, vor allem aber Hans Wieland, mit dem ich in vielen Gesprächen Probleme der 'inneren' Thesaurusgeschichte erörtern konnte.

[1] In den Fahnen des Artikels *paulatim* äußerte H. D. Jocelyn den Wunsch nach einem statisti-

Derartige Veränderungen betreffen im Grunde aber nur den technischen Vorgang der Artikelerstellung. Die wissenschaftliche Aufgabe des Lexikographen ist in ihrem Kern dieselbe geblieben. Nach wie vor gilt es, aus mehr oder weniger umfangreichen Sammlungen von Belegen der einzelnen Stichwörter durch sorgfältige Interpretation der Texte Artikel zu gestalten, welche „die Lebensgeschichte ... der einzelnen Wörter, ihre Entstehung, Verbindung, Vermehrung, Abänderung in Form und Bedeutung, ihre gegenseitige Vertretung und Ersetzung, endlich ihr Absterben" darstellen. Dies ist die Formulierung des „Plans zur Begründung eines Thesaurus linguae latinae"[2] von 1893, erkennbar geprägt von den Konzeptionen E. Wölfflins.

Die Methoden und Formen dieser Darstellung haben sich freilich im Laufe dieses Jahrhunderts in mancher Hinsicht entwickelt und verändert. Ihnen ein einigermaßen anschauliches und zutreffendes Bild dieser Veränderungen zu skizzieren, ist aus zwei Gründen schwierig. Einmal kann man dabei sehr schnell in die Erörterung technischer Einzelheiten abgleiten. Zwar darf ich annehmen, daß solche Dinge die zahlreich hier versammelten früheren Thesaurusmitarbeiter interessieren würden, kaum aber die sonstigen Philologen. So bitte ich die Ehemaligen unter Ihnen, sich zu gedulden, bis die gedruckte Fassung unserer Vorträge erscheint, wo sie darüber mehr erfahren werden. Die zweite Schwierigkeit liegt darin, daß es nur wenige explizite Äußerungen über Fragen der Artikelgestaltung gibt, welche es uns erlauben würden, Veränderungen in der Praxis, die es offenkundig gibt, exakt zu fassen und in die Entwicklung einzuordnen.

Immerhin hat der erste Generalredaktor, Friedrich Vollmer, der dieses Amt vom Herbst 1899 bis zu seiner Berufung an die Münchner Universität 1905 ausübte, zweimal recht deutlich dargelegt, nach welchen Grundsätzen ein guter Artikel gestaltet und aufgebaut werden soll. In einem Bericht über die Erfahrungen der ersten Thesaurusjahre, den er im Oktober 1903 vor der Versammlung deutscher Philologen in Halle vorgetragen hat,[3] wendet er sich mit deutlichen Worten gegen die bei vielen neuen Mitarbeitern zu beobachtende Neigung, zu viel und zu sehr ins einzelne hinein zu disponieren. Sicherlich gehe es nicht an, die historische Anordnung der Stellen rein durchzuführen, aber – so Vollmer wörtlich – „es muß bei allereinfachsten, bei der Lektüre des Artikels leicht zu behaltenden Einteilungsgründen ... bleiben".

---

schen Vergleich der Frequenzen von *gradatim* und *sensim*. Dieser Anregung verdankt das *legitur* des Artikels eine wesentliche Bereicherung, eben die Tabelle, die jetzt in Bd. X 1, Sp. 821 eingefügt ist (mit Einschluß von *pedetemptim*, das damals gerade bearbeitet wurde). Darin werden die recht unterschiedlichen Verhältnisse bei den wichtigsten Autoren dokumentiert. Ein derart umfangreicher Zusatz wäre bei den echten Fahnen nicht mehr möglich gewesen, jedenfalls in den letzten Jahrzehnten nicht. In früheren Zeiten wurden ab und zu auch dort noch größere Änderungen vorgenommen, wie der Artikel *dum* zeigt, zu dem Leumann in den Fahnen eine eigentliche kleine Abhandlung über die Bedeutungsentwicklung der Konjunktion beisteuerte (V 1, Sp. 2202, 38 – 2203, 8).

2 Abgedruckt u. Anhang Nr. VIII.

3 Veröffentlicht in: Neue Jahrbücher für das Klass. Altertum 13 (1904) S. 46 ff.

Vergleichen wir damit die Praxis Vollmers, der als Generalredaktor zahlreiche Artikel selbst verfaßt hat, so zeigt sich, daß sie dieser Forderung durchaus entsprechen. Seine Dispositionen sind manchmal geradezu lapidar und kommen auch bei größeren Artikeln mit einer oder höchstens zwei Ebenen aus.[4] Bei umfangreicheren Materialien kann das natürlich dazu führen, daß lange, undifferenzierte Reihen von Belegen entstehen, was für den Benutzer nicht immer sehr anziehend ist. Dieses summarische Verfahren wird ja heute auf der Folie der neueren Praxis auch öfters kritisiert, außerhalb und innerhalb unseres Instituts, und als Grund genannt für das Desideratum einer Überarbeitung der älteren Bände. Damals aber gingen die Intentionen noch sehr stark dahin, daß man das gesammelte Material möglichst schnell dem philologischen Publikum vorlegen wollte, so gut geordnet, wie es sich eben machen ließ. Entsprechend rasch kam man in den ersten Jahren voran. Die durchschnittliche Jahresleistung betrug damals das Drei- bis Vierfache von dem, was wir heute erreichen, obwohl das Kollegium kleiner war.

Trotzdem sind längst nicht alle Artikel in den ersten Bänden so summarisch gestaltet, wie man beim ersten Hinschauen glauben könnte. Bei Vollmer selber wie bei seinen Mitarbeitern kann man immer wieder entdecken, daß die langen Belegreihen unter den großgedruckten, globalen Abschnittstiteln in Wirklichkeit nicht eine einzige, durchlaufende Reihe bilden, sondern aufgeteilt sind in eine Vielzahl kleinerer, differenzierter Grüppchen. Manchmal werden diese am Anfang charakterisiert durch eine Notiz des Bearbeiters, häufig jedoch sind sie von den vorangehenden Beispielen nur durch ein Spatium, einen Zwischenraum im Druckbild abgesetzt. Ein aufmerksamer Leser, der weiß, daß Belegreihen im Thesaurus grundsätzlich chronologisch geordnet sind, kann auch an den Brüchen in der Chronologie merken, daß an solchen Stellen jeweils eine neue Gruppe beginnt.

Es ist genau diese Technik, welche Vollmer an einer anderen Stelle erläutert, nämlich in einem Verlagsprospekt, der im Herbst 1900 erschienen ist (abgedruckt u. Anhang Nr. X). Am Beispiel des etwa eine Spalte umfassenden Artikels *animosus* zeigt er dort, wie das Adjektiv in seiner normalen Bedeutung 'mutig, beherzt' zuerst die Menschen selber charakterisiert, dann übertragen wird auf ihr Inneres, auf abstrakte Eigenschaften, auf Tiere; ferner kann es mutige Aussprüche oder kühne Taten bezeichnen, und schließlich wird es angewendet auf die Elemente

---

[4] Als Beispiele dafür seien folgende umfangreichere Artikel aus dem Buchstaben A genannt: *abeo, abstineo, aequalis, aequor, affectus, amo, an, aut,* alle von Vollmer selbst verfaßt; von andern Bearbeitern etwa *abdo* (Hey), *abscedo* (Lommatzsch), *absurdus* (Diehl), *actio* (Klotz). Ein gutes Jahrzehnt später, in der Zeit des Ersten Weltkrieges, als die meisten jungen Mitarbeiter eingezogen waren, arbeitete Vollmer wieder tatkräftig mit an der zweiten Hälfte des F-Bandes. Da kann man beobachten, daß viele seiner Artikel immer noch nach diesen einfachen Schemata aufgebaut sind (z.B. *filius, focus, 1. foedus, fons, for, forum*), während in Umfang und Materialmenge vergleichbare Artikel anderer Bearbeiter in dieser Zeit schon wesentlich differenziertere Gliederungen bieten; vgl. etwa *fallo* (Hofmann), *felix* (Ammann), *ferio* (Bannier), *forma* und *formo* (Kapp).

Wind, Wasser und Feuer. All diese Nuancen werden im Artikel praktisch ohne jede Erläuterung des Bearbeiters vorgeführt, eine Sequenz von Texten, welche nur durch die erwähnten Spatien gegliedert ist.[5]

Eine solche Gliederungstechnik hat zweifellos ihre Vorteile, für den Bearbeiter, aber auch für den Benutzer, sofern er bereit ist, den ganzen Artikel durchzulesen – erinnern Sie sich, daß Vollmer in seinem Vortrag von der „Lektüre" der Artikel gesprochen hat. Der Leser wird mit gleitenden Übergängen von einer Verwendung zur anderen geführt; er sieht, wie sie zusammenhängen, und kann so gleichsam den Organismus des Wortes erfassen, ohne daß abstrakte Kategorien das Wortmaterial mehr als notwendig zerschneiden – eine Gefahr, vor der Vollmer in seinem Vortrag ausdrücklich gewarnt hat.

Nun muß aber der Lexikograph, wenn er sich keine Illusionen macht, doch davon ausgehen, daß nur wenige Benutzer das Wörterbuch aufschlagen mit der Intention oder auch nur der Bereitschaft, einen ganzen Artikel durchzulesen. Viel häufiger wird es konsultiert, weil man eine besondere Verwendung eines Stichwortes, eine ungewöhnliche Konstruktion oder Ähnliches sucht. In diesen Fällen möchte der Benutzer möglichst schnell die Darstellung dieses Phänomens finden. Die übrigen Aspekte der Wortgeschichte interessieren ihn weniger oder überhaupt nicht. Für eine solche zielgerichtete, punktuelle Benutzung ist die beschriebene Technik nicht gerade hilfreich. Die Tatsache, daß viele der kleinen Grüppchen unbezeichnet bleiben oder allenfalls durch ein lakonisches *nota* oder *audacter* hervorgehoben werden, nötigt den Leser immer wieder, die Texte selber zu studieren und so das charakteristische Merkmal jeder Gruppe zu ermitteln, was auch für den geübten Benutzer nicht immer einfach ist.

Schwerer fällt vielleicht noch ins Gewicht, daß diese locker assoziierende Art der Darstellung mit dem Verzicht auf explizite Gliederungsmarken nicht gerade zu einer konsequenten Systematik führt. Dadurch besteht immer wieder die Gefahr, daß die übergeordnete Gliederung, so einfach sie auch sein mag, vom Verfasser selbst vergessen oder überdeckt wird. Lassen Sie mich das an einem Beispiel erläutern. Den Artikel *abire* mit einem Umfang von rund sechs Spalten gliedert Vollmer zunächst in *proprie* und *translate*. Beide Abschnitte ordnet er jeweils auf einer zweiten Ebene im wesentlichen nach grammatischen Gesichtspunkten: 1 *absolute*, also ohne weitere Ergänzungen – 2 *indicato statu abeuntis*, wo wir Ausdrücke wie *victor abibis* finden – 3 mit Angabe des Ausgangspunktes und 4 mit Angabe des Zielpunktes. In der Mitte dieses letzten Abschnittes (mit Angabe des Zielpunktes), der sich über 60 Zeilen erstreckt, finden wir nach einem Spatium die Bemerkung: *euphemismus de morte*. Darauf folgen Beispiele wie *abire ad Acheruntem*, *abire in communem locum*, welche eine Zielangabe enthalten, wie es der

---

[5] In einem anderen Vortrag habe ich am Beispiel des Artikels *antecedo* dargelegt, wie diese Gliederungstechnik 'funktioniert', welche Vor- und Nachteile sie für den Benutzer des Wörterbuches hat (Eirene 24, 1987, S. 8 ff. 19).

Abschnittstitel in Aussicht stellt. Aber zwischen diese Ausdrücke mischen sich dann unversehens andere, wo angegeben wird, von wo der Sterbende weggeht, oder solche ohne jede Ortsangabe, so daß absolutes *abire* fast die Bedeutung 'sterben' annimmt. Es liegt auf der Hand, wie es zu dieser Vermischung kam: Im verständlichen Bestreben, alles zusammenzufassen, was sich auf den Vorgang des Sterbens bezieht, hat der Bearbeiter die übergeordnete Systematik aus dem Auge verloren.

Inkonsequenzen dieser Art, vor denen der Lexikograph im übrigen nie ganz gefeit ist, kann man in den ersten Bänden recht häufig finden (s. Exkurs 1). Ich habe das gerade an diesem Beispiel demonstriert, weil wir wissen, daß ein prominenter Epigraphiker und fleißiger Benutzer des Thesaurus Beispiele für diesen absoluten Gebrauch von *abire*, den er aus Grabinschriften kannte, im Thesaurusartikel suchte, sie aber nicht fand, weil er nicht ahnen konnte, daß sie unter dem Titel *indicato loco quo abeatur* stehen.[6]

So viel zur allgemeinen Charakterisierung der ersten beiden Bände, die im wesentlichen unter Vollmers Leitung entstanden. Wenn wir in diesen Bänden blättern und die einzelnen Formen der Darstellung betrachten, so stellen wir bald fest, daß die meisten Elemente unseres heutigen Instrumentariums schon damals im Grunde vorhanden waren: Die typischen Rubriken des Artikelkopfes, statistische Vergleiche von Synonymen im sogenannten *legitur*, Inhaltsübersichten vor sehr großen Artikeln, Querverweise innerhalb des Artikels, die Klammerpraxis, welche es erlaubt, in der chronologischen Reihe stilistisch oder inhaltlich ähnliche Stellen zusammenzuführen, Anhänge über grammatikalische Strukturen, Hinweise auf Synonyma und Opposita – dies und anderes mehr können wir eigentlich von Anfang an beobachten (s. Exkurs 2). Allerdings ist manches erst in Ansätzen ausgebildet, und vieles kommt nur sporadisch vor, das heißt, es wird im einen Fall registriert, im andern nicht. Überhaupt fallen beim genaueren Studium dieser Bände erhebliche Unterschiede von Bearbeiter zu Bearbeiter, von Artikel zu Artikel auf. Sicherlich ist eine gewisse Vielfalt von der Sache her, das heißt durch die Individualität der einzelnen Wörter gefordert. Aber wenn sich auch in den formalen Dingen zahlreiche Inkonsequenzen ergeben, nicht selten sogar innerhalb desselben Artikels, so ist das für den Benutzer irritierend, ja manchmal geradezu irreführend. Auf diesen Punkt werde ich später noch zurückkommen.

Wie ist nun die Entwicklung weitergegangen? In den nächsten Bänden, also den Buchstaben C (publiziert in den Jahren 1906–1912), D und F (begonnen 1909 bzw. 1912) läßt sich deutlich beobachten, wie manche von Anfang an vorhandenen Ansätze weiterentwickelt werden. Diese Entwicklung bedeutet zum Teil auch eine Abkehr von Vollmers oben dargelegten Prinzipien, die ja im übrigen auch in den

---

6 Vgl. A. Ferrua, Note al Thesaurus linguae latinae. Addenda et corrigenda (A–D), Bari 1986, S. 12 f. und ThlL I, Sp. 68, 49 ff. (die von Ferrua erwähnte Luciliusstelle dort in Zeile 51 f.).

ersten Bänden keineswegs alle Artikel prägen. Immer öfter finden wir nun differenziertere Gliederungen, die vier, fünf oder sechs Ebenen aufweisen, was am Anfang noch sehr selten ist. Die assoziierende Gliederung mit Spatien gibt es weiterhin, aber sie tritt allmählich zurück. Vor allem aber werden mehr und mehr die einzelnen Gruppen durch einleitende Bemerkungen charakterisiert, so daß der Leser gleich erkennen kann, was er hier findet, und seine divinatorischen Fähigkeiten nicht so sehr strapazieren muß.

Zwar kann man hie und da Artikel entdecken, die durch ein besonders markantes Profil aus ihrer Umgebung sozusagen herausragen. Dies gilt etwa für den bekannten Artikel *fides* von Eduard Fraenkel, entstanden im Ersten Weltkrieg, in welchem ganz entschieden die Aufgabe angepackt wurde, nicht nur das vorhandene Material zu ordnen, „so gut es geht",[7] sondern der Bedeutung eines Wortes und seiner Entwicklung auf die Spur zu kommen. Im ganzen aber scheinen sich die Veränderungen eher Schritt für Schritt vollzogen zu haben. Direkte Äußerungen dazu gibt es kaum, und so lassen sich diese Entwicklungen für uns nicht mit bestimmten Namen in Verbindung bringen.

Dem Benutzer ausdrücklich angezeigt wurde damals nur eine einzige Neuerung, nämlich am Beginn des Buchstabens C die Einführung eines schräggestellten Kreuzes vor manchen Stichwörtern – 'Zigarre' heißt es in der Setzersprache. Mit diesem Zeichen werden diejenigen Artikel markiert, welche nur eine Auswahl des im Archiv vorhandenen Materials abdrucken. Eine solche Kennzeichnung hatte sich aufgedrängt, weil immer wieder Benutzer mit allzu hohen Erwartungen (die Vollständigkeit des Thesaurus betreffend) ihre Enttäuschung oder Kritik geäußert hatten (s. Exkurs 3). Blicken wir hinter die Kulissen, so konstatieren wir auch in diesem Punkt keine plötzliche Änderung, sondern eine allmähliche Entwicklung. Schon vor dieser Neuerung, also in den Buchstaben A und B, gibt es ab und zu Bearbeiter, welche innerhalb der Artikel sehr genau angeben, wo sie etwas weggelassen haben, während andere da viel großzügiger verfahren. Andererseits ist auch in den beiden C-Bänden die Praxis noch keineswegs einheitlich und konsequent. Erst nach längerer Zeit sind auch in diesem Punkt die von Anfang an vorhandenen Elemente zusammengefügt worden zu einem festen System. Heute gibt es ein ganzes kleines Regelwerk, welches den Bearbeiter verpflichtet, dem Benutzer möglichst genauen Aufschluß darüber zu geben, in welchen Bereichen seine Dokumentation nicht vollständig ist (s. Exkurs 4). Wenn das früher nur sehr unregelmäßig geschah, so wäre das ja an sich nicht schlimm, wenn man nicht immer wieder beobachten müßte, daß die Benutzer des Thesaurus sich dadurch zu falschen Schlüssen hinsichtlich der Verbreitung bestimmter Verwendungen oder Ausdrucksweisen verleiten ließen.

---

7 So die Formulierung von H. Diels, Elementum, Leipzig 1899, S. VIII.

Zum Abschluß dieses ersten Teiles will ich noch kurz die weitere Entwicklung von Gliederungstechnik und Artikelaufbau skizzieren. In den früheren Bänden finden wir nicht selten Artikel, welche auf einer Ebene ein Dutzend und mehr verschiedene Gruppen nebeneinander stellen – formal gar nicht viel anders, als es in neuerer Zeit das OLD tut. Im Laufe der Zeit hat sich aber im Thesaurus immer stärker das Prinzip der dichotomischen Gliederung durchgesetzt. Das bedeutet, daß so weit wie möglich auf einer Ebene nur zwei Gruppen gebildet werden, die sich gegenseitig ausschließen. Natürlich ist das keine feste Regel, sondern eher ein heuristisches Prinzip, welches dem Bearbeiter erlaubt, möglichst eindeutige Entscheidungen bei der Zuordnung der Stellen zu treffen.[8]

Nicht selten verbindet sich diese dichotomische Gliederung mit einer alten lexikographischen Praxis, nämlich der Aussonderung von speziellen Phänomenen, die sich gut beschreiben und abgrenzen lassen, aus einem allgemeinen, eher diffusen Gebrauch. Mit dieser Technik könnte man etwa im Artikel *abire* dem oben erwähnten Anliegen des Bearbeiters, alle Stellen zu vereinigen, welche sich auf das Sterben beziehen, durchaus Rechnung tragen, ohne das System der Gliederung zu durchbrechen. Führen wir unterhalb des Titels I *proprie* eine neue Ebene ein (A *generatim* – B *speciatim de morte*), dann dürfen wir unter B alle einschlägigen Stellen einordnen. Im Abschnitt A hingegen können wir die bisher für das ganze *proprie* geltende syntaktische Gliederung auf einer dritten Ebene durchführen und werden damit dem an diesen Strukturen interessierten Benutzer sicherlich genügend Material bieten.

Die Möglichkeiten, die man sich mit dieser Technik erschloß, und das Bestreben, semantische Differenzierungen möglichst genau zu erfassen, führten mit der Zeit zu immer subtileren Dispositionen, welche Vollmers Ideal einer möglichst einfachen Gliederung weit hinter sich ließen. Wenn ich recht sehe, wurde der Höhepunkt dieser Entwicklung um die Mitte des Jahrhunderts erreicht. So wurde etwa in der zweiten Hälfte des E-Bandes diese Technik geradezu virtuos praktiziert. Bei allem Respekt, den solche lexikographischen Kunstwerke verdienen, können wir doch die damit verbundenen Probleme nicht übersehen. Je feiner und komplizierter das System ist, in welches der Bearbeiter seine Stellen einordnet, desto größer wird die Gefahr, daß er auch dort, wo die Bedeutung des Wortes in der Schwebe bleibt, es festzulegen versucht auf eine eindeutige Interpretation. Und dem Benutzer fällt es manchmal trotz der vorangestellten Inhaltsübersichten recht schwer, sich in dem subtilen Netzwerk von Kategorien und Differenzierungen zurechtzufinden. So ging in den letzten Jahrzehnten die Tendenz eher dahin, die Gliederungen wieder etwas einfacher zu gestalten. In besonders schwierigen Fällen kann das etwa in der Weise geschehen, daß die semantischen Probleme nur an einer Auswahl geeigneter Stellen

---

⁸ Vgl. die Erläuterung dieses Prinzips (am Beispiel des Artikels *lux*) in den Praemonenda des ThlL, S. 9 f. (lateinische Fassung) bzw. S. 20 f. (deutsche Fassung).

illustriert werden, während die Hauptmasse des Materials dann nach anderen
Gesichtspunkten geordnet wird, eine Praxis, für die es Beispiele mindestens
implizit schon in den ersten Bänden gibt (s. Exkurs 5).

Daß wir damit nun immer die goldene Mitte zwischen den Extremen treffen, ist
gewiß nicht anzunehmen. Eigentlich steht der Lexikograph hier immer wieder vor
unlösbaren Problemen. Aus dem Material, das ihm die Verwendung des Wortes in
einer unstrukturierten Fülle, mit einer Vielzahl von Nuancen, Übergängen und
Kombinationen präsentiert, soll er einen Artikel formen, der die Grundstrukturen
der Wortgeschichte möglichst klar zu erkennen gibt und dennoch möglichst alle
interessanten Einzelphänomene berücksichtigt und darstellt, ja im Prinzip jeder
einzelnen Stelle einen Platz im Artikel zuweist, selbst wenn er sie gar nicht zitiert.
Um es in einem Bild zu sagen: Das Belegmaterial ist gleichsam ein kompliziertes
Geflecht mit Hauptsträngen und Verzweigungen, aber auch mit feinsten Fäden,
welche kreuz und quer durcheinanderlaufen und Querverbindungen zwischen
irgendwelchen Stellen knüpfen. Dieses Labyrinth sollte der Bearbeiter entwirren
und ordnen, tunlichst ohne einen Faden zu verletzen, eine interessante Verbindung
zu kappen.

Natürlich kann man die Lösung dieser Aufgabe auf verschiedenen Wegen suchen – eine alte Erfahrung, die am Thesaurus gerne in folgendem Dictum zusammengefaßt wird: Verteilen Sie dasselbe Wortmaterial an fünf verschiedene Bearbeiter – es werden fünf verschiedene Artikel herauskommen, und es wird kaum
möglich sein, alle Vorzüge der einzelnen Artikel zu einem Idealartikel zusam-
menzufügen. Zu gewissen Zeiten gab es im Kollegium allerdings auch grundsätzliche Auseinandersetzungen um die Frage der Artikelgestaltung. So wurde etwa in
den fünfziger Jahren heftig darüber diskutiert, ob und wie weit syntaktische Gegebenheiten und Veränderungen die semasiologische Gliederung des Artikels bestimmen solle. Unsere heutige Position in dieser Frage, wesentlich durch die Praxis von
W. Ehlers und H. Wieland geprägt, läßt sich etwa auf diesen Nenner bringen: Semasiologische Kriterien haben grundsätzlich den Vorrang, jedenfalls soweit eine
Einteilung des Materials danach wirklich praktikabel ist. Aber ausgehend von der
Erfahrung, daß Veränderungen der syntaktischen Strukturen meistens gekoppelt
sind mit Bedeutungsverschiebungen, sollen diese als Hilfsmittel eingesetzt werden,
damit man eine klarere Darstellung semantischer Unterschiede erreicht (s. Exkurs
6).

Zwei weitere Punkte möchte ich in diesem Zusammenhang noch erwähnen. Der
erste betrifft die Anordnung der Zitate und ganzer Abschnitte innerhalb eines Artikels. Für die Reihenfolge der Zitate galt von Anfang an eigentlich unbestritten das
chronologische Prinzip. Die Anordnung der Abschnitte hingegen folgt in den ersten
Bänden sehr oft systematischen Überlegungen. Das heißt, daß etwa ein *proprie*-
Gebrauch grundsätzlich vor einem übertragenen, konkrete Bedeutungen vor abstrakten behandelt werden, auch wenn das nicht der Chronologie der Bezeugung

entspricht; oder daß ein Verbartikel mit dem absoluten Gebrauch beginnt und dann die verschiedenen Strukturen in einer grammatisch-systematischen Ordnung folgen läßt, die sich nicht am Alter der Belege orientiert. Erst allmählich hat sich auch hier das chronologische Prinzip durchgesetzt, das heißt, daß diejenige Verwendung oder Bedeutung, welche in den ältesten Texten bezeugt ist, an den Anfang des Artikels gesetzt wird.[9] Grundsätzlich ist diese Praxis einem historisch-deskriptiven Wörterbuch sicherlich angemessen. Im Einzelfall können sich allerdings Probleme ergeben, denn die Lücken unserer Überlieferung bewirken manchmal, daß die ältesten erhaltenen Belege nicht die ursprüngliche Bedeutung eines Wortes dokumentieren. Das chronologische Prinzip kann und darf Bearbeiter wie Benutzer nicht davon dispensieren, sich eigene Gedanken über die Entwicklung des Wortes zu machen.

Unverändert festgehalten hingegen wurde von Anfang an der Grundsatz, daß es für die Gliederung eines Wortartikels keine von vornherein fixierten Kategorien geben kann. Gemäß unserer Überzeugung, daß jedes Wort seine individuelle Geschichte und Entwicklung hat, soll der Bearbeiter aus der Beobachtung des Materials erst die Kategorien entwickeln, die seiner Beschreibung angemessen sind. Deshalb und auch, um der Fortschreibung ungeprüfter Traditionen einen Riegel zu schieben, raten wir jedem neuen Mitarbeiter: Schauen Sie nicht zuerst in die bisherigen Wörterbücher, wie dort das Wort dargestellt ist, sondern nutzen Sie die Chance, daß Sie hier direkt von den Quellen ausgehen können. Hinterher oder auch während der Arbeit sind dann solche Vergleiche durchaus angebracht zur Kontrolle und allfälligen Ergänzung der eigenen Ergebnisse.

Diese Suche nach den geeigneten Kriterien ist natürlich manchmal schwierig und der Weg dahin nicht immer geradlinig. Vor ein paar Jahren bat mich die Bearbeiterin des Substantivs *paenuria* 'Mangel' um Rat, weil es ihr schwerfalle, für die Einteilung des spröden Materials brauchbare Kategorien zu finden. Ich empfahl ihr, sich die schon lange vorliegenden Artikel *egestas* und *inopia* anzuschauen; vielleicht ließen sich die dort verwendeten Kategorien auf *paenuria* übertragen. Das versuchte sie auch redlich, aber das Ergebnis zeigte mit aller wünschenswerten Deutlichkeit, daß mein Ratschlag geradezu verkehrt gewesen war. Es stellte sich heraus, daß *paenuria* eben kein Synonym zu *egestas* und *inopia* ist, sondern sich gleichsam konträr zu ihnen verhält. Als Ableitungen von *egens* und *inops* bezeich-

---

9 Der Unterschied zwischen den beiden Methoden wird deutlich etwa bei einem Vergleich der Artikel *antecedo* und *praecedo*. In beiden Fällen begegnet uns die graduelle Bedeutung 'übertreffen' schon bei Plautus, weshalb der Artikel *praecedo* damit beginnt. Die lokale Bedeutung 'vorangehen' ist hier wie dort nicht vor dem 1. Jh. v. Chr. bezeugt. Doch weil man annehmen kann, sie sei die ursprünglichere, wurde sie bei *antecedo* an den Anfang gestellt. Allerdings ist die Annahme, das Konkrete sei das Ursprüngliche, nicht immer gerechtfertigt. Man vgl. etwa den Artikel *minae* und die Ausführungen von W. Ehlers dazu (Antike und Abendland 14, 1968, S. 178 f. [abgedruckt u. Anhang Nr. XII]). Andererseits darf das chronologische Prinzip auch nicht forciert werden wie im Artikel *lepus*, wo wegen des geringen Zeitunterschiedes von Plautus zu Cato die *comparationes* vor das *proprie* gesetzt wurden (mit Recht kritisiert von H.O. Kröner, Kratylos 20, 1975, S. 106 f.).

nen jene beiden den Mangel, den ein Mensch empfindet. Bei *paenuria* hingegen fehlt dieser Aspekt, jedenfalls in der älteren Zeit; hier wird der Mangel gesehen von der Sache her, wird eine Situation beschrieben, in der etwas nicht in ausreichendem Maße vorhanden ist.[10] Der Artikel mußte also sozusagen auf den Kopf gestellt werden, aber der Umweg half uns, die Eigenart des Wortes genauer zu erfassen.

In einem zweiten Teil möchte ich einiges sagen über das Verhältnis des Thesaurus zur Latinistik und Klassischen Philologie im ganzen. Vor hundert Jahren konnte Th. Mommsen erklären, „daß es kein größeres und kein populäreres Problem in dem mir bekannten Literaturkreis gibt als eine historische Bearbeitung des lateinischen Wortschatzes, die die Brücke schlägt von Cicero auf Dante."[11] Und wenn wir die große Schar der Gelehrten mustern, welche sich in den letzten Jahren des neunzehnten Jahrhunderts an den Vorbereitungen und der Materialsammlung beteiligten, von den Größen der Latinistik bis hin zu zahlreichen Gymnasiallehrern und Geistlichen, so wird unmittelbar anschaulich, wie sehr der Thesaurus damals im Zentrum der Interessen und Bemühungen unserer Wissenschaft stand. Heute können wir das so kaum mehr behaupten. Das bedeutet nicht, daß sich die Philologie vom Thesaurus, von der Lexikographie einfach abgewendet hat, obwohl natürlich neue Forschungsrichtungen und Methoden entstanden sind, welche sich anderer Hilfsmittel bedienen. Im ganzen dürfte es wohl eher so sein, daß man mit dem Thesaurus als einer gegebenen Größe rechnet; er ist da und kommt voran, wenn auch nicht so schnell, wie man es sich wünschen möchte. Zwei Drittel des Alphabets sind inzwischen publiziert, und damit kann man doch schon ganz ordentlich arbeiten.

Ich kann es mir nicht versagen, diese Beziehung zwischen Thesaurus und Wissenschaft oder Thesaurus und Universität durch zwei Äußerungen von Ordinarien kurz zu beleuchten. Vor Jahrzehnten schickte ein bekannter Latinist einen begabten Doktoranden nach München mit den Worten: „Jetzt gehen Sie mal zum Thesaurus, und wenn Sie dann den Sprung in die Wissenschaft wagen wollen, werden wir

---

[10] Meistens geht es dabei um das Fehlen einer ganz bestimmten Sache, ausgedrückt sehr oft durch die Wendung *paenuria est* mit dem Genetiv, der die fehlende Person oder Sache bezeichnet (s. ThlL X 1, Sp.73,71 ff.). Nur selten bezieht sich *paenuria* auf eine allgemeine, nicht näher definierte Notlage (Sp.75,34 ff.), und erst seit Fronto und Apuleius finden wir solche Beispiele auch ohne Genetiv (Sp.75,41 ff.), womit unser Wort sich der Bedeutung von *paupertas, egestas* annähert. Umgekehrt treten zu *paenuria* nur ganz selten Ergänzungen hinzu, welche ausdrücken, wem etwas fehlt (Sp.73,76 ff.). Bei *egestas* hingegen kommt das von Anfang an öfters vor (V 2, Sp.245,16 ff.); dafür sind dort die Genetive, welche das Fehlende bezeichnen, seltener (Sp.246,56 ff.). Die Verschiedenheit der Substantive spiegelt sich auch in den sie begleitenden Adjektiven: Bei *paenuria* haben sie fast immer quantifizierenden Charakter (Sp.73,65 ff.); bei *egestas, inopia* oder *paupertas* kommen natürlich solche Epitheta auch vor, aber die gesamte Palette ist wesentlich bunter (vgl. V 2, Sp.247,21 ff. VII 1, Sp.1747,65 ff. X 1, Sp.855,55 ff.).

[11] In einem Brief an Wölfflin aus dem Jahr 1879, zitiert von Fr. Vogel (Bayer.Bl.Gymn.-Schulw. 66, 1930, S.345).

schon sehen." Zum Glück für unser Unternehmen entdeckte der junge Mann in der lexikographischen Arbeit so viel genuine Wissenschaft, daß er gar nicht mehr anderswo danach suchen mußte. Umgekehrt sagte mir ein anderer Ordinarius, er möchte keinen Schüler habilitieren, der nicht als Stipendiat am Thesaurus gewesen sei. Die Anerkennung des Thesaurus als einer wichtigen Ausbildungsstätte für Latinisten, welche darin zum Ausdruck kommt, darf uns gewiß freuen. Aber ich muß gestehen, wenn alle Ordinarien auch nur in Deutschland so dächten, dann hätte unsere Akademie längst anbauen müssen, und wir Redaktoren könnten nichts anderes mehr tun, als neue Mitarbeiter auszubilden. Weniger problematisch ist da eine dritte Äußerung in einem Antwortbrief auf die Einladung zum heutigen Fest. Ein früherer Gast schreibt, die Teilnahme wäre eine schöne Gelegenheit, dem Thesaurus den Dank abzustatten, den man ihm eigentlich jeden Tag schulde. Darauf wollen wir nun gewiß keinen Anspruch erheben, denn wir tun ja unsere Arbeit in erster Linie aus Freude an der Sache und sind glücklich, daß wir sie immer noch tun können. Trotzdem, wenn neben der Kritik, die wir ja oft genug durchaus verdienen, auch einmal von diesem Dank die Rede ist, so mag uns das Genugtuung und Ansporn zugleich bedeuten.

Betrachten wir die Beziehung Thesaurus – Wissenschaft aber auch noch unter einem Aspekt, der direkt unsere Arbeit betrifft. Das neue Konzept des Begriffs *fides*, das E. Fraenkel in seinem bereits erwähnten Thesaurusartikel und in einem begleitenden Aufsatz entwickelt hatte, wurde nach dem Ersten Weltkrieg durch R. Heinze aufgegriffen und modifiziert. In den nächsten Jahren schlossen sich ähnliche Untersuchungen solcher Wörter mit charakteristisch römischen Inhalten an. So darf man sagen, daß eine ganze Forschungsrichtung nicht nur, aber doch spürbar auch von der Thesaurusarbeit initiiert wurde.[12] Als dann W. Ehlers kurz vor Ausbruch des Zweiten Krieges das Stichwort *humanitas* bearbeitete, stand er damit mitten drin in einer wissenschaftlichen Diskussion um diesen Begriff. Darauf wird denn auch im Artikel Bezug genommen,[13] und die Diskussion wurde durch den Artikel gefördert und weitergeführt.

Heute, fünfzig Jahre später, mag es dem Bearbeiter ähnlicher Stichworte gelegentlich vorkommen, daß eigentlich in Aufsätzen und Monographien schon alles Wesentliche gesagt sei. Wie soll und kann man da noch einen Wörterbuchartikel daneben stellen, der ja manches notgedrungen viel knapper behandeln muß? Diese Frage stellte sich etwa der Bearbeiterin des Artikels *pax*, nachdem sie die Fülle der Sekundärliteratur gesichtet hatte. Als sie sich dann trotzdem an die Interpretation des Materials machte, zeigte sich, daß in der älteren Zeit die Mehrzahl der Belege in Ausdrücken und Wendungen vorkommt, welche den Abschluß eines Vertrages beschreiben. Dieser Befund bestätigte, was schon die Etymologie des Wortes lehrt

---

12 Vgl. hierzu das Résumé von H. Fuchs, Rückschau und Ausblick im Arbeitsbereich der lateinischen Philologie, Mus. Helv. 4 (1947) S. 157 f.

13 ThlL VI 3, Sp. 3077, 21 ff.

(*pax* ist verwandt mit *pacisci*). Und es ließ sich darauf ein Artikel aufbauen, in dem ganz unmittelbar anschaulich wird, daß das lateinische Wort *pax*, anders als etwa das griechische εἰρήνη, zunächst nicht einen Friedenszustand bezeichnet, der sich irgendwie eingestellt hat, sondern ganz konkret eine Vereinbarung, welche zwischen zwei Partnern abgeschlossen wird. Aufmerksame und sorgfältige Beobachtung des Materials kann so immer noch zu interessanten Ergebnissen führen.

Wechselwirkungen zwischen dem Thesaurus und der sonstigen Forschung lassen sich besonders auch bei der Einstellung zur Epoche des Spätlateins beobachten. Daß schon bei der Materialsammlung fast alle Texte bis zum Ende des sechsten Jahrhunderts erfaßt wurden, ist im Grunde erstaunlich und bedeutete einen großen Schritt über die damaligen Lexika hinaus, die ja viel stärker auf die klassische Literatur ausgerichtet waren, also auf diejenigen Texte, welche bis dahin weitgehend im Zentrum der Forschung standen. Und auch in den ersten Bänden des Thesaurus können wir gelegentlich noch Artikel finden, in denen diese späten Materialien nicht wirklich ausgeschöpft werden, wo etwa das christliche Latein recht pauschal dargestellt wird.[14] Andererseits konnten aufmerksame Artikelbearbeiter gerade auf diesem, noch wenig beackerten Gebiet Neues entdecken. Zu einer veränderten Einstellung beigetragen hat dann aber auch die Entwicklung außerhalb des Thesaurus, etwa die Arbeiten der schwedischen Schule, die unter Führung von E. Löfstedt begann, die sprachlichen Besonderheiten des Spätlateins zu erforschen. Dabei konnten diese Philologen immer wieder Materialien in schon publizierten Thesaurusartikeln heranziehen; andererseits machten sie in ihren Untersuchungen aufmerksam auf unbeachtete Phänomene. Solche Hinweise wurden ins Thesaurusarchiv aufgenommen und konnten die künftige Artikelarbeit befruchten. Außerdem wurden im Lauf der Zeit manche späten Autoren, deren ursprüngliche Auswertung sich als unbefriedigend erwies, nachexzerpiert. Auf diesem Gebiet hat vor allem der langjährige österreichische Mitarbeiter V. Bulhart nach seiner Pensionierung Bedeutendes geleistet.

Jahrzehnte hindurch wurden ferner Indizes und Konkordanzen, welche zu spätlateinischen Autoren erschienen, verzettelt, so daß heute unser Material für diese

---

14 Ein Beispiel dafür bietet der Artikel *filius* (Vollmer 1917). Hier werden gegen Ende des Artikels (Sp. 758,71 ff.) im Abschnitt *L Christiana* aus christlichen Texten (vor allem Tertullian und Vulgata) in der typischen Weise, d. h. in kleinen, voneinander abgesetzten, nur teilweise näher erläuterten Grüppchen recht verschiedenartige Verwendungen ausgebreitet. Dieses summarische Verfahren hat in seiner Konzentration gewiß auch Vorteile. Andererseits bleibt es ganz dem Benutzer überlassen zu prüfen, ob und wie diese *Christiana* mit der sonstigen Wortgeschichte zusammenhängen. Tut er das, so wird er teilweise ganz entsprechende Verwendungen anderswo finden, etwa in den Abschnitten G und H (Sp. 757,62 ff. bzw. 79 ff.). Ja, er kann dort ebenfalls Belege aus christlichen Texten entdecken. Außerdem muß man feststellen, daß auch das damals vorhandene Material bei diesen *Christiana* nicht immer genügend ausgewertet wurde. So fehlt z. B. *filius* als Bezeichnung des Täuflings, worauf jetzt erst im Artikel *pater* bei der Behandlung des Gegenstücks (*pater* als Taufpate, geistlicher Vater) hingewiesen wird (X 1, Sp. 684,40 ff.).

Epoche wesentlich reichhaltiger ist als vor hundert Jahren. Nicht wenige Texte auch aus dieser Epoche sind inzwischen vollständig erfaßt. Leider bedeutet ein derartiger Materialzuwachs nicht nur eine Bereicherung, sondern auch eine Belastung, denn all das sollte ja gesichtet und ausgewertet werden. Um die Gefahr einer wachsenden Verzögerung unserer Arbeit in Grenzen zu halten, haben wir Ende der siebziger Jahre die Verzettelung solcher Hilfsmittel, die ja seit dem Einsatz elektronischer Datenverarbeitung immer häufiger werden, drastisch reduziert und begnügen uns mit der Erfassung seltener Wörter.

Wenn sich jedoch aus der Arbeit an einem Stichwort ein besonderer Anstoß ergibt, so greifen wir selbstverständlich von Fall zu Fall auch auf derartige Hilfsmittel zurück. So hat zum Beispiel die Bearbeiterin von *pax* angesichts der wichtigen Rolle, die Augustin in der Geschichte dieses Wortes spielt, gerne die Möglichkeit ergriffen, sich vom Augustinuslexikon in Würzburg eine Liste aller Augustinbelege schicken zu lassen, obwohl dadurch das schon recht umfangreiche Material noch um gut ein Viertel vermehrt wurde. Heute stehen uns für beträchtliche Teile der Quellen die Texte auf Compact Discs zur Verfügung. Damit sind grundsätzlich mancherlei Kontrollen und Ergänzungen unseres traditionellen Zettelmaterials möglich, die sich öfters recht bequem ausführen lassen (s. Exkurs 7). Trotzdem verursachen solche Nachforschungen fast immer einen größeren Aufwand an Zeit und Arbeit. Deshalb muß der Bearbeiter immer wieder abwägen, ob der zu erhoffende Gewinn für den Artikel in einem vernünftigen Verhältnis zum Aufwand stehen dürfte.

Kehren wir noch einmal kurz zu den Anfängen zurück. Bei meiner Beschreibung der damaligen Praxis konnte ich mehrmals darauf hinweisen, daß vieles dort schon in Ansätzen vorhanden ist, daß aber immer wieder die mangelnde Konsequenz der Durchführung das Ergebnis beeinträchtigt und den Benutzer verunsichert. Diese Beobachtung führt zwangsläufig zu der Frage, wie denn damals redigiert wurde. Zwar sagt Vollmer in dem erwähnten Vortrag, daß der Generalredaktor und der Redaktor (der 1902 zur Betreuung des zweiten Bandes eingestellt worden war) die Artikelmanuskripte lesen und korrigieren und später auch die zweite Druckkorrektur Zeile für Zeile durchlesen. Wenn wir aber berücksichtigen, wie viele Artikel die Leiter der beiden Bände selbst beisteuerten, drängt sich die Vermutung auf, daß sie für eine wirklich eingreifende Redaktionstätigkeit gar nicht genügend Zeit haben konnten (s. Exkurs 8). Auch auf eine gründlichere Einführung der jeweils neuen Mitarbeiter – die Fluktuation im Kollegium war auch damals recht hoch – konnte und wollte man sich wohl nicht einlassen. Vermutlich ging man davon aus, daß es sich um ausgebildete Philologen handle, die ihr Handwerk verstehen müßten. Außerdem bot das rasch wachsende Werk ja immer mehr Anschauungsmaterial. Jedenfalls wissen wir aus mündlicher Überlieferung, daß noch in den dreißiger Jahren eine intensivere Betreuung durch den zuständigen Bandredaktor keineswegs die

Regel war.[15] Damals waren es vor allem die Redaktoren des E-Bandes, Ida Kapp und Gustav Meyer, die sich bemühten, neue Mitarbeiter systematisch anzuleiten. Daraus hat sich allmählich unsere heutige Redaktionspraxis entwickelt, nach der viele Artikel im Grunde als ein Gemeinschaftswerk von Mitarbeiter und Redaktor entstehen. In neuerer Zeit wurde dieses Verfahren noch ergänzt durch das mehr oder weniger regelmäßige Mitlesen. Das bedeutet, daß ein Artikel, der von seiten des Bearbeiters und Redaktors als abgeschlossen gilt, von einem Dritten gegengelesen wird. Das kann ein anderer Redaktor oder ein erfahrener Mitarbeiter sein, jedenfalls aber jemand, der die besonderen Probleme des Artikels nicht näher kennt. So kann er ihn unbefangener und in gewisser Weise aus der Perspektive des künftigen Benutzers lesen und prüfen und entsprechende Korrekturen und Ergänzungen beisteuern, wie das in der nächsten Etappe dann die Fahnenleser tun.

Es liegt auf der Hand, daß ein solches Verfahren seine Zeit kostet; eine Folge davon ist auch, daß die heutigen Bandredaktoren nur noch selten dazu kommen, eigene Artikel zu verfassen. Andererseits denke ich, daß der Gewinn an Einheitlichkeit und Zuverlässigkeit, der so erreicht werden kann, diese Nachteile mehr als aufwiegt. Es gibt noch andere Gründe, welche uns heute eine solche intensive Zusammenarbeit nahelegen, bei der wir uns sozusagen gegenseitig auf die Finger schauen. Einmal können wir alle, seien wir Anfänger oder alte Hasen, uns an sprachlicher Sicherheit und an Belesenheit in den Quellen kaum messen mit unsern Vorgängern am Anfang des Jahrhunderts. Zum andern ist es bei einem Unternehmen, bei dem Methoden und Erfahrungen weitgehend mündlich tradiert werden, besonders wichtig, daß die Kontinuität des Gesprächs gewahrt bleibt. Schließlich ist bei solcher Zusammenarbeit am ehesten gewährleistet, daß die verschiedenen Aspekte des Materials gebührend berücksichtigt werden.

Gewiß verläuft diese enge Zusammenarbeit nicht immer ganz reibungslos. Es liegt in der Natur der Sache, daß Bearbeiter und Redaktor in der Beurteilung einer Stelle oder auch bei der Frage, wie der Artikel zu gestalten sei, öfters verschiedene Standpunkte vertreten. Solange man sich dabei an der Sache orientiert, werden aber solche Auseinandersetzungen dem Artikel und den Beteiligten durchaus förderlich sein. Lassen Sie mich das an einem ganz kleinen Beispiel illustrieren, dem winzigen Artikel *pepsis*, der sich gerade im Druck befindet.[16] Dieses griechische Lehnwort begegnet uns einmal in einem Cicerobrief und dann ein paarmal bei späten

---

15 Ich denke dabei etwa an Äußerungen des späteren Generalredaktors W. Ehlers über seine Anfänge am Thesaurus (1933/34 unter G. Dittmann am H-Band). Sie werden bestätigt durch H. Haffter (seit 1935 Redaktor des H-Bandes), der bei der Abschiedsfeier für Ehlers 1974 sagte: „Angelernt hat sich Herr Ehlers im wesentlichen selbst". Um so erstaunlicher, daß Ehlers nach kaum zweijähriger Mitarbeit sich bereit erklärte, den mit Abstand größten Artikel des H, das Pronomen *hic*, zu bearbeiten, und in kurzer Zeit aus dem riesigen Material einen bewundernswert reichhaltigen und kompakten Artikel gestaltete.

16 Inzwischen erschienen (X 1, Sp. 1128, 64–73).

Medizinern. Die Bearbeiterin hatte alle Stellen unter dem Titel *i. q. digestio ciborum*, also unter die Bedeutung 'Verdauung' eingereiht. Das schien zunächst plausibel, aber beim Redigieren kamen mir doch Bedenken, als ich bei Cassius Felix mehrere Male die Formulierung las: *postquam aegritudo pepsin fecerit* usw. Zwar bot der Text an der ersten Stelle zusätzlich eine lateinische Erklärung des griechischen Wortes: *id est post digestionem*. Dennoch blieb die Frage, ob eine Übersetzung 'nachdem die Krankheit die Verdauung ausgelöst, in Gang gebracht hat' sinnvoll sei. Ein Blick in griechische Lexika unter dem Stichwort πέψις zeigte schnell, daß dies bei Medizinern auch den Reife- oder Höhepunkt einer Krankheit bezeichnen kann, eine Bedeutung, die nun viel besser in den erwähnten Kontext paßte. Das eingefügte *id est post digestionem* schien danach einfach eine irrtümliche, vielleicht erst später in den Text eingedrungene Erklärung zu sein. Der Bearbeiterin leuchtete das in der Hauptsache durchaus ein, und der Artikel wurde jetzt in zwei Abschnitte aufgeteilt. Zum Glück ließ sie es aber nicht ganz dabei bewenden, sondern nahm sich den Thesaurusartikel *digestio* vor. Dank sorgfältigem Studium entdeckte sie dort eine ganz entsprechende Bedeutungsverschiebung, obwohl diese im Artikel nicht gekennzeichnet ist.[17] Daraufhin wurde die abwertende Charakterisierung der Einfügung als eines vermeintlichen Glossems, welche ich vorgeschlagen hatte, ersetzt durch einen Verweis auf den Artikel *digestio*, und ich konnte der Bearbeiterin nur noch dazu gratulieren, daß es ihr als Anfängerin gelungen war, mich mit Hilfe des Thesaurus zu korrigieren.

Dieses Beispiel mag noch einmal zeigen, daß man auch in den gern kritisierten frühen Artikeln mehr finden kann, als man gemeinhin erwartet. Freilich, es braucht dazu nicht selten eine gehörige Portion Geduld, zumal der Benutzer durch die Gliederung oft wenig Führung erhält. Mit unseren entwickelteren Dispositionen versuchen wir, ihn schneller und sicherer durch den Artikel zu lotsen. Dennoch wäre es eine Illusion zu glauben, daß das immer problemlos gelingt. Man muß ja auch damit rechnen, daß der eine oder andere Benutzer mit Erwartungen und Fragestellungen an den Artikel herantritt, an die dessen Bearbeiter gar nicht gedacht hat. Von solchen Erfahrungen her ist es nicht überraschend, daß in jüngster Zeit der Wunsch laut geworden ist, die gedruckten Bände des Thesaurus möchten ähnlich wie andere große Wörterbücher dem Publikum auch in elektronischer Form zur Verfügung gestellt werden. Dieser Wunsch wurde zuerst in Amerika geäußert, und es ist ein ehemaliger amerikanischer Thesaurusstipendiat, Patrick Sinclair aus Irvine, der diesen Gedanken aufgegriffen hat und ihn jetzt tatkräftig weiterverfolgt. Grundsätzlich werden damit interessante und verlockende Perspektiven eröffnet: die Möglichkeit, in großen Artikeln rasch eine bestimmte Textstelle zu finden oder ar-

---

17 In Bd. V 1, Sp. 1121, 61 f. sind drei Oribasiusstellen zitiert unter dem für sie nicht ganz passenden Interpretament *i. q. dissolutio, purgatio, solutio alvi.* Prüft man diese Stellen, so entsprechen sie genau unserem Gebrauch von *pepsis*, besonders Oribas. syn. 6, 10 *antequam degescio fiat egritudinis*, wofür in der griechischen Vorlage steht πρὶν μὲν πέττεσθαι τὸ νόσημα.

tikelübergreifend nach gewissen grammatikalischen Strukturen zu suchen, um nur
zwei Beispiele zu nennen. Andererseits ist auch klar, daß die Realisierung dieser
Idee nicht gerade leicht sein wird. Um von äußeren Schwierigkeiten zu schweigen,
werden die mannigfaltigen Veränderungen in unserer Arbeit, von denen ich hier
gesprochen habe, die Programmierung einer solchen elektronischen Version nicht
gerade erleichtern. Aber wir können hoffen, daß der Elan und die Kenntnisse unserer amerikanischen Freunde diese Probleme überwinden werden. Wir unsererseits
wollen uns nach Kräften darum bemühen, das Wörterbuch in der traditionellen
Form dem Abschluß näher zu bringen.

Nach diesem kurzen Blick in die Zukunft möchte ich schließen mit ein paar Bemerkungen über unser Geburtstagskind. Wenn wir uns ganz nüchtern ausdrücken,
dürfen wir gewiß behaupten, der Thesaurus sei ein unentbehrliches Hilfsmittel für
die Latinistik und für manche Nachbardisziplin. Falls wir kräftiger in die Tasten
greifen wollen, könnten wir die Encyclopaedia Britannica zitieren, die ihm den Eh-
rentitel zubilligt, er sei *probably the most scholarly dictionary in the world*.[18] Aber
wenn es denn ein Superlativ sein soll, so würde ich lieber formulieren, daß die vielen Spalten unseres Wörterbuchs vielleicht die umfassendste Beschreibung einer
Sprache enthalten, die es gibt. Freilich ist diese Beschreibung nicht aus einem Guß,
sondern aus unterschiedlichen Bausteinen zusammengesetzt. Aber auch die besten
davon können den wirklichen Reichtum der Sprache selbst nicht ganz adäquat wie-
dergeben. So bleibt zuletzt das Staunen vor unserem Objekt, eben der Sprache, eine
Haltung, die uns Philologen sicher angemessen ist und die wir gerade in der heutigen Zeit, die immer mehr vom Computer geprägt wird, bewahren wollen.

Exkurs 1

Inkonsequenzen bei der Einordnung der Stellen

Wenn ich hier einige Beispiele für derartige Inkonsequenzen nenne, dann geht es
mir nicht um Kritik an diesen Artikeln, sondern darum, dem Benutzer, vor allem
demjenigen, der mit der neueren Praxis vertraut ist, zu zeigen, mit welchen Eigenheiten er bei der Darstellungsweise der frühen Bände immer wieder rechnen muß.

Im Artikel *abscondo* ist das Kapitel I A mit einer dritten Ebene aufgeteilt nach
Objekten: hier die Sachen, dort die Lebewesen (Sp. 153, 36 ff. bzw. 154, 50 ff.).

---

[18] The New Encyclopaedia Britannica, [15]1979, unter dem Stichwort *Dictionary* (Macropaedia,
Bd. 5, S. 718a).

Unterhalb dieser Titel folgen (ohne Bezifferung) syntaktische Kategorien. Vom gewöhnlichen Objekt der Person abgehoben erscheint in Sp. 155, 33 die reflexive Verwendung, in 156, 67 die mediopassive und schließlich in 157, 64 eine intransitive, die hierzu paßt. Der nächste Absatz (157, 70) wird dann eingeleitet mit dem Titel *de fluviis: demergi, mergi*. Offenbar hat die Tatsache, daß diese Beispiele syntaktisch dem kurz vorher behandelten Mediopassivum zuzurechnen sind, den Bearbeiter veranlaßt, diesen Abschnitt hier einzufügen, obwohl er in der vorliegenden Disposition natürlich zu den Sachobjekten (I A 1) gestellt werden müßte.

Ähnlich assoziierend verfährt derselbe Bearbeiter unter I B, wo er dieselben Objekttypen unterscheidet. Im Abschnitt B 2 (Lebewesen als Objekt) folgen dann in Sp. 159 auf einen Absatz *tego vestimentis* (159, 8) weitere Alineas mit den Titeln *abscondere vultum* (159, 27), später u. a. *e visu perdo* (160, 22), *praefulgendo obumbro* (161, 11), ja sogar *de aqua: inundo* (161, 32). Es liegt auf der Hand, daß der formal immer noch übergeordnete Titel *animantia* von Sp. 158, 56 hier längst unwirksam geworden ist. Im Grunde behandeln die Abschnitte von Sp. 159, 8 bis Sp. 161, 39 eine Reihe von speziellen Gebrauchsweisen, bei denen verständlicherweise nicht mehr danach gefragt wird, ob das Objekt eine Person oder eine Sache ist.

Im Artikel *adicio* ist der Übergang zu einem solchen Abschnitt, der spezielle Verwendungen behandelt, innerhalb des Kapitels II A 2 wenigstens durch den Vermerk *speciatim* (Sp. 669, 48) äußerlich gekennzeichnet, allerdings noch nicht regelrecht in das System eingebaut; dazu fehlt eine Bezifferung und ein *generatim* als Gegenstück.

Der Artikel *aliquando* bietet auf den ersten Blick eine einfache Dichotomie mit den Kapiteln I *de tempore futuro vel cogitato* – II *de tempore expectato vel optato*. Aber wenn dann innerhalb des ersten Kapitels in Sp. 1600, 26 ein neuer Titel *de tempore praeterito* folgt, wird klar, daß der erste Titel keineswegs für das ganze Kapitel gilt. So enthält denn auch der nachfolgende Absatz *opponendum vel oppositum est 'numquam, raro'* (Sp. 1600, 57 ff.) Beispiele, die sich auf die Zukunft, und solche, die sich auf die Vergangenheit beziehen. Auch hier also keine systematische Hierarchie im Aufbau, sondern eine Reihe von Titeln, die einander nicht ausschließen.

Exkurs 2

Formale Entwicklung der Artikel
(z. B. *legitur*, Aufbau der Disposition, Synonyma – Opposita)

Für einige typische Rubriken und Formen der Artikel soll hier die Entwicklung von den Anfängen bis zur heutigen Praxis skizziert werden, soweit dies auf Grund einer kursorischen, keineswegs vollständigen Durchsicht von Teilen der publizierten Bände möglich ist.

Aus dem Artikelkopf greife ich die Rubrik des sogenannten *l e g i t u r* heraus. Diese ist besonders interessant, wenn zwei oder mehrere Synonyme miteinander konkurrieren. Anfangs wurde das in ganz knappen, wenige Zeilen umfassenden Hinweisen referiert, siehe z. B. die Artikel *abeo* (Verhältnis zu *abscedo, discedo, recedo*), *abscondo* (neben *abdo*), *absumo* (neben *consumo*), *accendo* (neben *incendo*), *accessio* (neben *accessus*). Umfangreicher und mit genauen Zahlenangaben versehen ist dieses Referat bei *amnis* (neben *flumen, fluvius*). Für solche Darstellungen bot sich die Form der vergleichenden Tabelle an, die uns seit den Bänden III und IV begegnet, etwa bei *capillus* (neben *coma, crinis*), *commemoro* (neben *memoro*), *cruor* (neben *sanguis*), *demonstro* (neben *monstro*), *denuo* (neben *iterum, rursus*) usw. Als Mittel der Darstellung wird die Tabelle schon beim Artikel *an* eingesetzt, dient aber dort wie oft in den frühen Bänden dazu, das Nebeneinander syntaktischer Funktionen oder verschiedener Formen zu illustrieren.

So anschaulich solche Tabellen immer wieder sind, so können wir sie doch nur dort mit gutem Gewissen gebrauchen, wo der Verwendungsbereich der zu vergleichenden Lemmata sich mehr oder weniger deckt. Ist das nicht der Fall, so würden unkommentierte Zahlen ein trügerisches Bild ergeben. Da ist es besser, wieder die Form des Referates zu verwenden, wo man die nötigen Differenzierungen anbringen kann. Als Beispiele dafür seien aus neuerer Zeit genannt: *innocens* (neben *innocuus, innox, innoxius*), *lumen* (neben *lux*), *patrius* (neben *paternus*), *porto* (neben *fero*), *poto* (neben *bibo*). Auch Verbindungen von Referat und Tabelle kommen in Betracht wie bei *lacrimo* (neben *fleo*), *lyra* (neben *cithara, fides*), *osculum* (neben *basium, savium*).

Allgemein möchte ich zu dieser Rubrik noch Folgendes anmerken. Zwar gibt es Artikel, wo dieses *legitur* zu richtigen kleinen Abhandlungen ausgestaltet ist. Ich nenne als Beispiel dafür *grandis* von F. Blatt (VI 2, Sp. 2179, 57 – 2180, 16) und – noch umfassender und stärker auch auf die Sache ausgerichtet – *flamen* von E. Bickel (VI 1, Sp. 849, 77 – 851, 9). In der Regel aber wird der Bearbeiter sich mit einer generellen Darstellung begnügen müssen, die manchmal einfach nur darauf aufmerksam machen soll, daß hier auffallende Befunde vorliegen, welche eine nähere Untersuchung lohnen könnten.

Zum andern kann sich hier wie in anderen Bereichen die Individualität der Bearbeiter auswirken. Während manche unter ihnen eine ausgesprochene Vorliebe für diese Rubrik haben, gibt es andere, denen der Blick dafür eher mangelt. So kommt es leider nicht ganz selten vor, daß ein *legitur* fehlt oder daß wir nur eine pauschale Formulierung lesen, obwohl es im Grunde mehr zu berichten gäbe. Geht es um die Konkurrenz von Synonymen, so kann die Darstellung unter Umständen beim alphabetisch späteren Wort ergänzt oder nachgeholt werden. Deshalb sei dem Benutzer gegebenenfalls empfohlen, auch dort nachzuschlagen. Beispiele dafür sind etwa *flumen*, wo die Behandlung unter *amnis* ergänzt wird, oder *femina*. Die lakonische Bemerkung dieses Artikels *legitur per totam latinitatem* wurde von B. Axelson in seinen Unpoetischen Wörtern (S. 53 ff.) mit den notwendigen Nuancierungen versehen, was später im Thesaurusartikel *mulier* aufgenommen und ausgebaut werden konnte. Besonders leicht geschieht es, daß ein Bearbeiter das Fehlen eines Lemmas in bestimmten Bereichen übersieht; vgl. hierzu die Kritik Timpanaros am Artikel *occludo* (in: Studi di poesia latina in onore di A. Traglia, Rom 1979, S. 630; abgedruckt in: S. Timpanaro, Nuovi contributi di filologia, Bologna 1994, S. 295).

Schließlich noch eine Kautel zu den Zahlenangaben, die in dieser Rubrik vorkommen: Kleinere Differenzen zu den Angaben in Konkordanzen und Indizes können sich öfters ergeben, vor allem dadurch, daß die Überlieferung einzelner Stellen verschieden beurteilt wird. Außerdem ist aber gerade hier die Gefahr von Versehen und Druckfehlern besonders groß. So wird in Bd. V 1, Sp. 1176, 66 bei der vergleichenden Statistik von *amo* und *diligo* für Ovid angegeben, daß den 37 Belegen für *diligo* nur 36 für *amo* gegenüberstehen, während es in Wirklichkeit 369 sind.

Das Bewußtsein dafür, daß ganz große Artikel dem Benutzer durch eine Inhaltsübersicht (*c o n s p e c t u s   m a t e r i a e*) erschlossen werden sollten, war von Anfang an da, wohl einfach deshalb, weil die Lemmareihe mit dem umfangreichen Artikel *ab* beginnt. Hier wird der Leser durch ein kurzes Referat über den Aufbau des Artikels orientiert (I, Sp. 3, 72–84; ähnlich noch bei *atque*). Sonst aber wird das Schema der Disposition wiedergegeben, oft in Form einer Liste, entweder in reduziertem Umfang, d. h. ohne die untersten Ebenen (so etwa bei *ago, caput, de, fides, forma*), oder mehr oder weniger in extenso wie bei *dico, do, doceo*. Im E-Band geschieht dies z. T. auch bei mittelgroßen Artikeln wie *exhibeo, exigo, experior*. Heute verwenden wir nur noch die reduzierte Form, um Raum zu sparen. Als Besonderheit erwähnt sei noch der Artikel *augustus*, wo der *conspectus*, welcher die nicht ganz gewöhnliche Anlage dieses Artikels gut erschließt, leider ganz versteckt am Ende (II, Sp. 1413, 56–80) untergebracht ist, sozusagen als Résumé.

Für die B e z i f f e r u n g der Gliederungsebenen gibt es seit langem eine festgelegte Abfolge: I A 1 a α ① Ⓐ usw.; kleine Artikel beginnen gleich mit den arabischen Zahlen; bei sehr großen kann man mit CAPVT PRIMVM etc. bzw. PARS PRIMA etc. noch eine oder zwei Ebenen überordnen. Da der erste Generalredaktor, Vollmer, möglichst einfache Gliederungen anstrebte, ist es verständlich, daß diese Verfahrensfrage nicht von Anfang an geregelt wurde. So gibt es in den ersten Bänden unterschiedliche Sequenzen, manchmal sogar innerhalb eines Artikels (siehe z. B. *abhorreo, abstraho, accido, adhuc*). Ja, es kann auch vorkommen, daß eine Ebene mitten im System ohne Bezeichnung bleibt. So erscheint im Artikel *adorior* zwischen den Titeln I *proprie* und A *sequente obiecto* in Sp. 814, 58 eine weitere Kategorie *de hominibus*. Das Gegenstück dazu *de bestiis* in Sp. 816, 16 wirkt auf den ersten Blick wie ein Anhängsel zum Titel B *obiecto omisso* in Zeile 5. Erst wenn man die Texte prüft, merkt man, daß sie gar nicht dazu passen.

Als dann Dispositionen mit mehr Ebenen entwickelt wurden und die fünf Elemente I A 1 a α nicht mehr ausreichten, griff man zunächst zur Verdoppelung der griechischen Buchstaben (siehe z. B. *circa, circumdo, cognosco, colloco, colo, comes* usw.), erst später zu den Zeichen im Kreis, die mehr Möglichkeiten boten, so etwa bei *felix, ferio, fides* (hier gleichzeitig mit übergeordnetem CAPVT PRIVS – CAPVT ALTERVM) usw.

Von Anfang an üblich waren Q u e r v e r w e i s e innerhalb der Artikel und die K l a m - m e r t e c h n i k , welche es erlaubt, in der an sich chronologisch zu ordnenden Zitatreihe Belege aus verschiedenen Zeiten, die im Ausdruck oder im Inhalt einander nahestehen, zusammenzubringen.

Verweise wurden am Anfang sehr sparsam, dann immer häufiger verwendet. Ein Höhepunkt dieser Entwicklung ist im E-Band erreicht. Wenn wir seither wieder etwas zurückhaltender geworden sind, so hat das vor allem ökonomische Gründe, denn diese Verweise vom ersten Manuskript bis zum definitiven Druck mitzuführen, verursacht Artikelbearbeitern und Setzern einiges an Arbeit.

Bei der Klammertechnik hingegen kann man gerade in den ersten Bänden beobachten, daß sie manchmal sehr weit getrieben wird. Im Artikel *amitto* etwa enthält der Abschnitt II 1 b , der sich von Sp. 1923, 65 an ohne weitere Unterteilung über volle acht Spalten erstreckt, eine Fülle von Klammern, die oft 10, ja 20 und mehr Zeilen umfassen, so daß der Leser jeweils Mühe hat, deren Ende zu finden. Meistens werden ähnliche Objekte des Verbums zusammengeordnet, z. B. Sp. 1923, 65–1924, 8 *res publica, patria, imperium, regnum* etc., Sp. 1924, 10–18 *confidentia, salus, fortitudo* etc. Aber dazwischen treten Sammlungen von Opposita und Synonymen wie in Sp. 1924, 47–58. 66–79.

Heute bemühen wir uns, die Klammern übersichtlicher zu gestalten, sie nicht über 5 bis 6 Zeilen anschwellen zu lassen und innerhalb eines Abschnittes tunlichst nach demselben Kriterium zu klammern. Auf eine Sperrung folgen zunächst nur Belege, welche dasselbe Wort enthalten, während ähnliche dann mit einem *cf.* angeschlossen werden, so daß der Leser auch bei Stellen, die ohne Text zitiert werden, die wesentlichen Elemente erschließen kann.

Angaben über S y n o n y m a und O p p o s i t a stehen in den ersten Bänden zwar nicht regelmäßig, aber doch oft am Ende der Artikel, sei es mit genauen Stellenangaben oder Verweisen auf das Innere des Artikels, sei es als bloße Aufzählungen, manchmal differenziert nach den Hauptabschnitten des Artikels (so z. B. bei *abicio, abrogo, abruptus*). Im zweiten Fall kann der Benutzer natürlich nicht leicht überprüfen, wie weit es sich wirklich um Synonyme handelt. Aber als Orientierung über das Wortfeld, als Einladung zur Konsultation anderer Artikel haben solche Angaben sicher ihren guten Sinn.

Dieses Verfahren wurde, soweit ich sehe, mehr oder weniger beibehalten bis in die dreißiger Jahre hinein, danach aber offenbar so ziemlich aufgegeben. Dafür haben sich eine Reihe anderer Formen für die Darstellung dieser Befunde entwickelt. Einige Beispiele aus dem O-Band (IX 2) mögen dies illustrieren. Manchmal werden solche Informationen in der allgemeinen Bedeutungsangabe eingefügt, welche den Hauptteil des Artikels eröffnet. Sie tragen dort dazu bei, die verschiedenen Nuancen des Lemmas genauer zu erfassen. Meistens sind das kürzere oder längere Sammlungen (oft neben anderen Angaben, welche den ganzen Verwendungsbereich des Wortes umfassen), vgl. etwa *occupo, officium, opacus, operatio, 1. ops, opus.* Hie und da ist es auch nur ein Verweis auf eine signifikante Stelle wie bei *obscurus* (Sp. 168, 17 f.).

Anderswo werden diese Angaben in die passenden Abschnittstitel eingefügt, so bei *olim* Sp. 557, 4 ff. 562, 21 ff. oder *oratio* Sp. 877, 33 ff. Es können damit aber auch eigene Abschnitte innerhalb der Disposition gebildet werden, gelegentlich so, daß der moderne Lexikograph seine Beobachtungen den entsprechenden Äußerungen antiker Autoren an die Seite stellt, vgl. etwa *omen* Sp. 574, 1–50, *omnis* Sp. 610, 70–611, 50, *oportet* Sp. 738, 46–739, 2, *oppidum* Sp. 755, 1–66, *ostentum* Sp. 1134, 52–1135, 17. In den genannten Fällen stehen diese Abschnitte am Anfang der Gliederung. Sie können gegebenenfalls auch im Innern erscheinen wie bei *oraculum* (Sp. 873, 27 ff.) und *opto* (Sp. 832, 19 ff.) oder am Ende wie bei *opinio* (Sp. 722, 33 ff.) und *otium* (Sp. 1186, 17 ff.). Diese Praxis hat gewiß den Nachteil, daß der Leser nicht von vornherein weiß, wo er derartige Informationen suchen muß, aber auch den Vorteil, daß er nicht nur schematische Listen findet, sondern eine differenzierte Darstellung, die sich aus den Befunden des jeweiligen Lemmas ergibt.

Exkurs 3

Fehlende Stellen

Von den Kritiken, die dem Thesaurus fehlende Stellen vorwerfen, sei hier nur eine, wohl die bekannteste, erwähnt, nämlich Housmans Attacke gegen den Artikel *aelurus*, in dem er die älteste Belegstelle, Juvenal 15, 7, vermißte. Der primäre Grund für diese Lücke war allerdings nicht die von Housman so drastisch geschilderte Selbstzufriedenheit des Lexikographen, sondern eine simple Panne bei der Materialsammlung. Im Text der betreffenden Juvenalperikope stand wie in Büchelers Ausgabe das überlieferte *caeruleos*. Am Rand war aber die Lesart *aeluros* (nach damaliger Kenntnis eine Konjektur ohne handschriftliche Grundlage) notiert, welche in anderen Ausgaben steht. Leider vergaß der Lemmatist, auch dafür einen Zettel anzulegen, und so fand der Bearbeiter des Lemmas *aelurus* keinen Hinweis auf die Stelle in seinem Material.

Auch wenn Housmans Kritik hier also nicht direkt ins Ziel trifft, so bleibt sie als Warnung vor aller Routine doch sehr bedenkenswert. Und es lohnt sich, nicht nur den Ausschnitt zur Kenntnis zu nehmen, den Housman selbst in der Praefatio seiner Juvenalausgabe (S. LV f.) wiedergibt. Im Zusammenhang seiner Cambridger Antrittsvorlesung, die erst viel später veröffentlicht wurde (The confines of criticism. The Cambridge Inaugural 1911, ed. J. Carter, Cambridge 1969), kommt sein grundsätzliches Anliegen erst wirklich zur Geltung.

Lücken von der genannten Art gibt es hie und da in unserem Archiv. Angesichts der gewaltigen Arbeit, welche die gesamte Verzettelung darstellte, kann das im Grunde nicht verwundern. So fehlte etwa im Material des Adjektivs *loquax* ebenfalls der älteste Beleg, nämlich die einzige Plautusstelle (Aul. 124). Weil die Verse 123 und 124 beide mit dem Lemma *habeo* enden, wurde beim Lemmatisieren ein ganzer Vers übersprungen. In diesem Fall entdeckte jedoch der institutsinterne Mitleser des redigierten Artikels die Panne, und sie konnte noch rechtzeitig korrigiert werden.

In anderen Fällen freilich fällt die Verantwortung für fehlende Stellen auf den Bearbeiter selbst. Bei dem nicht einfachen Werdegang eines Artikels kann es nur allzu leicht passieren, daß irgendwann eine Stelle unter den Tisch fällt. Und wie es das Verhängnis will, trifft es dann nicht selten gerade besonders wichtige Belege. So fehlt ausgerechnet in dem Artikel *animosus*, den Vollmer als Muster auswählte (s. o. S. 31), aus unersichtlichem Grund die älteste Stelle (Lucilius 1041), obwohl sie im Zettelkasten vorhanden ist.

Exkurs 4

Dokumentation der Auslassungen

Die Praxis in den ersten beiden Bänden ist ganz unterschiedlich. Grundsätzlich war man ja nicht nur bei großen, sondern auch bei mittleren Artikeln nicht auf Vollständigkeit der Dokumentation bedacht. Weniger interessante Stellen konnten und sollten durchaus weggelassen werden. Nicht selten geschah das einfach stillschweigend. So zitiert z. B. der Artikel *antecedo* (Oertel) in seinen fünf Spalten 337 der rund 370 damals im Material vorhandenen Belege des Stichwortes. Aber wir finden in ihm nur ein einziges Mal (Sp. 143, 60) einen Vermerk *et saepius*, der jedoch nur einen kleinen Teil der weggelassenen Stellen abdeckt. In dem umfangreichen Artikel *animus* (Klotz) begegnen wir nur in einzelnen Partien Hinweisen darauf, daß ausgewählt wurde (Sp. 97, 30. 47. 50. 71. 72. 103, 75. 104, 39. 68). Man darf daraus aber nicht den Schluß ziehen, daß die anderen Teile dieses Artikels sämtliche einschlägigen Stellen enthalten. In Artikeln wie *aut* (Vollmer) oder *autem* (Münscher) sind derartige Vermerke wesentlich häufiger und differenzierter. Strikte Konsequenz darf man aber nicht erwarten. Betrachten wir etwa den Artikel *adventus* (Hey), der auf nur dreieinhalb Spalten etwa die Hälfte der rund tausend Belege anführt, die der Bearbeiter im Material vorfand. Zwar ist der Artikel in manchen Teilen (Sp. 837 unten, Sp. 839/40) beinahe übersät mit den Angaben *al., saepe, passim*. Aber ein Vergleich mit dem Material zeigt, daß neben fast übertriebener Akribie auch einige keineswegs belanglose Lücken vorhanden sind. Sp. 839, 32 wird am Ende der verschiedenen Möglichkeiten zur Angabe des Ziels die Verbindung des Substantivs mit dem Akkusativ eines Städtenamens durch LIV. 22, 61, 13 dokumentiert. Leider fehlt jedoch der zweite Beleg für diesen seltenen Typus (LIV. 31, 40, 10). Sp. 840, 3 wird die Verbindung *adventum gratulari* 'sich über jemandes Ankunft freuen' aus Terenz belegt; daß sie schon bei Plautus vorkommt (Stich. 567), erfahren wir nicht.

Offensichtlich gab es keine allgemein verbindlichen Regeln für die Kennzeichnung von Lücken. Das wurde auch nicht grundsätzlich anders, als mit Beginn der Bände III und IV (Buchstabe C) das Zeichen ⊠ vor dem Lemma als genereller Hinweis auf eine selektive Dokumentation eingeführt wurde. Anfangs lassen sich schon bei der Setzung dieses Zeichens Inkonsequenzen beobachten. Vor den Stichwörtern *calculosus, concivis, concubina, concupiscentia* u. a. fehlt es, obwohl dann in den Artikeln Angaben wie *al., et passim* begegnen. Umgekehrt ist den Lemmata *caenum, calceus, ceno, cornix, cortina, dispungo* u. a. das Kreuz vorangestellt, aber im Innern der Artikel suchen wir vergeblich nach Hinweisen, wo etwas weggelassen wurde.

Daß der Bearbeiter dem Benutzer möglichst genau mitteilen soll, wo er nur eine Auswahl bietet, diese Regel hat sich erst im Lauf der Zeit, vor allem seit den dreißiger Jahren allgemein durchgesetzt. Die seither übliche Praxis sei im folgenden am Beispiel des Artikels *osculum* (Bd. IX 2) erläutert:

Wenn ein Artikelabschnitt weder im Titel eine einschränkende Bemerkung noch innerhalb der Zitatreihe oder an deren Ende einen Vermerk wie *al.* enthält, so darf der Benutzer davon ausgehen, daß der Bearbeiter alle Stellen seines Materials, die nach seiner Interpretation in diesen Abschnitt gehören, auch angeführt hat (Beispiele: Sp. 1110, 5–12. 60–62).

Steht ein *al.* innerhalb einer Zitatreihe, dann sind Belege aus dem zuletzt genannten Autor weggelassen worden. So ist z.B. die Dokumentation des Ausdrucks *oscula iungere* in Sp. 1113, 26–36 vollständig, nur aus Ovid fehlen Stellen, wie das *al.* in Zeile 34 anzeigt. Ein Leser, dem unsere Auswahl nicht genügt, könnte die fehlenden Stellen in der Ovid-Konkordanz finden.

Steht am Ende eines Abschnittes ein *al.*, so finden sich im Material weitere einschlägige Stellen beim zuletzt genannten Autor und/oder in der Zeit danach. So besagt *al.* in Sp. 1112, 67, daß es für *oscula dare* vielleicht weitere Belege bei Martial, jedenfalls aber solche aus späterer Zeit gibt. So streng gilt diese Regel allerdings nur für Reihen, die vor Apuleius abbrechen. Weil für die spätere Zeit unser Material ohnehin nicht vollständig ist, handhaben wir in diesem Bereich die Regel lockerer, um in der Auswahl interessanter Stellen freier zu sein. Das *al.* in Sp. 1112, 2 bedeutet also, daß es weitere Belege dieses Gebrauchs aus dem ganzen Bereich der späten Literatur seit Tertullian und der Vetus Latina gibt, nicht erst nach Augustin, dem letzten Autor in der Reihe.

Diese Regeln gelten analog auch für das *al.* am Ende von Zitatreihen in Klammern, z.B. Sp. 1114, 16 und 17 für die Verbindungen *osculo excipere* bzw. *suscipere.*

Veranlaßt uns die Menge des Materials zu einer stärkeren Selektion, dann findet der Leser gleich im Titel eines Abschnitts in Klammern Hinweise wie *exempla selecta* oder *specimina paucissima.* Häufiger kommt es vor, daß nur der Anfang eines Gebrauchs vollständig dokumentiert ist und für die Folgezeit eine Auswahl gegeben wird. Darauf zielen Hinweise wie *pauca selecta post* CIC. in Sp. 1110, 23.

Entsprechend kann auch der Vermerk am Ende eines Abschnitts je nach Menge des weggelassenen Materials differenziert werden: *al., et saepe, et passim* u.ä. Oder es werden mit spezifischen Formulierungen Bereiche bezeichnet, in welchen ein Gebrauch besonders häufig ist, z.B. X 1, Sp. 874, 61 *al., saepissime in inscr. sepulcr.*

Natürlich können solche Differenzierungen interessante Züge zur Lebensgeschichte eines Wortes beisteuern. Dennoch wird der Leser sie nicht überall finden, wo sie möglich wären, und er möge bitte auch keine Zahlenangaben darüber erwarten, wie viele Stellen sich hinter einem *et saepe* und einem *et saepissime* verbergen. Der Bearbeiter häufigerer Wörter, der sich in begrenzter Zeit durch seine Zettelkästen hindurchwühlen und dabei eine Vielzahl von Aspekten stets im Auge behalten muß, wäre überfordert, wenn er auch noch über jede Stelle, die er wegläßt, genau Buch führen sollte.

Benutzer der Buchstaben E, H, I und M werden öfters auf den Vermerk *et al.* stoßen. Dahinter steht eine Differenzierung, welche in den dreißiger und vierziger

Jahren weithin üblich war. Ein bloßes *al.* wurde damals nur auf den letztgenannten Autor bezogen. Wurden Stellen bei anderen Autoren weggelassen, so zeigte man das mit einem *et al.* an, weshalb dann auch Verbindungen wie *al. et al.* oder *al. et saepe* usw. aufkamen (vgl. etwa V 2, Sp. 1025, 50. 1733, 76. 1734, 55). An sich war dieses Verfahren gewiß nicht abwegig (analog wird im Liddell-Scott unterschieden zwischen *al.* und *etc.*). Eine wirklich konsequente Durchführung erwies sich aber als recht mühsam, und so wurde diese Praxis bald nach 1950 wieder aufgegeben. Heute verwenden wir gelegentlich die Formulierung *al. apud eundem*, wenn wir dem Benutzer den Geltungsbereich präzisieren möchten.

Exkurs 5

Zur Darstellung semantischer Probleme

Für dieses Verfahren seien hier einige Beispiele genannt. Im Artikel *liquidus* werden in einem Abschnitt I A 1 (Sp. 1483, 32–80) anhand weniger deutlicher Beispiele die verschiedenen Ausprägungen der Bedeutung vorgeführt. Danach kann dann die Masse des Materials im Abschnitt I A 2 nach verschiedenen Anwendungsbereichen geordnet werden, ohne daß man sich bei jeder Stelle in diffizilen Abwägungen ergehen muß, ob nun z. B. *unda liquida* eher das fließende oder das klare Wasser meint.

Ähnlich verfährt der Artikel *osculum.* Im Abschnitt I A 1 wird gezeigt, wie das Wort in seiner üblichen Verwendung immer wieder fluktuiert zwischen den Bedeutungen '(kleiner) Mund, Lippen' und 'Kuß' (vgl. hierzu ausführlicher Verfasser in: Scire litteras. Abh. Münch. Ak., NF 99, 1988, S. 149 ff.). Die anderen großen Abschnitte des Artikels behandeln und ordnen dann die Belege nach den charakteristischen Situationen (I B), den typischen Verbalverbindungen (I C) und den häufigeren Attributen (I D), während einige semantische Sonderentwicklungen in den Abschnitten I A 2 und II zur Darstellung kommen.

Beim Artikel *lyra* versuchte der Bearbeiter zuerst verständlicherweise, das Material semantisch, also mit Kategorien wie 'Musikinstrument', 'Symbol der Dichtung', 'lyrische Dichtung' zu gliedern. Aber die hier besonders häufigen Dichterstellen entziehen sich immer wieder solch eindeutigen Festlegungen. Deshalb kamen wir zum Schluß, die semantischen Variationen nur in einem Vorspruch abzuhandeln (Sp. 1949, 14–26), und teilten danach das Material nach den Personen auf, welchen das Instrument zugeordnet ist.

Bei einem Verbum wie *posco* möchte man natürlich gerne Bedeutungen wie 'verlangen, fordern' einerseits und 'bitten' andererseits auseinanderhalten. An manchen Stellen ist das auch durchaus möglich, aber an vielen anderen gibt uns der Kontext dafür keine verläßlichen Anhaltspunkte, und auf ein subjektives Sprachgefühl können und dürfen wir ja nicht bauen. So wählten wir auch hier den Weg, in einer Präambel (Sp. 70, 52–84) das Spektrum der möglichen Abstufungen zu illustrieren, während die Gliederung dann anderen Gesichtspunkten folgt.

Vergleichbares kann man schon in den ersten Bänden finden, wo öfters Artikel vorkommen, welche einerseits einen semantischen Teil, andererseits Junkturenabschnitte bieten. So wird im Abschnitt I A des Lemmas *colonia* in einem Vorspann (Sp. 1698, 47 – 1699, 8) der Bedeutungsinhalt des Wortes mit verschiedenartigen Belegen dargestellt; in den ausgedehnten Abschnitten A 1 und A 2 kommen dann grammatisch-stilistische und sachliche Gesichtspunkte zum Zuge.

Exkurs 6

Zur Behandlung syntaktischer Probleme

Sinnfällig wird der Zusammenhang von Semantik und Syntax etwa bei einem Verbum, welches dieselben oder ähnliche Sachverhalte mit unterschiedlichen Strukturen beschreibt. So bietet der Artikel *infundo* auf der obersten Ebene die Kategorien: *structura originaria* **aliquid alicui** *i. q. fundendo immittere* – *structura inversa* **aliquid aliqua re** *i. q. fundendo implere* – *structura contaminata* **aliquid aliquid**, wobei die Interpretamente darauf hinweisen, daß sich mit dem Wechsel der Struktur auch die Bedeutung verändert. Auf der zweiten Ebene folgen wiederum syntaktische Kategorien (*transitive, intransitive*), und erst auf der dritten Ebene finden wir *proprie* und *translate*. Ähnlich sieht es bei anderen *in*-Komposita aus, z.B. bei *inicio, inscribo, 1. insero* (anders jedoch bei *2. insero*), *insterno, intendo*. Vergleichen wir die Artikel zu den mit *circum* gebildeten Verben, so werden dort in der Regel die Kategorien *proprie* und *translate* übergeordnet, und erst danach folgen die syntaktischen Strukturen, so z.B. bei *circumdo, circumduco, circumfundo, circumlino*. Auf den ersten Blick mag man diesen Unterschied für unwesentlich halten. Aber wenn man etwa den kleinen Artikel *circumfluo* durchliest, wird man erkennen, daß diese Anordnung die Analyse der Strukturen und die Klarheit der Darstellung nicht unbedingt gefördert hat. Anders steht es in Fällen, wo der Wechsel der syntaktischen Struktur keine (erkennbare) Veränderung der Bedeutung zur Folge hat. Bei *praecedo* finden wir seit dem 1. Jh. v. Chr. neben dem älteren Dativ auch den Akkusativ, der den Dativ dann allmählich ziemlich verdrängt. Außerdem gibt es vereinzelt Präpositionen und den Genitiv als Gräzismus. Dies alles wurde nicht in die Gliederung eingebaut, sondern in einer Appendix behandelt (X 2, Sp. 406, 30 ff.), weil wir annahmen, daß gerade dem an syntaktischen Fragen interessierten Benutzer mit einer solchen zusammenfassenden Darstellung besser gedient sei, als wenn diese Rubriken über den ganzen Artikel verstreut sind wie beim Synonym *antecedo*.

Natürlich kann auch eine Kombination beider Verfahren vorkommen. Beim Lemma *posco* sind persönliche Objekte, sofern sie jemanden bezeichnen, den man erbittet oder anfordert, genau wie die entsprechenden Sachobjekte im Strukturteil zusammengefaßt (X 2, Sp. 81, 23 ff.), wo man auch die anderen Objektformen (z. B. Finalsätze oder Infinitivkonstruktionen) findet. Hingegen haben diejenigen Beispiele, wo das Objekt die Person bezeichnet, an die man eine Bitte oder Forderung richtet, einen eigenen Platz in der Disposition erhalten (Sp. 77, 78 ff.). Ebenso sind bei den Sachobjekten einige besondere Typen, die zu Bedeutungsveränderungen führen, im semantischen Teil dargestellt (Sp. 78, 46 ff.).

Exkurs 7

Auswertung von Datenbanken

An zwei Beispielen aus neuester Zeit sei gezeigt, welche Möglichkeiten sich dabei ergeben können.

Im Artikel *per* wird die besondere lokale Verwendung 'innerhalb eines gewissen Bereichs' (z. B. im Ausdruck *per urbem ambulare*) unter anderem dokumentiert durch einen kleinen Abschnitt mit dem Titel *per scripta*. Dafür fand der Bearbeiter in unserem Zettelmaterial nur zwei späte Belege, nämlich PEREGR. Aeth. 48, 2 *hoc per scripturas sanctas invenitur* und GAVDENT. serm. 7, 5 *per omnes libros sanctarum scripturarum ... legimus*. In der Annahme, daß es dafür im Spätlatein weitere Belege geben dürfte, ließen wir uns aus der vom CETEDOC erstellten Datenbank zu den christlichen lateinischen Texten alle Belege ausdrucken, wo die Wörter *per* und *scripturas* bzw. *libros* unmittelbar nebeneinander oder durch höchstens vier Wörter getrennt vorkommen. Das ergab Listen von 130 Stellen für die erste und 60 für die zweite Verbindung. Da die Kontexte mitausgedruckt werden, lassen sich solche Listen rasch sichten. Übrig blieben schließlich vier bzw. zwei einschlägige Stellen, die zu einer Erweiterung des betreffenden Abschnittes führten (X 1, Sp. 1140, 12–15). Das Ergebnis ist weniger quantitativ interessant als qualitativ, weil wir jetzt diese Ausdrucksweise nicht nur aus den oben genannten, eher am Rande der patristischen Literatur stehenden Texten belegen können, sondern auch aus den zentralen Autoren Hieronymus und Augustin.

Das zweite Beispiel stammt ebenfalls aus dem Artikel *per*, und zwar aus dem Abschnitt, welcher die Verbindung mit dem Reflexivpronomen, insbesondere den Ausdruck *per se* behandelt. Hierzu äußerte ein Fahnenleser, R. Heine in Göttingen, den Wunsch nach Informationen über die syntaktischen Relationen dieses Ausdrucks: Seit wann und wie weit wird hier die Regel, daß ein Reflexivpronomen sich auf das Subjekt beziehen muß, außer Acht gelassen? Im bearbeiteten Artikel ließen sich zwar manche Einzelstellen für solche Abweichungen finden, aber um einen

Überblick zu gewinnen, hätte man mindestens Teile des großen Materials noch einmal auf diese Verbindung hin durchsehen müssen, was zu viel Zeit gekostet hätte. Da half uns die Datenbank des Packard Humanities Institute, in der ein großer Teil der Literatur von den Anfängen bis in hadrianische Zeit gespeichert ist. Der Ausdruck aller Belege für *per se* ergab zwar einen Stoß von rund hundert Seiten. Dieser ließ sich jedoch ziemlich schnell so weit durcharbeiten, daß wir einen Zusatz in den Artikel einfügen konnten (X 1, Sp. 1159, 14–23), der in großen Zügen über den Sprachgebrauch der älteren Zeit informiert. Als unerwartetes, aber willkommenes Nebenprodukt dieses Arbeitsganges ergab sich eine allgemeine Übersicht über die Verbreitung dieser Verbindung, die vor allem in Fachsprachen beliebt ist, so bei den Philosophen (Cicero, Lukrez), den Medizinern und den Grammatikern. Außerdem ließen sich mit Hilfe der Datenbank bequem auch noch Angaben über das Vorkommen der Sonderformen *per sese* und *per semet* ermitteln.

Diese Beispiele, die sich vermehren ließen, zeigen, daß Datenbanken gerade die Arbeit an sehr großen Materialien unterstützen können. Natürlich ist ihre Funktion bei der Bearbeitung lexikographischer Probleme vor allem eine subsidiäre. Wenn die traditionelle Interpretation bestimmte Verbindungen als typisch für eine Verwendung oder Bedeutung festgestellt hat, dann lassen sich relativ leicht weitere Belege dafür finden. Freilich müssen diese dann wieder kritisch geprüft werden. So darf man also vom Einsatz dieser Hilfsmittel keine wesentliche Beschleunigung erwarten. Andererseits können damit Fragen beantwortet werden, die man früher notgedrungen beiseite geschoben – und damit auch Zeit gespart hätte.

Exkurs 8

Eingriffe der Redaktoren

In den gedruckten Artikeln läßt sich jedenfalls bei der heutigen Praxis nicht mehr erkennen, ob und wo ein Redaktor eingegriffen hat. Wenn es ab und zu vorkommt, daß ein Artikel vom Bandredaktor mitgezeichnet wird, so kann das daran liegen, daß er sich veranlaßt sah, stärker als üblich einzugreifen, aber auch daran, daß ein vorübergehender Mitarbeiter einen Artikel nicht mehr abschließen konnte.

In den ersten Bänden kann man jedoch hie und da Zusätze des Redaktors erkennen, welche durch Klammern und die Sigle des Bandredaktors gekennzeichnet sind. In den beiden Artikeln *abscido* und *abscindo* hat V(ollmer) in zwei Zusätzen (Sp. 147, 74–81 bzw. 150, 78 f.) Angaben über die Verbreitung der beiden Verben und die vorkommenden Verwechslungen eingefügt. Im Artikel *cognosco* ergänzt der Bandredaktor M(auren)br(echer) sogar die Disposition um einen kleinen Abschnitt (III, Sp. 1514, 1–6).

P. Flury

Etwas näher eingehen will ich auf den kleinen Artikel *dispungo* (V 1, Sp. 1437,7–37). Das Wort war ursprünglich offenbar in der Rechnungsführung zu Hause und bezeichnet so etwas wie unser 'abhaken'. Während es für diese Verwendung nur wenige Belege gibt, entfaltet sich dann vor allem bei Tertullian ein recht vielfältiges Spektrum von Übertragungen. Der Bearbeiter Gudeman gliedert sie durch knappe Interpretamente. Dabei verflüchtigt sich freilich der Zusammenhang mit der Grundbedeutung immer mehr. Beim letzten Abschnitt, der eine Optatusstelle unter dem Interpretament *i. q. consolari* präsentiert (Zeile 34), erklärt Gudeman selbst, daß er keine solche Verbindung mehr sehen kann. Eine Erklärung für dieses überraschende Bekenntnis finden wir im zugehörigen Zettelkasten. Schon bei den Tertullianzetteln fällt auf, daß Bedeutungsangaben der Textrevisoren und der Exzerptoren wörtlich im Artikel wiederkehren. Auf dem Optatuszettel schließlich finden wir von der Hand des Exzerptors zu *dispungerent* die Erklärung *consolarentur*. Nun war Optatus von C. Ziwsa exzerpiert worden, der wenige Jahre zuvor den Text im CSEL herausgegeben hatte. Gudeman durfte also mit gutem Grund annehmen, daß der Exzerptor als Editor den nicht ganz einfachen Text besser kannte und verstand als er selber. Er übernahm also dessen Erklärung, gab aber immerhin durch den Zusatz *qui sensus semasiologice explicari nequit* sein Befremden zu erkennen. Ob gerade das den Bandredaktor D(ittmann) herausgefordert haben mag, die Stelle zu prüfen und dann in den letzten beiden Zeilen eine andere Erklärung hinzuzufügen, die sicher das Richtige trifft? Wichtiger als diese Frage und auch als jene nach persönlichen Differenzen, welche hinter diesen Zeilen stehen können, ist uns hier der Einblick in die damalige Arbeitsweise: In ganz anderem Ausmaß als heute bildeten die Zettel das Fundament der Arbeit, nicht nur wegen des viel rascheren Publikationsrhythmus, sondern auch deswegen, weil die heute so treffliche Institutsbibliothek damals noch in den Anfängen stand. In vielen Fällen wäre es dem Bearbeiter gar nicht möglich gewesen, den Text in einer Ausgabe zu überprüfen. Andererseits stammten die Angaben auf den Zetteln ja vielfach von namhaften Philologen und Kennern der betreffenden Texte, konnten also einige Autorität für sich in Anspruch nehmen.

Heikki Solin

Thesaurus und Epigraphik

Als ich vor ein paar Jahren die Edition der Inschriften der drei nordkampanischen Städte Trebula, Caiatia und Cubulteria vorbereitete, stieß ich bei der Bearbeitung der wichtigen Inschrift des aus Caiatia gebürtigen römischen Ritters L. Pacideius Carpianus aus dem 2. Jh. n. Chr. auf den Ausdruck *munitus sacerdotio Lanuvinorum*.[1] Es leuchtet ohne weiteres ein, daß *munitus* hier die abgeschwächte Bedeutung 'mit etwas versehen' hat; jedenfalls sehe ich keine andere Möglichkeit, den Ausdruck zu verstehen. Im Thesaurusartikel *munio* ist dazu freilich nichts gesagt; von *munire* in der Bedeutung 'mit etwas versehen' findet sich dort keine Spur.[2] Doch war der caiatinische Beleg im Zettelarchiv unseres Jubilars vorhanden, zwar nicht aus dem CIL, aber aus Dessau (5014) exzerpiert. Wie mir Peter Flury freundlicherweise mitgeteilt hat, steht im Zettelkasten unmittelbar dahinter eine Stelle, die einen ganz ähnlichen Sachverhalt umschreibt: Dessau 5054 = CIL X 3704 (Cumae) *privilegio sacerdoti Caeninensis munitus*. Hier allerdings kann man für *munitus* noch durchaus die normale Bedeutung 'geschützt' ansetzen, wie der Kontext zeigt.[3] Man kann wohl in etwa nachvollziehen, wie die Bedeutungsveränderung vor sich gegangen ist: Der Decurio in Cumae war durch das Privileg der Bekleidung des angesehenen römischen Staatspriestertums sozusagen 'geschützt' vor der Übernahme von aufwendigen Munizipalämtern. In der caiatinischen Inschrift kann aber *munitus* nicht mehr diese Bedeutungsnuance haben, denn *munitus sacerdotio Lanuvinorum* steht mitten im Cursus honorum des Pacideius Carpianus und kann deswegen nur die Bekleidung des Priestertums an sich angeben, d.h. *munitus* kann hier nur meinen, daß Pacideius Carpianus das Priestertum innehatte.

Ich danke herzlich Dietfried Krömer für die sprachliche Durchsicht und für sonstige Betreuung meines Beitrags.

[1] CIL X 4590 = Solin, Le iscrizioni antiche di Trebula, Caiatia e Cubulteria, Caserta 1993, Nr. 56.

[2] Der Artikel ist verfaßt von J. Gruber (ThlL VIII, Sp. 1657,53–1660,59; die Bogen sind ins Jahr 1966 datiert).

[3] Von dem Geehrten, der durch die *adlectio* in den *ordo decurionum* in Cumae aufgenommen wurde, wird gesagt, daß er, obwohl er *privilegio sacerdoti Caeninensis munitus potuisset ab honorib(us) et munerib(us) facile excusari*, trotzdem die Ädilität innehatte und außerdem Spiele veranstaltete.

Aufgrund dieses Sachverhalts kann man nicht mehr feststellen, ob der Bearbeiter des Thesaurusartikels, vielleicht getäuscht durch die sachliche Ähnlichkeit des nächsten Zettels, die semantische Besonderheit übersehen hat oder ob er sie registrierte, dies dann aber vielleicht der Redaktion zum Opfer gefallen ist (was eigentlich unverzeihlich wäre). Der Artikel *munio* ist im Verhältnis zum Material sehr kurz wie das meiste am Ende des M-Bandes (man hat damals zum Teil rigoros gekürzt). Fest steht jedenfalls, daß *munitus* schon in der antiken Latinität die abgeschwächte Bedeutung 'mit etwas versehen' hatte, eine Bedeutung, die aus dem heutigen Italienisch wie auch aus anderen romanischen Sprachen bestens bekannt ist: *munito di qualcosa*. Sie ist auch noch im Mittellatein vorhanden: Im Chartular von Notre-Dame in Paris (von ca. 1188) lesen wir *granchiam aratro sex boum munitam*,[4] und in einem um 1200 geschriebenen Werk des Alexander Neckam (besser Nequam) *tunicam manubiis munitam*.[5] Eigentlich ist für *munitus* eine Bedeutung 'mit etwas versehen' sehr naheliegend, und es mag auffallend erscheinen, daß dafür keine anderen Belege aus der antiken Latinität angegeben werden können.[6]

Daß diese Belegstelle auch in anderen Wörterbüchern wie Forcellini, Georges und im Oxford Latin Dictionary fehlt, soll nur beiläufig erwähnt werden. Immerhin hat das OLD einen gut gegliederten, wenn auch knappen Artikel eigens für *munitus*.

Ich war natürlich überaus glücklich über diese Entdeckung. Die Freude des Entdeckers war ungetrübt, denn er wußte, daß ihm so etwas nur selten begegnet – aus Gründen, die bald zur Erörterung kommen werden. Wie kam er aber zur Feststellung dieser neuen Bedeutungsnuance von *munitus*? Ich glaube, vor allem aus zwei Gründen. Erstens, weil er als geschulter Leser epigraphischer Urkunden bei der Durchsicht dieses Textes (den er dazu noch ins Italienische übersetzen mußte) sozusagen prädestiniert war, die neue Bedeutung zu erschließen. Zweitens, weil seine zweite Sprache Italienisch ist, weswegen bei der Übersetzung die Entsprechung *munito di qc.* sich von selbst ergab. Dies ist nicht der einzige Fall, wo das Italienische mich zur Feststellung einer lexikalischen Neuheit geführt hat. Als ich mich vor längerer Zeit bei der Vorbereitung einer Neuedition aller stadtrömischen Fluchtafeln, die einmal im neuen Supplementband des CIL VI erscheinen soll, mit dem Text einer bekannten sogenannten sethianischen Fluchtafel (Audollent, Defix. tab. 140) befaßte, stieß ich col. III 1 auf das Wort *reprae(h)ensio* (die Lesung steht fest);

---

4 Cartul. S. Mar. Paris. I p. 399 n. 29.

5 Alex. Neck. utens. 98. Dazu vgl. Novum Glossarium M–N, Sp. 962. Andere Belege habe ich aus dem Zettelarchiv des Mittellateinischen Wörterbuches gesammelt, die ich hier aber nicht eigens anführe.

6 Im Thesaurusartikel findet sich nichts Entsprechendes. Überhaupt ist *munitus* von einem Menschen gebraucht nicht sonderlich üblich; die Sp. 1659, 5–41 angeführten Beispiele, in denen „*firmantur animantia*", ergeben nichts für unsere Stelle, auch nicht diejenigen, die unter b „*translate*" (Sp. 1659, 42–61) angeführt werden.

dabei stellte ich fest, daß es wohl ital. *riprendersi* vorwegnimmt.[7] Meine Entdek-
kerfreude wurde auch dadurch nicht getrübt, daß ich nachträglich feststellte, daß
schon Christian Hülsen, der große Spezialist der römischen Altertümer und Inschriftenkunde um die Jahrhundertwende, dieselbe Entdeckung gemacht hatte.[8]
Hülsen war aber damals seit längerer Zeit in Rom wohnhaft, sprach Italienisch wie
seine Muttersprache, war also ein Römer ohnegleichen.

Diese Fluchtafel ist auch sonst sprachlich sehr aufschlußreich. Col. III 10 *seruti-
nus = serotinus* erscheint hier zum ersten Mal in der Bedeutung 'abendlich', 'gegen
Abend', eine Bedeutung, die mir aus der antiken Latinität sonst nur aus einer
altchristlichen Grabinschrift (ICVR 15634 = Diehl 1524 *serotina hora*) bekannt ist,
die aber im Mittellatein und auch sonst im Mittelalter (z. B. bei Dante) üblich ist;
bei den antiken Schriftstellern bedeutet das Wort 'spät in der Jahreszeit' o. ä. Ein
anderes sprachlich interessantes Detail bildet der Name des Verfluchten, der in der
Tafel *Praeseticius* oder *Praestetius* lautet. Man hat die wildesten Konjekturen zur
Wiederherstellung des Namens vorgeschlagen;[9] die einzig sinnvolle – allerdings
bisher von niemandem präsentierte – Deutung scheint zu sein, hier einen bisher
freilich unbelegten Namen *Praesenticius* anzusetzen, der aber leicht postulierbar
ist: Er ist direkt aus *Praesens* mittels des zweifachen Suffixes *-icius* gebildet, unter
Überspringung des Zwischengliedes auf *-icus*. Eine gute Parallele bildet der häufig
in römischen christlichen Inschriften belegte Name *Praeiecticius/Proiecticius*, der
direkt aus *Proiectus* gebildet ist.[10] Der Verfluchte wird als Besitzer einer Stampf-
mühle, *pristinarius*, vorgestellt, wie statt *pistrinarius* mit Metathese geschrieben
wird. Um unserem Jubilar auch ein Geschenk zu machen, möchte ich noch auf eine
falsche Lesung hinweisen, die in Ausgaben und Wörterbüchern – den Thesaurus
inbegriffen – bis heute herumgeistert: In col. III 14 ist das unmögliche *cupede* von
Wünsch geblieben; zu lesen ist eindeutig (aufgrund der Autopsie 1972 im Museo
delle Terme) *et pede(m) frange Praeseticio* usw. mit einem Dativus sympatheticus.
Cupede hat übrigens verschiedenartige gewaltsame Erklärungsversuche hervorgerufen: *cupedine* von Wünsch selbst, was sinnlos ist; *compedi* von Dessau 8750, was
syntaktisch ebenfalls unmöglich ist; und *cupide* von Hoppe in unserem Jubilar IV,
Sp. 1428, 26 – aber auch bei dieser Deutung hängt der Dativ *Praeseticio* in der
Luft.[11]

Hochverehrte Festversammlung, meine Damen und Herren! Es ist mir die hohe
Ehre zuteil geworden, in diesem Colloquium etwas aus meinem Gebiet, d. h. der

---

7 Arctos 10 (1976) S. 90.

8 Chr. Hülsen bei: R. Wünsch, Sethianische Verfluchungstafeln aus Rom, Leipzig 1898, S. 7.

9 Angeführt Arctos 10 (1976) S. 90. Die richtige Deutung auch von Vidman in dem Cognomina-
Index zu CIL VI übernommen.

10 Auch *Praesentius* war ein gängiger Name in der Spätantike: ICVR 16226. 17112. 23247. CIL
III 5568. VIII 5373.

11 Andere, wie Hülsen in CIL VI 33899, haben einer Deutung ganz entsagt.

Epigraphik (die Namenforschung inbegriffen), vorzutragen. Ich habe meine Ausführungen mit dem Hinweis auf eine Lücke in einem Thesaurusartikel begonnen.
Das heißt aber nicht, daß mein Vortrag aus lauter kritischen Beobachtungen be-
stünde. Im Gegenteil, es ist nicht leicht, solche Entdeckungen zu machen; denn im
ganzen ist das epigraphische Material im Thesaurus sehr gut berücksichtigt, anders
als in jedem anderen lateinischen Wörterbuch (aus dem OLD kann eine kleine
Nachlese von im Thesaurus Vergessenem nachgetragen werden).[12] Da ich mich
seit einem Vierteljahrhundert intensiv mit epigraphischen Urkunden beschäftige
und dabei stets mit dem Thesaurus, sowohl den gedruckten Faszikeln als auch dem
Material des Zettelarchivs, arbeite, kann ich versichern, daß die Münchener Schatzkammer die inschriftliche Überlieferung in der Tat im großen und ganzen
gebührend berücksichtigt (in der Erschließung von Münzlegenden habe ich gelegentlich schmerzliche Lücken beobachtet),[13] und zwar in den neueren Bänden besser als in den älteren; besonders bei den zwei ersten Buchstaben ist es in dieser
Hinsicht nicht so gut bestellt wie später. Dies trifft auch für die Eigennamen zu:
Manches unter den Buchstaben A und B ist nicht nur materiell veraltet, sondern
auch schlecht konzipiert. Ich komme noch auf diesen Punkt zurück.

In der Tat ist der Thesaurus eine Fundgrube auch für den Epigraphiker. Ich kann
ein persönliches Zeugnis dafür ablegen, daß jeder Besuch am Marstallplatz höchst
fruchtbar und gewinnbringend ist. Viele meiner Aufsätze verdanken ihre Entstehung dem Studium der erschienenen Thesaurusfaszikel oder seiner Zettelkästen,
und manche meiner Editionen epigraphischer Texte wäre nicht möglich gewesen
ohne die Hilfe der Materialien des Thesaurus und – was besonders wichtig für mich
gewesen ist – seiner Mitarbeiter. Es soll in meinem Vortrag aber nicht bei einem
bloßen Enkomion bleiben. Nur in Gedenkreden für einen Verstorbenen beschränkt
man sich auf Lob, unser Jubilar aber ist noch am Leben, höchst lebendig und le-
bensfähig. Als ein Monument *aere perennius* wird der Thesaurus eine konstruktiv
gemeinte Kritik seitens eines langjährigen dankbaren Benutzers ohne Schaden
überstehen und hoffentlich auch für die zukünftige Arbeit nützen.

---

[12] Ein Beispiel: ThlL VII 2, Sp. 727, 20 f. wird das Wort *iutrix*, freilich mit Vorbehalt, aus CIL X
354 angeführt. Der Stein ist seit langem verschollen, und da *iutrix* sonst nirgends belegt war, haben
auch namhafte Forscher unwahrscheinliche Konjekturen vorgeschlagen (so Henzen *nutrix* oder Kai-
bel *tutrix*), die aber zurückzuweisen sind (s. meine Überlegungen in: Zu lukanischen Inschriften,
Helsinki 1981, S. 41). Für unser Anliegen ist aber zentral, daß *iutrix* auch sonst belegt ist: *Venus
iutrix* Coins of the Roman Empire in the British Museum IV, S. 516. Dieser Beleg fehlt im Thesaurusartikel, findet sich aber im OLD. – Ein zweites, etwas andersartiges Beispiel: In AE 1987, Nr. 179
(Ostia) *illa erat mea felicitas. si te superstite(m) reliquisse(m)* bezieht sich das Wort *felicitas* auf die
Verstorbene: „Sie war mein Glück. Wenn ich dich doch als überlebend hinterlassen hätte!" (zur
Deutung der vom Editor völlig mißverstandenen Stelle s. Arctos 21, 1987, S. 119). Im Thesaurusartikel findet sich kein Hinweis auf diesen Gebrauch, der z. B. bei Val. Max. 3, 2 ext. 5 vorliegt, wohl
aber im OLD. Davon ist dann kein großer Schritt zum üblichen Frauennamen *Felicitas*.
[13] Vgl. den in der vorigen Anm. erörterten Fall.

Als ich im Jahre 1977 Fahnenleser des Thesaurus wurde, ahnte ich nicht, was auf mich wartete. Ich erinnere mich, mit welchem Eifer ich die Aufgabe anpackte. Damals war die Bearbeitung des Schlußteiles des Buchstabens L im Gang, und der erste epigraphisch wichtige Artikel war *ludus*, der Plural *ludi* natürlich inbegriffen. Ich las die Fahnen des Artikels sehr genau, machte eine Fülle von Verbesserungsvorschlägen und vor allem Zusätzen. Vielleicht durch jugendlichen Leichtsinn beeinflußt, glaubte ich, Substantielles beigetragen zu haben; trotzdem wurden meine Beobachtungen nur teilweise berücksichtigt – der Redaktor des Bandes erklärte mir unter anderem, mit der Angabe epigraphischer Belege solle man sparsam sein, der Vermerk *al.(ia)* genüge in vielen Fällen.

Ich muß gestehen, ich bin mit dieser Praxis nicht immer einverstanden gewesen. Es ist wohl so, daß ein Lexikograph und ein Epigraphiker aufgrund unterschiedlicher Prämissen sich den betreffenden Wörtern nicht immer auf gleiche Weise nähern. Uns Epigraphiker interessiert besonders das Terminologische der Wörter, ihr Gebrauch in formelhaften Wendungen und vor allem ihr historischer Befund, während die Lexikographen, so nehme ich an, mehr der sprachhistorischen und logischen Gliederung nachgehen. Als einem Außenstehenden ist es mir nicht möglich gewesen, mich genauer mit der Frage zu beschäftigen, in welchem Umfang die epigraphischen Dokumente zu verschiedenen Zeiten und in den verschiedenen Bänden im einzelnen berücksichtigt wurden und welche Leitsätze die Gliederung epigraphischer Belegstellen bestimmt haben. Ich habe aber den Eindruck, daß in älteren Bänden (ich meine damit nicht die ältesten Bände) einiges anders – und nicht immer zum Nachteil der Sache – gesehen wurde. In neueren Bänden kann man gelegentlich beobachten, wie dem Bearbeiter wichtige und auch lexikographisch interessante epigraphische Stellen entgangen sind, was wohl zumeist mit einer geringeren Vertrautheit mit Inschriften zu erklären ist;[14] zuweilen können auch falsche

---

[14] Ich illustriere meine Gedanken mit einem Beispiel. Der von V. Bulhart verfaßte, im Jahre 1938 imprimierte Artikel *manus* (VIII, Sp. 342–368) enthält überraschend wenige epigraphische Belege. Besonders einen Aspekt vermißt der Epigraphiker schmerzlich, denn die richtige Deutung des betreffenden Ausdrucks ist entscheidend für das richtige Verständnis der Genesis epigraphischer Urkunden. Ich meine den ein paar Male in Inschriften belegten Ausdruck *manu (sua) scribere*: CIL VI 18378 = Dessau 8022, eine von T. Flavius Hymnus mit den Kindern für seine Frau errichtete Grabinschrift, die mit den Worten *T. Fl(avius) Hymnus manu mea utraque scripsi* endet; und Inscr. Més. Sup. VI 241 = IL Jugosl. 561 *manu mea scribsi* am Ende einer Grabinschrift. Häufiger kommt in Grabinschriften von dem Errichter *scribere* allein vor (vgl. A. Degrassi, Bull. com. 78, 1961/62 [ersch. 1964] S. 141–143 = A. D., Scritti vari di antichità III, S. 189–192, und H. Solin, Acta colloquii epigraphici Latini, Helsinki 1995, S. 110). Degrassi zufolge wäre *scribere* Äquivalent von *scribendum curare*; aber ebensogut kann *scribere* darauf hinweisen, daß der Besteller den einzuhauenden Text auf einer Vorlage selbst niederschrieb, und so würde ich auch den Ausdruck *manu scribere* in den zwei angeführten Grabinschriften verstehen. Wenigstens die stadtrömische Inschrift scheint so zu verstehen zu sein; mit *manu mea scripsi* kann Flavius Hymnus ja kaum gemeint haben, daß er den Text selbst eingehauen habe, denn wir haben es mit einem langen Text auf einem Sarkophag zu tun (die Inschrift ist freilich verschollen, aber der Wortlaut läßt an einen Sarkophag denken) – also

                    H. Solin

Deutungen von Termini in epigraphischen Dokumenten begegnen.[15] Manches, was
auffällt, kann auch von äußeren Faktoren abhängen, wie von Sparmaßnahmen beim
Begrenzen des Umfangs: Bei radikaler Kürzung von Artikeln können auch wichtige
lexikographische Einzelheiten der Wut des Sparens zum Opfer fallen, wie wir bei
unserem Ausgangspunkt *munire* gesehen haben. – Aufs Ganze gesehen kann ich
sagen, daß ich in meiner Funktion als Fahnenleser des Thesaurus sehr viel gelernt
habe; so mühsam (und wirtschaftlich ertraglos) die Arbeit auch ist, in wissenschaftlicher Hinsicht ist sie für mich sehr ertragreich gewesen.

Ehe ich mit meinen Erörterungen der Thesaurus-Arbeit fortfahre, möchte ich
Ihnen kurz anhand eines rezenten Beispiels zeigen, wie interessant epigraphische
Neufunde für die Lexikographie sein können.

In dem Bereich der altchristlichen Basilika von Atripalda, dem antiken Abellinum in Südost-Kampanien im Gebiet der Hirpiner, sind bei den neuen Ausgrabungen seit 1987 bisher ca. 100 noch unveröffentlichte christliche Grabinschriften
zutage gekommen. Ich habe sie im Jahre 1992 und während einer neuen Reise im
Frühjahr 1994 aufgenommen; ihre Edition in der neuen Reihe *Inscriptiones christianae Italiae* steht bevor. Die Ausgrabungen werden im Sommer 1994 fortgeführt,
wobei sicherlich weitere Texte ans Licht kommen werden. Hier nur ein paar inter-
essantere Einzelheiten. Eine lokale Eigenheit der grabinschriftlichen Diktion ist der
Gebrauch der Wendung *evocatus / evocitus* (einmal auch *evoceta*) *a Domino*, die,

---

hat Flavius Hymnus den Text auf einer Vorlage 'eigenhändig' niedergeschrieben. Freilich läßt sich
die Möglichkeit nicht völlig ausschließen, daß Flavius Hymnus an dem Akt der *ordinatio* (d.h. der
Übertragung des Textes mit Farbe oder Kreide auf den Stein vor dem Einhauen) teilgenommen hat
(darauf könnte *utraque* anspielen), auch wenn mir das weniger wahrscheinlich erscheint (obwohl wir
recht wenig Exaktes über den Arbeitsprozeß in den Steinmetzwerkstätten wissen, ist es schwer zu
glauben, daß bei der Vorbereitung des vorgestellten Textes zum Einhauen der Besteller an der kom-
plizierten Arbeit teilgenommen habe). Was die mösische Inschrift angeht, bezieht die Editorin den
Ausdruck auf den Akt der *ordinatio*; ebensogut kann aber *manu mea scripsi* auch hier auf das Verfassen der Vorlage hinweisen. Dieser Gebrauch wäre doch wohl im Thesaurusartikel der Berücksichtigung wert gewesen. Überhaupt sind die vom Bearbeiter angeführten Belege von *manu* im In-
strumentalis (VIII, Sp. 347, 27–348, 77) gering an Zahl und beschränken sich auf etwas auffallende
oder poetische Stellen.

15 Ich gebe ein Beispiel. Unter dem Stichwort *minister* (VIII, Sp. 999–1006) führt derselbe V.
Bulhart Sp. 1002, 58 f. drei Inschriften an, in denen *minister* den Diener einer Privatperson bezeichnen soll. Von den Inschriften ist aber die erste eine Wandinschrift aus Pompeji (*Minimo Fortunatus
minister*), in der das Wort wer weiß was bedeutet, sicher aber nicht einen Diener des Minimus; CIL
X 884 (= Dessau 6388) bezieht sich auf einen *minister* des Mercurius und der Maia; und in CIL IX
5893 *Alexander Q. Iuli Melioris minister d(e) suo* bezieht sich *minister* wohl auf den Kult einer
nicht spezifizierten Gottheit (der Wortlaut der Inschrift läßt an eine Votivinschrift denken). Ein
analoger Fall liegt in einer unveröffentlichten Inschrift aus Ferentinum vor, die *Demetrius Serranae
Antoni, [m]inister Spei sacr(um)* lautet; *minister* bezieht sich nicht darauf, daß Demetrius Sklave der
Serrana, Frau des Antonius, war, sondern auf seine Funktion als Angestellter eines Kultvereins,
wohl der Spes (auch wenn *Spei* nicht ein auf *minister* bezogener Genetiv ist, sondern ein zu *sacrum*
gehörender Dativ).

soweit ich sehe, inschriftlich sonst nirgends belegt ist.[16] Bemerkenswert sind ferner manche Rang- und Dienstbezeichnungen. Hochinteressant ist etwa eine Inschrift wahrscheinlich aus dem Jahre 505, die beginnt: *depositio Pacci Caesi Providenti viri optumatis et primari;*[17] was diese Rangbezeichnungen konkret bedeuten, bleibt uns natürlich verborgen; jedenfalls beziehen sie sich auf den Munizipaladel wie auch der hier in Anm. 17 angeführte *vir principalis*, der den Titel der Elite des spätantiken Kurialenstandes führt.[18] Ferner sei erwähnt eine Inschrift, die zwei Bestattungen anführt: *dep(ositio) Marcellini v(iri) l(audabilis) arciatri* aus dem Jahre 505 und *depositio Claudi Successi defensoris* aus dem Jahre 513. Die Titel sind bemerkenswert; was *defensor* hier genauer meint, bleibt ungewiß, aber jedenfalls wird es sich um einen Rangtitel handeln, etwa *defensor civitatis*, weniger wahrscheinlich *ecclesiae*, sicher nicht um einen *defensor fidei;*[19] das würde nicht zur allgemeinen Haltung der Inschrift passen. Auch onomastisch sind die Inschriften ertragreich.[20] Überhaupt ist es bemerkenswert, wie es in der kleinen Stadt von Prominenz wimmelt und wie blühend die grabinschriftliche Diktion im christlichen Abellinum ist – im ganzen handelt es sich um ein einzigartiges Beispiel einer Serie von genau datierten Urkunden aus der Zeit des ausgehenden Altertums.

Aber nicht nur Neufunde sind wichtig. Die epigraphische Wissenschaft hat in den letzten Jahrzehnten, sagen wir seit Ende des Zweiten Weltkriegs, große, teilweise gewaltige Fortschritte gemacht, und das ist auch der lexikographischen Erschließung epigraphischer Urkunden zugute gekommen. Hier haben auch lexikographisch orientierte Philologen Bedeutendes geleistet. Ich verweise nur auf manche treffende Beobachtungen der Mitarbeiter des Thesaurus selbst in der bekannten

---

[16] Einer der Belege von Abellinum war schon bekannt und wird auch im Thesaurus V 2, Sp. 1057, 6 f. aus Diehl 3342 A (= CIL X 1192) angeführt; die Inschrift war aber bisher aufgrund von Kopien alter, unzuverlässiger Gewährsleute in einer vielfach falschen Form bekannt. Wir haben die Inschrift wiedergefunden, und unsere Neulesung hat u. a. ergeben, daß sie mit Sicherheit ins Jahr 463 gehört und daß in Zeile 3 *evocitus a D(omi)no* statt des überlieferten *evocatus a Domino* zu lesen ist.

[17] Die Inschrift ist zwar nicht unveröffentlicht (publiziert von A. G. Galante, Atti Acc. Arch. Napoli 16, 1891/1893, I, S. 205–209), ist aber der Forschung praktisch unzugänglich geblieben. Keine Spur davon etwa im Artikel *optimas* des Thesaurus. Vgl. ferner einen *vir principalis* aus dem Jahre 526 ebd. S. 210–212.

[18] Zu den *principales* vgl. z. B. A. F. Norman, Gradations in Later Municipal Society, Journ. Rom. Stud. 48 (1958) S. 83 f.; J.-U. Krause, Das spätantike Patronat, Chiron 17 (1987) S. 7 f.

[19] Auch kaum *defensor* in der allgemeinen, nicht spezifischen Bedeutung; das wäre gleichfalls dem Stil der Inschrift fremd.

[20] Um nur ein Beispiel (diesmal nicht aus den höheren Schichten) zu geben: Eine Inschrift aus dem Jahre 501 beginnt *depo(sitio) sancte memoriae Tomatis*; der Name *Thomas* ist in der altchristlichen Namengebung noch verhältnismäßig selten, um erst im Mittelalter modisch zu werden. Interessant auch die heteroklitische Deklination *Tomat-*; sonst wurde der Name nach der ersten Deklination flektiert (in ICVR 18062 kommt ein gräzisierender Genetiv *Thoma* vor).

Artikelreihe „Beiträge aus der Thesaurus-Arbeit":[21] Aufs Geratewohl seien genannt die Namen von Hiltbrunner[22], Wieland[23], Szantyr (es hätte ihn sicherlich gefreut, wenn er bei der Behandlung von *itum aditum ambitum* den im Jahre 1973 ans Licht gekommenen stadtrömischen Beleg *itu ambitu datu* gekannt hätte, der nicht mit Hilfe der von Szantyr bereitgestellten Beispiele erklärt werden kann),[24] von Peter Flury, der auf mehrere epigraphische Nachträge hingewiesen hat,[25] oder Paolo Gatti[26]. Aus den allerletzten Faszikeln des Thesaurus selbst möchte ich als ein gelungenes Beispiel den Artikel *praefectus* hervorheben,[27] weil er auch die epigraphischen Belege gebührend berücksichtigt. Aber auch außerhalb des Münchener Instituts wird Wichtiges geleistet; ich weise etwa auf manche Bemerkungen von W. D. Lebek hin, nicht weil er hier anwesend ist, sondern weil er oft auf entscheidende Weise das sprachliche Verständnis eines inschriftlichen Passus gefördert hat, gelegentlich auch in Auseinandersetzung mit dem Vortragenden.[28] Ein anderer Name, der hier genannt werden kann, ist Antonio Ferrua, mit dem sich kürzlich Peter Flury auseinandergesetzt hat.[29] Ich will hier nicht näher in die Diskussion eingreifen, sondern bemerke nur, daß Ferrua manch nützliche Verbesserungen und Addenda beisteuert; andererseits sind seine Vorschläge aber zum Teil wegen nicht genügend abgesicherter Lesungen und allzu willkürlicher Konjekturen mit Vorsicht zu benutzen.[30]

Neben Neufunden können auch Neulesungen von schon bekannten Inschriften manche gewinnbringende Entdeckungen in lexikographischen Details bringen. Besonders trifft dies für eine solche sprachhistorisch interessante Gattung wie die Fluchtafeln zu, bei deren Lesung und Interpretation oft gesündigt worden ist – selbst ihre maßgebende Edition durch Audollent ist mit großen Schwächen in ihrer

---

[21] Die älteren Beiträge sind nunmehr zu einem Band zusammengestellt: Beiträge aus der Thesaurus-Arbeit, Leiden 1979 (im folgenden „Beiträge" abgekürzt). Neuere Beiträge erscheinen im Museum Helveticum.

[22] O. Hiltbrunner, Corpus, Beiträge S. 95–100 (zu maskulinen und vermeintlichen maskulinen Belegen von *corpus* in Inschriften).

[23] H. Wieland, Insentibus CE 366 = CIL XIV 3945, Beiträge S. 140–144.

[24] A. Szantyr, Itum aditum ambitum, Beiträge S. 201–205. Die stadtrömische Inschrift: Iscr. della necropoli dell'Autoparco Vaticano (1973) Nr. 46; dazu A. Helttula, Arctos 8 (1974) S. 9–17.

[25] P. Flury, Aus den Addenda des Thesaurusarchivs, Mus. Helv. 41 (1984) S. 42–47; Beobachtungen zur Artikelpraxis des Thesaurus, Mus. Helv. 45 (1988) S. 111–118 (setzt sich mit Ferruas Buch „Note al Thesaurus linguae latinae. Addenda et corrigenda (A–D)", Bari 1986, auseinander).

[26] P. Gatti, Onummulum, Mus. Helv. 45 (1988) S. 118f. (liest in CIL IV 5025 überzeugend *onum mulum*). – Weniger ertragreich, was die Interpretation epigraphischer Belege angeht, scheint mir – um nur ein Beispiel zu nennen – der Beitrag „invictus" von M. Imhof (Beiträge S. 144–162) zu sein.

[27] C. G. van Leijenhorst, X 2, Sp. 623–632.

[28] Vgl. die Diskussion um eine Grabinschrift aus Formiae in ZPE 65 (1986) S. 61–65.

[29] Vgl. o. Anm. 25.

[30] Auch bleiben die Bemerkungen nicht selten recht irrelevant.

sprachlichen Auswertung behaftet.[31] Hier sei aufs Geratewohl (ohne die eingangs erwähnte sog. sethianische Fluchtafel Audollent 140 zu vergessen) auf die Neulesung der bekannten nomentanischen Fluchtafeln (Audollent 133–135)[32] sowie einer Fluchtafel aus Cremona (aus augusteischer oder julisch-claudischer Zeit) hingewiesen, die auch für Lexikographen einige interessante Details bieten.[33] Aber auch fehlerhafte Lesungen pompejanischer wie anderer Wandkritzeleien können verhängnisvolle Folgen haben; um nur ein besonders krasses Beispiel zu nennen: Die falsche, von Zangemeister herrührende Lesung MVNTV für *multum* (CIL IV 1593) hat verschiedenste phonetische Erklärungen verursacht und ist sogar für die Klärung romanischer Formen benutzt worden, doch existiert eine Form *muntu* nicht.[34] Aber auch für andere Inschriftengattungen können Neulesungen in sprachlicher Hinsicht fruchtbar sein; dies gilt wiederum vor allem für Kritzeleien und überhaupt für Texte außerhalb der eigentlichen Steininschriften.[35]

Das bedeutet freilich nicht, daß die Steininschriften in dieser Hinsicht unergiebig wären. Im Gegenteil! Genaue Überprüfung seit jeher bekannter Urkunden kann zuweilen zu überraschenden Ergebnissen und sogar zur Feststellung neuer Wörter führen.

Ich gebe dafür ein Beispiel. Im Thesaurus X 1, Sp. 1043, 15–18 findet sich folgender Eintrag: „? **pendix,** *vox originis, formationis et notionis obscurae, affertur a nonnullis ex inscr. falsa* CIL VI 945* a pendice cedri *et e* CIL VI 5846 (= 825*), *ubi legitur*: Fausto ad·pendici·cedri (*inscr. genuinam esse et ad vocem q. e.* appendix *pertinere affirmat Solin per litteras*).“ Ich hatte in der Tat eine solche Meinung, freilich etwas voreilig, ausgesprochen, habe aber in einem zweiten Brief eine ganz andere Erklärung gegeben, die mir viel besser erscheint. Da diese Palinodie infolge einer redaktionellen Panne keinen Eingang in den gedruckten Thesaurus gefunden hat, sei die Erklärung nun hier in revidierter und überarbeiteter Form vorgelegt.

---

31 Vgl. Solin, Corpus defixionum antiquarum. Quelques réflexions, in: Latin vulgaire et latin tardif 4. Actes du IVe colloque int. sur le latin vulgaire (Caen 1994), im Druck.

32 Vgl. Arctos 23 (1989) S. 195–200.

33 AE 1975, Nr. 449. Neulesung von mir Arctos 21 (1987) S. 130–133. U. a. verschwindet das Verb *remandare,* es muß *demandata* heißen. Interessant ferner *pupillus* 'kleines Kind' (PV in AE 1988, Nr. 33 ist nicht *Pu(blio),* sondern *pu(pillo),* vgl. Arctos 22, 1988, S. 152) oder *mea aetas* in der Bedeutung 'mein Leben'. Andere Beispiele in meinem in der vorigen Anm. angeführten Beitrag.

34 Vgl. Solin, Epigraphica 30 (1968) S. 105 f.: Anhand des von Zangemeister publizierten Apographons ist vielmehr *multu* zu lesen. Schon V. Väänänen, Le latin vulgaire des inscriptions pompéiennes, Helsinki 1937, S. 130 hat auf die Unzuverlässigkeit der Zangemeisterschen Lesung hingewiesen, aber vergeblich. Besonders schlimm, daß der Thesaurus, von der Autorität Niedermanns in die Irre geführt, sie übernommen hat (VIII, Sp. 1606, 51 f.).

35 Ich wähle ein Beispiel aus dem Bereich der für die ältere Phase der lateinischen Sprache so wichtigen pränestinischen Spiegel. CIL I² 547 enthält zwei Teile, die in der herkömmlichen Lesung *opeinod, devincam ted* lauten (so unter anderen auch der Thesaurus IX 2, Sp. 722, 70 f.); das auslautende *-d* des ersten Wortes hat man unter Annahme einer Art Satzsandhi erklärt; R. Wachter, Altlateinische Inschriften, Bern 1987, S. 145 hat jedoch verbindlich nachgewiesen, daß *opeinor* gelesen werden muß.

Auszugehen ist von der sicher echten stadtrömischen Inschrift CIL VI 5846 (= 825*), die im vergangenen Jahrhundert oft als eine Fälschung bezeichnet wurde, zweifellos aber zu Unrecht. Wilhelm Henzen, der Editor von CIL VI, hatte sich zuerst für die Unechtheit ausgesprochen, dann aber in der Edition von CIL 5846 seine Ansicht in der Weise revidiert, daß er den Kern des Textes für echt erklärte (außer der uns interessierenden zweiten Zeile des rechten Teiles, den er für einen nachträglichen Zusatz hielt; für andere wiederum, wie für Mommsen, war der ganze Text echt). Diese Inschrift gehört zu einer Gruppe von Urkunden, die aus einem in der Vigna Codini zwischen der via Appia und via Latina gelegenen Kolumbarium stammen. Sie werden zum ersten Mal von Pirro Ligorio bezeugt; während einige von ihnen von Ligorio selbst produzierte Fälschungen sind (bekanntlich hat der berüchtigte Architekt auch selbst Steininschriften geschaffen)[36], ist die Echtheit von anderen über alle Zweifel erhaben, auch wenn dies im vergangenen Jahrhundert oft in Zweifel gezogen worden ist.[37] Zu dieser Gruppe von echten Urkunden gehört nun zweifellos unsere Inschrift. Eine genaue Überprüfung der uns interessierenden Buchstaben zeigt, daß sie alt und sehr wahrscheinlich gleichzeitig mit allen übrigen eingehauen worden sind. Daß aber die zweite Zeile des rechten Textes ein nachantiker Zusatz sei, wird vor allem durch die sorgfältige Gestaltung der Inschrift widerlegt: Sie besteht aus zwei Teilen, die symmetrisch angebracht sind, so daß der linke Teil den Namen *P. Rupilio Fausto* auf zwei zentrierten Zeilen umfaßt, während im rechten Teil *Q. Luscio Philoni* vollständig in die erste Zeile gebracht werden mußte, um Raum für die folgende Berufsbezeichnung zu schaffen, die ebenfalls zentriert plaziert wurde. Bei dieser Komposition ist es so gut wie ausgeschlossen, daß der ganze Text nicht auf einmal konzipiert und eingehauen worden ist (man beachte z.B., daß in den beiden Texten die zweite Zeile die gleiche Höhe hat und ein bißchen kürzer ist als die erste Zeile). Das bedeutet, daß die merkwürdige Berufsbezeichnung des Q. Luscius Philo, AD·PENDICI·CEDRI, gleichzeitig mit dem Rest des Textes geschrieben worden ist.

Es bleibt noch, diese mystische Zeile zu erklären. Auszugehen ist davon, daß der Text sorgfältig konzipiert und ausgeführt wurde, weswegen auch die Punkte zwischen AD, PENDICI und CEDRI doch in erster Linie als Worttrenner aufzufassen sind. Wenn alles richtig geschrieben ist, muß in PENDICI ein abgekürzt geschriebener Akkusativ vorliegen. Die einzige plausible Auflösung wäre *ad pendici(um) cedri*.[38] Ein adnominaler Ausdruck *ad pendicium cedri* wäre morphologisch in Ordnung (bei Berufsangaben wimmelt es von solchen Ausdrücken mit *ad*). Was würde er aber bedeuten? Ein Wort *pendicium* ist sonst nicht belegt, kann aber wortbildungsmäßig wohl ohne weiteres angesetzt werden; schon das Vorhandensein von *appendicium* spricht dafür, daß ein Wort *pendicium* okkasionell gebraucht werden konnte. Der Genetiv *cedri* dürfte zu *cedrium* 'Zedernöl' gehören, und der Ausdruck wird wohl etwa *qui cedrium adpendit* 'der Zedernöl wägt' bedeuten (*pendicium* dürfte

---

[36] Vgl. W. Henzen, Zu den Fälschungen des Pirro Ligorio, in: Commentationes in honorem Theodori Mommsen, Berlin 1877, S. 627–643, bes. 628.632 ff., sowie jetzt Solin, Ligoriana und Verwandtes. Zur Problematik epigraphischer Fälschungen, in: E fontibus haurire (Festschrift H. Chantraine), Paderborn 1994, S. 335–351; dort weitere Literatur.

[37] Ein guter Teil dieser Inschriften befindet sich im Archäologischen Museum von Neapel. Die von Ligorio selbst produzierten Texte, die er in diesem Kolumbarium gefunden zu haben behauptet, lassen sich meistens unschwer von den echten Inschriften unterscheiden. Echt sind CIL VI 5845, 5864, 5872, 5873, 5876, 5878, 5880, 5884 und VI 914*, von denen nicht nur die letzte (die überraschenderweise im Stammband des CIL VI fehlt), sondern auch die anderen im vergangenen Jahrhundert oft als Fälschungen angesprochen wurden; doch ist die Echtheit der meisten über alle Zweifel erhaben (abgesehen von 5876, deren Buchstabenformen auf eine rezente Kopie eines echten Textes hinweisen könnten; der Text selbst scheint nämlich echt zu sein). Die von Ligorio geschaffenen Texte sind dagegen plumpe Fälschungen.

[38] So faßt den Ausdruck auch Olcott, Thesaurus linguae Latinae epigraphicae, Bd. I, S. 79 auf.

die Bedeutung 'Waage' haben).[39] Bedenkt man die weitgehende Spezialisierung im Bereich der Dienstleistungen im antiken Rom, nimmt es nicht wunder, ein solche höchst spezifische Bezeichnung dem Namen des Luscius Philo hinzugefügt zu finden.

Das Fazit: Uns wird ein neues Wort und eine neue Berufsbezeichnung durch die neue Auslegung der Inschrift geschenkt, die keine ligorianische Fälschung ist. – Aufgrund dieser Inschrift hat Ligorio dann CIL VI 945* geschaffen und dabei dem Ausdruck die etwas eigenwillige Form *a pendice cedri* gegeben.

Schließlich sei daran erinnert, daß auch Wiederzusammenfügungen von Inschriftenfragmenten interessante lexikographische Details ergeben können; als Beispiel diene ein neuer Beleg des seltenen Wortes *arquatura*, zumal mit der Graphie *arq-*, der kürzlich aus der Zusammenfügung mehrerer Fragmente im Lapidario Profano ex Lateranense der Vatikanischen Museen gewonnen wurde.[40]

Nun aber wieder zurück zum Thesaurus! Haarspalterei und Philologie gehören untrennbar zusammen. So fahre ich fort mit ein paar Beobachtungen zur Zitierweise, was ja als Haarspalterei *par excellence* betrachtet werden kann. Doch werden Sie sehen, daß es nicht nur um Quisquilien geht. Ich beginne mit zwei kleineren Details:

1) Es wäre gut, den Fundort der Inschriften anzugeben, wenn ihre Provenienz aus dem Zitat nicht wenigstens in etwa hervorgeht. Ich gebe ein Beispiel. Unter *crustulum* wird IV, Sp. 1254, 74 f. ein Beleg aus Carm. epigr. (heute wird kurz und bündig CE abgekürzt) 1506 gegeben, ohne Angabe der Provenienz. Es ist aber gar nicht uninteressant, woher der Beleg stammt; denn die Verteilung von *mulsum* und *crustulum* ist eine wichtige munizipale Institution, die nicht überall die gleichen Züge aufweist; in der Stadt, aus der dieser Beleg stammt, nämlich in Ferentinum, ist sie deutlich lokal gefärbt.[41]

2) Im vorletzten Faszikel des Buchstabens L unter *loquor* (Sp. 1659, 27) steht: „TAB. devot. (Inscr. Iugoslav. Hoffiller-Saria) 557 I 12". Das ist unlogisch und wenig schön. Diese Zitierweise scheint zu besagen, daß der Beleg unter der Nr. 557 in einer Fluchtafeledition enthalten ist; das aber ist nicht der Fall. Selbst durch ein Versetzen der Klammern wäre schon viel geholfen.

Nun gut, das mögen Quisquilien sein. Aber zum Beispiel die Verwendung veralteter Editionen kann verhängnisvoll werden. Gegen Ende des Buchstabens M wird das Wort *myrobrecharius*, freilich mit Fragezeichen versehen, aus CIL VI 2129* angeführt; dem Bearbeiter des Artikels[42] zufolge könnte es sich um eine

---

[39] So auch Mommsen (s. CIL VI 5846) und Olcott in seinem Thesaurus.

[40] Das Wort wurde durch Zusammenfügung von CIL VI 19603 und 20668 gewonnen; s. I. Di Stefano Manzella, Boll. Monumenti, Musei e Gallerie Pontificie 7 (1987) S. 53–55 Nr. 8: *emptu(s) a Mem(m)ia [locu]s arquaturaes.*

[41] In Ferentinum begegnet man gewissen Zügen lokaler Rechtspraxis und anderen Eigenheiten; vgl. Solin, Rend. Pontif. Acc. Rom. Arch. 53/54 (1980–1982) S. 91 ff. Gerade *crustulum* kommt auch sonst in Ferentinum vor; ein Beleg wird auch im Thesaurusartikel zitiert, nämlich CIL X 5853.

[42] W. Buchwald (VIII, Sp. 1745, 84–1746, 6).

echte Inschrift handeln. Die genannte Inschrift ist aber wohl eine ligorianische Fäl-schung.[43] Der Bearbeiter hat sich wahrscheinlich dadurch in die Irre leiten lassen, daß ein Fragment der Inschrift, das auf dem Stein in Neapel existiert, in Mommsens Inscriptiones regni Neapolitani als Nr. 6882 unter die echten Inschriften aufgenom-men wurde[44] (Mommsen hatte nicht erkannt, daß das Fragment zu CIL VI 2129* gehört). Die Inschrift hat also einmal unversehrt auf dem Stein existiert, ist aber wahrscheinlich von Ligorio selbst geschaffen worden. Mommsen konnte aufgrund des winzigen Fragments nicht auf die Idee einer Fälschung kommen; außerdem hat er auch sonst ligorianische Steine im Museum von Neapel etwas leichtsinnig der gelehrten Welt als echte stadtrömische Texte präsentiert.[45] So hat *myrobrecharius* keine Existenzberechtigung. Ich habe das Fragment in Neapel gesehen und beur-teile es ohne das geringste Zögern als unecht.[46] Erfunden hat Ligorio das Wort *myrobrecharius* (das auch sonst in seiner Produktion wiederkehrt) wohl aufgrund von Suetons Augustusvita 86, 2 ... *Maecenatem suum, cuius myrobrechis, ut ait, cincinnos ... persequitur* ('dessen parfümiertes Stilgekräusel'). Ein typischer Zug bei Ligorio ist seine Neigung zu exotischen Ausdrücken und Wörtern und beson-ders Berufsbezeichnungen, und in diesen Kontext paßt gut die Verwendung des von ihm selbst erdichteten Wortes *myrobrecharius*.[47]

Es sei mir noch gestattet, auf die Namensform eines römischen Autors hinzuwei-sen, bei deren Richtigstellung die epigraphische Überlieferung behilflich sein kann. Es geht um die richtige Namensform des spätantiken Rhetors Fortunatianus, der lange Zeit unter dem Namen *C. Chirius Fortunatianus* herumgeisterte. Frau Calboli Montefusco hat aber richtig gesehen, daß *C. Chirius* ein *ghost-name* ist, und als Namensform *Consultus Fortunatianus* fixiert.[48] Diesem *Consultus* würde ich je-doch *Consultius* vorziehen (in den Handschriften kommt nur der Genetiv *Consulti* vor). Ich habe darüber eine lange Korrespondenz mit der Redaktion des Thesaurus geführt, als der neue Index in Vorbereitung war, und versucht, die Redaktion zu überzeugen, daß *Consultius* vorzuziehen sei. Während der Korrespondenz wurde ich gefragt, woher ich wisse, daß es *Consultius* und nicht *Consultus* heißen muß. Ich habe die Gegenfrage gestellt, wieso die Redaktion wisse, daß es *Consultus* und nicht *Consultius* heißt. In der endgültigen Fassung des Index wurde dann zu einem

---

[43] Dazu s. o. Anm. 36.

[44] Henzen plädiert im Nachtrag zu CIL VI 2129* auf S. 254* nicht für die Echtheit der Inschrift, wie der Bearbeiter des Artikels zu denken scheint.

[45] Vgl. Henzens o. Anm. 36 genannte Untersuchung. Doch geht Henzen zu weit in seiner Kritik; denn manches von den auf Stein erhaltenen Texten, die Henzen für Fälschungen hielt, stellt in Wirklichkeit echtes Gut dar; vgl. meine in Anm. 36 genannte Untersuchung, bes. S. 336. 339.

[46] Ich erinnere mich, daß ich von der Unechtheit des Fragments sofort überzeugt war, als ich es im Museum von Neapel aufnahm, bevor ich dann später am Schreibtisch seine Identität mit Ligorios Inschrift feststellte.

[47] Vgl. Solin, Ligoriana und Verwandtes (o. Anm. 36) S. 338.

[48] L. Calboli Montefusco, Hermes 107 (1979) S. 78–91.

Kompromiß gegriffen: *Consult(i)us*. Um mich kurz zu fassen: Es war in der spätantiken Namengebung üblich, daß vor dem Hauptnamen, dem Cognomen des klassischen Systems, ein neuer Name eingefügt wurde, der mit der alten Gentilnamen-Endung *-ius* versehen war. Außerdem ist *Consultius* besser beglaubigt, oder anders ausgedrückt, *Consultus* ist praktisch nicht existent.[49]

Gehen wir zur Sektion 'Neue oder im Thesaurus fehlende Wörter' über. Bisher ist es mir gelungen, *ein* neues lateinisches Wort in den von mir publizierten Inschriften zu fangen, nämlich *avitarius* in einer munizipalen Inschrift aus Ferentinum in Südlatium vom Anfang des 2.Jh. n. Chr. (in dem Ausdruck *adicere in ius avitarium*).[50] *Ius avitarium* scheint ungefähr dasselbe zu besagen wie *ius avitum*, und der Ausdruck meint wohl so etwas wie 'nach ererbtem Recht hinzufügen'.

Ein zweites Beispiel. Das Wort *dropacista* 'einer, der die Haare durch Pflaster, *dropax*, auszieht' ist im Lateinischen mit Sicherheit nur durch ein Juvenalscholion überliefert.[51] Das Wort ist griechisch, war aber in griechischer Form bis in unsere Tage nur aus den Glossaren mit der Bedeutung *alipilarius depilator* belegt. Ich habe aber das Wort δρωπακιστής in einem noch unpublizierten Wandgraffito aus Ostia gelesen, dessen Text lautet: ἐμνήσθη Ἡρώδης ὁ δρωπακιστής. Nunmehr kennen wir das Wort auch aus einer kürzlich publizierten Grabinschrift des 2.Jh. n. Chr. aus Apameia in Syrien.[52] Das Vorkommen dieses Wortes in Grabinschriften zeigt, daß es sich hier um eine echte Dienstbezeichnung handelt, d. h. es gab Personen niederen Standes (die aber nicht ausschließlich Sklaven waren, wenn in CIL XII 3334 richtig ergänzt worden ist), die den Dienst der Enthaarung ausübten. In dem ostiensischen Graffito haben wir es dagegen wohl nicht mit einer Dienstbe-

---

[49] Das Onomasticon des Thesaurus kennt nur den Namen *Consultus* (Onom. II, Sp.580,44–47); aber die zwei Belege, die sich auf ein und dieselbe Person beziehen, sind Genetive auf *-i* (es ist außerdem nicht sicher, ob hier überhaupt ein Personenname vorliegt). *Consultius* kennt das Onomasticon des Thesaurus nicht, nunmehr ist aber die Existenz dieses Namens gesichert: AE 1917/18, Nr. 85 (Lambaesis, 211/212 n.Chr.), wo er als Signum des Procurators L. Titinius Clodianus gebraucht wird; es handelt sich um ein sog. getrenntes Signum auf *-i*, so daß mit Sicherheit *Consultius* vorliegt, da ja die Signa auf *-ius* enden. Wie festgestellt, ist *Consultus* in der antiken Namengebung nicht belegt; dagegen ist der Frauenname *Consulta* bekannt: AE 1974, Nr.356 (Sulci in Sardinien, etwa 2. Jh. n.Chr.).

[50] Suppl.It. 1, Ferentinum 5. Ausführlicher Kommentar: Solin, Rend. Pontif. Acc. Rom. Arch. 53/54 (1980–1982) S. 106–118.

[51] Schol. Iuv. 13,151, aber nicht in eigentlicher Bedeutung: *dropacistas dicit qui cera de inauratis statuis aurum tollunt* sagt der Scholiast. Wohl glaubhaft auch CIL XII 3334 (Nemausus), Grabinschrift von *L. Fabius Hermes dro[pa]ciste[s]*. Dagegen nicht hierher gehörig CIL XII 5687. – Vgl. *dropacator* CIL VI 10229, 69, eine 'lateinischere' Form von *dropacista*. Hierher gehört auch CIL VI 11443 *Q. Alfidius (mulieris) l. Philogenes dropa(); coniunx fecit*. Das Onomasticon des Thesaurus III, Sp.254 führt aus dieser Inschrift *Dropa* als Frauennamen an, doch muß die Buchstabenfolge eher hierher gestellt werden.

[52] W. van Rengen in: Studia varia Bruxellensia ad orbem Graeco-Latinum pertinentia, Leuven 1987, S.119–124, mit Bemerkungen zu diesem Wort. Der Text fehlt noch im SEG.

zeichnung zu tun; vielleicht handelt es sich um eine Anspielung auf den erotischen Bereich.[53] – Für das Wort *lirinus* fehlt im Thesaurus an seiner Stelle zwar ein wirklicher Beleg, doch hat dieser auf meine Anregung hin seinen Platz in den Addenda (VII 2, 2, Sp. 1956, 17) gefunden.[54] Dagegen hat der Thesaurus meinen Vorschlag, in einer Inschrift aus Gallien in der Schreibung NEC LAVDECENARI die Worte *neg(otiatoris) laudicari* für *lodicari* zu sehen,[55] in den Addenda nicht akzeptiert. *Lodicarius* wäre ein neues lateinisches Wort. Bedeuten würde es wohl 'Deckenverfertiger' (aus *lodix*).

Aber auch zwar bereits belegte, jedoch seltene Wörter verdienen Beachtung. Wie schon angedeutet, hat der Thesaurus sie im allgemeinen gut erschlossen, und man kann dessen sicher sein, daß in den Artikeln nur selten epigraphische Belege seltenerer Wörter fehlen. Wenn man Lücken begegnet, so handelt es sich gewöhnlich um an entlegenen Stellen publizierte Urkunden;[56] daß etwa der oben aus einer altchristlichen abellinatischen Inschrift zitierte *vir optumas* im Artikel *optimas* fehlt, darf nicht verwundern.[57] Und wenn Belege aus in CIL-Bänden publizierten Inschriften fehlen, so kann der Grund dafür in den bekanntlich unzureichenden Wort- und Sachindices der verschiedenen Bände des Berliner Corpus liegen; um nur ein Beispiel zu nennen: Unter *orchestra* fehlt CIL XI 3808, obwohl dieses Wort zu denjenigen gehört, bei denen das gesammelte Belegmaterial vollständig zitiert wird.[58]

---

[53] Die Sitte, die Haare am Körper zu entfernen, war auch bei Männern verbreitet, die in weiblicher Art und meist zu päderastischer Betätigung eine glatte Haut haben wollten. Vgl. z.B. Plin. nat. 26, 164.

[54] Arctos 11 (1977) S. 166.

[55] Arctos 12 (1978) S. 181.

[56] Gelegentlich fehlen aber Belegstellen auch aus Inschriften, die in maßgebenden Corpora seit langem der Forschung zugänglich gewesen sind. Ich gebe ein eklatantes Beispiel. Von *decimanus* in der Bedeutung von 'Zehntpächter' werden im Thesaurus V 1, Sp. 169, 68 – 170, 8 nur die bekannten Cicerostellen mit Scholien (samt einem Horaz-Scholion) angeführt. Das Substantiv *decimanus* in dieser Bedeutung findet sich aber in mehreren stadtrömischen Inschriften, von denen zwei im CIL VI stehen, zudem unter der Rubrik *decimani*, nämlich CIL VI 8585. 8586; sonst noch aus Rom Not. scavi 1920, S. 39 Nr. 34 und 1923, S. 362. In all diesen Fällen steht *decimanus* (oder *decumanus*) nach dem vollständigen dreiteiligen Namen, so daß eine Deutung von *decimanus* als zusätzliches onomastisches Element recht gekünstelt wäre; ganz gewiß haben wir es mit einem Appellativ zu tun, und ich weiß nicht, was für eine andere Bedeutung es haben könnte als die bei Cicero vorhandene (alle vier zitierten Stadtrömer führen ein griechisches Cognomen, so daß eine Beziehung zum militärischen Bereich ausgeschlossen sein dürfte). Auch wenn diese epigraphischen Stellen keine neue Bedeutungsnuance ergeben, wäre es doch wichtig gewesen, sie zu zitieren, indem sie zeigen, daß das Wort auch in weiten Kreisen, nicht nur in Ciceros Reden über sizilische Verhältnisse, in Gebrauch war.

[57] Auch daß im Artikel *paganicus* ein interessanter, seit 1914 bekannter Beleg für fem. *paganica* fehlt, ist durchaus verständlich, denn die Inschrift wurde erst durch ihre Edition in CIL I[2] 3255 (1986) allgemein zugänglich.

[58] Der Grund für das Fehlen dieses Belegs kann darin liegen, daß CIL XI immer noch überhaupt

Es wird nicht nutzlos sein, hier einige neue oder seltene Wörter in Auswahl zusammenzustellen, die erst nach der Veröffentlichung des betreffenden Thesaurus-Faszikels zutage gekommen sind (aufgenommen wurden auch neue Wörter aus dem Bereich noch nicht bearbeiteter Bände):[59]

– *alieniger*: Die Existenz dieses Wortes ist nunmehr durch IPO A 19 gesichert; deswegen ist wohl auch in CIL VI 19844 die Lesart *alienigerum* zu wählen.

– *ancra*: Dieses Wort ist literarisch nur bei Festus belegt; nunmehr kommt hinzu Suppl. It. 2, Teate Marrucinorum 8 (4. Jh.) im Abl. plur. *ancrabis*; es meint 'Pässe' oder 'Täler'.[60]

– *aurocalcarius* ICVR 25266 ist ein neues Wort.

– *binio* in einer *tabula lusoria* (Suppl. It. 1, Ferentinum 20).

– *botularius* in der Form *butularus* begegnet wahrscheinlich in der jüdischen Inschrift Frey CIJ 210.[61]

– *brusca* fem. Tab. Vindol. 309 scheint neu zu sein.

– *bub(u)larius* AE 1991, Nr. 122. 287 (*bublarius de sacra via*).[62]

– *bubulcarius* war bisher nur aus Gloss. II 259, 44 bekannt; jetzt besitzen wir mit Tab. Vindol. 180, 9 einen Beleg aus dem wirklichen Leben.

– *catacysis* Tab. Vindol. 196v, 3 ist neu (wohl aus gr. κατάχυσις).

– *cathedrarius*: Von diesem seltenen Wort kennen wir nunmehr eine sprachlich hochinteressante Nebenform *categrarius* ICVR 13496.[63]

– *cervesarius*: Ein neuer Beleg Tab. Vindol. 182, 4.

– *confectorarius*: Daß CIL VI 1690 hierher gehört, wird durch die neue Lesung *confecturarius* AE 1976, Nr. 15 erhärtet.

– *contiro*: Für dieses selten bezeugte Wort besitzen wir jetzt einen neuen Beleg in einer stadtrömischen Inschrift (hrsg. von A. Ferrua, Riv. arch. crist. 69, 1993, S. 156 Nr. 104), die einem Prätorianer von seinem *contiro* errichtet wurde. Auch sonst gehören die meisten Belege dem militärischen Bereich an.

– *convernio* AE 1986, Nr. 193 (Rom) ist ein neues Wort.

– *convictrix* AE 1990, Nr. 91 (Rom) ist ebenfalls neu; *convictor* dagegen ist gut belegt.

– *danista*: Hinzuzufügen ist das erste epigraphische Zeugnis: Suppl. It. 2, Velitrae 24. Freilich bleibt der Zusammenhang etwas dunkel; es könnte sich auch um ein Supernomen handeln.[64]

---

keine Wort- oder Sachindices hat. Ein paar neue Belege von *orchestra* sind in Epigraphica 51 (1989) S. 53 verzeichnet.

[59] Um Mißverständnissen vorzubeugen, möchte ich betonen, daß die Beispiele in strengster Auswahl dargeboten werden; manche gleichfalls sehr interessante Fälle wurden weggelassen.

[60] Der außergewöhnliche Text lautet: *Frentra(nis) Histoni(ensibus) V(aleriae) viae muniende ab ancrabis hic.* Der Beleg jetzt im OLD (zitiert aus AE 1947, Nr. 41), auch wenn er die zeitliche Grenze des OLD überschreitet.

[61] Die Inschrift ist seit langem bekannt, wurde aber bisher nicht richtig gelesen. Das Richtige wurde erst von S. Priuli gesehen (in: Epigrafia. Actes du Colloque en mémoire de A. Degrassi, Rom 1991, S. 295). Die Zugehörigkeit des Belegs zu *botularius* scheint mir evident.

[62] Der Thesaurusartikel hält ganz unnötigerweise das Substantiv für identisch mit *botularius*, und es besteht kein Grund, in Test. porcelli p. 244, 6 mit Haupt *bub-* in *bot-* zu ändern.

[63] Zu vergleichen ist *catecra* in dem pompejanischen Graffito CIL IV 8230 (so zu lesen, gegen Epigraphica 30, 1968, S. 112). Man kann nicht mit A. Ferrua (Note al Thesaurus linguae latinae, Bari 1986, S. 108) von einem 'Schreibfehler' sprechen; wir haben es mit einer linguistisch bedeutsamen Übergangsform zu romanischen Wörtern wie ital. *cadrega* zu tun.

[64] Siehe meine Bemerkungen in Suppl. It.

– *dolator* AE 1967, Nr.114 (Ravenna): *dolator d(e) liburna Satura*. Das Wort *dolator*, bisher nur aus Glossaren mit der Entsprechung πελεκητής bezeugt, meint auch zweifellos einen Holzbearbeiter, einen Zimmermann. Wegen seiner Seltenheit hat das Wort vielleicht eine engere Bedeutung gehabt, möglicherweise im Zusammenhang mit dem Schiffbau.

– *ephippiarius*: Hinzuzufügen *epipiarius* AE 1983, Nr.324 = Suppl. It. 3, Corfinium 17.

– *excussorium*: Dieses Wort kommt Tab. Vindol. 343, 27 in der Bedeutung 'Platz, wo gedroschen wird, Dreschscheune' vor; bisher nur als Adjektiv bei Plin. nat. 18, 108 belegt.[65]

– *folliculator* AE 1985, Nr.346 (Urbs Salvia) ist ein neues Wort.

– *iatromaea*: Dieses seltene Wort kann jetzt aus der stadtrömischen Inschrift AE 1987, Nr.98 (= 1983, Nr.81) belegt werden.[66] Der Thesaurusartikel kennt zwei Belege, beide auf -*mea*; aber der neue Beleg zeigt, daß die orthographisch 'regelmäßige' Form -*maea* lautet, was schon das zugrundeliegende gr. ἰατρόμαια, wie die regelrechte Form im Griechischen gelautet haben dürfte, hätte erwarten lassen müssen.[67]

– *icthys* am Anfang einer Grabinschrift aus Ostia (AE 1988, Nr. 222) ist das erste mit lateinischen Lettern geschriebene Beispiel des christlichen Akrostichon ΙΧΘΥC. Auch wenn der Inschrift sonst nichts Christliches anhaftet, muß es sich eben wegen des Akrostichon um eine christliche Bestattung handeln.[68]

– *inaurator*: Dieses seltene Wort ist belegt in dem stadtrömischen Laterculus AE 1940, Nr.74 *Gelasius inaurat(or)* aus der ersten Hälfte des 3.Jh.n.Chr.

– *invictor* Suppl. It. 9, Amiternum 27 ist neu; *invictrix* belegt in der christlichen Literatur, aber nicht von lebenden Wesen.

– *isagogus* AE 1983, Nr.84 (Rom) ist im lateinischen Gewand ein neues Wort.

– *laecasin*: Dieses Wort, im Thesaurus aus Petron. 42, 2 belegt, ist, wie man längst gesehen hat, gr. λαικάζειν. Ein weiterer Beleg in lateinischer Schrift kann noch in der Wandkritzelei aus Capua CIL X 4484 LAICASEME vorliegen. Der Editor versteht *Laicas eme*, wobei beim zweiten Mal (dieselben Worte wurden zweimal geschrieben) *eme* in *emit* geändert worden wäre. Nun ist aber ein Personenname *Laicas* schwerlich erklärbar, weswegen ich *laicase me* zu verstehen vorschlage. Es ist von vornherein mit einem obszönen Sinn des Graffito zu rechnen, da die darüber befindliche Kritzelei 4483 auch obszönen Inhalts ist. Das Verb, das dem rein lateinischen *fellare* genau entspricht, ist aus römischer Umgebung gut belegt und konnte von Lebemännern in Süditalien (wo auch sonst griechischer Einfluß auf der Hand liegt) durchaus in lateinischem Kontext gebraucht werden. Zur Bedeutung des Verbs vgl. Glotta 62 (1984) S. 167–174. Zunächst wird man in unserem Graffito daran denken, daß ein Mann eine Frau (oder einen Knaben) anredet (vgl. Catull. 59, 1).

– *lentiararius*: So auf einem altchristlichen Mosaik aus Stojnik (IMésSup I 156). Entweder handelt es sich um eine Dittographie oder aber um ein zweifaches Suffix, was in einem späten Text nicht auszuschließen ist. Ob das Wort zu *lens* oder zu *lintearius* zu stellen ist, bleibt ungewiß.[69]

– *locarium* ist jetzt auch aus Tab. Vindol. 185, 24 belegbar (freilich bleibt die Lesung etwas unsicher).

– *manicilium* in Tab. Sulis 5 ist neu, Deminutiv aus *manica*.

---

[65] *Cribrorum genera excussoria* (von Sieben); das Substantiv allerdings auch in Glossaren.

[66] Vgl. Arctos 20 (1986) S.163–165. 21 (1987) S.128. Das Wort ist nunmehr auch aus dem griechischen Osten belegt: MAMA III 292 (Korykos) ἰατρομέας.

[67] Trotz der Schreibung -μεα in dem ersten griechischen Zeugnis (s. vorige Anm.).

[68] Beispiele für ΙΧΘΥC in lateinischen christlichen Inschriften bei Diehl 1611.

[69] Der Thesaurus stellt *lentiarius* zu *lintearius*, während das OLD es als selbständiges Wort auffaßt. Desgleichen deutet es der Editor S. Dušanić in IMésSup als Ableitung von *lens*.

– *mechinarius* AE 1986, Nr. 736 (Rom) ist neu, vielleicht eine Art Kontamination von *machinarius* und Wörtern auf *mechan-*.

– *mimologus*: Dieses seltene Wort kann in AE 1990, Nr. 104 aus Rom vorliegen. Der Text dieser außergewöhnlichen Inschrift lautet D M / EOLO GYMNE/ROTI MIMO/LO GO (aufgrund des in der Editio princeps Rend. Pontif. Acc. Arch. 60, 1987/88, S. 224 publizierten Photos). Der Erstherausgeber Ferrua und die Editoren der AE verstehen den Text als *(A)eolo, gymneroti mimo, loco*. Im letzten Wort ist aber G anstelle von C deutlich. Wenn die letzte Zeile ein Wort für sich bilden sollte, dann wäre Aeolus ein *mimus*, und *Logo* könnte nur den Namen einer weiteren Person darstellen.[70] Das ist etwas kompliziert, weswegen ich jetzt hier *mimologo* verstehen möchte. *Mimologus*, das ungefähr dasselbe bedeutet wie *mimus*, kommt nur ein paar Male in späterer Zeit vor, was mit der späten Datierung der Inschrift (ca. 3. Jh. n. Chr.) gut zusammenpaßt. Interessant ist ferner *Gymneros*, von Ferrua und den Editoren der AE als Appellativ verstanden. Ein solches Wort gibt es aber weder im Griechischen noch im Lateinischen. An sich wäre eine okkasionelle Verwendung eines solchen Wortes vielleicht nicht ganz auszuschließen (vgl. etwa *paederos* oder auch *dyseros*), doch ist es entschieden besser, in ihm ein onomastisches Element zu sehen, da die Bildung von Namen viel freier vor sich geht als die von Appellativa. Freilich ist auch ein Eigenname *Gymneros* bisher nicht bekannt, doch kennen wir einige ähnliche Bildungen aus der späteren römischen Namengebung wie *Gymnochares*,[71] so daß eine okkasionelle Verwendung von *Gymneros* durchaus denkbar wäre, zumal *Gymneros* eine Art Zuname des Aeolus wäre und seinem Sinngehalt gemäß vorzüglich als Zuname eines Mimen passen würde.[72]

– *orchestopala*: Ein neuer inschriftlicher Beleg des sehr seltenen Wortes AE 1987, Nr. 107 (Rom).

– *patrocinius* wird als Adjektiv in einer spätantiken Patronatstafel gebraucht: *tabula patrocinia* AE 1967, Nr. 109 (ist also der Thesaurusredaktion entgangen) = Suppl. It. 2, Histonium 3. Es wird sich um eine etwas freie Bildung (wenn nicht sogar um einen bloßen Schreibfehler) für *patrocinalis* o. dgl. handeln.

– *percandidus* ist auch epigraphisch belegt: AE 1990, Nr. 811 (Aquincum), Epitheton wohl im Superlativ *-issimus*.

– *pietosim* und *venustim* AE 1987, Nr. 238a (Tarracina) sind beide neu. Auch das Adjektiv *pietosus* ist für die antike Latinität bisher nur ein einziges Mal aus einer altchristlichen Inschrift (ICVR 1550 = Diehl 3343) belegt.[73] Dieses Adjektiv ist wohl schon in der Sprache der Prinzipatszeit in Gebrauch gewesen. Die tarracinische Inschrift mit *pietosim* kann etwa ins Ende des 2. oder in den Anfang des 3. Jh. gesetzt werden; *pietosim* aber setzt *pietosus* voraus, also ist dieses Adjektiv in der kolloquialen Sprache des 2. Jh. wohl gebraucht worden. Wir besitzen auch noch ein anderes, bisher übersehenes, allerdings etwas fragiles Zeugnis für das Vorhandensein dieses Adjektivs in der vorchristlichen Latinität, nämlich den als PITTOSVS überlieferten Personennamen CIL VI 33892. Da eine Bildung *Pittosus* völlig undurchsichtig bliebe, liegt hier möglicherweise eine Verschreibung oder Verlesung von *Pietosus* vor (auch die Inschrift aus Tarracina hat PITTOSIM!). Die stadtrömische Inschrift kann ungefähr in die Wende vom 2. zum 3. Jh. datiert werden. Der Gebrauch eines Personennamens *Pietosus* setzt wohl das Adjektiv *pietosus* voraus, auch wenn das Namenssuffix

---

[70] So habe ich den Sachverhalt früher verstanden (Arctos 26, 1992, S. 125).

[71] Vgl. meine Ausführungen in ZPE 77 (1989) S. 101 f.

[72] Diese Deutung vertrete ich Arctos 26 (1992) S. 125. Die Bildung von okkasionellen Zunamen geht viel freier vor sich als die von eigentlichen Namen, weswegen man unter ihnen auch sehr überraschenden Bildungen begegnen kann.

[73] Vgl. Arctos 19 (1985) S. 193 f. Erwähnt sei noch, daß *pietosus*, das wohl ungefähr dasselbe bedeutet wie *pius*, im Mittellatein und in den romanischen Sprachen weiterlebt.

-*osus* sich einer gewissen Verbreitung in der kaiserzeitlichen Namengebung erfreut hat. Die meisten neuen Bildungen sind nämlich aus älteren Cognomina gebildet,[74] seltener kommen Ableitungen aus üblichen Appellativen vor (Typ *Gaudiosus* aus *gaudium*); was aber wichtiger ist: Es steht kein Appellativ zur Verfügung, das als Ausgangspunkt hätte dienen können (es sei denn, daß *Pietosus* als eine durch dissimilatorischen Schwund entstandene Nebenform eines Namens **Pietatosus* erklärt werden könnte, was nicht sonderlich glaubhaft anmutet).

– *praediolum*: AE 1985, Nr. 58 (Rom).

– *pullicla* in der christlichen Inschrift Inscr. Aquileia 2992 *pullicla nomine Benedic[ta]* ist ein neues Wort, eines der zahlreichen Kosewörter für kleine Kinder.

– *sempiternium* ICVR 14220 scheint ein neues Wort zu sein.

Diese Zusammenstellung strebt wie gesagt keineswegs nach Vollständigkeit. Aber auch so zeigt sie, wie viel lexikographisch Relevantes man aus der nie versiegenden Quelle epigraphischer Neufunde schöpfen kann.[75]

Gehen wir zum orthographischen Bereich über. An diesem Punkt wäre vieles zu sagen, ich begnüge mich aber mit einer Bemerkung, die zeigt, wie die epigraphischen Dokumente altbewährte Ansichten korrigieren können.

Die maßgebenden lateinischen Wörterbücher haben für Ebenholzbaum, Ebenholz die Schreibung *ebenus, ebenum* als orthographische Normalform festgelegt und das handschriftlich oft überlieferte *hebenus, hebenum* zu einer bloßen Schreibvariante degradiert. Ich glaube aber nachgewiesen zu haben, daß in guter Orthographie der klassischen Zeit eher *heb-* geschrieben worden ist.[76] Schon die ältesten Vergil-Handschriften schreiben georg. 2, 117 *hebenum*, und die Lucan-Überlieferung scheint normalerweise ebenfalls *heb-* zu bieten. Auch der alte Codex Moneus (saec. V/VI) hat an einer Stelle der plinianischen Botanik (12, 17) *hebenum*. Diese Einhelligkeit der älteren handschriftlichen Überlieferung hätte doch die Lexikographen stutzig machen müssen, als sie wegen des griechischen Lenis *ebenus, ebenum* favorisierten. Und in der Tat bestätigen die Inschriften die ältere handschriftliche Überlieferung aufs beste, nämlich durch den Personennamen *Hebenus*, hinter dem ohne den geringsten Zweifel der Name des Ebenholzbaumes steht; das wird u. a. aus dem Vorhandensein des Namens in der griechischen Anthroponymie und dem durch Motion gebildeten Femininum *Hebene* deutlich. *Hebenus* mit fem. *Hebene* kommt in lateinischen Inschriften rund 40mal vor und wird durchgehend mit *h* ge-

---

[74] Vgl. I. Kajanto, The Latin Cognomina, Helsinki 1965, S. 122 f.

[75] Leider gibt es immer noch wichtige Inschriftenpublikationen, die wenig Hilfestellung für die Auswertung ihres Wortschatzes bieten. Die schmerzlichste Lücke in dieser Hinsicht ist das Fehlen jeglicher Wortindices zum Corpus altchristlicher Inschriften der Stadt Rom, das kürzlich vollendet wurde (es fehlt noch ein Band Addenda und Intramurana). Erfreulicherweise ist zu diesem auch in sprachhistorischer Hinsicht hochwichtigen Corpus jedoch ein Computerindex in Vorbereitung (dazu vgl. C. Carletti, Inscriptiones christianae urbis Romae, nova series. Una banca dati, Vet. Christ. 31, 1994, S. 357–368). Die jährlichen Neufunde werden in der Année épigraphique jetzt (seit dem Jahrgang 1991) vielfach besser als früher bearbeitet, aber auch die dort enthaltenen Wortindices genügen nicht allen lexikographischen Ansprüchen.

[76] Glotta 51 (1973) S. 311–317.

schrieben.[77] Diese Tatsache (zumal die Belege allesamt aus guter Zeit stammen) spricht dafür, daß auch in der Schreibung des Appellativums *heb-* vorzuziehen ist.

Schließlich einige Bemerkungen zur Rolle und Behandlung der Eigennamen im Thesaurus. Wie bekannt, sind sie für die Buchstaben A und B in den Bänden I und II zusammen mit den Appellativa behandelt, während es für C und D ein gesondertes Onomasticon gibt. Danach aber wurde die Fortführung des Onomasticon auf unbestimmte Zeit zugunsten einer zügigeren Bearbeitung der Appellativa zurückgestellt.[78] Für A bis D ist, was die Eigennamen betrifft, durch den Thesaurus trefflich gesorgt. Doch ist eine kritische Einstellung besonders in A und B nötig, wo die Gliederung der Artikel und die Ordnung der einzelnen Namenbelege innerhalb einer angesetzten Namensippe oft zu Einwänden veranlaßt.[79] Auch wird das Material oft nur sehr unvollständig dargeboten; z. B. bekommt man von der Geschichte einiger wichtigen Familiennamen wie *Aurelius* durch den Thesaurus so gut wie keine Vorstellung. Auch bei vielen Cognomina wird nur eine kleine Auswahl geboten, besonders bei üblicheren Namen, was an sich verständlich ist, aber auch bei manchem selteneren Namen,[80] was in gewissen Fällen unverzeihlich ist. C und D sind

---

[77] Die Dokumentation in dem in der vorigen Anm. genannten Aufsatz S. 312–314, wo 34 Belege verzeichnet sind. Dazu noch CIL VI 200 I, 99 (70 n. Chr.; vgl. Arctos 16, 1982, S. 188); Bull. com. 68, 1940, S. 193 Nr. 55 (1./2. Jh.); AE 1989, Nr. 423 = HEpigr. 1, 476 (Osqua in der Baetica).

[78] Genauer darüber jetzt Th. Bögel, Thesaurus-Geschichten, Leipzig 1995, S. 62 Anm. 8. In der Thesaurus-Einführung, den Praemonenda de rationibus et usu operis (1990), wird auf S. 18 als Begründung für die Zurückstellung angeführt, daß das Onomasticon vorwiegend historisch-prosopographischer, weniger philologischer Arbeit diene. Damit kann man nicht ganz einverstanden sein; denn wenn auch in der Namenforschung die Akzente auf dem Historischen liegen, so ist doch die Namenforschung grundsätzlich auch eine philologische Wissenschaft.

[79] Besonders störend ist das Bestreben, größere Namensippen unter einem kurzen Grundnamen zu bilden, obwohl viele der angeführten Namen nichts mit dem 'Grundnamen' zu tun haben. Ein Beispiel genügt, um zu zeigen, daß das Verfahren sachlich falsch und außerdem unanschaulich ist. Unter *Abbius* werden folgende Namen in einer recht willkürlichen und undurchsichtigen Reihenfolge angeführt: *Abienus, Abatius, Abenna, Abinnaeus* (dabei handelt es sich um ein semitisches Anthroponym!), *Abinnericus, Abidius, Abilius, Abinius, Abirius, Ab(b)onius, Abulenus, Abuccius, Aburius, Abuttius.* Auch unter der Wurzel *Acc-* wird sehr disparates Namengut angeführt, und das Gefolge von *Arrius* ist buntester Natur. Unter C und D wird jeder Name strikt alphabetisch eingeordnet, was unbedingt vorzuziehen ist – wenn die Appellativa im Thesaurus strikt alphabetisch geordnet sind, warum dann nicht die Eigennamen?

[80] Ein Beispiel: Der Göttername *Adonis* hat in der römischen Anthroponymie nur geringe Spuren hinterlassen, die im Thesaurus I, Sp. 805, 10–16 verzeichnet sind; dem Verfasser des Artikels zufolge sind alle epigraphischen Belege für den Personennamen *Adonis* korrupt (er führt 4 Belege an). Der Name ist aber möglich: Namen 'kleinerer' Götter wurden nicht selten zu Personennamen, auch ist Ἄδωνις in der griechischen Anthroponymie einigermaßen bekannt (s. z. B. LGPN I und II). Auch Ableitungen davon sind möglich: Der Thesaurusartikel führt aus CIL IV 2462 ein Ἀδώνιος an, das er unter *Adonis* einreiht, bei dem es sich aber eher um eine Ableitung Ἀδώνιος oder Ἀδώνιος handelt; der Kompilator des Thesaurusartikels scheint Ἀδώνιος als Genetiv aufzufassen, was ausgeschlossen ist, denn die lange Liste besteht aus lauter im Nominativ stehenden Namen.

in dieser Hinsicht viel besser bearbeitet. Was die einzelnen Namenartikel betrifft, sind sie meistens gut gearbeitet, aber gelegentlich begegnet man Artikeln, die verblüffende Ignoranz und das Fehlen kritischer Einsicht demonstrieren; sogar von namhaften Forschern sind merkwürdige und verkehrte Deutungen signiert.[81]

Wie bekannt, ist das Verhältnis zwischen Eigennamen und Appellativa nicht unproblematisch. Bei gelegentlichen Abgrenzungsschwierigkeiten sind die Entscheidungen des Thesaurus nicht immer glücklich gewesen.[82] Ich bedauere es aufrichtig, daß man sich veranlaßt sah, etwa die Behandlung von *palatium* und *palati-*

Interessant ist ferner *Adonus* CIL VI 12055 aus Fabretti 144, 165, vom Thesaurus gänzlich verschwiegen. Der Name ist aber plausibel, entweder als Variante von *Adonis* zu deuten (Übergang in die 2. Deklination) oder aber als Variante von *Adonius* (oder *-eus*).

[81] Hier eine kleine Blütenlese. „**Adhibe** *ex imperativo nomen*. CORP. VI 27938 M. Valerio Adhibe" liest man bestürzt ThlL I, Sp. 638, 19 f. *Adhibe* ist in der Tat eine merkwürdige Form (die Lesung steht fest), doch ist die Erklärung als Imperativ völlig ausgeschlossen. Eine Möglichkeit wäre, hier einen Schreibfehler anzunehmen und mit dem semitischen Namen *Achiba* zu rechnen (in Inschriften begegnen nicht ganz selten durch Verwechslung aufeinander folgender Buchstaben entstandene Fehler; dazu Solin in: Acta colloquii epigraphici Helsingiae a. 1991 habiti, Helsinki 1995, S. 102 f.). – *Agrimatio* wird aus CIL VI 9842 (gesehen von Henzen) angeführt (I, Sp. 1428). Diehl notiert dazu: „*cf.* ἀγριμαῖος?" Das ist ausgeschlossen, es handelt sich um einen *ghost-name*. Der Name war wahrscheinlich *Agalmatio*; wenn die Vorlage in kursiver oder halbkursiver Schrift geschrieben war, ist die Verwechslung von A und R und von L und I leicht verständlich (vgl. Arctos 11, 1977, S. 127). – Unter *Ampelius* II, Sp. 1978, 40 (dieses Cognomen wird übrigens falsch von *Ampele* getrennt) wird als erster Beleg *Ampelio Liviae l.* CIL VI 4028 angeführt, doch muß es sich dabei um den Frauennamen *Ampelio* handeln; denn *Ampelius* ist eine spätantike Bildung, während die Inschrift aus augusteischer Zeit stammt (vgl. Gnomon 45, 1973, S. 271). – *Aphrodomus* wird II, Sp. 231, 64 f. aus CIL VI 12124 zitiert; das ist aber sicher ein *ghost-name*, zu lesen ist *Aphro Dom[itiae]* (s. Arctos 7, 1972, S. 200; mit der Möglichkeit von *Aphro* wird schon im Thesaurus gerechnet). – *Bassaeus* in CIL IX 1640 soll ein Cognomen sein (II, Sp. 1781, 43 f.), doch die Frau hat zwei Gentilnamen und ein Cognomen (*Irene*). – *Chrysophes* Onom. II, Sp. 425, 8 f. ist ein *ghost-name*; CHRYSOPHES in CIL VI 34100 ist als *Chrysopaes* zu verstehen, vgl. die Schreibung CORNELIHE für *Corneliae* in derselben Inschrift. – *Dioscorus*: Onom. II, Sp. 184, 32 wird aus CIL VI 3283 *T. Dioscori* zitiert und als Kombination von Vornamen und Gentilnamen gedeutet. Natürlich ist zu verstehen *t(urma) Dioscori*.

[82] Dagegen ist es natürlich ganz richtig, die Behandlung der zu Personennamen gewordenen Appellativa dem Onomasticon zuzuweisen (etwa *longus* vs. *Longus*). Dabei ist die Redaktion bestrebt, durch den Vermerk *cf. Onom.* darauf hinzuweisen, daß das entsprechende Wort als Eigenname vorkommt. Doch ist dieser Vermerk nicht konsequent gebraucht worden. Aufs Geratewohl seien einige Artikel in späteren Bänden erwähnt, die des Vermerks entbehren: *marinus* (*Marinus* ist ein überaus häufiges Cognomen!), *medicus* (zum Verhältnis von Appellativum und Personennamen [sowohl Gentilicium als auch Cognomen] vgl. Arctos 27, 1993, S. 126), *mundus* (*Mundus* kommt als Cognomen u. a. in Ciceros Korrespondenz vor), *paederos*. – Hier sei noch bemerkt, daß gelegentlich Fälle begegnen, in denen ein Appellativ falsch als Eigenname gedeutet wurde oder umgekehrt. Das kann auch für das Verständnis des Textes verhängnisvoll sein. Ein Beispiel: III, Sp. 1046, 14 f. wird für *cicada* ein Beleg aus Carm. epigr. 1038 angeführt; es handelt sich aber eindeutig um einen Personennamen, wie der Kontext zeigt (Bücheler hat hier geschlafen); vgl. Arctos 12 (1978) S. 149–151.

nus dem Onomasticon zuzuweisen, denn das bedeutet praktisch, daß die heutige Forschergeneration die Behandlung dieser beiden hochwichtigen Wörter im Thesaurus nicht erleben wird. Ein weiteres Wort, das der Epigraphiker schmerzlich vermißt, ist *maenianum*.[83]

Dies ist nicht der einzige Grund, warum ich anregen möchte, das Onomasticon des Thesaurus in der einen oder anderen Form schon vor Fertigstellung des eigentlichen Wörterbuches fortzusetzen.[84] Es gibt kein umfassendes zuverlässiges lateinisches Onomasticon,[85] und schon deswegen ist die Fortführung des Onomasticon ein sehr dringendes Desiderat. Ich weiß, daß das Kollegium des Thesaurus diese Aufgabe nicht übernehmen wird, ehe das Lexikon selbst fertig ist. Wäre es aber möglich, etwa einen Teil der Aufgabe in internationaler Zusammenarbeit durchzuführen? Ich denke vor allem an die Personennamen, die den wichtigsten Bestandteil des römischen Namenschatzes bilden, ein Onomasticon der römischen Personennamen, in internationaler Zusammenarbeit bereitgestellt, ohne die Ausführung der Arbeit am Lexikon selbst zu belasten.

Ich beende meine Ausführungen mit zwei kürzlich gemachten Beobachtungen, die zeigen, was bei einer subtilen und unbefangenen kritischen Sichtung dem vom Thesaurus gebotenen Namenmaterial abgewonnen werden kann. Die späte (etwa 2./3. Jh.) stadtrömische Inschrift CIL VI 27421 lautet in der von Marini überlieferten Form *Timasio a(mico?) b(ono?) Anucia sua*, wie einhellig verstanden wird. Der Bearbeiter des Thesaurusartikels vermutet II, Sp. 193, 17 in *Anucia* einen möglicherweise afrikanischen Namen, da dafür ein freilich unsicherer Beleg in Afrika überliefert ist; auch kennt der Artikel die Namen *Anucla* und *Anucella* aus Afrika. Und freilich scheint die Existenz dieser zwei Cognomina über alle Zweifel erhaben.[86] In CIL VI 27421 haben wir es aber kaum mit einem Namen zu tun; schon das darauf folgende *sua* hätte stutzig machen müssen. Es liegt hier sehr wahr-

---

83 Ferner vermißt man z. B. *herma, levita, mausoleum*.

84 Dabei sollte man auch erwägen, wenigstens A und B neu zu bearbeiten.

85 A–D ist vom Thesaurus abgedeckt. Für E–O läßt sich die literarische Überlieferung durch De-Vits Onomasticon einigermaßen übersehen; die Inschriften sind bei De-Vit sehr ungleich berücksichtigt, in den letzten Bänden besser als in den früheren. Für P–Z muß man sich immer noch mit summarischen Angaben des zweibändigen Onomasticon von Forcellini-Perin und des Georges begnügen (auch das OLD berücksichtigt den zentralen Namenschatz der römischen Autoren). Was die Personennamen allein betrifft, so ist der Nomenclator provinciarum Europae Latinarum et Galliae Cisalpinae von A. Mócsy (Budapest 1983) in seiner Zielsetzung begrenzt (und die Listen dieses Werks wimmeln leider von allerlei Unzulänglichkeiten). Dasselbe trifft für die verbesserte Ausgabe dieses Nomenclators zu, das Onomasticon provinciarum Europae Latinarum, von dem kürzlich der erste Band, enthaltend A und B, durch B. Lörincz und Fr. Redö herausgegeben worden ist (Budapest 1994), der nur begrenzte Dienste für lateinische Onomatologen leistet. Unser Repertorium (Solin–Salomies, Repertorium nominum gentilium et cognominum Latinorum, Hildesheim ²1994) wiederum ist nur als bescheidenes Hilfsmittel gedacht.

86 Vgl. auch I. Kajanto, The Latin Cognomina, Helsinki 1965, S. 301.

scheinlich das Wort *anucla* vor (die Verschreibung oder Verlesung -IA für -LA ist alltäglich und sehr leicht). *Anucla*, eine Nebenform von *anicula*, ist sonst nur aus Glossaren und aus der *Appendix Probi* bekannt, an der zuletzt genannten Stelle aber ganz selbstverständlich vorausgesetzt (*anus non anucla*).[87] Die Inschrift kann also folgendermaßen verstanden werden: *Timasio ab anucla sua*. Was *anucla* hier genau meint, ist nicht ganz ersichtlich; vermutlich bezeichnet es ein Verwandtschafts- oder Betreuungsverhältnis (Tante, Pflegemutter des Timasius o. ä.). Der Nominativ *suus sua* erscheint oft in lateinischen Grabinschriften mit Verwandtschaftswörtern zusammen, aber äußerst selten nach einem Eigennamen (aus Rom kenne ich nur CIL VI 28392);[88] auch dies spricht stark gegen die Deutung von *Anucia* als Eigennamen.

Die zweite Beobachtung gilt der stadtrömischen Inschrift CIL VI 15212 aus der Prinzipatszeit (etwa 1./2. Jh.), deren Text lautet: *Ti. Claudius Polites et Claudia Poemne hic et Coetonicus Monnus*. In *Monnus* wurde bisher einhellig ein onomastisches Element gesehen. Nun ist *Monnus* als Name einigermaßen bekannt, zunächst aus den keltischen Provinzen (dazu aus Afrika manche Namen auf *Monn-*, zufälligerweise aber nicht dieser Name). Aus Rom ist der Name aber sonst nicht belegt (der Centurio in CIL VI 2553. 2571. 2582 ist wohl kein Stadtrömer). Wenn aber *Monnus* ein Eigenname ist, müßte es sich um ein zweites Cognomen des Coetonicus handeln (so faßt die Sachlage ThlL Onom. II, Sp. 526, 31 auf), was jedoch etwas ungewöhnlich wäre, wenn auch durchaus möglich. Wenn auf das vom CIL gebotene Druckbild Verlaß ist (die Form des Textes gründet auf Mommsens und de Rossis Kopien, so daß hinsichtlich der Richtigkeit der Lesung keinerlei Zweifel bestehen dürften), dann scheinen die zwei letzten Wörter, COETONICVS und MONNVS, eng zusammenzugehören. So erlaube ich es mir, als alternative Deutung *Coetonicus monnus* vorzuschlagen. Auszugehen ist von den Formen *monna monnula*, die inschriftlich belegt sind (s. ThlL VIII, Sp. 1422, 60–69), die normalerweise als Dissimilationsformen aus *nonna*, *nonnula* erklärt werden;[89] *nonnus*, *nonna* selbst kommen außer im kirchlichen Latein in kaiserzeitlichen Inschriften in der Bedeutung 'Kinderwärter(in), Erzieher(in)' vor.[90]

---

87 Zur Form vgl. auch Leumann, Laut- und Formenl. S. 86.

88 Etwas obskur bleibt CIL VI 2651 *Costantius suus*.

89 So Niedermann bei E. Schopf, Die konsonantischen Fernwirkungen, Göttingen 1919, S. 115f. Vgl. jedoch Walde-Hofmann, LEW II, S. 108. – Im OLD wird *monna* CIL VIII 14911 als Appellativ aufgefaßt, was verkehrt ist.

90 *Nonnus*: CIL IX 4693. ICVR 10027; *nonna*: CIL VI 23960. ICVR 23167.

Roland Wittmann

Thesaurus und Römisches Recht

Der Thesaurus linguae Latinae und das dazugehörige Quellenmaterial sind nicht nur ein unentbehrliches Hilfsmittel für jeden, der sich mit dem Römischen Recht befaßt, sie sind vielmehr für die Erkenntnis zahlreicher Probleme des Römischen Rechts von entscheidender Bedeutung. Im folgenden soll dies aus meiner praktischen Arbeit als Fahnenleser des Thesaurus exemplarisch beleuchtet werden. Im Laufe meiner Tätigkeit hat es sich bei zahlreichen Stichwörtern gezeigt, daß die geordnete und durchdringende Übersicht über die Quellen, die die Thesaurus-Arbeit ermöglicht, zu neuen Einsichten über die juristische Terminologie der Römer, insbesondere auch über die bedeutungsgeschichtliche Entwicklung, führt. Im folgenden greife ich einige markante Beispiele heraus.

Zunächst sei mir ein kurzer Rückblick auf meine Mitarbeit beim Thesaurus gestattet. Es war im Jahre 1975, als Herr Dr. Flury in einem Brief mich ansprach, ob ich es für machbar hielte, als Fahnenleser beim Thesaurus tätig zu sein. Ich muß gestehen, daß ich sofort zugegriffen habe, denn es hat sich da so etwas wie ein Traum für mich verwirklicht, wenn auch sozusagen in modifizierter Gestalt. Schon als Gymnasiast habe ich oft daran gedacht, später beim Thesaurus hauptamtlich mitzuarbeiten.[1] Das hat sich nicht erfüllt. Zumindest bin ich aber Fahnenleser geworden, und das sollte man keineswegs unterschätzen, wie ich im folgenden noch verdeutlichen zu können glaube. Der Kreis der Fahnenleser ist ein kleiner Kreis, doch ich meine, daß er einiges zum Thesaurus hat beitragen dürfen.

Mein Vorgänger als Fahnenleser insbesondere für juristische Ausdrücke war mein verehrter Lehrer Wolfgang Kunkel, der sich aus Altersgründen von dieser Tätigkeit, die ihn besonders interessierte, zurückziehen mußte, um sich dann auf sein Werk „Staatsordnung und Staatspraxis der römischen Republik" zu konzentrieren.

Dabei muß man freilich sehen, daß er auch danach, nachdem er als Fahnenleser sich zurückgezogen hatte, vom Thesaurus großen Nutzen gezogen hat, insbesondere bei der Untersuchung des Begriffs *imperium*, der für das römische Staatswesen

---

Die folgende Abhandlung gibt den Text des Vortrags wieder, den der Verfasser auf Einladung der Internationalen Thesaurus-Kommission gehalten hat. Für diese Einladung, die ich als eine ganz besondere Ehre betrachte, möchte ich auch an dieser Stelle herzlich danken.

[1] An dieser Stelle nenne ich mit großer Dankbarkeit meinen unvergeßlichen Lateinlehrer Gustav Rötzer, München, der meine Liebe zur lateinischen Sprache mit tiefem Verständnis und sicherem Gefühl für das Wesentliche entscheidend gefördert hat.

von entscheidender Bedeutung ist. Theodor Mommsen hat bekanntlich diesen Begriff des Imperiums in den Mittelpunkt seines Staatsrechts gestellt. Er geht von der Kontinuität des Imperiumbegriffs von den Königen bis hin zu den Konsuln auch der späten Republik aus, eine Denkweise, die sich anhand der Arbeiten Kunkels mit dem Thesaurus nicht bestätigt hat. Wie Kunkel durch zahlreiche Analysen des Thesaurus-Materials, wie er mir berichtet hat, und auch durch Gespräche mit Herrn Flury feststellen konnte, ist der ursprüngliche Kernbereich des Imperiums die militärische Kommandogewalt. Dieser Kernbereich des Imperiumbegriffs erhält sich auch noch bis in die Spätzeit. Daraus kann man natürlich nicht etwa ableiten, daß das alles wäre, sondern es gibt auch die Verwendung des Imperiumbegriffs außerhalb des militärischen Kommandos, etwa wenn wir vom Imperium des Praetors als Jurisdiktionsmagistrats sprechen, um nur ein Beispiel zu nennen. Auf der anderen Seite bedeutet Imperium nicht die umfassende Königsgewalt. Der angebliche Übergang des Imperiums auf die Konsuln ist eine reine Spekulation.[2]

Meine eigenen ersten intensiveren Kontakte mit dem Thesaurus fanden noch vor dem Jahr 1975 statt, und hier habe ich einen Faszikel, der 1972 erschienen ist, kritisch zu erwähnen. Ich habe mich schon im Laufe meiner Dissertation auf die Suche nach der Bedeutung eines Wortes begeben, das vielfältige Bedeutungsschattierungen aufweist, nämlich des Wortes *inmittere*. Es heißt u. a. 'hineinschicken', aber auch 'vorschicken' – es gibt eine ganze Menge von Stellen, wo das Wort räumlich benutzt wird. Das half mir aber nicht; ich hatte mit einer Stelle zu kämpfen, die eine Formel eines Edikts betraf, nämlich die Musterformel des Edikts *Ne quid infamandi causa fiat*.[3] Die Prozeßformel war für den klassischen römischen Zivilprozeß von entscheidender Bedeutung. Der klassische Prozeß gliederte sich in zwei Verfahrensabschnitte; das Verfahren vor dem Praetor war der erste Abschnitt, das vor dem Judex oder vor einer Rekuperatorenbank der zweite. Wenn wir von einer Prozeßformel sprechen, dann ist das eine Art kurzes Programm, aufgestellt vom Praetor, gerichtet an den Richter, der sich an der Formel orientiert, was er tun soll, insbesondere welche Beweise er erheben soll. Hier geht es um eine Formel, die die Verleumdung eines anderen betrifft. *Ne quid infamandi causa fiat* bedeutet, es soll nichts geschehen, um einen anderen zu verleumden, nichts, was einen anderen in ein ungünstiges Licht bringt.

Die Musterformel ist uns in einer späten und recht trüben Quelle überliefert, nämlich in der *Collatio legum Romanarum et Mosaicarum*, wo sozusagen Feuer und Wasser miteinander verglichen werden, wenn man so sagen darf, das mosaische Recht mit dem Römischen Recht. Immerhin ist sie eine wertvolle Quelle für das Römische Recht; denn es ist eine vorjustinianische Quelle, und solche haben wir nicht viele.

---

2 Zum Begriff *imperium* vgl. Kunkel-Wittmann, Staatsordnung und Staatspraxis der römischen Republik, Bd.2, München 1995, S.21ff.

3 Paul.coll.Mos. 2,6,5.

In der *Collatio* wird die Musterformel in folgender Form überliefert: *quod Numerius Negidius illum inmisit Aulo Agerio infamandi causa* – 'was das betrifft, daß Numerius Negidius (NN, ein Blankettname für den Beklagten) jenen hineingeschickt hat (oder: vorgeschickt hat), um den Kläger zu verleumden'. Wie soll man sich den Tatbestand der Musterformel vorstellen? Darüber habe ich mir sehr den Kopf zerbrochen, und ich war nicht der erste. Schon die Humanisten haben sich Gedanken gemacht, und es gab verschiedenerlei Emendationsversuche, auf die ich im einzelnen nicht eingehen möchte. Eine Emendation aus späterer Zeit stammt von Lenel. Dieser setzte die Musterformel mit den *libelli famosi*, den Schmähschriften, in Beziehung; und gewiß, das Verbreiten von Schmähschriften ist auch eine Möglichkeit, andere zu verleumden. Also ergänzte Lenel: *quod Numerius Negidius illi libellum misit.* Übersetzt hätte die Formel nach Lenel gelautet: 'was das betrifft, daß der Beklagte jenem (nämlich einem Dritten) eine Schmähschrift geschickt hat, um den Kläger zu verleumden'. Doch versteht man nicht, wieso der Adressat der Schmähschriften hier ausdrücklich hervorgehoben werden soll. Schmähschriften richten sich ja, möchte man annehmen, an einen unbestimmten Kreis von Adressaten.

Ein genialer Emendationsversuch stammt von David Daube.[4] Sein Vorschlag lautet folgendermaßen: *quod Numerius Negidius capillum inmisit Aulo Agerio infamandi causa* – 'was das betrifft, daß der Beklagte sich lange Haare hat wachsen lassen, um den Kläger zu verleumden'. Wie muß man sich das vorstellen? Nun, es gab in der Antike die Sitte, als Zeichen der Trauer sich lange Haare wachsen zu lassen. Dafür gibt es zahlreiche Belege, die man sicher einmal im Thesaurus unter *summittere* versammelt finden wird; *summissis capillis* ist eine stehende Wendung. Nach Daube ist eine Verhaltensweise denkbar, daß jemand sich lange Haare wachsen läßt, dann hinter einem herläuft und damit zum Ausdruck bringt, der andere sei ein Bösewicht. Der andere wird so beschuldigt, demjenigen, der hinter ihm herläuft, Unrecht getan zu haben. Man muß zugeben, daß der Emendationsvorschlag Daubes genial ist.

Aber ich glaube nicht an die Ergänzung *capillum inmisit.* Eine solche Verhaltensweise ist doch etwas fernliegend; es wäre deshalb kaum verständlich, würde das Edikt für die Musterformel gerade diesen Fall herausgreifen.

Über die Bedeutung der Musterformel habe ich lange Zeit nachgedacht. Nachdem ich den Thesaurusartikel *inmittere* noch einmal durchzuarbeiten anfing, in der Absicht, das Material weiterhin zu erforschen, bin ich auf eine Stellengruppe gestoßen, die mir erfolgversprechend zu sein schien, wo ich mir dachte: Da könnte eine Fallgruppe vorliegen, die zu diesem Edikt passen würde, die ein Fall der Musterformel sein könnte. Denn meine Idee war, die Formel so zu lesen, wie sie überlie-

---

4 In: Atti del Congresso internazionale di diritto romano e di storia del diritto (Verona 1948), Bd. III, Mailand 1951, S. 413 ff.

fert ist, also ohne Emendation. Also, dachte ich, ich suche eben so lange, bis ich eine Stellengruppe finde, die vielleicht paßt. Aber zunächst war die Suche vergeblich. Im Thesaurus ist beim Stichwort *inmittere* die *Collatio*-Stelle zwar berücksichtigt (VII 1, Sp. 468, 36), es wird jedoch lediglich behauptet, daß sie korrupt sei: (*contextu non sano*). Das war für mich wenig hilfreich. Aber ich konnte dann doch dem Thesaurus bei gründlicher Lektüre eine Idee entnehmen, wie man *quod Numerius Negidius illum inmisit Aulo Agerio infamandi causa* deuten könne. Ich dachte mir: *inmittere* muß hier eine modifizierte Bedeutung haben; 'hineinschicken' paßt nicht, aber 'vorschicken' könnte es sein. Dann stieß ich im Thesaurus auf eine Cicero-Stelle (Sull. 18), wo es von einem gewissen Autronius, der für uns jetzt keine Rolle spielt, heißt, dieser habe einen Gaius Cornelius losgeschickt, um Cicero zu ermorden (*iam inmissum esse ab eo C. Cornelium, qui me ... trucidaret, obliviscerer*). Das paßte freilich nicht zu *ne quid infamandi causa fiat*; denn beim Edikt *ne quid infamandi causa fiat* geht es um Verleumdung und nicht darum, jemanden zu ermorden.

Glücklicherweise stieß ich dann mit Hilfe des Thesaurus auf eine Stelle bei Plinius, wo in einem Brief von einer hochgestellten Persönlichkeit in Ephesus berichtet wird. Diese Person muß von Bewohnern der Stadt Ephesus bei Plinius angeklagt oder jedenfalls angezeigt worden sein.[5] Er war ein freigiebiger Mensch, heißt es, und er war auf eine „unschuldige Art" beliebt – schon in der Antike war es also bemerkenswert, daß man auf eine unschuldige Art (gemeint ist natürlich „ohne krumme Touren") Beliebtheit erlangen konnte. Aber er hat sich den Neid gewisser Bewohner von Ephesus zugezogen, und so wurde jemand vorgeschickt, der ihn angezeigt hat, und zwar von Leuten, die ihn haßten und die ihm ungleich waren (*inde invidia et a dissimillimis delator inmissus*).

Das paßte schon eher zur Musterformel (einen vorschicken, um einen anderen zu verleumden, etwa anzuzeigen oder sonst in Mißkredit zu bringen), und ich ahnte hier schon, daß das vielleicht eine Verhaltensweise sein könnte, die von den Römern als besonders gefährlich angesehen und deswegen für die Musterformel des Edikts verwendet wurde.

In diesem Zusammenhang stieß ich dann zum ersten Mal auf eine Stelle bei Gellius.[6] Es geht dort um den Rechenschaftsprozeß gegen Scipio Africanus, der ja, so jedenfalls die Überlieferung, Legat bei seinem Bruder Lucius Cornelius Scipio war. Dieser hat bekanntlich als Konsul des Jahres 190 den Krieg gegen Antiochus mit dem Sieg bei Magnesia beenden können. Von zwei Volkstribunen soll, so die Überlieferung, gegen Scipio Africanus ein Rechenschaftsprozeß inszeniert worden sein. Gellius, der sich hier sicherlich auf Valerius Antias stützt, berichtet hiervon und sagt: Diese zwei Volkstribune sind nicht von selbst auf den Gedanken gekom-

---

5 Plin. epist. 6, 31, 3.
6 Gell. 4, 18, 7.

men, den Scipio Africanus anzuklagen, sondern dahinter steckte Marcus Porcius Cato; von ihm sind die beiden Volkstribune angestachelt, vorgeschickt worden, *comparati in eum atque inmissi* (vielleicht kann man hier *comparare* sogar so verstehen, daß die Volkstribune damals schon gekauft waren – aber das können wir dahingestellt sein lassen). Diese *Petili quidam tribuni plebis* wurden vorgeschickt *a Marco, ut aiunt, Catone inimico Scipionis.* Cato war ein Feind des Scipio Africanus, und nun erhellt auch die Gefährlichkeit dieser Verhaltensweise. Wenn jemand mit einem anderen verfeindet ist und über ihn etwas Ungünstiges behauptet, dann wird das Publikum das nicht so leicht glauben; man wird dann sagen: Da besteht eben eine Feindschaft, und wieso soll man solchen Anschuldigungen glauben? Aber wenn ein scheinbar neutraler Dritter vorgeschickt wird, der dann seinerseits den Angriff beginnt und durchführt, dann ist das natürlich viel gefährlicher.

Im Thesaurus-Material finden sich noch weitere Belege für diese Verwendung von *inmittere.* Ich denke daher, daß man Coll. Mos. 2, 6, 5 ohne Emendation lesen kann. *Quod Numerius Negidius illum inmisit Aulo Agerio infamandi causa* würde dann bedeuten: 'was das betrifft, daß der Beklagte jenen vorgeschickt hat, um den Kläger zu verleumden', und zwar 'vorgeschickt zum Schein, um sich im Hintergrund zu halten, damit ein scheinbar Neutraler die verleumderischen Behauptungen aufstellen kann'.

So, denke ich, hat dieser erste Kontakt mit dem Thesaurus doch auch etwas für die Kenntnis eines bestimmten Gebiets des Römischen Rechts gebracht. Ich gehe nun zu einem zweiten Beispiel über, das schon aus der Zeit stammt, in der ich als Fahnenleser mitwirken durfte.

Dazu möchte ich mir eine Vorbemerkung erlauben. Ich denke an dieser Stelle mit der größten Dankbarkeit an die Gespräche zurück, die ich mit Herrn Flury, mit Herrn Beikircher, mit Herrn van Leijenhorst, mit Herrn Wieland und mit anderen Mitarbeitern des Thesaurus führen durfte. Ich hatte immer das Gefühl: Da wird eine Ebene des Lateins betreten, die man sonst kaum je antrifft; und ich kann auch berichten, daß meine Vorschläge weitestgehend Anklang fanden. Natürlich bin ich auch auf Grenzen gestoßen, die alle Fahnenleser kennen – die Gliederung eines jeden Artikels setzt der Einfügung zusätzlicher Belege zum juristischen Sprachgebrauch natürlich gewisse Grenzen. Auch auf die Pauschalangabe *al.* bin ich schon öfter gestoßen, das ist klar; aber ich habe dann damit zu leben gelernt, im Interesse der Sache; und es ist mir doch auch gelegentlich gelungen, dem verantwortlichen Redaktor eine Stelle zusätzlich abzuringen, die dann in den Thesaurus aufgenommen wurde. Es ist ganz wichtig, denke ich, daß der Thesaurus in seinen Artikeln auch den Sprachgebrauch der römischen Juristen oder – allgemeiner gesagt – der Quellen, die für das Römische Recht wichtig sind oder aber durch römisch-rechtliche Begriffe geprägt sind, berücksichtigt. Das hängt damit zusammen, daß die römische Rechtssprache nicht so weit von der Umgangssprache entfernt ist wie etwa die deutsche Umgangssprache von der Rechtssprache, etwa des BGB. Die römische

Rechtssprache lebt gleichsam aus der Umgangssprache. Das kann man an zahlreichen Stellen aufzeigen; die Zäsur ist nicht so scharf. Auch ist die römische Rechtssprache in vielfacher Hinsicht ambivalent, gerade was Termini anlangt; die Termini sind nicht so scharf voneinander abgegrenzt. Das zeigt sich zum Beispiel im Verhältnis von *imperium* und *potestas* oder von *ius* und *lex*; bei Gegensatzpaaren wie diesen gibt es neben Bedeutungsbereichen der klaren Abgrenzung auch Bereiche der Überschneidung. Um so wichtiger erscheint es mir, daß wir im Thesaurus die ganze Breite des Sprachgebrauchs vor uns haben, und das ist, denke ich, sowohl für den Thesaurus als auch für diejenigen, die sich mit dem Römischen Recht beschäftigen, von entscheidender Bedeutung. Man kann auch die Anspielungen, die die Juristen sehr häufig machen (und sie leben ja in dieser Sprache), nur verstehen, wenn man den ganzen Sprachgebrauch wenigstens tendenziell zu erfassen versucht. Das gleiche gilt für den Unterschied zwischen deskriptivem und normativem Sprachgebrauch.

Bei dem zweiten Beispiel, auf das ich nun näher eingehen möchte, geht es um die Bedeutung des Ausdrucks *praetor maximus*. Es gibt eine Livius-Stelle, die einigermaßen rätselhaft ist und zu sehr viel Verwirrung in der Literatur geführt hat (7, 3, 5). Da wird von einem uralten Gesetz berichtet: *lex vetusta est priscis litteris verbisque scripta, ut qui praetor maximus sit Idibus Septembribus clavum pangat.* Hier ging es um ein Komma – man soll das nicht unterschätzen, in den Handschriften gibt es ja kaum Interpunktionen.

Dieses 'alte Gesetz, mit altertümlichen Buchstaben und Wörtern geschrieben', lautet: *ut qui praetor maximus sit Idibus Septembribus clavum pangat* – 'daß, wer *praetor maximus* (also der Praetor mit der höchsten Amtsgewalt, wörtlich: der höchste Praetor) ist an den Iden des September einen Nagel einschlagen solle'. Wie ist das zu verstehen, wer ist dieser rätselhafte *praetor maximus*, und was ist das für ein Nagel, der da eingeschlagen wird?

Über den Nagel haben sehr viele spekuliert. Bei Livius wird anschließend gesagt, die Diktatoren hätten den Nagel eingeschlagen. Nun gab es aber nicht jedes Jahr einen Diktator. Nach Mommsen[7] soll es sich freilich im Jahre 363 um den Jahrhundertnagel gehandelt haben. Diesen sogenannten Jahrhundertnagel hat es jedoch gar nicht gegeben; außer dem Jahresnagel wurde nur aus religiösen Gründen, wenn man eine Seuche oder sonst ein Unglück bannen wollte, ein Nagel eingeschlagen, und zwar durch einen eigens hierfür ernannten *dictator clavi figendi causa*. Dieser Nagel kann es aber auch nicht sein; denn es ist ja offensichtlich so, daß an den Iden des September jeweils ein Nagel eingeschlagen werden sollte und nicht nur dann, wenn eine Seuche ausbricht. Also muß es wohl der Jahresnagel sein, den man jedes Jahr einschlägt; so hat es auch Livius aufgefaßt.

---

[7] Staatsrecht II 1, S. 156 Anm. 5.

Dann bleibt aber immer noch die Frage: Wer ist der *praetor maximus*? Einige haben gesagt: Wenn jemand *praetor maximus* heißt, dann muß es mehrere Prätoren geben (heißt einer *pontifex maximus*, dann gibt es mehrere *pontifices*). Wenn es nur zwei gibt, so das Argument, dann kann nicht einer der beiden *praetor maximus* heißen; es muß mindestens drei geben. Schon war die Theorie geboren, daß es ursprünglich drei Obermagistrate gab, nämlich diese drei *praetores* – wir wissen ja, daß die Konsuln ursprünglich *praetores* hießen.

Ich glaube jedoch nicht, daß man diesen Schluß ziehen kann. Auch hier ist der Thesaurus meines Erachtens hilfreich. Man muß sich einfach der Mühe unterziehen, den Artikel *magnus* zu lesen – eigentlich ist das keine Mühe; mühselig ist nur der Entschluß dazu; wenn man schon mal angefangen hat, wird man durch die Quellen weitergeführt und nicht mehr losgelassen.

Es gibt eine Stelle bei Livius,[8] da wird über die sagenhaften Könige von Alba Longa gesprochen, über das Königtum des Procas, und es heißt dann anschließend: *is Numitorem atque Amulium procreat* – 'er hat Numitor und Amulius gezeugt'; *Numitori qui stirpis maximus erat regnum vetustum Silviae gentis legat* – 'er hat das alte Königreich der Gens Silvia dem Numitor vermacht', und zwar dem Numitor, 'der der ältere (*maximus*) war von den zwei Brüdern'. Wir sehen also, es ist gar nicht zwingend, daß *maximus* voraussetzt, es müßten immer mindestens drei sein; es können auch zwei sein – bei den Procas-Söhnen handelte es sich eindeutig um zwei Brüder.

Auf diese Stelle bin ich mit Hilfe des Thesaurus gestoßen, und zwar habe ich zunächst die Gliederung des Artikels *magnus*, den *conspectus materiae*, und dann die Unterteilung der einzelnen Bedeutungen gelesen. Was versprach hier Auskunft? Zunächst natürlich das *caput tertium*, wo unter den *structurae, stilistica, iuncturae* auch der Gebrauch des Komparativs und des Superlativs behandelt wird – es gibt ja kein eigenes Stichwort *maximus* (das ist auch verständlich). Von dort wurde ich zurückverwiesen auf das *caput primum*, und da findet sich dann eine entsprechende Stellengruppe. Man sieht also: *maximus* setzt nicht voraus, daß es unbedingt mehr als zwei waren.

Wie ist dann aber letztlich die Livius-Stelle zu verstehen? Hier komme ich auf das Komma zurück, das ich vorhin erwähnt habe: Setzen wir nach *sit* ein Komma und lesen *ut qui praetor maximus sit, Idibus Septembribus clavum pangat*, dann bedeutet das, daß derjenige, der *praetor maximus* ist, an den Iden des September den Nagel einschlägt. Aber man kann ja dieses Komma auch weglassen oder man kann es nach *Idibus Septembribus* setzen und den Satz so verstehen, daß derjenige, der *praetor maximus* ist an den Iden des September, den Nagel einschlägt. Es ist klar, daß er das dann an den Iden des September macht; entscheidend ist, daß er eben zu diesem Zeitpunkt *praetor maximus* ist.

---

[8] Liv. 1, 3, 10.

Doch wer ist mit dem *praetor maximus* gemeint? Das kann, wenn es zwei Konsuln gibt, der Konsul sein, der gerade der gerierende Konsul ist; wenn es jedoch zufällig einen Diktator gibt in diesem Jahr, dann ist es eben der Diktator. So, denke ich, kann man diese Stelle verstehen. Dann gibt es auch keine Basis dafür anzunehmen, daß es ursprünglich drei Obermagistrate gegeben habe. Jedenfalls ist die Livius-Stelle kein Beleg dafür, daß es ursprünglich drei Obermagistrate gegeben hat, und ich würde auch zur Annahme neigen, daß es nur zwei gab, nämlich die beiden Konsuln, die ursprünglich Praetoren hießen; daneben gab es (in der Frühzeit sogar häufig) einen Diktator. Das wäre also ein Beispiel, wo Thesaurus und Römisches Recht, hier das Verfassungsrecht, einander begegnen.

Ein weiteres Gebiet, auf dem es eine fruchtbare Beziehung gibt zwischen dem Römischen Recht und dem Thesaurus, ist die Interpolationenkritik. Hier hat sich in der romanistischen Wissenschaft eine große Veränderung vollzogen. In den dreißiger Jahren, aber noch bis in die fünfziger Jahre dieses Jahrhunderts war man verbreitet der Meinung, daß die Digesten weithin von Interpolationen durchsetzt seien, also von Eingriffen der justinianischen Gesetzgebungskommission in die klassischen Juristentexte.

Hier ist man heutzutage vorsichtiger geworden. Und das Studium des Thesaurus-Materials zeigt: Man kann noch vorsichtiger sein und sollte noch vorsichtiger sein als bisher. Man braucht den Thesaurus nicht, um zu erkennen, daß *nisi forte* nicht unbedingt schlechtes Latein ist. Man kann ja Cicero lesen, und dann findet man *nisi forte*, und damit ist schon die Meinung Beselers widerlegt, daß *nisi forte* in den Digesten stets interpoliert sei. Aber man glaubt ja gar nicht, wie weit verzweigt die Interpolationenkritik ist.

Ein Beispiel für eine Interpolationsannahme, die mit Hilfe des Thesaurus widerlegt werden kann, ist *praesumere*. Hier konnte ich eine Veränderung im Thesaurus bewirken, und zwar nach Aussprache mit Herrn Flury und Herrn Beikircher. Als ich den Artikel in den 'Fahnen' durchlas, fand ich natürlich zahlreiche Digestenstellen. Die Digestenstellen sind normalerweise schon in diesen Vorlagen, die ich zum Lesen bekomme, gebührend berücksichtigt; trotzdem erlaube ich mir gelegentlich ergänzende Hinweise. Ich fand bei den Digestenstellen, die für *praesumere* im Sinne von 'annehmen' angeführt wurden, einen Hinweis darauf, daß Justinian in den Text eingegriffen habe: *exempla digestorum aetati Iustiniani tribuunt viri docti.*[9] Die gelehrten Stimmen, die diese Stellen dem Zeitalter Justinians zurechnen, vermuten also eine Interpolation. Ich habe mir diese Stellen angeschaut und festgestellt, daß *praesumere* in der Bedeutung 'etwas vermuten' oder 'eine Art Erfahrungsregel aufstellen' schon im Wortlaut eines Senatskonsults aus dem Jahre 56 n. Chr. vorkommt, nämlich im *senatus consultum Trebellianum*, und daß ferner

---

9 So lautete die Formulierung in den Fahnen entsprechend der *communis opinio*. Vergleicht man damit die gedruckte Fassung X2, Sp. 965, 37 ff., kann man unmittelbar ablesen, wie die nachstehenden Überlegungen von der Bandredaktion aufgegriffen wurden.

eine angeblich interpolierte Stelle, die von Celsus stammt, sichtlich eine Anspielung auf diesen Senatsbeschluß enthält. Es ist natürlich zuzugeben, daß dieser Senatsbeschluß seinerseits nur durch Ulpian überliefert ist, und Ulpian wiederum nur in den Digesten. Aber das dürfen wir der justinianischen Kommission nicht zutrauen, daß sie auch die normative Quelle, nämlich den Senatsbeschluß, verändert habe. So ergibt sich, daß *praesumere* in der Celsusstelle echt ist. Da sind wir also im ersten Drittel des zweiten Jahrhunderts; und man kann zeigen, daß auch noch andere Stellen, die *praesumere* oder auch *praesumptio* enthalten, echt und keineswegs interpoliert sind, wie noch Kaser in seinem Zivilprozeßrecht 1966 angenommen hat. Das, denke ich, zeigt, daß auch bei einer Neubearbeitung dieses Zivilprozeßrechts der Thesaurus zu Rate gezogen werden sollte. Ich denke, ich konnte vielleicht doch einen Eindruck davon geben, wie hier eine Entscheidung anhand des Thesaurus-Materials möglich ist.

Wie wichtig der Thesaurus für die Bedeutungsgeschichte rechtlicher Termini ist, zeigt der juristisch ja sehr wichtige Ausdruck *praestare*. Die Rechtshistoriker übersetzen das Wort einfach mit 'leisten'. Das ist natürlich eine verschwommene Übersetzung, sie paßt so für die späten Quellen. Aber woher kommt diese Bedeutung von *praestare*? In der Einleitung des Thesaurusartikels wird erwogen, ob hier nicht eine ursprüngliche transitive Bedeutung von *stare* bzw. ein entsprechendes zu diesem Stamm gehörendes Wort faßbar werde, das sich in *praestare* erhalten habe.

Das wird man nicht entscheiden können. Ich denke aber, daß sich aus dem Thesaurus-Material folgendes ergibt.[10] Ursprünglich heißt *praestare* eben nicht 'leisten', sondern mehr 'einstehen für', und da mag auch das Wort *praes* hineingespielt haben. Natürlich hat *praes* nichts mit *praestare* zu tun, weil ja, wie auch der Thesaurus bei *praes* berücksichtigt, die ursprüngliche Form dieses Wortes, die ja in der *lex agraria* von 111 v. Chr., also inschriftlich bezeugt ist, *praevides* ist. Von *praevides* führt kein Weg zu *praestare*. Aber das schließt ja nicht aus, daß die Bedeutung von *praes* sozusagen auf *praestare* ausgestrahlt hat. Und in der Tat: In den frühesten Quellen geht es gar nicht so sehr um 'leisten', sondern um 'einstehen für'. So in einer Varro-Stelle[11]: *illasce sues sanas esse habereque recte licere noxisque praestari ... spondesne?* – 'Versprichst du dafür einzustehen, daß diese Schweine gesund sind und daß man sie ungestört besitzen darf und daß sie keiner Noxal-Haftung unterliegen?' Man sieht also, die Grundbedeutung von *praestare* ist 'einstehen für', und erst später kommt die allgemeinere Bedeutung 'leisten'. Ich meine, wir sollten uns vor der Vorstellung hüten, daß immer die einfachen Fälle am Anfang der Rechtsgeschichte stehen. Es ist ja manchmal zweifelhaft, was einfacher und was komplizierter ist. Ich denke, daß man vielleicht sagen kann, dieses Einstehen für einen anderen hat etwa beim Bürgen angefangen. Es muß gar nicht zunächst

---

10 Siehe dazu H. Beikircher, Zur Etymologie und Bedeutungsentwicklung von *praestare*, Glotta 70 (1992) S. 88–95.

11 Varro rust. 2, 4, 5 (s. dazu ThlL X 2, Sp. 926, 2 f.).

der Schuldner als solcher gewesen sein, von dem man *praestare* gesagt hat. Aufgrund des Materials ist sicher, daß die Bedeutung 'einstehen für' die ursprünglichere ist.

Die Bedeutung des Thesaurus für das Römische Recht läßt sich wie folgt kurz zusammenfassen: Erstens spielt der Thesaurus für das Römische Recht im Zusammenhang mit der Quellenkritik eine große Rolle. Insbesondere kann es sich zeigen, daß bei besserem Verständnis der überlieferten Texte Emendationen gar nicht notwendig sind. Zweitens ist, wie ich hervorgehoben habe, die Beziehung zwischen Thesaurus und Römischem Recht ganz wichtig für eine weitere Zurückdrängung und für ein weiteres Überdenken der Interpolationenkritik. Und drittens ist natürlich auch ein genaues Verständnis der römischen Rechtsquellen erst auf der Grundlage des Thesaurus-Materials möglich. Für die römischen Juristen waren die Konnotationen von Ausdrücken bekannte Größen; wir müssen sie aus einem Abstand von zwei Jahrtausenden rekonstruieren. Dabei müssen wir uns auf die ganze Breite des Sprachgebrauchs stützen, auch eingedenk der Tatsache, daß die römische Rechtssprache nicht so weit von der sogenannten Umgangssprache und der sogenannten Literatursprache entfernt war, wie das etwa in den modernen Sprachen der Fall ist.

Arnulf Stefenelli

Thesaurus und Romanistik

Die Beziehungen sowie die wissenschaftliche Kooperation zwischen lateinischer Lexikographie und historischer Romanistik sind von grundlegender Bedeutung und kommen in der nunmehr hundertjährigen Geschichte des Thesaurus linguae Latinae von Beginn an nachhaltig zum Tragen. Die romanischen, auch als 'neulateinisch' bezeichneten Idiome bilden in genetischer Hinsicht die direkten Fortsetzer des Lateinischen und beruhen in ihrem lexikalischen Grundbestand weit überwiegend auf lateinischen Wortschatzelementen; ihre diachronische Erforschung hat dementsprechend die möglichst vollständige und wortgeschichtlich differenzierte Erfassung des lateinischen Wortschatzes als unabdingbare Ausgangsbasis. Auf der anderen Seite können aber auch die erbwörtlichen Gegebenheiten des Romanischen, die speziell aus der gesprochenen spätlateinischen Spontansprache, dem späten 'Vulgärlatein', hervorgegangen sind, mehrfach bestimmte Aspekte der lateinischen Wortschatzgeschichte beleuchten und das diesbezügliche direkte Zeugnis der schriftlichen lateinischen Überlieferung ergänzen.

In der Entstehungsgeschichte des Thesaurus waren diese lateinisch-romanischen Bezugsetzungen bereits in den als „Vorarbeit" ab 1884 erschienenen Bänden des „Archiv für lateinische Lexikographie" berücksichtigt und teils exemplarisch vertieft worden (etwa in der Aufsatzreihe Gustav Gröbers über die sog. „Vulgärlateinischen Substrate romanischer Wörter"[1], ALL 1, 1884, und folgende Bände), und den ursprünglichen idealen Anspruch für das neue monumentale Wörterbuch selbst, für die einzelnen Wortartikel des Thesaurus, bildete in der Konzeption Eduard Wölfflins bzw. der Formulierung des „Plans zur Begründung eines Thesaurus linguae latinae", der 1893 an die beteiligten Akademien versandt worden war, „die Geschichte der Sprache sowohl der Schrift- wie der Volkssprache durch alle Jahrhunderte, in denen das Latein lebendig war, also bis zur Abtrennung der romanischen Tochtersprachen, in jedem einzelnen Worte [...]. Die Lebensgeschichte also der einzelnen Wörter, ihre Entstehung, Verbindung, Vermehrung, Abänderung in Form und Bedeutung, ihre gegenseitige Vertretung und Ersetzung, endlich ihr Absterben [...]".[2] Der uneingeschränkten Realisierung dieses außerordentlich ehrgeizi-

---

[1] Gemeint sind vulgärlateinische Grundformen der romanischen Erbwörter.

[2] S. 2 (Nachdruck u. Anhang Nr. VIII); s. auch W. Ehlers, Der Thesaurus linguae Latinae. Prinzipien und Erfahrungen, Antike u. Abendland 14 (1968) S. 172–184 (Nachdruck u. Anhang Nr. XII), hier S. 172. Vgl. zu den wortgeschichtlichen Konzeptionen Eduard Wölfflins u. a. P. Flury, Der Thesaurus linguae Latinae, Eirene 24 (1987) S. 5–20, hier S. 5 f.

gen Programms einer jeweils umfassenden Wortbiographie stand freilich die chronologische Einengung auf die Periode bis etwa 600 n. Chr. sowie die Beschränkung auf eine nur auswahlsweise Exzerption der spätlateinischen (nachantoninischen) Texte entgegen, so daß gerade für den auf das späte Vulgärlatein konzentrierten romanistischen Benutzer in besonderem Maße gilt, daß der Thesaurus – was die Herausgeber selbst wiederholt betonen[3] – keine endgültigen und abgeschlossenen Materialien bietet, sondern teils der Ergänzung oder Vertiefung bedarf. Aber auch mit diesen Einschränkungen bieten die Thesaurusartikel, in ihrer inzwischen für die späten Texte mehrfach erweiterten Dokumentation[4] sowie der differenziert verarbeitenden Darstellung, eine fruchtbare Basis und Anregung eben für weitere Einzelforschungen zum Spätlatein und insgesamt auch für den speziellen Blickpunkt des Romanisten eine in der Regel außerordentlich verläßliche und reichhaltige Quelle von unvergleichlichem Wert.

Das erbwörtliche Fortleben eines Teils der lateinischen Wörter innerhalb aller oder einzelner der romanischen Sprachen kommt im Rahmen der Redaktion bereits der ersten ab 1900 erschienenen Thesaurusartikel systematisch durch sog. 'romanistische Kommentare' zum Ausdruck, und zwar in Form von expliziten Kurzverweisen auf die jeweiligen romanischen Fortsetzer innerhalb des 'Artikelkopfes' aller einschlägigen Lemmata. Die Abfassung dieser romanistischen Kommentare liegt in der Hand von Romanisten; die ersten Bände wurden von Wilhelm Meyer-Lübke betreut,[5] der als Verfasser des bis heute maßgebenden „Romanischen etymologischen Wörterbuchs" (des erstmals 1911 und zuletzt in dritter Auflage 1935 erschienenen REW) ein besonders kompetentes und fruchtbares Zusammenwirken zwischen latinistischer und romanistischer Wortforschung verkörperte.

Die konkrete Ausgestaltung der einzelnen romanistischen Kommentare blieb hierbei im Kern bis heute identisch, zeigt im einzelnen aber innerhalb der jüngeren Bände eine differenziertere Darstellung sowie eine Ergänzung durch weiterführende Hinweise auf die entsprechenden Wortartikel des REW und der jüngeren

---

3 Siehe u. a. Thes. ling. Lat., Praemonenda de rationibus et usu operis, Leipzig 1990, S. 22; Ehlers (vorige Anm.) S. 174. 183.

4 Siehe Praemonenda (vorige Anm.) S. 16. 18 Anm. 1; Ehlers (o. Anm. 2) S. 174; P. Flury, Aus den Addenda des Thesaurusarchivs, Mus. Helv. 41 (1984) S. 42–47. Vgl. ferner u. a. B. Löfstedt, der in seinem Aufsatz „Augustin als Zeuge der lateinischen Umgangssprache" (in: Flexion und Wortbildung. Akten der V. Fachtagung der indogermanischen Gesellschaft, hrsg. v. H. Rix, Wiesbaden 1975, S. 192–197) einleitend bemerkt: „Für den Thesaurus Linguae Latinae wurde von Augustins Schriften leider nur *De civitate dei* vollständig lemmatisiert, nicht die vom sprachlichen Gesichtspunkt aus viel ergiebigeren Predigten", gleichzeitig jedoch hinzufügt: „aber besonders in den jüngsten Bänden dieses Wörterbuchs ist doch das meiste einschlägige Material aufgenommen."

5 Vgl. ThlL I, S. IV: *de romanicis linguis Guilelmi Meyer-Luebke Vindobonensis secuti sumus auctoritatem.* In der Nachfolge Meyer-Lübkes wirk(t)en als romanistischer Redaktor seither Walther von Wartburg, Gerhard Rohlfs, Carl Theodor Gossen und der Verfasser (vgl. dazu das Personenverzeichnis im Anhang von: Th. Bögel, Thesaurus-Geschichten, Leipzig 1995).

einzelsprachlichen romanischen Lexika.[6] Zur Veranschaulichung dieser Entwicklung darf ich etwa Meyer-Lübkes Kommentar zu *abscondere*, als einem der dem Alphabet nach ersten Lemmata mit einem verbreiteten romanischen Fortleben, und einen Kommentar zu den jüngsten Faszikeln wie den zu *parare* gegenüberstellen:

abscondere (ThlL I, Sp. 153, 8 f.)
[*val.* ascunde, *it.* ascondere, *fr.-gall. vet.* escondre, *hisp.* esconder. *M.-L.*]

Meyer-Lübke konzentrierte sich, wie ersichtlich, auf die Fortsetzer in den großen romanischen Nationalsprachen. Heute würden wir daneben auch Fortsetzer von *abscondere* innerhalb des Altdalmatischen (Vegliotischen), Sardischen, Rätoromanischen, Provenzalischen (Okzitanischen), Katalanischen sowie Portugiesischen aufführen, und wir würden zusätzlich explizieren, daß ein Teil dieser romanischen Entsprechungen formal einen Präfixwechsel voraussetzt (sc. *ex-*) sowie daß in semantischer Hinsicht der sardische Fortsetzer aus Bitti die Bedeutung „verteidigen" aufweist.[7]

Solche semantischen Veränderungen und Differenzierungen, die fallweise auch für den latinistischen Redaktor von Interesse sein können, bestehen in besonders vielfältiger Weise beim romanischen Fortleben von lat. *parare*, was im entsprechenden Thesauruskommentar jüngsten Datums denn auch in differenzierter Weise zum Ausdruck kommt:

parare (ThlL X 1, Sp. 412, 44–51)
[*cum respectu apparandi, ornandi sim.: it.* parare; *francog.* parer; *prov. vet.* parar *et var. prov.; cat.* parar; *hisp. vet.* parar; *acquirendi: sard. vet.* parare; *i. q. arcere, avertere: val. vet.* păra; *it.* parare; *prov. vet.* parar *et var. francoprov., prov.; cat.* parar; *port.* parar; *i. q. subsistere: cat.* parar; *hisp.* parar; *port.* parar; *i.q. discere: neap. vet.* parare. *cf. M.-L. 6229. Battisti-Alessio IV 2770. Wagner II 221 sq. Wartburg VII 622 sqq. Corominas[2] IV 393 sqq. Machado[3] IV 305. St.*]

Hierzu sei als konkrete Exemplifizierung für die fruchtbare Zusammenarbeit zwischen dem latinistischen Artikelredaktor und dem romanistischen Kommentator noch angemerkt, daß ich die altneapolitanische Sonderbedeutung 'lernen' wegen ihrer Vereinzelung zunächst gar nicht aufgeführt hatte, dann aber aufgrund des Hinweises von Herrn Flury (Brief vom 2. 10. 1985), daß die Thesaurusmaterialien auch mehrere lateinische Beispiele für die in den älteren Wörterbüchern nicht erwähnte Bedeutung 'auswendig lernen' enthalten, noch hinzugefügt habe; und im endgültigen Thesaurustext wird dann auch unter den lateinischen Belegen für die Teilbedeutung *perdiscere* (X 1, Sp. 417, 50 ff.) auf diese im romanistischen Kommentar angeführte Bedeutungsentsprechung verwiesen (vgl. ferner italienisch *imparare* 'lernen').

---

[6] Siehe zu den einschlägigen Werken bzw. Abkürzungen Praemonenda (o. Anm. 3) S. 13.

[7] Informationen, die im wesentlichen bereits das REW Meyer-Lübkes enthält. Zum Sardischen siehe M.-L. Wagner, Dizionario etimologico sardo, Bd. II, Heidelberg 1962, S. 221 f.

Im Rahmen der romanistischen Beiträge zur Redaktion der Thesaurusartikel werden, wie schon angedeutet, nur die Fälle eines sog. erbwörtlichen, das heißt kontinuierlichen direkten Fortlebens berücksichtigt, nicht aber die sog. 'Buchwörter' oder 'Latinismen', die sekundär auf gelehrtem Wege von den romanischen Sprachen entlehnt wurden. Diese im Vorwort zum ersten Band explizierte Beschränkung[8] ist in Hinblick auf die Funktion solcher Bezugsetzungen durchaus berechtigt. Denn die Verweise auf das Romanische innerhalb des lateinischen Wörterbuchs sollen in erster Linie Indizien zur spontanlateinischen Vitalitätsgeschichte des jeweiligen Lexems bieten, also zu einem Teilaspekt seiner 'Lebensgeschichte' (um diesen durchaus modern anmutenden Terminus Wölfflins aufzugreifen); solche Indizien zur lateinischen Wortgeschichte kann aber nur das jeweilige erbwörtliche Schicksal in der Entwicklung zum Romanischen liefern. Die konkrete Funktion der romanistischen Kommentare innerhalb der Thesaurusartikel konzentriert sich in diesem Sinne auf den Nachweis, daß das betreffende Wort innerhalb der spätlateinischen Sprechsprache eine mehr oder weniger verbreitete Vitalität besaß, wobei sich fallweise zusätzliche Präzisierungen hinsichtlich bestimmter semantischer Verwendungen oder auch formaler Varianten ergeben können. Mit anderen Worten, die erbwörtlichen romanischen Entsprechungen bilden einen gewissen (indirekten und partiellen) Ausgleich für die zwangsläufig mangelnde mündliche Dokumentation des Lateinischen.[9] Das Fehlen erbwörtlicher Fortsetzer und damit das Fehlen eines romanistischen Kommentars hinwiederum kann zwar für sich allein eine Vitalität innerhalb der spätlateinischen Spontansprache keineswegs ausschließen, läßt sich aber als möglicher Hinweis auf eine diesbezüglich geringe oder fehlende Vitalität sehen, welcher dahingehende Indizien der direkten lateinischen Überlieferung gegebenenfalls bekräftigen kann.

Bisweilen erweist sich allerdings aus romanistischer Sicht eine nur binäre Unterscheidung zwischen erbwörtlichem Fortleben einerseits und späterer gelehrter Entlehnung andererseits als unzureichend, weil wir lautlich und damit vitalitätsgeschichtlich auch eine Art Zwischentypus von Formen zu berücksichtigen haben, die wir im allgemeinen als 'halbgelehrt' bezeichnen. Es handelt sich im wesentlichen um lateinische Wörter, deren romanische Entsprechungen nur einen Teil der zu erwartenden Lautveränderungen zeigen, weil ihre Vitalität und Gebrauchsfrequenz innerhalb der lateinischen Spontansprache begrenzt und soziokulturell einge-

---

[8] ThlL I, S.XIV: *ex linguis romanicis quas dicimus W. Meyer-Luebke non enumeravit nisi ea vocabula quae usu continuo servata vitam et transformationes linguae sunt secuta, omisit quaequae postea a doctis vel technicis ex latina lingua iam emortua noviciis inlata sunt.* Vgl. auch Praemonenda, S.13: *denique lectores reminiscantur voces romanicas non enumerari nisi quae usu continuo servatae sunt, omissis eis, quas viri docti artiumque technicarum periti e lingua latina iam emortua resuscitaverunt.*

[9] Vgl. Flury, Thesaurus (o. Anm. 2) S.6: „Was freilich auch im Thesaurus so gut wie völlig fehlt, fehlen muß, das sind Belege aus dem mündlichen Bereich der Sprache."

schränkt war, so daß sie in ihrer Lautentwicklung durch den Einfluß der geläufigeren traditionellen Form der Schrift- und Bildungssprache gehemmt wurden. Als Beispiele für ein solches halbgelehrtes Fortleben seien etwa die romanischen Entsprechungen zu *liber* 'Buch' sowie zu *pensare* in der nachklassischen Bedeutung 'denken' genannt. Aus lateinisch *liber* 'Buch' wäre z. B. im Französischen in rein erbwörtlicher Entwicklung eine Form **loivre* zu erwarten, das heißt die von Beginn an allein bezeugte Form *livre* zeigt nur einen Teil der erbwörtlich vorauszusetzenden Veränderungen und erweist sich damit (wie fast alle übrigen romanischen Entsprechungen) als halbgelehrt,[10] offensichtlich weil der Begriff 'Buch' in spätlateinischer Zeit zwar kontinuierlich, aber vorwiegend durch die Gebildeten und damit in der Form der Bildungssprache bezeichnet wurde. Das Verbum *pensare* (eigentlich 'wägen, abwägen' bzw. 'erwägen') bildet in seiner seit den christlichen Autoren faßbaren Verwendung für *cogitare* wohl eine primär spontansprachliche Neuerung, eine speziell vom Volk bevorzugte konkret-anschaulichere Bezeichnungsvariante für 'denken',[11] zeigt dabei aber formal in allen romanischen Entsprechungen wie u. a. französisch *penser* mit der Bewahrung von vulgärlateinisch sonst verstummtem *n* vor *s*[12] den erwähnten gelehrten Einfluß, weil die Aktualisierung und Bezeichnung dieses abstrakten Begriffs in der Volkssprache nur eine geringe Verankerung besaß. Solche Fälle eines halbgelehrten Fortlebens sind im Rahmen der romanistischen Kommentare zu den Thesaurusartikeln grundsätzlich auf jeden Fall einzubeziehen, da sie ja eben in ihrer Zwischenstellung soziokulturell aufschlußreiche Indizien zur lateinischen Lebensgeschichte des Wortes liefern können. Sie werden jedoch hinsichtlich ihres Sonderstatus durch einen den romanischen Fortsetzern vorangestellten Hinweis gekennzeichnet, und zwar, nach einer jüngeren Absprache mit dem Generalredaktor (Mai 1977), in der lateinischen Formulierung als *voces a sermone docto non alienae.*[13]

Als mögliche Indizien zur Lebensgeschichte des jeweiligen lateinischen Wortes stehen die romanistischen Kommentare in direkter Beziehung zu den im einleitenden Kopfteil der Thesaurusartikel unmittelbar vorangehenden Angaben zur Belegperiode und fallweise auch genaueren Belegsituation.[14] Diese Überblickskenn-

---

10 Siehe W. v. Wartburg, Französisches etymologisches Wörterbuch, s. v.: „Es lebt in den rom. sprachen in verschiedenen, mehr oder minder aus dem lt. angepassten formen"; A. Stefenelli, Das Schicksal des lateinischen Wortschatzes in den romanischen Sprachen, Passau 1992, S. 14f.

11 Zu einer Reihe von parallelen Entwicklungen gerade in der Bezeichnungsgeschichte geistiger Vorgänge siehe Stefenelli, Schicksal (vorige Anm.) S. 172f.

12 In der Bedeutung 'wiegen, wägen' zeigen die Fortsetzer von *pensare* dagegen die rein erbwörtliche Lautentwicklung.

13 Zu älteren Formulierungen wie *fortasse ex sermone docto ortum* siehe u. a. unter *opinio, opium.*

14 Mißverständlich ist es, wenn Praemonenda (o. Anm. 3) S. 19 formuliert wird: „Im sogenannten Kopf werden nach dem Lemma-Ansatz antike wie moderne Angaben allgemeiner Art zusammengestellt, die nicht unmittelbar in die Entwicklungsgeschichte des Wortes hineingehören." – Als Beispiel einer differenzierten Kennzeichnung der schriftlichen Überlieferungsschwerpunkte vgl.

zeichnungen der Beleggeschichte, welche ihrerseits im Prinzip immer mit dem jeweiligen romanischen Schicksal in Bezug zu setzen sind, erscheinen vorherrschend als summarische Umschreibung einer durchgehenden Vitalität vom Typus *legitur inde a* PLAVTO *per totam latinitatem*; bei manchen, v.a. weniger generell und durchgehend geläufigen Lexemen finden sich jedoch auch differenziertere Frequenzangaben, welche gerade für den romanistischen Benutzer von besonderem Interesse und besonderem Wert sein können. Ich nenne hier beispielshalber, schon aus den ersten Bänden, die genauen Belegzahlen des Adjektivs *bellus* bei den einzelnen Autoren (II, Sp. 1856), aus denen sich deutlich der umgangssprachlich-volkstümliche Charakter dieses vor allem zentralromanisch als Normalbezeichnung für 'schön' weitergeführten Wortes ablesen läßt.[15] Wortgeschichtlich noch aussagekräftiger werden solche Frequenzangaben, wenn in bezeichnungsgeschichtlicher, sog. 'onomasiologischer' Ausweitung vergleichend auch die statistischen Werte zu den konkurrierenden Synonymen einbezogen werden,[16] was in einer Reihe von Thesaurusartikeln der Fall ist[17] und bisweilen besonders anschaulich in Tabellenform zum Ausdruck kommt, so z.B. V 1, Sp. 1588 in der vergleichenden Frequenztabelle zu *dis, dives, locuples, opulentus* (vgl. Stefenelli 1992, S. 19) bis zu den jüngeren Tabellen etwa zu *osculum, basium, savium* IX 1, Sp. 1108 oder zu *percutio* und *ferio* X 1, Sp. 1239.[18]

Die konkrete Bezugsetzung zwischen den nachklassischen Belegfrequenzen und den romanischen Gegebenheiten, also etwa die Konvergenz zwischen zurücktretenden Belegen und romanischem Fehlen oder zwischen häufigem Gebrauch und romanischem Fortleben, wird im Thesaurustext in der Regel nicht expliziert und bleibt – berechtigterweise – dem Benutzer überlassen. In einigen besonders augenscheinlichen Fällen jedoch kann der Redaktor des Thesaurusartikels den Bezug zum Romanischen etwa dahingehend explizit formulieren, daß das lateinische Lexem „in der Entwicklung zum Romanischen hin" oder „entsprechend dem vom Romanischen her zu Erwartenden" zurücktritt. In diesem Sinne lesen wir beispielsweise im wortgeschichtlichen Vorspann zum Adjektiv *parvus*, welches im Romanischen nur ganz vereinzelt fortgeführt wird: *legitur inde a* PLAVTO *usque ad finem saec. I pas-*

---

etwa die Angaben zum (panromanisch weitergeführten) Verbum *ligare* (VII 2, Sp. 1390,5f.): ... *invenitur praecipue apud poetas, artium scriptores, Christianos (sed* PLVT. *l.c. adfirmat verbum ad linguam correctiorem vel priscam pertinere).*

15 Entsprechend wird vom Thesaurusredaktor vorweg zusammengefaßt: *vox satis rara, ad sermonem cottidianum pertinens legitur ...*

16 So würden etwa neben den Werten zu *bellus* aus romanischer Sicht auch die Vergleichswerte zu synonymem *pulcher* und *formosus* interessieren. Zur jeweiligen Frequenz und Verteilung dieser synonymen Adjektive im Werk Petrons siehe A. Stefenelli, Die Volkssprache im Werk des Petron im Hinblick auf die romanischen Sprachen, Wien 1962, S. 69f.

17 Vgl. Praemonenda (o. Anm. 3) S. 19: „gelegentlich wird ein statistischer oder referierender Vergleich mit Synonymen beigefügt."

18 Zur zunehmenden Bedeutung stilistischer Abgrenzungen siehe Ehlers (o. Anm. 2) S. 179f.

sim; inde frequentia descrescit, imprimis in sermone vulgari, donec in linguis romanicis q. d. omnino evanescat (X 1, Sp. 553, 82 ff.).[19] Umgekehrt kann in offenkundiger – wenn auch nicht wörtlicher – Bezugnahme auf die romanische Verallgemeinerung von *monstrare* 'zeigen' gegenüber *ostendere* die Verfasserin des Artikels *ostendere* explizit hervorheben, daß dieses klassischlateinische Synonym (ungeachtet des vom romanischen Fehlen her zu Erwartenden) innerhalb der schriftlichen Überlieferung selbst in späten vulgärlateinisch gefärbten Texten geläufig und im Vergleich zu *monstrare* häufiger bleibt (IX 2, Sp. 1120, 60 ff.):

> *apud recentiores frequentiam vocis q. e.* ostendere *non decrescere docent e. g.* APVL. (*33^{ies}*, monstrare *15^{ies}, nonnisi in* met.), TERT. (*ca. 380^{ies}*, monstrare *11^{ies}*), PEREGR. (*55^{ies}*, monstrare *quater*), VVLG. (*ca. 240^{ies}*, monstrare *16^{ies}*), AVG. in euang. Ioh. (*ca. 220^{ies}*, monstrare *24^{ies}*).

Dies vermag hinsichtlich der Chronologie der Wortgeschichte von *ostendere* zu präzisieren, daß das spontansprachliche Zurücktreten, welches aufgrund des völligen Fehlens romanischer Spuren eher früh zu vermuten wäre, angesichts der lateinischen Dokumentation wohl erst spät anzusetzen ist.[20]

Andererseits kann von romanischer Seite speziell das Zeugnis des Rumänischen manche chronologischen Präzisierungen zur lateinischen Wortschatzgeschichte liefern, weil die dakische Latinität schon ab dem 3. nachchristlichen Jahrhundert weitgehend isoliert war, so daß Neuerungen, die auch das Rumänische betreffen, mit Wahrscheinlichkeit relativ früh zu datieren sind, und umgekehrt ältere Formen oder Bedeutungen, die speziell im Rumänischen bewahrt werden, wohl erst nach der genannten Periode gegenüber den jeweiligen vulgärlateinisch-romanischen Neuerungen zurücktreten. So ergibt sich etwa in der Bezeichnungsgeschichte des Schafes aus der Tatsache, daß das Rumänische *ovis*, die anderen romanischen Idiome hingegen die Diminutivform *ovicula* als Normalbezeichnung fortführen, daß das Simplex in der lateinischen Spontansprache nach dem 3. Jahrhundert durch sein Diminutivum ersetzt wurde, was aus der lateinischen Dokumentation selbst (IX 2, Sp. 1188 f.) kaum ersichtlich wäre. Hinsichtlich der Bedeutungsentwicklung von lat. *passer* 'Sperling' kann die Tatsache, daß das Wort (u. a.) im Rumänischen als Bezeichnung für 'Vogel schlechthin' fortlebt, auch ein chronologisch präzisierendes Licht auf die semantische Interpretation mancher lateinischer Belegstellen

---

[19] Als gegenläufiges Beispiel auffallen kann etwa *prehendere*, das in der spontanlateinischen Entwicklung zum Romanischen offensichtlich eine sehr starke Ausweitung erfährt (s. Stefenelli, Schicksal [o. Anm. 10] S. 144), aus der Sicht der schriftlateinischen Überlieferung aber für den Thesaurusredaktor als *aet. posteriore (exceptis* CHIRONE, LEGE Sal. Merov. *al.) non eadem frequentia* erscheint.

[20] In Verbindung mit diesem Beispiel äußerte Herr Flury brieflich (28. 9. 1984): „Wir machen ja öfters die Beobachtung, daß Wörter, die in unseren Quellen auch in später Zeit noch sehr reich vertreten sind, in den romanischen Sprachen verdrängt worden sind; daß sich offenbar dieser Vorgang in Sprachschichten abspielte, die uns nicht mehr greifbar sind."

werfen, was denn auch innerhalb des Thesaurusartikels in einem entsprechenden Querverweis zum Ausdruck kommt (X 1, Sp. 605, 70. 78 ff.). Und schließlich läßt sich auch aus manchen vom Romanischen vorausgesetzten späten Neuableitungen erschließen, daß ein entsprechendes Simplex, obwohl es selbst keine erbwörtlichen Fortsetzer kennt, im Spätlatein relativ lange lebendig blieb, so beispielsweise *patria*, das selbst ganz zurücktritt, in der seit dem 3. Jahrhundert bezeugten Verbalableitung *repatriare* '(ins Vaterland) zurückkehren' jedoch fortlebt, oder *addere*, das selbst schwindet, aber als nicht belegtes Kompositum **inaddere* weitergeführt wird.

Die romanistischen Kommentare spielen in der gigantischen lexikographischen Leistung des Thesaurus linguae Latinae insgesamt sicherlich nur eine untergeordnete Rolle, weil sie – wie noch zu präzisieren sein wird – überhaupt nur einen sehr kleinen Teil der Lemmata betreffen und weil sich ihre Funktion in den meisten der betroffenen Thesaurusartikel auf die von zusätzlichen Indizien zur späteren Lebensgeschichte des Wortes beschränkt. In einigen Fällen allerdings können sich aus der Zusammenschau und der Zusammenarbeit beider Disziplinen durchaus auch heute noch neue oder stützende Einzelerkenntnisse zur Wort- und Bedeutungsgeschichte ergeben, so etwa, daß beim Verbum *partire, -i* 'teilen' die verbreitete romanische Bedeutung 'weggehen' in Ansätzen schon innerhalb der lateinischen Dokumentation faßbar wird (X 1, Sp. 525, 1 ff. *sublucet notio discedendi sim. linguarum romanicarum propria*) oder – was Herr Krömer brieflich (26. 1. 1993) als „exemplarischen Fall" hervorhebt – daß sich bei *peculium* 'Vermögen' die lateinisch nur ein einziges Mal, als Redensart alter Bauern belegte Bedeutung 'Notpfennig, Rücklage fürs Alter' (X 1, Sp. 932, 45 ff.) durch genau dieselbe Bedeutung im Meglenorumänischen stützen läßt.[21] Und speziell bei den erst spät und vereinzelt belegten lateinischen Lexemen kann dem Zeugnis der Romanica in der Abfassung der Thesaurusartikel bisweilen sogar eine quantitativ sowie qualitativ wesentliche Bedeutung zukommen. Ich nenne hier etwa aus den jüngeren Faszikeln einen Artikel wie *perdonare*, wo der romanistische Kommentar etwa die Hälfte des Textes ausmacht und wo als Nachweis der spätlateinischen Existenz dem konvergierenden

---

[21] Man vergleiche des weiteren C. Th. Gossen in: Beiträge aus der Thesaurus-Arbeit, hrsg. v. Thes. ling. Lat., Leiden 1979, S. 195 f. 286–289, Mus. Helv. 36 (1979) S. 111–114, sowie aus den jüngsten Bänden u. a. die Lemmata:

?orcilla (IX 2, Sp. 931, 30 f.): *cf. vocabula Romanica 'fucum' significantia originis incertae.*

osculum (IX 2, Sp. 1109 ff.): die romanische Bedeutung 'Morgengabe' ist im Ansatz bezeugt (Sp. 1112, 36).

penna/pinna (X 1, Sp. 1084): vgl. J. Schwind, Mus. Helv. 50 (1993) S. 172: „Dem Befund der Inschriften und Codices entsprechen die zahlreichen romanischen Folgewörter, die nur aus der Form *pinna* entstanden sein können."

postcras (X 2, Sp. 185, 71 f.): *compositum agnovimus coll. vocibus romanicis infra allatis.*

praesto (X 2, Sp. 928, 36 f.): *notionem linguarum Romanicarum propriam, q. e. cito, vix intellegas iam e. g. p. 932, 12. 13.*

indirekten Zeugnis fast sämtlicher romanischer Sprachen lediglich zwei vereinzelte direkte Belege gegenüberstehen.

Das spätlateinische Verbum *perdonare*, als Grundlage der romanischen Verben für 'verzeihen', gehört denn auch zu denjenigen Formen, die forschungsgeschichtlich zunächst überhaupt nur erschlossen worden waren und etwa noch in der letzten Auflage von Meyer-Lübkes REW einen Asterisk tragen, sekundär aber auch in der lateinischen Überlieferung selbst nachgewiesen werden konnten. Ein solcher Nachweis und die mögliche Tilgung des Asterisks führt im Falle von *perdonare* bis auf Einar Löfstedts Peregrinatio-Kommentar zurück,[22] ergibt sich in einigen anderen Fällen aber erst aus den neuen Materialien innerhalb der umfassenden Dokumentation des Thesaurus.[23] Im Rahmen der in den letzten Jahrzehnten publizierten Bände ergaben sich solche Neubelege für ursprünglich erschlossene Asteriskformen etwa im Falle von

insignare	(VII 1, Sp. 1909; in Juvenalscholien und Glossen)
interruscus	(VII 1, Sp. 2275; in Glossen)
lautia	(VII 2, Sp. 1067)
liminaris	(VII 2, Sp. 1417; *passim*, auch substantiviert)
lucubrum	(VII 2, Sp. 1746; bei Isidor)
particella	(X 1, Sp. 493; in den Tabulae Albertini)
posterio	(X 2, Sp. 197; in Glossen, schon bei v. Wartburg, FEW, angeführt)
prandiarius	(X 2; in Horazscholien; noch im FEW, 1959, mit Asterisk).

Diese sekundär gefundenen Nachweise betreffen allerdings nur einen minimalen Teil der aus romanischer Sicht erschlossenen und als Sternchenformen postulierten Etyma. Insgesamt beläuft sich die Zahl solcher zwar nirgendwo belegten, aber für die spätlateinische Spontansprache mit mehr oder weniger hoher Wahrscheinlichkeit rekonstruierten Asteriskwörter – welche in gewissem Sinn zu einer exhaustiven Erfassung des lateinischen Wortschatzes hinzugehören – im Rahmen von Meyer-Lübkes REW auf rund 1600, was einen beträchtlichen Anteil, nämlich an die 20 Prozent des gesamten lateinischen Grundbestandes der romanischen Sprachen darstellt.

Denn der lexikalische Grundstock des Romanischen, dies sei abschließend präzisiert, ist zwar überwiegend lateinisch, erweist sich jedoch insgesamt als erstaunlich

---

22 E. Löfstedt, Philologischer Kommentar zur Peregrinatio Aetheriae. Untersuchungen zur Geschichte der lateinischen Sprache, Uppsala 1911, S. 125: „Der lat. Äsop des Rom. hat *perdonare*"; Anm.: „Damit ist das bisher nur postulierte Grundwort von ital. 'perdonare', frz. 'pardonner' etc. belegt."

23 Umgekehrt können auch einzelne von der älteren lateinischen Lexikographie angeführte und als Etyma in Betracht kommende Formen nach dem neueren Forschungsstand wegfallen, so beispielsweise das u. a. bei Georges genannte *percursus*, das als Grundlage für französisch *parcours* in Betracht gezogen wurde, dessen einziger Beleg in einer Vitruvhandschrift aber offensichtlich eine mittelalterliche Konjektur darstellt.

begrenzt, und die Gesamtzahl der bezeugten lateinischen Wörter, die innerhalb des Romanischen erbwörtlich in einer oder mehreren Formen fortleben, ist gemessen am Gesamtbestand des überlieferten lateinischen Wortschatzes sehr gering. Nach dem REW Meyer-Lübkes beträgt die Zahl der belegten lateinischen Basiswörter des Romanischen, also derjenigen Lemmata, die in der lexikographischen Darstellung des Thesaurus linguae Latinae mit einem romanistischen Kommentar versehen werden, knapp 6000; und selbst wenn wir diesen Wert nach dem heutigen Stand der romanischen Lexikographie auf gut 7000 lateinische Etyma hochrechnen, entspricht dies im Vergleich zu dem auf etwa 50 000 Lemmata zu veranschlagenden lateinischen Gesamtinventar des Thesaurus einem Anteil des Fortlebens von höchstens 15 Prozent.[24]

Dies relativiert, wie schon angedeutet, die quantitative Rolle der romanistischen Kommentare insofern als diese direkt nur einen geringen Teil der Thesaurusartikel betreffen. Es kann andererseits aber keineswegs bedeuten, daß sich die wortgeschichtlichen lateinisch-romanischen Bezugsetzungen sowie im speziellen das wissenschaftliche Interesse des Romanisten am lateinischen Lexikon auf diese begrenzte Zahl von Thesauruslemmata beschränken. Der Latinist wird, wie erwähnt, auch aus dem Nichtfortleben eines lateinischen Wortes, also dem Fehlen eines romanistischen Kommentars, gewisse Indizien für die jeweilige spätlateinische Lebensgeschichte gewinnen können. Und der Romanist wird selbstverständlich im Rahmen bezeichnungsgeschichtlicher Untersuchungen auch die lateinische Dokumentation des Thesaurus zu den jeweils konkurrierenden Synonymen berücksichtigen und in bestimmten Forschungsbereichen wie der historischen Wortbildung oder der etymologischen Rekonstruktion grundsätzlich überhaupt den gesamten lateinischen Wortbestand, also das Gesamt der Thesaurusartikel, einbeziehen. In diesem Sinne bilden die seit 1900 erscheinenden Thesaurusbände, sowie auch das von der Thesaurusredaktion zugänglich gemachte Zettelarchiv, eine wesentliche und fruchtbare Dokumentationsgrundlage nicht nur der romanischen etymologischen Wörterbücher, sondern auch einer sehr großen Zahl von speziellen monographischen Forschungsarbeiten aus verschiedenen Teilbereichen der historischen Romanistik.

Die Hundertjahrfeier für diese einmalige lexikographische Leistung des Thesaurus ist dementsprechend gerade auch für den Romanisten Anlaß, den Redaktoren sowie den Herausgebern Dank und Anerkennung auszudrücken, Dank für das Geleistete, verbunden mit dem Wunsch für ein zügiges Weitergedeihen dieses großartigen wissenschaftlichen Werkes.

---

24 Siehe Stefenelli, Schicksal (o. Anm. 10) S. 22–32. Speziell für den Buchstaben *O* ergibt sich laut Mitteilung von Herrn Flury (2. 10. 1985) ein Anteil der Lemmata mit romanistischem Kommentar von nur knapp 7 Prozent.

Ernst Vogt

Ein Gräzist benutzt den Thesaurus

Benutzt ein Gräzist den Thesaurus linguae Latinae? Latinisten benutzen ihn, natürlich, obwohl es – *horribile dictu* – Latinisten geben soll, die ihn nur selten oder nie zu Rate ziehen. Es ist ihren Arbeiten rasch anzumerken, und sie disqualifizieren sich selbst. So fallen sie mit Recht der Nichtbeachtung anheim. Epigraphiker benutzen den Thesaurus, Römischrechtler, Romanisten – die vorangegangenen Vorträge haben es eindrucksvoll bezeugt. Aber Gräzisten? Ziel meines Beitrags ist es, eine Vorstellung davon zu vermitteln, in welch vielfältiger Weise der Gräzist aus der Benutzung des Thesaurus linguae Latinae Gewinn zu ziehen vermag, so daß er auf den Zugang zu dieser jedem offen stehenden Schatzkammer nur zu seinem eigenen Schaden verzichtet.

Nun sind die Beziehungen des Lateinischen zum Griechischen freilich ein so weites Feld, daß es in der mir zur Verfügung stehenden Zeit auch nicht annähernd möglich ist, es im einzelnen auszuschreiten. Da sind die griechischen Fremdwörter im Lateinischen und da sind die Lehnwörter aus dem Griechischen, die allerdings nicht immer scharf von einander zu trennen sind.[1] Unter den Lehnwörtern lassen sich die Verkehrslehnwörter von den bewußt zur Stilisierung eingesetzten Lehnwörtern unterscheiden. Da sind die Bedeutungslehnwörter (etwa terminologisches *casus* nach griechischem πτῶσις) und die Lehnübersetzungen (z. B. terminologisches *accentus* nach griechischem προσῳδία). Und nicht zuletzt ist da das schwierige Gebiet der syntaktischen Gräzismen. Da ist das Problem der Übersetzung und

---

Der Vortragscharakter des Beitrags ist bewußt beibehalten, doch sind die wichtigsten Belege hinzugefügt.

[1] Zu den hier und im folgenden angesprochenen Fragen und Problemen vgl. die reichhaltigen Bibliographien von J. Kaimio (The Romans and the Greek Language, Commentationes Humanarum Litterarum 64, Helsinki 1979, S. 332–346) und J. Werner (in: Zum Umgang mit fremden Sprachen in der griechisch-römischen Antike, hrsg. v. C. W. Müller, K. Sier und J. Werner, Palingenesia 36, Stuttgart 1992, S. 233–252). Außerdem wichtig vor allem W. Kroll, Studien zum Verständnis der römischen Literatur, Stuttgart 1924, S. 247–279 ('Die Dichtersprache', u. a. zu den Gräzismen und den Bedeutungslehnwörtern im Lateinischen); E. Löfstedt, Syntactica. Studien und Beiträge zur historischen Syntax des Latein, 2. Teil, Syntaktisch-stilistische Gesichtspunkte und Probleme, Lund 1933, S. 406–457 ('Zur Frage der Gräzismen'); N. I. Herescu, La Poésie Latine. Étude des structures phoniques, Paris 1960, S. 78–81 ('*Le mot grec*'); M. Leumann – J. B. Hofmann – A. Szantyr, Lateinische Grammatik, 2. Band, Lateinische Syntax und Stilistik, München 1965, S. 759–765 ('Gräzismen') mit der dort verzeichneten Literatur. Vgl. jetzt auch A. Dihle, Die Griechen und die Fremden, München 1994, insbes. S. 154 Anm. 41 (zur Zweisprachigkeit im römischen Reich).

Aneignung griechischer Termini im Lateinischen und, in engem Zusammenhang damit, die Geschichte lateinischer Begriffe, deren Bedeutung Griechisches voraussetzt bzw. an Griechisches anknüpft.[2] Da sind die Schwierigkeiten der Wiedergabe eines lateinischen Textes in griechischer Sprache wie bei der griechischen Fassung der *Res gestae divi Augusti*. Da ist, jedenfalls in bestimmten Gesellschaftsschichten, das Phänomen der Zweisprachigkeit in Rom und in der östlichen Mittelmeerwelt in der späten Republik und in der Kaiserzeit, da sind einzelne griechische Wörter oder griechische Zitate bei lateinischen Autoren, etwa Verse Menanders in den *Noctes Atticae* des Gellius,[3] oder, weniger bekannt, lateinische Einsprengsel in spätgriechischen Texten, so im Στρατηγικόν des Pseudo-Maurikios,[4] zu dem D. Krömer und C. G. van Leijenhorst in der Neuauflage des Index bemerken: *ex quo opere graeco afferimus interdum voces latinas ibi exstantes*.[5] Probleme über Probleme, die uns jedoch hier nicht näher beschäftigen können. Statt dessen will ich an einigen ausgewählten Beispielen zu zeigen suchen, in wie reichem Maße ein Gräzist von der Einsichtnahme in den Thesaurus zu profitieren vermag.

Ehe ich mich den ersten Beispielen zuwende, seien mir einige knappe Bemerkungen zum Begriff des 'Gräzisten' gestattet. Das Wort ist wie wenige andere geeignet, die Untrennbarkeit von Griechischem und Lateinischem in der Welt des Altertums zu verdeutlichen. Auf den ersten Blick scheint hier, wie so häufig, alles sehr einfach. Bei näherem Zusehen ergeben sich dann die Probleme.

Grundlage des Wortes ist ein nicht belegtes, aber unanstößig gebildetes Nomen agentis γραικιστής, für das uns ἑλληνιστής oder ἀττικιστής als belegte Parallelen zur Verfügung stehen. γραικιστής würde zu γραικίζω gehören, das uns bei

---

2 Zwei besonders aufschlußreiche Beispiele: H. Diels, Elementum. Eine Vorarbeit zum griechischen und lateinischen Thesaurus, Leipzig 1899 ('Zur Geschichte des Begriffes *elementum* bei Griechen und Römern'); O. Hiltbrunner, Simplicitas. Eine Begriffsgeschichte, in: O. H., Latina Graeca. Semasiologische Studien über lateinische Wörter im Hinblick auf ihr Verhältnis zu griechischen Vorbildern, Bern 1958, S. 15–105. Zur Übersetzungsproblematik allgemein jetzt: A. Seele, Römische Übersetzer. Nöte, Freiheiten, Absichten. Verfahren des literarischen Übersetzens in der griechisch-römischen Antike, Darmstadt 1995.

3 Über Gellius und die griechische Literatur vgl. jetzt P. Steinmetz, Gellius als Übersetzer, in: Zum Umgang mit fremden Sprachen (o. Anm. 1) S. 201–211. Zu griechischen Zitaten in lateinischen Texten s. O. Wenskus, Zitatzwang als Motiv für Codewechsel in der lateinischen Prosa, Glotta 71 (1993) S. 205–216.

4 Vgl. dazu kürzlich H. Petersmann, Vulgärlateinisches aus Byzanz, in: Zum Umgang mit fremden Sprachen (o. Anm. 1), S. 219–231; A. Dihle, Aequaliter ambulare, Glotta 71 (1993) S. 110 f. Die richtige Erklärung dieses Ausdrucks freilich bereits ThlL I s. v. *aequaliter* (*II „de genere modo gradu"*, B *„comparantur unius rei partes speciesve per tempus non mutatae"*, Sp. 1001) sowie s. v. *ambulo* (I *„proprie"*, B *„speciatim et technice"*, 2 *„de militibus"*, Sp. 1874).

5 Thesaurus linguae Latinae. Index librorum scriptorum inscriptionum ex quibus exempla afferuntur. Editio altera, Leipzig 1990, S. 156.

Pseudo-Herodian in der Bedeutung 'ich spreche Griechisch' belegt ist,[6] wie ἑλληνίζω zu Ἕλλην, ἀττικίζω zu ἀττικός und μηδίζω zu Μῆδος gehört. Das auf Grund
falscher Suffixabtrennung schon früh als selbständig empfundene Denominativsuffix -ίζω[7] führt auf ein dem Verbum zugrunde liegendes, mehrfach belegtes Γραικός. Das Suffix kann faktitiv ein 'machen' bezeichnen (οἰκίζω 'baue ein Haus',
'erbaue', 'gründe', κουφίζω 'mache leicht', 'erleichtere') oder, wie in unserem Fall,
ein 'sprechen wie', 'sich aufführen, benehmen wie', 'gesinnt sein wie' (μηδίζω,
ἑλληνίζω, ἀττικίζω, γραικίζω).

Wer aber sind die Γραικοί? Aristoteles spricht in den Meteorologika von ihnen
als von einst so genannten epirotischen Bewohnern in der Gegend von Dodona und
am Acheloos, die zu seiner Zeit Ἕλληνες genannt wurden.[8] Die auf das Jahr
264/63 zu datierende parische Marmorchronik, das *Marmor Parium*, sagt von den
Ἕλληνες, daß sie früher Γραικοί hießen.[9] Es scheint hier das bekannte Phänomen
vorzuliegen, daß ein Volk von seinen Nachbarn den Namen des diesen zunächst
wohnenden Stammes erhält. Wir kennen es etwa aus dem Französischen, in dem
die Deutschen nach dem den Franzosen zunächst wohnenden Stamm der Aleman-
nen *les Allemands* heißen. In der deutschsprachigen Schweiz wird von den Deutschen (mit leicht negativer Konnotation) als von den Schwaben gesprochen.

Fragt der an der Geschichte des Wortes 'Gräzist' Interessierte nun allerdings
nach möglichen Belegen im Lateinischen, so gerät er als Benutzer des Thesaurus in
einige Schwierigkeiten. Die Eigennamen samt ihren Ableitungen sind ja bekanntlich nur für die Buchstaben A bis D erfaßt. Für A und B sind sie in den Hauptbänden enthalten, für C und D in eigenen Bänden eines Onomasticon. Immerhin liegt
auch hier wie für alle noch nicht erschienenen Teile des Werkes das Zettelarchiv
des Thesaurus vor. Der heutige Tag gibt mir die erwünschte Gelegenheit, nicht nur
darauf hinzuweisen, daß jedem Interessenten bereitwillig in dieses Material Einblick gewährt wird (es kann sich also niemand darauf berufen, der betreffende Artikel sei noch nicht erschienen)[10], sondern auch den Mitarbeitern des Thesaurus ein-

---

6 Ps. Herodian. partit. p. 12 Boissonade πᾶσα λέξις ἀπο τῆς γραι συλλαβῆς ἀρχομένη διὰ τῆς
αι διφθόγγου γράφεται· οἶον· γραία, ἡ γηραία· Γραικός, ὁ Ἕλλην· γραικίζω, τὸ ἑλληνιστὶ λαλῶ·
καὶ γραικιστί, ἐπίρρημα.

7 Zum Denominativsuffix -ίζω vgl. E. Schwyzer, Griechische Grammatik, 1. Band, Allgemeiner
Teil. Lautlehre. Wortbildung. Flexion, München 1939, S. 722–737, bes. S. 735 f.

8 Aristot. meteorol. 1, 14, 352 b 1 ff. ᾤκουν γὰρ οἱ Σελλοὶ ἐνταῦθα καὶ οἱ καλούμενοι τότε μὲν
Γραικοὶ νῦν δ' Ἕλληνες. Vgl. auch Hesiod. fr. 3 M.-W. (Filastr. divers. haeres. lib. 111, Corpus
Christ. 9, 227 Heylen) u. fr. 5 M.-W. (Ioann. Lyd. de mens. 1, 13, p. 7, 22 Wünsch). Dazu jetzt:
P. Dräger, Waren Graikos und Latinos Brüder? Hesiod F 5 (MW) und der Name der Griechen,
Gymnasium 99 (1992) S. 409–421.

9 FGrHist A 6, p. 993, 18 f. Jac. Vgl. dazu auch Jacoby in seinem Kommentar.

10 „Die Erlaubnis, dieses Material in München einzusehen, wird den daran interessierten Gelehrten von der Direktion in freundlicher Weise gewährt, so daß es kaum begreiflich ist, wenn heute
noch gelegentlich Arbeiten erscheinen, bei denen die Konsultation jener Sammlungen zum Schaden

mal öffentlich für diesen mühevollen und uneigennützigen Dienst zu danken. In meinem Fall war Herr Dr. Krömer so freundlich, mir das Material für *Graecus* und seine Ableitungen zugänglich zu machen. Es ist ungleich umfassender als das etwa bei Forcellini – De-Vit oder im Oxford Latin Dictionary, wenn auch nicht systematisch erfaßt und daher keineswegs vollständig, und reicht von *Graecanicus* über (u. a.) *Graecatus* und *Graeciensis* bis hin zu *Graecostasis*, *Graeculus* und *Graecus*. In unserem Zusammenhang interessant ist vor allem *graecisso* als lateinisches Äquivalent von γραικίζω.[11] Die beiden wichtigsten Belege für das Wort, eine Plautus- und eine Apuleiusstelle, finden sich allerdings auch bei Forcellini und im OLD, in letzterem mit der Bedeutungsangabe '*to assume the Greek character or manner*', specifically '*to speak Greek*'. Im Prolog der plautinischen *Menaechmi* ist von einem *argumentum* die Rede, das *graecissat, tamen non atticissat, verum sicilicissitat*[12], also etwa 'griechisches Kolorit besitzt, freilich nicht attisches, aber doch sizilisches' – die beiden Zwillinge stammen ja aus der sizilischen Griechenkolonie Syrakus. In der Apologie des Apuleius heißt es von Sicinius Pudens, einem der beiden Söhne der Pudentilla: *loquitur numquam nisi Punice et si quid adhuc a matre graecissat; enim Latine loqui neque vult neque potest*,[13] also 'reden mag er immer nur punisch, außer dem bißchen Griechisch, das er von seiner Mutter her noch kann, denn lateinisch reden will er und kann er nicht' (R. Helm). Der Zusammenhang (*loquitur ... Punice ... Latine loqui*) macht es unzweifelhaft, daß *graecissat* hier für *Graece loquitur* steht.

Zur Berücksichtigung griechischer Wörter im Thesaurus linguae Latinae sagen die Praemonenda, deren deutsche Fassung wir Ursula Keudel verdanken: „Griechische Wörter werden grundsätzlich dann aufgenommen, wenn sie in latinisierter Form gebraucht sind (wie *ostracum* ὄστρακον). Auch wo die Form der griechischen entspricht (wie *ostracoderma* ὀστρακόδερμα), werden sie aufgeführt, sofern nicht durch Schrift oder Kontext deutlich ist, daß ein Graecum zitiert wurde."[14] Die Praxis zeigt freilich, zum Glück für den Gräzisten, möchte ich sagen, daß der Thesaurus sich keineswegs streng an diese an sich durchaus verständliche Maxime hält, und ich plädiere entschieden für die Beibehaltung dieser liberalen Praxis.

---

der Sache unterblieben ist" (O. Hiltbrunner, Latina Graeca [o. Anm. 2], S. 8).

11 Vgl. dazu M. Leumann, Griechische Verben auf -ίζειν im Latein, in: M. L., Kleine Schriften, Zürich 1959, S. 156–170 (zuerst 1948); R. Arena, Contributi alla storia di lat. -isso, Helikon 5 (1965) S. 97–122. Von den älteren Arbeiten zum Thema sind noch immer wichtig: Fr. O. Weise, Die griechischen Wörter im Latein, Leipzig 1882, S. 23–25; A. Funck, Die Verba auf issare und izare, Arch. Lat. Lex. 3 (1886) S. 398–442.

12 Plaut. Men. 11 f.

13 Apul. apol. 98.

14 Thesaurus linguae Latinae. Praemonenda de rationibus et usu operis, Leipzig 1990, S. 18.

Noch in einer anderen Hinsicht geht der Thesaurus vielfach über das hinaus, was er sich zum Ziel gesetzt hat. In den für eine breitere Öffentlichkeit gedachten Mitteilungen, die in der Gründungsphase des Thesaurus in einem Prospekt erschienen, heißt es: „Es konnte nicht die Aufgabe des Thesaurus sein, zur Worterklärung ausführliche Sacherklärung zu gesellen: diesem Zwecke dienen andere Werke. Nur sparsam sind über die Stellen, an denen sachliche Belehrung zu finden ist, kurze Verweisungen beigefügt worden."[15] Meine eigene Erfahrung ist immer wieder die, daß der Thesaurus erheblich mehr Sacherklärung bietet, als in dieser bescheidenen Formulierung zum Ausdruck kommt. Aber die Alternative besteht wohl überhaupt nicht in dieser Weise, insofern es in der Regel erst die genaue Worterklärung ist, die das rechte Verständnis der Sache ermöglicht. Und so fahren die Mitteilungen denn auch an der soeben zitierten Stelle fort: „Dass direct und indirect die grossen Sammlungen des Thesaurus auch der Sachforschung zu Gute kommen, ist für den Kundigen ohne Weiteres klar; bei zahllosen Stellen, zu deren richtiger Auslegung der Thesaurus den Stoff giebt, wird erst das Verständnis der Schriftstellerworte die klare Erfassung der behandelten Dinge ermöglichen."[16] Hier ruhen auch für den Gräzisten zahlreiche ungehobene Schätze!

Ich beginne mit einigen Eigennamen und wähle den Namen einer Gottheit (*Athena*), einen Städtenamen (*Athenae*) und den Namen einer historischen Gestalt (*Cyrus*).

Man mag darüber streiten, ob es richtig war, die Göttin Athena und die Stadt Athen (zugleich übrigens mit den Ableitungen *Atheniensis*, *Athenaeus*, *Athenais* und zahlreichen anderen) in einem Artikel zusammenzufassen, doch soll diese Frage hier beiseite bleiben. Der Artikel[17] stammt von Ernst Diehl, dem späteren Herausgeber der *Anthologia Lyrica Graeca*, der von 1899 bis 1904 Mitarbeiter des Thesaurus war und der u. a. am Index von 1904 mitgearbeitet hat.[18] Im Kopf des Artikels erfährt der Leser zunächst, daß der Name der Göttin Athena („*Graecorum dea quae apud Romanos Minerva*") an einer Reihe von Stellen, darunter eine Gellius- und eine Augustinstelle, mit griechischen Buchstaben geschrieben wird. An der Gelliusstelle handelt es sich übrigens um das Vorkommen inmitten eines dort zitierten, 16 Zeilen umfassenden Fragments aus Menanders Plokion.[19] Für die antike Deutung des Namens ist wichtig, daß Rufin und Fulgentius ihn mit ἀθάνατος

---

15 So auf der 5. Seite des nicht paginierten Textes (Nachdruck u. Anhang Nr. X).

16 A. a. O. (o. Anm. 15).

17 ThlL I, Sp. 1027–1033.

18 Zu Ernst Diehl (geb. am 9. 6. 1874 in Emmerich, gest. am 2. 2. 1947 in München) vgl. R. Beutler, Neue Deutsche Biographie 3 (1957) S. 643; Th. Bögel, Thesaurus-Geschichten, Leipzig 1995, S. 120–122.

19 Men. fr. 333, 14 K.-Th.

zusammenbringen und als 'die Unsterbliche' deuten.[20] Ein inschriftlicher Beleg aus Philippi bezeugt *Atena* (*sic*) als *cognomen* einer Weihenden.[21]

Für den Namen der Stadt Athen wird zunächst bemerkt, daß er in den Handschriften passim einerseits ohne Aspirata, mit einfachem -t-, andererseits mit -i- statt mit -e-, also phonetisch geschrieben wird. Es folgen Besonderheiten der Konstruktion (*apud Athenas, in Athenis, ad Athenas, ab Athenis*), vor allem aber reiche interpretatorische Hinweise, so etwa auf die am häufigsten mit Athen verbundenen Epitheta (*Atticae, antiquae, clarae, doctae* usw.), auf einen Teil der Stadt als Stadt des Hadrian (wir denken an die beiden griechischen Inschriften am Hadriansbogen in Athen: „Dies ist des Theseus alte Stadt Athen" und, auf der anderen Seite, „Dies ist des Hadrian und nicht des Theseus Stadt"), über Athen als *decus Graeciae*, als Sitz der *Graecitas*, der *eloquentia*, der *sapientia*, über die Verbindung oder den Gegensatz von Athen und Asien, von Athen und Rom und so fort, kurz, es bietet sich ein überwältigend vielfältiges Bild von Stellung und Ansehen Athens in den Augen der Römer. Ein eigener Abschnitt gilt Athen im Sprichwort. Daß der Artikel auch für den Archäologen und den Althistoriker reichen Ertrag abwirft, sei nur am Rande bemerkt.

Verfasser des Artikels *Cyrus*[22] ist Friedrich Reisch, von dem Heinz Haffter in seinem Beitrag 'Musikalisches in der Frühzeit des Thesaurus linguae Latinae' gesagt hat, er habe „zu den Onomatologen gehört, ins Onomatologenzimmer, zu jener Gruppe von Mitarbeitern, über welche die spätere Tradition, Legende oder Nichtlegende, den Schimmer einer interessanten und elitären Gemeinschaft gelegt hat."[23] Ich komme auf die Persönlichkeit dieses bemerkenswerten Thesaurusmitarbeiters, dessen Musik bei der gestrigen Festveranstaltung erklungen ist, gleich noch einmal zurück. Doch zunächst zu seinem Artikel. Er behandelt eine ganze Reihe von Trägern des Namens *Cyrus*, doch betreffen die meisten Zeugnisse den 559 bis 529 regierenden Perserkönig Kyros den Großen. Es ist an dieser Stelle nicht möglich, das Bild, das griechische Autoren von Kyros zeichnen, dem der lateinischen Schriftsteller gegenüberzustellen, aber es ist doch aufschlußreich zu sehen, was den Römern an diesem Herrscher als besonders bemerkenswert erscheint. Er ist für sie der *iustissimus ... sapientissimusque rex*,[24] ihr Interesse gilt seinem unter die sieben Weltwunder gezählten Palast,[25] seinem Tod im Skythenkrieg, seinem Grabmal und

---

20 Rufin.Clement. 10,33 ... *Minervam ..., quae a Graecis Athena propter inmortalitatem nominata est*; Fulg.myth. 2,1 *Minerva ... Athene Grece dicitur quasi athanate parthene, id est inmortalis virgo, quia sapientia nec mori poterit nec corrumpi.*

21 CIL III 1 (Inscriptiones Illyrici Latinae, Berlin 1873), 642 *AEGIA ATENA EX VOTVM FECIT* („*in rupibus Philippensibus*").

22 ThlL Onomasticon II, Sp. 808–810.

23 H. Haffter, Musikalisches in der Frühzeit des Thesaurus linguae Latinae, in: Bayerische Akademie der Wissenschaften, Jahrbuch 1981, München 1981, S. 67–76. Das Zitat auf S. 74.

24 Cic. rep. 1,43.

25 Vgl. K. Brodersen, Reiseführer zu den Sieben Weltwundern. Philon von Byzanz und andere

nicht zuletzt der von ihm gestatteten Rückkehr der Juden nach Jerusalem und der Erlaubnis zum Bau eines Tempels daselbst. Von den Kyros gewidmeten Werken der griechischen Literatur findet nicht nur Xenophons Kyrupädie, sondern, in Ciceros Briefen an Atticus, auch der Κῦρος des Antisthenes Erwähnung.[26]

Der Doppelbegabung des Philologen und Musikers Reisch, der zeitweise, unter Felix Mottl und Bruno Walter, auch als Solorepetitor am hiesigen Nationaltheater sowie als Kapellmeister in Lübeck, Rostock und München tätig war, ist Heinz Haffter in seinem bereits erwähnten Beitrag 'Musikalisches in der Frühzeit des Thesaurus' nachgegangen.[27] Eine Symphonie Reischs wurde am 5. März 1919 von Wilhelm Furtwängler in Mannheim aufgeführt. Seine musikalische Begabung hat Reisch u. a. auch in das Haus Pringsheim geführt, dessen den Künsten aufgeschlossene Atmosphäre der allzu früh verstorbene Hanno-Walter Kruft in den Abhandlungen unserer Akademie so eindrucksvoll geschildert hat.[28] Im Hause Pringsheim ist Reisch dann auch mit Thomas Mann zusammengetroffen. Am 31. August 1919 notiert der Dichter über einen Besuch im Hause seines Schwiegervaters: „Zum Thee Frl. Ring, die Pidolls, Dr. Reisch, Dr. Strasser, Klaus P(ringsheim) mit Frau und Kindern. Musik auf 2 Klavieren: Egmont-Ouvertüre, 2 Sätze der Eroica, Faust- und Holländer-Ouvertüre."[29] Am Tag darauf sah Thomas Mann im Prinzregententheater Frank Wedekinds spätes Drama 'Herakles' mit der Bühnenmusik von Reisch und schrieb noch in der Nacht seine Eindrücke von der Aufführung in seinem Tagebuch nieder.[30] Ein Urteil über Reischs Bühnenmusik fehlt leider. Am Ostersonntag des Jahres 1920 kam es im Hause Pringsheim erneut zu einem Zusammentreffen von Thomas Mann und Reisch, über das es in Thomas Manns Tagebüchern heißt: „Mittags mit der Familie per Tram in die Arcisstraße, wo Peter P(ringsheim) auf Osterbesuch. Gutes Essen. ... Zum Thee zwei Brüder Pidoll, Dr. Reisch und Frau. Es wurde auf 2 Klavieren gespielt: Leonore III und Tannhäuser-Ouvertüre. Dann spielte Reisch mit seiner Frau eine eigene Komposition, Thema mit Variationen. Erfuhr aufs Neue, wie sehr ich diese Form liebe und schätze und sprach mit R. darüber. Die Abwandlung, Vertiefung, Deutung, Steigerung des Ge-

---

Texte, Frankfurt a. M. 1992 (mit reichen Literaturhinweisen). Über den Palast des Kyros als eines der Sieben Weltwunder vgl. S. 88 ff., 98 f., 104 ff., 124 f. (Kyros nicht genannt), 134 f., 142 f.

[26] Cic. Att. 12,38a,2 Κῦρος β' (Shackleton Bailey) *mihi sic placuit ut cetera Antisthenis.*

[27] H. Haffter, Musikalisches in der Frühzeit des Thesaurus (o. Anm. 23), S. 72–76.

[28] H.-W. Kruft, Alfred Pringsheim, Hans Thoma, Thomas Mann. Eine Münchner Konstellation, Abh. Münch. Ak. N. F. 107 (1993). Die Abhandlung ist, um zwei Beiträge von R. Bulirsch ('Alfred Pringsheim der Mathematiker') und H. Fuhrmann ('Vom Reichtum des Alfred Pringsheim') erweitert, auch als Buch erschienen (München 1993).

[29] Th. Mann, Tagebücher 1918–1921. Hrsg. v. P. de Mendelssohn, Frankfurt a. M. 1979, S. 298.

[30] „Müdes, feierliches Produkt. Die Verse nicht sonderlich interessant. Die Selbstverherrlichung des Menschheitskämpfers mir zu bombastisch. Sein Leben lang lief er auf Bocksfüßen, freilich immer pathetisch. Die Versinnlichung oft peinlich" (a. a. O., S. 299).

dankens: von hohem geistigen Reiz."[31] Dieser begabte Musiker, der 1921 im Alter von nur vierzig Jahren starb, war zugleich der Onomatologe, der uns im Onomasticon des Thesaurus so sachkundig über die lateinischen Zeugnisse zu Kyros dem Großen orientiert!

Die Ephebie, ursprünglich „wohl eine unter Griechen weit verbreitete Initiationsphase zur Einübung in die profanen und kultischen Aufgaben des (v. a. adligen) Bürgers und Kriegers"[32] ist in ihrer besonderen Ausprägung eine so spezifisch griechische Erscheinung, daß ihre Aufnahme und Wertung in Rom unser besonderes Interesse beanspruchen darf. Der Artikel *ephebus*[33] stammt von dem Schweizer Stipendiaten François-Louis Junod.[34] Er unterrichtet zunächst über Besonderheiten bei Schreibung und Beugung des Wortes[35] und gibt dann die von lateinischen Autoren gebotenen Bedeutungsäquivalente *adolescens, inberbis, adulescens sine barba*, wobei Isidor von Sevilla in seinen *Origines* einen etymologischen Bezug zum Gotte *Phoebus* herstellt.[36] Es folgen die Belege für die Verwendung des Wortes „*usu stricto*". Sie machen die Mehrzahl der angeführten Stellen aus, meist „*de iuvenibus externis, praecipue Graecis*", doch können bei Prudentius etwa auch Kain und Abel als *ephebi* bezeichnet werden.[37] Als Censorin in seiner Schrift über den Geburtstag auf die verschiedenen Vorstellungen von den Altersstufen des Menschen zu sprechen kommt, da scheinen ihm diejenigen der Natur am nächsten zu kommen, die mit Zeitabschnitten von jeweils sieben Jahren rechnen.[38] Er beruft sich dabei auf die bekannte Elegie Solons. Für die dritte Heptade gelte in Griechenland, daß man mit vierzehn Jahren noch παῖς heiße, mit fünfzehn μελλέφηβος, mit sechzehn ἔφηβος und mit siebzehn ἐξέφηβος.[39] Bemerkenswert ist, daß *ephe-*

---

31 Th. Mann, Tagebücher 1918–1921 (o. Anm. 29), S. 413.

32 H. H. Schmitt, Ephebe, in: Kleines Lexikon des Hellenismus. Hrsg. v. H. H. Schmitt und E. Vogt, 2. erw. Aufl., Wiesbaden 1993, S. 157–159. Das Zitat auf S. 157.

33 ThlL V 2, Sp. 654–655.

34 François-Louis Junod (geb. am 2. 11. 1906 in Sainte-Croix) war vom 24. 10. 1933 bis zum 15. 10. 1935 am Thesaurus tätig, vgl. das Personenverzeichnis 1894–1995 im Anhang von: Th. Bögel, Thesaurus-Geschichten (o. Anm. 18).

35 Gen. Plur. auf -*um*: Stat. Theb. 4,232 f. ...*deflent iamque omnis ephebum turba* ...

36 Isid. orig. 8,11,54 *ipsum Phoebum* (sc. dixerunt), *quasi ephebum, hoc est adolescentem*; 11,2,10 *hi* (sc. pueri imberbes) *sunt ephebi, id est a Phoebo dicti, necdum viri, adolescentuli lenes.*

37 Prud. ham. praef. 1 *Fratres ephebi fossor et pastor duo.*

38 Cens. de die nat. 14.

39 Cens. de die nat. 14,8 *de tertia autem aetate adulescentulorum tres gradus esse factos in Graecia priusquam ad viros perveniatur, quod vocent annorum quattuordecim* παῖδα, μελλέφηβον *autem quindecim, dein sedecim* ἔφηβον, *tum septemdecim* ἐξέφηβον. K. Sallmann liest sowohl in seiner kritischen Edition Censorins (Leipzig 1983) wie in seiner zweisprachigen Ausgabe (Leipzig 1988) statt des überlieferten ἐξέφηβον an dieser Stelle ἐξ ἐφήβων, offenbar weil er an der Richtigkeit von ἐξέφηβος zweifelt, das lange nur durch Censorin bezeugt war. Nachdem das Wort jedoch auf einer 1909 in Milet gefundenen Inschrift des 2. Jh. v. Chr. aufgetaucht ist, sollte man sich hüten, es bei Censorin durch Konjektur zu beseitigen. Vgl. A. Rehm in: Milet. Ergebnisse der Ausgrabun-

bus im Lateinischen, etwa bei Martial, Aurelius Victor und Ammianus Marcellinus, auch „*sensu peiorativo*" den *puer amatus*, *concubinus*, also den Lustknaben, bezeichnen[40] und daß das Wort in der Anthologie „*laxiore usu*" an Stelle von *infans* gebraucht werden kann.[41]

Als ähnlich ergiebig für den Gräzisten erweist sich der 1934 erschienene Artikel *gymnasium*.[42] Er stammt von Edward Brandt, der u. a. durch seine gemeinsam mit Wilhelm Ehlers geschaffene zweisprachige Ausgabe der Metamorphosen des Apuleius bekannt geworden ist.[43] Eine zusammenfassende Aussage zur Bedeutung des Wortes findet sich an einer Stelle bei Isidor, an der das *gymnasium* einerseits als der Ort körperlicher Übungen (*generalis est exercitiorum locus*), andererseits als die Stätte des philosophischen Gesprächs und der geistigen Bildung erscheint (*locus erat, ubi discebatur philosophia et sapientiae exercebatur studium*), und Isidor fügt hinzu: *nam* γυμνάσιον *graece vocatur, quod latine exercitium dicitur*.[44] Der Artikel selbst ist unterteilt in A „*proprie*" und B „*translate*" und handelt unter A (das *gymnasium* als „*aedificium, in quo iuvenes corpora cursu exercebant et philosophi disputabant*") zunächst über die beiden wichtigsten Funktionen des *gymnasium*, also „*de gymnasiis exercitationis corporum locis*" und „*de gymnasiis disputandi docendique locis*" mit Hinweisen auf das *gymnasium* als Aufstellungsort von Statuen, als Begräbnisstätte und als Ort verdorbener Sitten. In übertragener Bedeutung wird das Wort zur Bezeichnung der Übung von Körper und Geist, für die „*sodalitas*

---

gen und Untersuchungen, hrsg. v. Th. Wiegand, Band I, Heft 7, Berlin 1924, S. 290–299, Nr. 203 (Kultgesetz des römischen Volkes, um 130 v. Chr.), b 19–27 τῇ δὲ ἐνδεκάτῃ τοῦ αὐτοῦ μηνὸς θυέτωσαν οἱ εἰσιόντες εἰς τὴν ἀρχὴν γυμνασίαρχοι μετὰ τῶν ἐφήβων ἱερεῖον τέλειον τῷ Δήμῳ τῷ ῾Ρωμαίων καὶ τῇ ῾Ρώμῃ. ὁμοίως δὲ καὶ οἱ ἐξιόντες γυμνασίαρχοι θυέτωσαν μετὰ τῶν ἑαυτῶν ἐξεφήβων ἱερεῖον τέλειον κτλ. Für Rehm, der an einen Terminus der offiziellen Schulsprache denkt, sind die ἐξέφηβοι „der Jahrgang, der dann zu den νέοι übertritt" (S. 298). Die Stelle gibt in aller wünschenswerten Deutlichkeit Auskunft über die Bedeutung von ἐξέφηβος.

40 Mart. 9,36,3 f. *quod tuus, ecce, suo Caesar permisit ephebo, tu permitte tuo*; Aur. Vict. Caes. 14,7 (Hadrianum) *Antinoi flagravisse famoso ministerio neque alia de causa urbem conditam eius nomine aut locasse ephebo statuas*; Amm. Marc. 22,16, 2 *igitur Thebais multas inter urbes clariores aliis Hermopolin habet, et Copton et Antinou, quam Hadrianus in honorem Antinoi ephebi condidit sui*.

41 Anth. Lat. 92,3–6 Riese = 81,3–6 Shackleton Bailey (*De christiano infante mortuo*)
sed quia regna patent semper caelestia iustis
atque animus caelos inmaculatus adit,
damnantes fletus casum laudemus ephebi,
qui sine peccato raptus ad astra viget.

42 ThlL VI 2, Sp. 2378–2381.

43 Edward Brandt (geb. am 6.8.1882 in Hilders in Hessen, gest. am 14.3.1954 in München) war vom 1.10.1913 bis zum 31.3.1948 Mitarbeiter des Thesaurus, vgl. das Personenverzeichnis im Anhang von: Th. Bögel, Thesaurus-Geschichten (o. Anm. 18).

44 Isid. orig. 15,2,30.

philosophorum", für „*philosophi*", ja bei Augustin beinahe im Sinne von „*philosophia*" gebraucht.[45]

Reiches Material für den an literaturwissenschaftlichen und gattungsgeschichtlichen Fragen Interessierten bietet der Artikel *epigramma*[46], den wir Georgine Burckhardt, der späteren Frau von Willy Theiler, verdanken.[47] Auch wenn der Artikel durch das ihm vorgesetzte Sternchen verrät, daß er das Material nicht vollständig vorlegt, so kann doch kein an der Entwicklung des Wortes wie der Gattung 'Epigramm' Interessierter an den hier gesammelten Belegen vorbeigehen. Ich sehe ab von den reichen im Kopf des Artikels gegebenen Informationen (Besonderheiten der Schreibung und der Flexion) und wende mich sogleich dem Artikel selbst zu. Er unterscheidet einerseits einen Gebrauch „*in arte poetica*" von einem solchen auf anderem Gebiet, andererseits eine Verwendung „*stricte*" (= „*inscriptio*") von einem „*laxior usus*". Die angeführten Belege zeigen freilich, daß diese beiden Einteilungsprinzipien sich überschneiden, und weisen damit auf eine Schwierigkeit, vor die der Thesaurist sich immer wieder gestellt sieht. „*in arte poetica*" bezeichnet *epigramma* die einem Grabmal, Weihegeschenk o. ä. ein- oder aufgeschriebene Inschrift in Versen (Cicero, Cornelius Nepos, Vitruv, Petron, Gellius, Sidonius Apollinaris u. a.), aber auch ein beliebiges kurzes und witziges Gedicht (Cicero, Petron, Martial, Quintilian, Plinius d. J., Sueton). Bei Petron kann es aber auch das einem Sklaven auf die Stirn gemalte Zeichen bedeuten: *implevit Eumolpus frontes utriusque ingentibus litteris et notum fugitivorum epigramma per totam faciem liberali manu duxit*[48] – ähnlich wie im Griechischen bei Herodas das einem Sklaven eingebrannte Zeichen.[49] Zweifellos eine 'Aufschrift', aber ohne Beziehung zur Gattung 'Epigramm'. Das Lateinische führt damit den aus dem Griechischen bekannten Gebrauch auf allen Ebenen fort.

Mein letztes Beispiel entnehme ich dem 1993 erschienenen Faszikel VII des Bandes X 2. Es geht um den von Johanna Mensink verfaßten und von Hugo Beikircher und Cornelis van Leijenhorst redigierten Artikel *pragmaticus*.[50] Hier lernt der an der Geschichte des griechischen πραγματικός Interessierte zunächst, daß das Wort, von einem bestimmten Gebrauch in juristischen Texten abgesehen, nicht voll in die lateinische Sprache aufgenommen scheint und daß es oft mit griechischen

---

[45] Aug. conf. 9,4,7 *magis enim eas volebat redolere gymnasiorum cedros, quas iam contrivit dominus, quam salubres herbas ecclesiasticas adversas serpentibus*; vgl. auch epist. 118,9 *in gymnasia cogitationem iniecisti*; Mart. Cap. 9,888,3 f. *quonam sollertia fine impedient thalamos ludere gymnasia?*

[46] ThlL V 2, Sp. 666–667.

[47] Georgine Burckhardt (geb. am 25.4.1902 in Basel, gest. am 3.3.1996 in Bern) war vom 1.1. 1928 bis zum 30.6.1937 am Thesaurus tätig, vgl. das Personenverzeichnis im Anhang von: Th. Bögel, Thesaurus-Geschichten (o. Anm. 18).

[48] Petron. 103,4.

[49] Herodas 5,79 ἐν τῷ μετώπῳ τὸ ἐπίγραμμ' ἔχων τοῦτο.

[50] ThlL X 2, Fasc. VII, Sp. 1120.

Formen und in griechischen Buchstaben auftritt. Auf die Belege für die Verwendung des Terminus *pragmaticus* in Grammatik und Rhetorik folgen dann die Beispiele für den Gebrauch „*in iure et in re publica*". Hier aber bricht der Artikel mit der Spalte 1120 ab, und der Gräzist, jedoch gewiß nicht nur er, wartet ungeduldig auf das Erscheinen des nächsten Faszikels.

Hugo von Hofmannsthal hat in seiner Einleitung zu einer Neuausgabe der Erzählungen aus Tausendundeiner Nacht eine Charakteristik dieses Werkes gegeben, die, wie ich meine, *mutatis mutandis* auch auf den Thesaurus linguae Latinae zutrifft, und mit einem Zitat aus seinem Essay will ich schließen: „Wo hatten wir unsere Sinne," sagt er dort, „als wir dieses Buch unheimlich fanden! Es ist ein Irrgarten, aber ein Irrgarten der Lust. Es ist ein Buch, das ein Gefängnis zum kurzweiligen Aufenthalt machen könnte. ... Es ist das Buch, das man immer wieder völlig sollte vergessen können, um es mit erneuter Lust immer wieder zu lesen."[51]

---

51 H. von Hofmannsthal, Gesammelte Werke in Einzelausgaben, Prosa II, hrsg. v. H. Steiner, Frankfurt a. M. 1959, S. 277 f.

ANHANG

Materialien zur Geschichte
des Thesaurus linguae Latinae

DOKUMENTE ZUR ENTSTEHUNGSGESCHICHTE

Nr. I

Karl Halm

Rede vor der Philologen-Versammlung in Wien (1858)

Das Präsidium der Versammlung deutscher Philologen und Schulmänner hat mir die Ehre erwiesen, nach der Eröffnungsrede unseres hochgeehrten Herrn Präsidenten zuerst das Wort ergreifen zu dürfen. Es ist, meine Herren, nicht eine neue Errungenschaft wissenschaftlicher Forschung, die ich Ihnen mitzutheilen die Ehre habe, sondern bloß ein Bericht über die beabsichtigte Herausgabe eines umfangreichen literarischen Werkes; jedoch erwarte ich von der Bedeutung der Sache, dass auch ein schlichter Bericht einer geneigten Aufmerksamkeit von Seite einer hochansehnlichen Versammlung sich erfreuen werde. Wie den Herren aus der Tagesordnung bereits bekannt ist, so betrifft mein Vortrag die Begründung eines *thesaurus linguae latinae*. Das gegenwärtige Jahrhundert hat im Gebiet der classischen Philologie kolossale Unternehmungen entstehen sehen; ich erinnere zunächst an die ausschließlich durch deutsche Gelehrte besorgte neue Bearbeitung des *thesaurus linguae graecae*, an die neue Ausgabe der Byzantiner, an die erste kritische des Aristoteles, der bald auch eine neue Bearbeitung seiner griechischen Interpreten folgen wird, an das der Vollendung entgegenreifende *corpus inscriptionum graecarum*, endlich an ein noch kolossaleres Werk, das in Angriff genommene *corpus inscriptionum latinarum*. Ich wüsste im ganzen Gebiete der classischen Philologie kein Unternehmen namhaft zu machen, das sich den erwähnten würdiger anschlösse, als die Begründung eines erschöpfenden Thesaurus der lateinischen Sprache. Der deutschen Philologie verdankt man die Besorgung der meisten kritischen Texte lateinischer Autoren, welche existieren, sie hat die historische Grammatik geschaffen, und auch die organische Entwicklung der romanischen Töchtersprachen zuerst nachgewiesen; sie hat die Fackel der Kritik auch in die Inschriftenkunde geworfen und tausende von Inschriften richtig lesen oder behandeln gelehrt; was in diesem Jahrhundert auf dem Gebiete der Synonymik und Lexikologie Tüchtiges geleistet worden, ist fast einzig von deutschen Philologen ausgegangen. Welche Nation wäre mehr berufen und berechtigt,

---

[Verhandlungen d. achtzehnten Versammlung dt. Philologen, Schulmänner u. Orientalisten in Wien vom 25. bis 28. September 1858, Wien 1859, S.6–14.]

die Resultate dieser so vielseitigen Forschungen gleichsam in einem Brennpunkt zu vereinigen, in einem *thesaurus linguae latinae*, der nach den heutigen Forderungen der Wissenschaft bearbeitet ist? Die Idee, meine Herren, einen solchen zu begründen, ist keine neue; sie ist von namhaften Gelehrten, wenn auch nicht öffentlich, doch im Privatverkehr wiederholt angeregt und durchsprochen worden. Man gieng dabei von dem gewiss richtigen Grundsatze aus, dass zu einem solchen Werke zahlreiche, aber mit Strenge, ich möchte sagen mit rücksichtsloser Strenge erlesene Kräfte nach festem Plane dergestalt beizusteuern hätten, dass mit Ausschluss alles eklektischen Verfahrens immer nur einer einen Bezirk vollständig auszuschöpfen hätte, sei es dass ein solcher Kreis einen einzigen Autor oder bestimmte Theile eines größeren Autors oder mehrere gleichartige kleinere Schriftsteller zu umfassen hätte. Indess mit dem Plane eines solchen Werkes an die Oeffentlichkeit zu treten, hielten verschiedene Bedenken ab. Es fehlten und fehlen noch jetzt kritisch beglaubigte Texte von so | manchen Autoren, ein so großer Fortschritt auch durch die *bibliotheca Teubneriana* geschehen ist; die Herausgabe des großen Inschriftenwerkes war damals noch in weitere Ferne gerückt; die Wahl eines tüchtigen Redacteurs erwies sich als eine höchst schwierige und wollte nicht in befriedigender Weise gelingen. Auch die materielle Seite des Unternehmens erregte ihre großen Bedenken, da auch unter den allergünstigsten Umständen zur Herstellung der langjährigen Vorarbeiten immer eine größere Summe zur Verfügung stehen musste. Das zuletzt erwähnte Bedenken ist durch die hochherzige Munificenz des für die Hervorrufung wissenschaftlicher Unternehmungen so ganz einzig verdienten Königs Maximilian von Bayern glücklich beseitigt worden, der zur Förderung eines solchen Werkes aus Seiner Cabinetscasse eine Summe von 10,000 fl. anzuweisen geruht hat. Diese Summe reicht hin, nicht bloß um die Redactionskosten auf eine Zeit von zehn Jahren, die für die Vorarbeiten berechnet ist, zu decken, sondern es lässt sich mit derselben auch noch eine Anzahl von Specialarbeiten anständig honorieren. Für die Redaction des großen Werkes wurde ein junger Gelehrter, der zu den allerbesten Hoffnungen berechtigt und sie auch schon theilweise glänzend erfüllt hat, Herr Dr. B ü - c h e l e r aus Bonn ausersehen, der in seinen mannigfachen Arbeiten in den so verschiedenartigen Gebieten der lateinischen Epigraphik, Grammatik, Onomatologie, Metrik und Kritik seine ganz besondere Befähigung für eine solche Arbeit hinlänglich bekundet hat; er wird nebst einer Reihe von besonderen Arbeiten die so wichtige Ausbeutung der Inschriften ganz auf sich nehmen. Für die Entwerfung des Planes, für die Bestimmung der nöthigen Specialarbeiten und die Wahl der Mitarbeiter, sowie für die zahlreichen übrigen Anordnungen, die ein so umfangreiches Werk erheischt, wurde ein Comité gebildet, zu dem außer mir Herr Professor R i t s c h l in Bonn, Herr Professor F l e c k e i s e n in Frankfurt a. M. und der Redacteur gezogen wurden. Ich erlaube mir der Versammlung mitzutheilen, was von Seite des Comités bereits für die Sache geschehen ist.

Was zunächst den U m f a n g eines *thesaurus linguae latinae* betrifft, so hat derselbe den ganzen lateinischen Sprachschatz zu umfassen, also nicht bloß alle Wörter und Namen lateinischen Ursprungs, sondern auch alle jene, welche die Römer aus fremden Sprachen herübergenommen und latinisiert haben. Der Anfangspunkt ist durch die uns überkommenen Sprachdenkmale von selbst bestimmt; schwieriger ist es das Ende der Latinität festzustellen. Begreiflicherweise muss das Latein des Mittelalters ausgeschlossen bleiben, wie es sich namentlich seit der Zeit Karl des Großen ausgebildet hat. Wohl aber hat die Latinität, wenn auch durch vielfältige fremde Einflüsse berührt und umgestaltet, den Untergang des weströmischen Reiches überlebt, indem die Bildung der Juristen und Patristiker des 6. Jahrhunderts noch ganz auf römischer Sprache und Literatur beruht. So ist der Endpunkt nicht genau abzugrenzen, und es dürfte nur etwa als allgemeine Grenze die zweite Hälfte des 6. Jahrhunderts festzustellen sein, wobei begreiflicherweise eine Benützung eines oder des |
andern späteren Schriftstellers, wie des Isidorus Hispalensis, der so viel aus älteren, wenn auch trüben Quellen geschöpft, nicht ausgeschlossen erscheint. Indess der Kern der Latinität ist in den Schriftstellern bis zum zweiten Jahrhundert n. Chr. enthalten. Für die älteste L i t e r a t u r bis auf das Ende des Augusteischen Zeitalters bedarf man ganz genauer S p e c i a l l e x i k a. Solche sind auch nothwendig für die Hauptrepräsentanten der ersten Kaiserzeit, für einen Lucanus und Seneca, Plinius und Martialis, Tacitus und Juvenalis. Solche sind auch für Fronto und Gellius sehr zu wünschen und kaum zu entbehren, ebenso für diejenigen späteren Schriftsteller, die einen besonderen *sermo*, wie z. B. den *plebeius* in Anspruch nehmen, für einen Petronius und die *scriptores historiae Augustae*. Dass die Grammatiker ein vornehmliches Augenmerk verdienen, bedarf kaum besonders hervorgehoben zu werden. Sie sind nicht bloß als ergänzende Quellen der früheren Literatur zu benützen, sondern auch für die Kunstsprache der römischen Grammatik, die noch so wenig bekannt ist. Verschiedene Stellen von Grammatikern, die man zu diesem besonderen Behufe durchgangen hat, haben eine überraschende Menge von unbekannten oder wenig bekannten technischen Formen und Phrasen nachgewiesen, deren Kenntniss und Anwendung man in neueren lateinischen Schriftstellern vergeblich suchen würde. Um wenigstens als πάρεργον ein einziges Beispiel mitzutheilen, so dürfte es ziemlich unbekannt sein, was für eines Ausdruckes sich die römische Kunstsprache für die Vergleichungsgrade bediente. Der Knabe erlernt seinen Comparativ und Superlativ, aber wir Lehrer – ich gehöre auch zu denen, die es lange nicht gewusst haben – wissen nicht, wie eigentlich der technische Ausdruck gelautet hat. Die grammatische Sprache hat das Wort 'collatio' in der Bedeutung 'Vergleichung, Gleichniss' benützt, um die Vergleichungsgrade unter Zusatz des Ordinalzahlwortes zu bezeichnen, so daß also z. B. der zweite Vergleichungsgrad mit 'secunda collatio' ausgedrückt wird. Solche Beispiele könnte ich viele mittheilen, wenn dazu Zeit und Ort wäre. Was übrigens die späteren Schriftsteller der Kaiserzeit betrifft, so wäre eine vollständige Erschöpfung derselben eben so unmöglich als unnöthig. Hier wird es am besten

sein, ganze Gattungen zusammenzufassen, wie z. B. die christlichen Dichter, die Rhetoren, Panegyriker, Mathematiker etc. Einzelne von diesen Schriftstellern verdienen begreiflicherweise wieder eine größere Aufmerksamkeit als andere ihrer Gattung, so von den Dichtern Ausonius und Claudianus, von den Profanschriftstellern der Prosa Ammianus Marcellinus, Symmachus und Boethius, von den Patristikern Augustinus, Tertullianus, Arnobius. Für die Ausbeutung der Rechtsquellen, wobei eine besondere Durchforschung derselben mit Bezug auf die älteren Juristen als wesentliche Bedingung erscheint, ist auch nach dem Manuale von D i r k s e n noch sehr vieles zu thun; eine wie reiche Fundgrube für die Lexikologie z. B. der *codex Theodosianus* noch gewährt, hat M o m m s e n in verschiedenen seiner Schriften bei Gelegenheit gezeigt, besonders aber in seinem musterhaften Commentar über das Edict des Kaisers Diocletian *de pretiis rerum venalium*. Ich glaube, dass auch eine Durchforschung | der großen *Lexica mediae et infimae latinitatis* nicht ohne reiche Frucht für einen Thesaurus der echten Latinität sein werde. Ein Kennerauge wird in der Latinität des Mittelalters noch gar manchen Rest der alten Volkssprache, der *lingua rustica*, herauszufinden wissen.

Was die A n o r d n u n g des Thesaurus betrifft, so ist kaum nöthig zu erinnern, dass man sich für die alphabetische entschieden hat. Eben so überflüssig scheint es, darauf aufmerksam zu machen, dass man in der Behandlung der einzelnen Artikel dem Redacteur eine möglichst vollständige Geschichte eines jeden Wortes nach Form wie Begriff zur Aufgabe gestellt hat. Um die Geschichte eines Wortes nachzuweisen, müssen auch die verwandten Sprachen beigezogen werden, vor allem das Altitalische, sodann das Griechische und Sanskrit. Damit jedoch dem Werke alle Subjectivität ferne bleibe, so sollen sprachliche Vergleichungen bloß da in Anwendung kommen, wo der Wortstamm eines lateinischen Wortes ganz unverkennbar in fremden Sprachen zu Tage liegt; alle etymologischen Controversen sollen grundsätzlich von einem solchen Werke ausgeschlossen sein. Außer dem Ursprung eines Wortes und seiner Geschichte hat der Thesaurus auch sein Fortbestehen in den Töchtersprachen nachzuweisen, weshalb alle Umwandlungen, die lateinische Worte in den verschiedenen romanischen Sprachen erfahren haben, aufzunehmen sind. Was die S p r a c h e des Thesaurus betrifft, so hat man sich für die lateinische entschieden, doch sollen alle Hauptbedeutungen eines Wortes auch in deutscher Sprache gegeben werden. Ob man in gleicher Weise auch die französische Sprache heranziehen soll, wird seinerzeit erst die Ausführung lehren.

Die Frage, ob in den *thesaurus linguae latinae* die E i g e n n a m e n vollständig aufzunehmen sind, und wenn, ob in der allgemeinen alphabetischen Folge oder gesondert, ist reiflich erwogen worden. Ueber die Nothwendigkeit einer Aufnahme aller in den Autoren und in den Inschriften überlieferten Namen war man bald einig. Was die zweite Frage betrifft, so hat man nach längerer Berathung sich dahin entschieden, dass das Onomasticon einen besonderen Theil des Thesaurus bilden, und für dessen Bearbeitung ein eigener Redacteur bestellt werden solle. Als solcher ist in

Aussicht genommen Herr Dr. Emil H ü b n e r, der sich bekannterweise schon seit geraumer Zeit mit einem derartigen Werke beschäftigt, dafür großartige Sammlungen angelegt und auch beim *corpus inscriptionum latinarum* die mühsame Besorgung der Nominalindices übernommen hat. Das Onomasticon eines Thesaurus soll begreiflicherweise kein Repertorium von historischen und antiquarischen Notizen werden, wesshalb wir auch nicht zu beklagen haben, wie es jüngst in einer Rede geschehen ist*, dass unser |Onomasticon auch von einem Nero zu berichten hat. Ein solches hat allein die sprachliche Seite zu umfassen als das nothwendige Supplement zur Kenntniss des ganzen Sprachgebietes; desshalb sind auch alle Flexionsumwandelungen, die ein Nomen erfahren hat, sorgfältig zu verzeichnen. Aber allerdings wird unser Onomastikon auch die Epitheta der Götternamen vollständig geben, so weit sie nicht auf individueller dichterischer Fiction beruhen, so wie anderes Charakteristische, was an einzelne Namen sich geknüpft hat.

Aus dem, was ich der hohen Versammlung bisher mitgetheilt habe, ist leicht ersichtlich, dass ein Unternehmen, das sich so kühn zu versteigen scheint, nicht anders als durch Arbeitstheilung zu Stande kommen kann. Es lag daher dem Comité nahe genug, an die Entwerfung einer I n s t r u c t i o n für die zu erwartenden Mitarbeiter zu denken. Eine solche wird mit einem einladenden Circular in nächster Zeit gedruckt werden. Sie ist so kurz als möglich gefasst und enthält außer den unabweislichen Bestimmungen über die äußere Form der in gesonderten Blättchen anzulegenden Artikel nur solche allgemeine Vorschriften und Winke, wie sie sich nach mehrseitigen Proben als praktisch zweckmäßig erwiesen haben. Außer der Instruction wird man den Mitarbeitern auch einige Proben selbst mittheilen, die, aus lateinischen Schriftstellern verschiedener Jahrhunderte gewählt, die durch die Autoren bedingten verschiedenen Behandlungsweisen darthun sollen. Diese Proben sollen nicht maßgebend sein für den Geist der Behandlung, denn so anmaßend sind wir nicht, um zu meinen, wir könnten die Sache allein am besten machen, sondern einzig für die äußere Form der Bearbeitung. Eine sich deckende Einheit bei solchen Arbeiten herbeizuführen, vermag keine noch so eingehende Instruction; das meiste müssen wir von dem Geschick und Tact der Mitarbeiter erwarten, von ihrem ausdauernden Eifer für einen großen Zweck, insbesondere aber von ihrem gesunden kritischen Urtheil, welches das Wahre vom Falschen, das Sichere vom Unsicheren, das Eigenthümliche

---

* In wahrhaft schülerhafter Rhetorik heißt es in der *oratio* von Fr. Corradini: '*Quid praestabitur in nova Forcelliniani lexici editione quam seminarium Patavinum suscipit exsequendam*' (*Patavii, 1854*) *pag. 9: Licet per nos memorari [in Onomastico] Cajum Julium Caesarem, ob cujus effrenatam imperii cupiditatem totus poene terrarum orbis civili sanguine redundavit; licet Claudium Neronem, teterrimum crudelitatis omnisque turpitudinis monstrum: modo ne sileatur de Lucio Fabio et Marco Petrejo in Caesaris exercitu centurionibus, qui virtute incredibili per hostes et vulnera gloriosam mortem oppetivere suisque saluti fuerunt; neque de Lucio Arruntio Stella, in quo virtus ipsa a Nerone excisa est.*

vom Vulgären, mit einem Wort den Kern von der Schale mit sicherem Blick zu
scheiden weiß.

Es erübrigt mir noch einige E i n w ü r f e, die man etwa gegen die Herausgabe
eines solchen Werkes geltend machen könnte, kurz zu berühren. Zunächst könnte die
Frage entstehen, ob das Unternehmen schon an der Zeit sei, ob es nicht aus dem
Grunde als ein verfrühtes erscheine, weil kritisch beglaubigte Texte von noch so
manchen Autoren fehlen. In Bezug darauf erlaube ich mir Folgendes zu bemerken:
eines der wesentlichsten Erfordernisse eines *thesaurus linguae latinae* ist die ganz
erschöpfende Ausbeutung der ältesten Sprachdenkmale. Was die Prosa betrifft, so
werden die bedeutendste Quelle die *priscae latinitatis monumenta epigraphica* von
R i t s c h l bilden, ein Werk, welches sämmtliche voraugusteische Inschriften in
ganz getreuen Facsimiles geben wird. Dieses wichtige Werk ist so viel als vollendet
und die Benutzung | desselben steht bereits der Redaction zu Gebote. Für eine
Sammlung der ältesten Dichterfragmente wird, in so weit sie noch nicht erfolgt ist,
Vorsorge getroffen werden. Die Herausgabe des großen Inschriftenwerkes wird
nach angestellten Berechnungen so ziemlich gleichen Schritt mit der Zeit der Vorarbeiten des Thesaurus halten. Auch glauben wir uns der sichern Hoffnung hingeben
zu dürfen, dass unser Unternehmen sich gerade von Seite der Bearbeiter des Inschriftenwerkes einer ganz besonderen Unterstützung erfreuen werde. Die Bearbeitung und Vollendung mehrerer kritischen Ausgaben steht in baldiger Zeit in sicherer
Aussicht; anderes muss freilich erst angeregt und beschafft werden. Aber gerade
darin erkennen wir eine besonders hohe Bedeutsamkeit des ganzen Unternehmens,
dass es mittelbar andere veranlassen wird, wodurch empfindliche Lücken auf dem
Gebiete der lateinischen Literatur ausgefüllt werden. So, um nur ein Beispiel zu geben, sind bekanntlich die Fragmente der römischen Komiker und Tragiker, ferner die
des Ennius und Naevius in kritisch gesichteten Texten gesammelt, welchen Sammlungen hoffentlich bald auch der längst erwartete Lucilius von L a c h m a n n sich
anschließen wird. Die Bearbeitung der übrigen Dichterfragmente bis auf August,
unter denen besonders die so höchst wichtigen Varronischen zu nennen sind, hat auf
Anregung Ritschl's Herr Prof. V a h l e n ganz speciell für den Thesaurus zuge-
sagt, ein Mann, der seine beste Befähigung für eine solche Arbeit durch seine jüngst
erschienenen *coniectanea* über die Satirenfragmente des Varro hinlänglich bewiesen
hat. Auch andere dem Thesaurus zu gute kommende Arbeiten sind bereits angeregt
oder schon begonnen. So weit freilich werden wir unsere Hoffnungen nicht spannen
dürfen, um zu erwarten, dass wir im nächsten Decennium auch kritisch beglaubigte
Texte der wichtigsten Patristiker erhalten werden; denn dass die Ausgaben der Bene-
dictiner von Saint Maure, so verdienstlich sie für ihre Zeit gewesen sind, für philologische Zwecke nicht ausreichend sind, ist anerkannte Wahrheit und habe ich auch
selbst wieder jüngst Gelegenheit gehabt zu erfahren, indem ich zu anderen Zwecken
drei Handschriften der Schrift des Augustinus contra Academicos durchzugehen
hatte, wobei sich herausstellte, daß eine nicht geringe Zahl von gangbaren Lesearten

aller handschriftlichen Begründung völlig entbehrt. Indess einiges wird hoffentlich auch auf diesem Gebiete in nächster Zeit zu Stande kommen; für anderes steht der Redaction wenigstens das reiche Material von handschriftlichen Schätzen der patristischen Literatur, welche die drei Bibliotheken von München, Würzburg und Bamberg vereinen, zu Gebote, auf die man in zweifelhaften Fällen häufig genug zu recurrieren haben wird.

Was einen anderen Einwurf betrifft, dass durch die neue Ausgabe des Lexikons von F o r c e l l i n i das beabsichtigte Unternehmen als überflüssig erscheinen dürfte, so glaube ich schwerlich, dass jemand einen solchen erheben wird, der die Rede, womit der neue Herausgeber dieses Unternehmen angekündigt, zu Gesichte bekommen hat. Schon wer den, einem an gutes Latein gewöhnten Ohre gräulichen Titel | dieser Rede: '*Quid praestabitur in nova lexici Forcelliniani editione quam seminarium Patavinum suscipit exsequendam*' gelesen hat, noch mehr aber wer die Rede selbst, die von den gröbsten Fehlern gegen Grammatik und Sprache geradezu strotzt – was ich sage, weiß ich warum ich es sage – der musste erkennen, dass ein solches Unternehmen nicht in die rechten Hände gerathen ist. Es würde nicht verlohnen, bei diesem Puncte noch länger zu verweilen, wenn ich nicht ein Vorurtheil mit einigen Worten zu berühren hätte, das leicht auftauchen könnte. Wer nämlich meinte, dass das neue Werk nichts anderes zu thun habe als zu ergänzen, und den bekannten Sprachschatz aus entlegenen Quellen zu vermehren, ein solcher würde sich einen schlechten Begriff von dem machen, was wir beabsichtigen. Die Hauptsache, um die es sich handelt, ist, abgesehen von der möglichst vollständigen Erschöpfung des ältesten Sprachgebrauches, wofür die Quellen erst in nächster Zeit vollständig vorliegen werden, eine in lexikalischer Beziehung kritische Revision und Ausbeutung der besten Schriftsteller, sodann in zweiter Linie eine systematische, nicht eklektische Durchforschung der übrigen. Das ist in der neuen Ausgabe des Forcellini nicht versucht worden; es kann also von einem Concurrenzunternehmen nicht die Rede sein.

Ich habe noch einen letzten Einwurf zu berühren, und dieser ist eigentlich der Hauptgrund, warum ich es gewagt habe, vor die geehrte Versammlung mit meinem Vortrag zu treten. Man könnte nämlich sagen: ihr habt große Hoffnungen, aber wie wollt ihr diese Hoffnungen mit den euch zu Gebote stehenden Mitteln erfüllen? Diese Frage hat sich das Comité auch aufgeworfen und trotzdem hat es beschlossen, kühn eine Ausführung zu versuchen. Ich erlaube mir zunächst eine Maßregel mitzutheilen, die das Comité getroffen hat, um die für die Honorierung von Specialarbeiten verfügbare Summe nicht zu sehr zu zersplittern. Es sollen nämlich von mehreren Autoren Speciallexika erscheinen, solche nämlich, von denen sich erwarten lässt, daß dem buchhändlerischen Betrieb ein lohnender Absatz gesichert ist. Solche Speciallexika, die auch nach Vollendung des Thesaurus ihren Werth immer behalten werden, sind eines zu Plautus, zu Virgilius, zu Tacitus, ferner ein rhetorisches, gewissermaßen eine neue Bearbeitung des so vorzüglichen und leider zu wenig benutzten Lexicon *technologiae latinorum rhetoricae* von E r n e s t i ; sodann eine Sammlung der lateinischen Glossarien. Auch einem Lexicon der juristischen Latinität, welches das den Bedürfnissen des Thesaurus nicht genügende Manuale von D i r k s e n ersetzte, würde ein guter Absatz gesichert sein, wenn sich dafür ein tüchtiger Bearbeiter gewinnen ließe. Die Verlagshandlung, mit der das Comité für den Druck des Thesaurus in Verbindung getreten ist, hat sich bereit erklärt, auch diese Speciallexika in Verlag zu nehmen und anständig zu honorieren. Von ihr darf das Werk auch sonstige materielle Unterstützung schon während der Zeit der Vorarbeiten erwarten. Eine andere sehr große Hoffnung bauen wir auf die gefällige Mitwirkung der Vorstände der deutschen Gymnasien. Von diesen gehen jährlich mehrere hundert | Programme aus. Einem tüchtigen Arbeiter, der Beiträge zum Thesaurus liefern will, wird es erlaubt sein, ein Programm mehrere Jahre nach einander zu schreiben. Auf diesem Wege können freilich keine größeren Speciallexika zu Stande kommen, aber genug bedeutsame Arbeiten für spätere Schriftsteller, für die wir nur Auszüge bedürfen, und es gibt deren eine große Zahl, die sich in dem Umfang von zwei und drei Programmen für unsere Zwecke vollständig ausbeuten lassen*. – Noch größere Hoffnungen müssen wir freilich auf freiwillige Beiträge setzen, von denen wir zur Zeit nicht bestimmen können, ob man sie auch wird honorieren können. In dieser Beziehung bauen wir viel auf die bereitwillige Unterstützung der philologischen Seminarien. Wir rechnen mit Sicherheit auf zahlreiche Beiträge von jüngeren Philologen, zumal als sie durch Uebernahme derartiger Arbeiten ungemein viel lernen werden. Denn werden solche unter methodischer Leitung in Angriff genommen, so wird, wenn ein junger Mann mit den nöthigen Vorkenntnissen an eine solche Arbeit geht, für ihn gar manches andere nebenbei herauskommen, Beiträge für Kritik und Erklärung eines Autors, die sich dann wieder zu besonderen Abhandlungen verwenden lassen. Bedenken Sie, meine Herren, wie Großes schon zu Stande käme, wenn jeder zu einer solchen Arbeit Befähigte – und deren haben wir in Deutschland glücklicherweise sehr zahlreiche – nur ein einziges Buch eines Autors besorgen wollte! Und ein solches Opfer wäre gewiss kein zu großes für ein Werk, das ein neues Zeugniss von der Gründlichkeit deutscher wissenschaftlicher Forschung und von dem literarischen Unternehmungsgeist unserer Nation abgeben soll. Durch die Menge und Güte der Specialarbeiten ist der Werth des Thesaurus bedingt: sollte die Hoffnung eine ganz illusorische sein, wenn wir einige Rechnung auch auf anderweitige höhere Unterstützung setzen? in der Weise nämlich, daß ein tüchtiger Gelehrter mit der Bearbeitung eines einzelnen Theiles des Ganzen beauftragt und dafür, sei es

---

*Die Besorger solcher Arbeiten würden wohl gerne bereit sein, ihre Artikel in der für den Thesaurus vorzuschreibenden Form auf besonderen Blättchen anzulegen, und dann ihre Manuscripte der Redaction zur Verfügung zu stellen, wodurch die zeitraubende Arbeit des Copierens kleinerer Beiträge erspart würde. Bei bereitwilliger Förderung der Sache könnten von einzelnen Gymnasien oder von mehreren für eine bestimmte Arbeit sich vereinigenden Gelehrten auch größere Beiträge geliefert werden, in der Weise nämlich, dass mehrere je ein Buch eines Autors besorgten und dann einer die Verarbeitung der einzelnen Bücher zu einem Ganzen übernähme.

aus Staats-, sei es aus fürstlichen Mitteln, honoriert würde? Das Wichtigste, was in dieser Beziehung geleistet werden könnte, wäre die Herstellung eines *lexicon Ciceronianum*, eines Werkes, das an und für sich dem Schöpfer wie dem Beförderer einen ewigen Namen sichern würde. Ein neuer Nizolius kann aber nicht von einem Buchhändler unternommen werden; das ist mir eine klare Sache: er könnte nur durch außerordentliche Unterstützung zu Stande kommen.

Doch es ist Zeit zum Schluss zu eilen. Unsere Hoffnungen sind hoch gespannt; sie werden nicht alle, aber sicherlich viele in Erfüllung gehen. So erlaube ich mir | denn allen Anwesenden in der Versammlung, die, sei es durch Rath oder durch Aufmunterung oder durch selbstthätige Beihilfe zur Förderung des großen Werkes beizutragen im Stande sind, dasselbe angelegentlichst ans Herz zu legen. Ich appelliere hierbei an die in Deutschland für die Wissenschaft herrschende Begeisterung, ich appelliere an den gemeinsamen Nationalsinn und an die bereite Opferwilligkeit, die noch nie in einer Sache gefehlt hat, wo es galt unserem Namen neue Achtung und Anerkennung im Ausland zu verschaffen!

Breslau 8 Oct. 1894

Hochgeehrter Herr College,

Da meine Lebenstage, wie Sie aus dem Beginn der für den betr. Wortsammler bestimmten Anlage ersehen können, wahrscheinlich 'abgezählt' sind, habe ich mich mit der Vollendung der von mir erbetenen Aufgabe einer Bearbeitung der horazischen Satiren und Episteln unter Verzicht auf jede andere Thätigkeit möglichst beeilt und übersende Ihnen das von mir 'abcorrigirte' Exemplar. Da ich einmal mit dem thesaurus in einem gewissen Verhältnisse stehe oder doch stand, habe ich die Aufforderung dazu nicht ablehnen wollen. Aber ich kann nicht verhehlen, dass diese Aufstellung von Textausgaben ad hoc für kritisch durchgearbeitete und auf ihren Wortschatz gründlich untersuchte Schriftsteller mir, und nicht nur mir, als ein unnützer Aufschub des Beginns der eigentlichen Arbeit erscheint, wie namentlich für Horaz in Zangemeisters index eine durchaus brauchbare Grundlage, wie für Cicero z.Th., Caesar insbesondere, Tacitus, (Livius c.t.) u.s.w. vorlag. Doch meine Sache war es nur, die von mir übernommene Arbeit möglichst zweckgemäss zu fördern, was ich nach Kräften zu erreichen bemüht gewesen bin.

Hochachtungsvoll und ergebenst

Hertz

M. Hertz, Brief an F. Leo vom 8. 10. 1894
(s. o. S. 15 Anm. 15; vergrößert)

Nr. II

Martin Hertz

Aus der Rede vor der Philologen-Versammlung
in Görlitz (1889)

… Haben nach dieser Seite hin [*Förderung des wissenschaftlich-pädagogischen Ge-
dankenaustauschs und der persönlichen Begegnung*] unsere Versammlungen in früherer Zeit demnach reich gewirkt und wirken im wesentlichen mit der eben beklagten
Beschränkung fortdauernd, so haben sie nur selten die in dem vorhergenannten
dritten Paragraphen [*der Statuten*], unter b) ihnen zugeteilten „Beratungen über Ar-
beiten" gepflogen, „welche zu unternehmen den | Zwecken des Vereins förderlich
ist, und über die Mittel ihrer Ausführung", und kaum ist den gegebenen Anregungen, wenigstens unmittelbar, die entsprechende That gefolgt. Am viel verspre-
chendsten erschien unter denselben die von H a l m auf der Wiener Versammlung
1858 mitgeteilte Kunde von der Vorbereitung eines thesaurus linguae Latinae, der
einen tief empfundenen Mangel zu befriedigen bestimmt war. Ein Ausschuß, bestehend aus R i t s c h l, F l e c k e i s e n, H a l m und dem für die Redaktion gewonnenen, schon damals, erst einundzwanzigjährig, zu glänzenden Hoffnungen
berechtigenden B ü c h e l e r, war gebildet, eine Summe von 10 000 Gulden zur
Sicherung des Unternehmens von dem verständnisvollen Förderer der Litteratur und
der Wissenschaft, König Maximilian II. von Bayern, nach H a l m s Aussage, auf
seine Cabinetskasse angewiesen worden. Mit warmen Worten legte der treffliche
H a l m allen Anwesenden, „die, sei es durch Rat oder durch Aufmunterung oder
durch selbsthätige Beihülfe zur Förderung des großen Werkes beizutragen im Stande
seien", dasselbe angelegentlichst ans Herz. Hoffnungsvoll und dankbar nahmen wir
damals diese begeistert vorgetragene und Begeisterung entzündende Rede entgegen;
lauter Beifall ertönte nach jenen letzten, unseren Anteil und unsere Mitwirkung mit
patriotischem Schwunge fordernden Worten. Aber unsere Hoffnungen blieben
unerfüllt, unser Jubel war vergeblich.

„Bereits," so berichtet 1884 W ö l f f l i n im Vorwort seines Archivs für lateinische Lexikographie und Grammatik nach Einsicht der erhaltenen, auf das große Unternehmen bezüglichen Briefschaften, „bereits waren für die Specialwörterbücher
wie für die Excerpte eine Reihe hervorragender Gelehrter gewonnen, der Kontrakt
mit Teubner entworfen, als Unklarheiten in dem Schoße der Kommission, sowie die

---

[*Verhandlungen d. vierzigsten Versammlung dt. Philologen u. Schulmänner in Görlitz vom 2. bis
5. Oktober 1889, Leipzig 1890, S. 1–12, hier S. 8–11.*]

Unmöglichkeit, den Redaktor als Professor nach Bayern zu ziehen, den Fortgang der Arbeiten lähmte und schließlich ein in Aussicht stehender italienischer Krieg dem Projekte seine materielle Basis entzog." Dadurch ist das Scheitern des großartigen Planes jetzt wenigstens einigermaßen erklärt worden; bis dahin blieb die Angelegenheit für die nicht unmittelbar Beteiligten in ein undurchdringliches Dunkel gehüllt. Nur das eine erschien bald sicher, daß die nach H a l m s Meinung und Mitteilung 1858 bereits angewiesenen 10000 Gulden entweder in Wirklichkeit nie in bindender Form bewilligt oder daß sie trotzdem zurückgezogen worden waren. „Versuche," fährt W ö l f f l i n fort, „die Angelegenheit auf der Augsburger und Meißener Philologenversammlung nochmals zur Sprache zu bringen, wurden unterdrückt." Weniger bedenklich als vorher, meiner Person Erwähnung zu thun, weil es an diesem Ort zur Sache und des weiteren einigermaßen zu meiner Legitimation gehört, will ich nicht verschweigen, daß diese Versuche von mir ausgegangen sind. In der Hoffnung, möglicherweise durch eine an den König, in dessen Lande die Versammlung tagen sollte, von ihr zu richtende Darlegung und Bitte, die in Aussicht gestellte, für das in so hohem Maße erwünschte Unternehmen notwendige Summe nunmehr wirklich bewilligt zu erhalten, richtete ich 1862, selbst verhindert die Augsburger Versammlung zu besuchen, an das Präsidium derselben, die Herren M e z g e r , den Vorgänger C r o n s im Rektorat von St. Anna, und H a l m, das Gesuch, diese wichtige Sache zum Vortrage zu bringen und die Versammlung zu einer solchen Kundgebung zu veranlassen. Dieser Antrag ist aber weder auf die Tagesordnung gebracht worden, noch ist mir eine Antwort darauf zugegangen. Im nächsten Jahre traf ich H a l m in der hochragenden, ehrwürdigen St. Afra in Meißen; bei einem Gespräche kündigte ich ihm meine | Absicht an, in der Versammlung diese unaufgeklärte und doch so wichtige Angelegenheit zur Sprache zu bringen: „Sowie Sie das erste Wort darüber vorbringen, reise ich ab," war die Antwort, die zwar unsere sonstigen guten Beziehungen nicht auf die Dauer zerstörte, wohl aber ihm gegenüber jeden weiteren Versuch abschnitt.

Sie Alle wissen, daß, nachdem inzwischen durch G e o r g e s ' großartige, einsichts- und entsagungsvolle Arbeit wenigstens ein den Ansprüchen vollauf genügendes lateinisches Handwörterbuch hergestellt worden war, W ö l f f l i n den Gedanken an einen solchen thesaurus energisch aufnahm, umfassende Vorbereitungen dazu traf, mit Unterstützung der bayerischen Akademie, die ihn zu ihren Mitgliedern zählt, das erwähnte, reiches Material und bereits manche ausgeführte Probe enthaltende Archiv als Vorarbeit zu diesem thesaurus begründete und noch fortführt, daß aber auch jetzt die Ausführung des uneigennützig und opferwillig mit uneigennütziger und opferwilliger Hülfe vieler Fachgenossen in Angriff genommenen Werkes in keiner Weise gesichert erscheint. So darf ich wohl nach mehr als einem Vierteljahrhundert, diesmal wenigstens sicher, daß ich nicht von vornherein damit abgewiesen werde, diese Angelegenheit vor unserer Versammlung zur Sprache bringen. Aber doch nur leise und schüchtern; denn ob nur die mangelnden Geldmittel, ob noch andere

Gründe der Ausführung des großartigen Planes im Wege stehen, darüber bin ich ebensowenig unterrichtet, als ich uns, eine aus wechselnden, zufällig zusammengekommenen Elementen bestehende Versammlung, für berechtigt und namentlich für mächtig und einflußreich genug halten kann, um als Vertreter der gesamten deutschen Wissenschaft bei der jetzigen Lage der Sache das Wort zu führen; dazu kann ich allein die stehenden, die berufensten Vertreter des Faches zu den Ihren zählenden gelehrten Körperschaften für geeignet und competent halten, unsere Akademien und Gesellschaften der Wissenschaften; unter ihrem Schutz und Schirm werden seit einer stattlichen Reihe von Jahren Unternehmungen ins Werk gesetzt, die früher unausführbar erschienen. Bislang immer nur von je einer unter ihnen; aber, meine hochverehrten Herren, wie alle die gesamten deutschen Länder jetzt ein einheitliches Reich bilden, dem die größesten und die gewaltigsten Aufgaben auf dem Gebiete unseres Staats-, unseres Rechts- und unseres gesellschaftlichen Lebens zugefallen sind, sollte es nicht möglich sein, für dieses große und wenigstens keinem von jenen an Bedeutung nachstehende Unternehmen das gesamte Deutschland auch auf geistigem Gebiete zu vereinigen, auf welchem es noch heute – und gerade heute geben uns unsere lieben österreichischen Genossen, die trotz erschwerender Umstände sich zu uns gesellt haben, den erfreulichsten Beweis davon – Deutsch-Österreich sich voll beizählen darf? Ohne Beeinflussung von irgend einer Seite, ohne vorherige Beratung mit irgend einem Sachverständigen, ohne auch nur einen Plan über die weitere Ausführung vorlegen zu wollen, habe ich erst in der letzten Stunde mich entschlossen, diese schwerwiegende Frage an dieser Stelle vorzubringen. Meine Absicht kann dabei nicht dahin gehen, sie auf dieser Versammlung zum Austrag oder nur zu weiterer Verhandlung gebracht zu sehen; nur angeregt möchte ich sie insoweit haben, daß ich die anwesenden Mitglieder dieser hohen Körperschaften und solche unter uns, die sonst im Stande sind, einen Einfluß nach dieser Richtung hin auszuüben, angelegentlich ersuche, diesen Gedanken zu erwägen und, falls sie seine Ausführung für möglich halten, ihn in jene maßgebenden Kreise hineinzutragen, damit dieselben durch geeignete Vertreter aus ihrer Mitte einen Ausschuß bilden der in gemeinsamer Beratung | die ὁδοὶ καὶ πόροι erwägt und die weiteren Schritte thut oder veranlaßt. Daß dem Forcellini redivivus auch ein Stephanus redivivus, der den heutigen Forderungen voll entspricht, allmählich an die Seite gestellt werden müsse, ist einleuchtend. Wenn man erwägt, was die, wenn auch nicht in gleicher, doch in ähnlicher Weise zusammengesetzte historische Commission geleistet hat und leistet, so wird man den Gedanken nicht unausführbar finden können, daß eine solche Vereinigung, vom deutschen Reiche und von Österreich gemeinsam beschickt und hinreichend ausgerüstet, uns diesem lang ersehnten Ziele zuzuführen geeignet und im Stande sein werde.

Möchte es der nächsten Versammlung beschieden sein, zu vernehmen, daß wenigstens die ersten Schritte dazu, zunächst für das lateinische Wörterbuch, geschehen sind! ...

Nr. III

Martin Hertz / Theodor Mommsen

Gutachten über das Unternehmen eines lateinischen Wörterbuchs (1891)

[Die von Hrn. M. HERTZ in Breslau der Königlichen Akademie zur Übermittelung an das vorgeordnete Ministerium eingesandte Denkschrift (A) über 'Bedeutung, Geschichte, Plan und voraussichtliche Kosten eines lateinischen Wortschatzes' so wie die von der Akademie dieser Denkschrift hinzugefügten Bemerkungen (B) werden mit Genehmigung des genannten Ministeriums nachstehend veröffentlicht. Es ist denselben eine kurze Notiz (C) über das Verfahren beigefügt worden, nach welchem die Verzettelung der Schriften für das von der Savigny-Stiftung in Angriff genommene lateinische Rechtslexikon vorgenommen worden ist.]

A

BEDEUTUNG, GESCHICHTE, PLAN UND VORAUSSICHTLICHE KOSTEN
EINES LATEINISCHEN WORTSCHATZES[1]

I. Bedeutung

Die Frage: „Was ist eines Wörterbuches Zweck?" beantwortet JACOB GRIMM in der Einleitung zum ersten Bande des deutschen Wörterbuches dahin: „Es soll ein Heiligthum der Sprache gründen, ihren ganzen Schatz bewahren, Allen zu ihm den Eingang offen halten." Und weiter führt er aus, wie der Sprachforschung den unverhältnissmässig grössten Beistand das Wörterbuch gewährt, von dem an genau bestimmter Stelle alle Wörter in so geordnetem Überblick dargeboten werden, wie ihn

---

[Sitz. Ber. Berl. Akad. 1891, S. 671–690; die von Mommsen stammende Stellungnahme der Berliner Akademie (S. 685–689) auch in: Th. M., Ges. Schriften, Bd. 7, Berlin 1909, S. 808–813.]

[1] Da ich schon öffentlich mit meinem Interesse an der Abfassung eines Thesaurus Latinitatis hervorgetreten bin, habe ich geglaubt, ohne eine Indiscretion zu begehen, zu meiner Information von einigen in einer oder der anderen Beziehung als competent anerkannten Sachverständigen Meinungsäusserungen einholen zu dürfen, welche nicht ohne Einfluss auf meine Anschauungen geblieben sind. Es sind das die von mir hier dankbar zu nennenden HH. BÜCHELER in Bonn, DZIATZKO in Göttingen, VON HARTEL in Wien, KEIL in Halle, C. F. W. MÜLLER in Breslau, A. SCHMITT in Leipzig und WÖLFFLIN in München.

auch der unermüdlichste Fleiss des Einzelnen sich nicht selbst zu bereiten vermöge. Wenn aber das Wörterbuch überhaupt nutzen solle, gebe es kein anderes als ein wissenschaftliches. | Wie für unsere Mutter-, wie für jede Sprache, so hat auch für das Lateinische ein solches, seinen ganzen Schatz bewahrendes, wissenschaftliches Wörterbuch eine hohe Bedeutung, vor Allem eine weit über die Einzelsprache selbst hinausreichende sprachgeschichtliche. Nicht nur verzeichnet wird in einem dieser Beziehung nach dem gegenwärtigen Zustande der Entwickelung der Sprachwissenschaft entsprechenden Wörterbuche ein jedes Wort, sondern von seinem ersten Auftreten an wird es beobachtet und durch die Gesammtheit der sprachlichen Denkmäler mit Rücksicht auf Zeit, Ort, Gebrauch der Schriftgattung und der einzelnen Schriftsteller, wie aller inschriftlichen und mit Beischrift versehenen Monumente durch sein gesammtes Dasein hindurch begleitet. Wie sich bei dieser Auffassung und einer ihr entsprechenden, den Forderungen methodischer Kritik in der Behandlung der Quellen genügenden Ausführung nicht nur eine Übersicht über den gesammten Bestand der Sprache in jeder Epoche ihres Daseins gewinnen lässt, wie vielmehr auch Etymologie, Rechtschreibung, Formlehre, Syntax dadurch nicht minder einen festen Unterbau, als Forschungen auf dem Gebiete des öffentlichen und privaten Lebens wie der gesammten Cultur der Römer und aller ihnen unterworfenen Stämme und Völker reiches und gesichertes Material erhalten, das bedarf keiner Ausführung. Nicht minder aber leistet ein solches Wörterbuch unentbehrliche Dienste für die völlige Erfüllung der eben ausgesprochenen Forderung methodischer Quellenkritik. In vielen Fällen wird es die Entscheidung völlig bedingen oder doch wesentlich erleichtern, ob die Überlieferung festgehalten oder doch vertheidigt werden könne, ob sie aufgegeben werden müsse, und in dem letzteren Falle Halt und Stütze für eine dem Gebrauche des Schriftstellers oder doch der nach Zeit, Ort und Leistungsgebiet nächstverwandten Autoren entsprechende Heilung der kranken Stellen darbieten. Besonders aber ist es hervorzuheben, dass, indem die Wörter durch alle Stufen ihres Daseins begleitet und also auch diejenigen unter ihnen, die verwelken und endlich völlig absterben, in ihrem Siechthum bis zu ihrem völligen Verschwinden sorgfältig beobachtet werden, für die geschichtliche, d. h. die einzig wissenschaftliche Erkenntniss der aus dem Lateinischen hervorgegangenen, sogenannten romanischen Sprachen einschliesslich der romanischen Bestandtheile des Englischen die nothwendige, bis dahin in gleichem Umfange und in gleicher Sicherheit noch nicht vorhandene Unterlage gewonnen wird. So wird durch ein solches Werk der deutsche Name und die deutsche Wissenschaft einen neuen Ehrenplatz in der gesammten civilisirten Welt und vor Allem aus dem eben angegebenen Gesichtspunkte bei den Völkern romanischer Zunge sich gewinnen, der seiner Bedeutung entspricht. |

II. Geschichte

Die neuen Wörterbücher der lateinischen Sprache gehen zurück auf die zweite, gegen die erste zwölf Jahre früher erschienene wesentlich vermehrte und vervollkommnete Ausgabe des Thesaurus linguae Latinae des ROBERT STEPHANUS (Paris 1543). Nach dem vorhin gesagten ist es selbstverständlich, dass derselbe dem heutigen Bedürfnisse ebenso wenig genügen kann als die im Laufe der nächsten Jahrhunderte folgenden, wenn manche unter ihnen auch im Einzelnen in Bezug auf Anordnung wie auf Vollständigkeit des Stoffes einen Fortschritt bezeichnen. Unter ihnen behaupten die bedeutendste Stelle J.M. GESNER's novus linguae et eruditionis Romanae thesaurus (Leipzig 1749) und das totius Latinitatis lexicon consilio et cura Jacobi Facciolati, opera et studio Aeg. Forcellini lucubratum (Padua 1771). Dieses vielgebrauchte Werk ist seitdem mehrfach in Italien (zuletzt in den Neubearbeitungen von CORRADINI Padua 1858 ff. und von DE VIT Prato 1858 ff.), England, Deutschland wiederholt worden, ohne, trotz manchen Verbesserungen und Vermehrungen im Einzelnen, eine wesentliche Veränderung zu erfahren.

Den Gedanken eines neuen auf selbstständiger Durchforschung der Quellen gegründeten Thesaurus der lateinischen Sprache fasste um den Anfang unseres Jahrhunderts FRIEDRICH AUGUST WOLF: „Der Hauptgedanke ging dahin, theils in Deutschland, theils in Holland, Frankreich, Italien und England eine Zahl von zehn oder mehreren Gelehrten zu vereinigen, die sich in die sämmtlichen Schriftsteller bis auf die Zeit, wo das Latein als lebende Sprache verschwindet, nach Neigung und Vorkenntnissen theilen, und dann ihre Vorräthe zweien selbstgewählten Redactoren überlassen sollten." Dieser Plan wurde dann mit beistimmenden Freunden und namentlich mit RUHNKEN etliche Jahre hindurch mündlich und schriftlich weiter verhandelt, gerieth aber darauf in's Stocken. Erst zwanzig Jahre später machte WOLF davon Mittheilung bei Veröffentlichung eines daraufhin von dem damals schon verstorbenen D.G. KÖLER längere Zeit zuvor geschriebenen, auch heute noch nicht völlig zu übersehenden Aufsatzes über die Einrichtung eines Thesaurus der lateinischen Sprache im vierten Hefte der von jenem herausgegebenen litterarischen Analecten. Auch jetzt hatte WOLF die Hoffnung einstiges Gelingens nicht völlig aufgegeben: „Was sich nicht auf Einmal zu Stande bringen lässt, möchte sich" meint er, „wohl allgemach, auch bloss in Deutschland bewirken lassen," wozu er zunächst die Abfassung von lexikographischen griechischen und lateinischen Schulprogrammen nach einer planmässigen Auswahl in Anregung bringt. – Bedeutender als der | KÖLER'sche Aufsatz und eine Reihe richtiger Gesichtspunkte in methodischer Weise erörternd war das Vorwort, welches W. FREUND dem ersten Bande (Leipzig 1834) seines Wörterbuches der lateinischen Sprache voranstellte. Aber seine eigene Arbeit, von vornherein nicht auf ein erschöpfendes Werk angelegt, genügte den von ihm selbst aufgestellten Forderungen wenig.

Der Plan der Veranstaltung eines umfassenden lateinischen Wörterschatzes, wenn auch in engeren Kreisen mehrfach erwogen, wurde öffentlich erst, nach manchen vorbereitenden Schritten, fast ein Vierteljahrhundert darauf, am 25. September 1858 von dem Münchener Professor und Bibliotheksdirector CARL HALM in der Eröffnungssitzung der achtzehnten Philologen-Versammlung in Wien verkündet. Ein Comité bestehend aus RITSCHL, FLECKEISEN, HALM und dem als Redacteur in Aussicht genommenen jugendlichen BÜCHELER war gebildet und die Grundzüge des für die Ausführung entworfenen Planes wurden mitgetheilt, aus denen ersichtlich war, dass auch für einzelne wichtige Theile des Unternehmens bereits geeignete Kräfte gewonnen waren, wie VAHLEN für die damals noch nicht besonders gesammelten voraugusteischen Dichterfragmente namentlich des VARRO, HÜBNER für das mit in Aussicht genommene Onomasticon. Als materielle Grundlage sollte eine vom Könige MAX II. angeblich bereits auf seine Cabinetskasse angewiesene Summe von 10000 Gulden dienen, mit der man glaubte nicht nur die Redactionskosten auf die für die Vorarbeiten berechnete Zeit von zehn Jahren decken, sondern auch noch eine Anzahl von Specialarbeiten anständig honoriren zu können. Andere Mittel erwartete man aus Honoraren von vorher anzulegenden Specialwörterbüchern von der TEUBNER'schen Verlagsbuchhandlung, die auch einen Beitrag von 18000 Gulden zu den Vorarbeiten in Aussicht stellte; ausserdem hoffte man, offenbar in Anknüpfung an den WOLF'schen Gedanken, ohne dass desselben Erwähnung geschah, auf Fertigstellung lexikographischer Programme und in noch höherem Maasse glaubte man auf zahlreiche freiwillige Beiträge jüngerer Philologen mit Sicherheit rechnen zu können. Ich zweifle nicht, dass, wenn das Werk erst wirklich begonnen hätte, sich auch, namentlich durch RITSCHL's Autorität, Geschick und Betriebsamkeit, die Mittel gefunden hätten, es weiter und zu Ende zu führen.

Aber es kam nicht so weit. „Bereits waren," so berichtet WÖLFFLIN, dem die betreffende Correspondenz zu Gebote stand (Archiv für lateinische Lexikographie u. Grammatik I. S. 2), „für die Specialwörterbücher wie für die Excerpte eine Reihe hervorragender Gelehrter gewonnen, der Contract mit TEUBNER entworfen, als Unklarheiten in dem Schoosse der Commission sowie die Unmöglichkeit den | Redacteur nach Bayern zu ziehen den Fortgang der Arbeiten lähmte und schliesslich ein in Aussicht stehender italienischer Krieg dem Projecte seine materielle Basis entzog." Ich selbst habe 1862 und 1863 vergebliche Versuche gemacht an geeigneter Stelle Schritte zur Wiedergewinnung dieser materiellen Basis hervorzurufen. Dem dringendsten Bedürfniss wurde, soweit es in den Grenzen eines Handwörterbuches möglich war, durch die verständige Einsicht und den unermüdlichen Fleiss von K. E. GEORGES abgeholfen. Seit einem halben Jahrhundert an den stets sich wiederholenden Auflagen des SCHELLER-LÜNEMANN'schen Wörterbuchs, erst als Mitarbeiter, dann als alleiniger Herausgeber betheiligt, bestrebt es mehr und mehr zu vervollkommnen, hat er die letzte, siebente der unter seinem Namen allein erschienenen und von ihm allein bearbeiteten Auflagen (Leipzig 1879/80) zu einem sehr achtungswerthen Grade der Vollkommenheit gebracht; dass dadurch jene höhere und umfassendere Aufgabe nicht als gelöst erscheinen konnte, bedarf keiner weiteren Ausführung.

Inzwischen war WÖLFFLIN der Anbahnung ihrer Lösung näher getreten. 1882 veröffentlichte er im Rheinischen Museum für Philologie (XXXVII 83 ff.) einen „über die Aufgaben der lateinischen Lexikographie" überschriebenen Aufsatz. Er wies darin die Nothwendigkeit und an einer Reihe schlagender Beispiele den Werth eines für höhere wissenschaftliche Bedürfnisse genügenden lateinischen Wörterbuches nach, ohne sich hier auf die Frage einzulassen, wie die Arbeit dafür einzurichten sei. Seine Überzeugung, wie er sie bald darauf aussprach, war, „dass solche Riesenaufgaben nie auf die Schultern eines Einzelnen zu laden seien, sondern dass sie auf gelehrten Körperschaften ruhen müssen, welche unsterblich sind und deren Archive alle gemachte Arbeit aufbewahren können." Diese Worte stehen in dem Vorwort (S. 6) zum ersten Jahrgange des von ihm seit 1884 mit Unterstützung der Königl. bayrischen Akademie der Wissenschaften herausgegebenen Archivs für lateinische Lexikographie und Grammatik mit Einschluss des älteren Mittellateins. WÖLFFLIN richtete in dieser schon auf dem Titel als Vorarbeit zu einem Thesaurus linguae Latinae bezeichneten Zeitschrift eine (wie er sie selbst a. a. O. S. 7 nennt) „grossartige Versuchsstation" ein, „in welcher alle Fragen theoretisch und praktisch gelöst werden sollten"; ursprünglich auf drei Jahre berechnet hat sie es jetzt bis zu sieben Jahrgängen gebracht; ihr weiteres Fortbestehen scheint im Augenblick unsicher. Der Energie WÖLFFLIN's war es gelungen annähernd 250 Mitarbeiter zu vereinigen und unter sie die zu benutzenden Schriftsteller zu vertheilen. Es gelang ihm auf diese Weise vermittelst der Beantwortung an die Mitarbeiter gerichteter Fragebogen einen bedeutenden lexikographischen | und grammatischen Stoff zu gewinnen, der zu Aufsätzen verarbeitet, einen an und für sich sehr dankenswerthen und auch zum Theil für den Thesaurus zu verwendenden Hauptbestandtheil des Archivs ausmacht. Die Excerpte nach dem Alphabet aber wurden nur in sehr kleinen, erst allmählich etwas vermehrten Dosen verlangt und gediehen, zuletzt wegen der Aussichtslosigkeit unmittelbarer Verwendung ganz aufgegeben, nicht über das Wort adhaeresco hinaus. Dass in dieser Weise das, was nach WÖLFFLIN's Erklärung zunächst beabsichtigt war, erreicht werden konnte und erreicht worden ist, das zeigen die zahlreichen zum Theil allerdings auch für das umfassendste Gesammtwörterbuch zu ausführlichen und dazu mehrfach noch mit einem Anhang von Erläuterungen versehenen, im Archiv veröffentlichten Probeartikel.

Eine neue Anregung zur endlichen Ausführung des langersehnten und geplanten Werkes suchte ich im Herbste 1889 in der zur Eröffnung der vierzigsten Philologenversammlung in Görlitz gehaltenen Rede zu geben. Nachdem sie in den Verhandlungen derselben gedruckt war, gestattete ich mir, sie dem Hrn. Minister Dr. VON GOSSLER vorzulegen. Ich empfing darauf am 27. Februar v. Js. die Zusicherung von Sr. Excellenz, dass er die darin gegebene Anregung wegen der Veranstaltung eines umfassenden lateinischen Wörterbuches noch zum Gegenstande weiterer Erwägung machen werde. Am 15. Februar d. Js. wurde infolgedessen diese Angelegenheit in einer Conferenz von den HH. Geh. Oberregierungsrath ALTHOFF, TH. MOMMSEN, VAHLEN, DIELS und dem Unterzeichneten besprochen und der letztere zur Einreichung eines Schriftstückes über Bedeutung, Geschichte, Plan und voraussichtliche Kosten eines solchen Unternehmens veranlasst. Aus dieser Veranlassung ist die vorliegende Denkschrift hervorgegangen.

III. Plan

Alphabetische Anordnung erscheint von vornherein als zweifellos; ebenso Ausschluss der Eigennamen. Mit dieser Beschränkung aber muss das Wörterbuch ein Bild des gesammten lateinischen Sprachschatzes und seiner geschichtlichen Entwickelung darbieten. Es kann dabei nicht die Absicht sein, eine vollständige Sammlung aller Stellen des Vorkommens jedes Wortes zu geben, aber keins darf innerhalb der demnächst zu bestimmenden stofflichen und zeitlichen Grenzen übergangen werden. Von jedem, ausser den selbstverständlich sorgfältig zu verzeichnenden ἅπαξ λεγόμενα, muss dagegen dem oben (I) Ausgeführten gemäss seine Geburt, sein Lebenslauf und, so weit es | sich nicht dauernd am Leben erhalten hat, auch sein Tod aus dem Wörterbuche ersichtlich sein, d. h. sein ältestes Vorkommen, sein weiterer Gebrauch unter Beobachtung der Entfaltung und der Verzweigung seiner Bedeutungen durch die verschiedenen Epochen des lateinischen Schriftthums und innerhalb derselben durch die verschiedenen Gattungen der Litteratur und ihrer einzelnen Vertreter und an den verschiedenen Gebrauchsstätten, endlich eventuell sein allmähliches und schliesslich völliges Verschwinden. Damit ist von vornherein auch die gleiche Berücksichtigung der Entwickelung jedes Wortes in Bezug auf Schreibung, Formen und Verbindung mit anderen als erforderlich gegeben. Nicht minder, dass auch das Spät- und Vulgärlatein nicht ausgeschlossen bleibe. Doch wird man hier, um nicht Unübersehbares und in gewissem Betracht Unmögliches zu erstreben, eine gewisse Zeitgrenze festsetzen müssen. Die eingehende und sachverständige Erwägung GRÖBER's in dem Aufsatze „Sprachquellen und Wortquellen des lateinischen Wörterbuches" im ersten Bande des Archivs S. 35 ff. wird hier im Allgemeinen maassgebend sein dürfen: die Quellen, aus denen man die lebende Sprache schöpft (die Sprachquellen), reichen danach in Frankreich bis in das dritte Decennium des sechsten Jahrhunderts hinauf, wozu noch aus der zweiten Hälfte dieses Jahrhunderts Venantius Fortunatus und eventuell Gregor von Tours treten; in Italien bildet den Abschluss Gregor der Grosse († 604); in Africa reicht die Grenze bis zum Beginn der zweiten Hälfte des sechsten Jahrhunderts, in Spanien bis in die Mitte des siebenten. Die Sprachdenkmäler der folgenden Jahrhunderte bis zur Mitte des neunten vermögen nicht mehr über lateinische Wortform, Wortgeschichte und Wortgebrauch zu belehren, sondern es lässt sich nur noch der Wortschatz durch früher nicht nach-

weisliche Wörter ausdehnen (dazu rechnet GRÖBER auch noch aus der Reihe oströ-
mischer Schriftsteller den Iordanis und die lateinischen Schriftsteller Englands seit
Gildas). Ob und wie weit man auch diese Wortquellen für das Wörterbuch ausnutzen
solle, bleibt weiterem Ermessen vorbehalten. Innerhalb des bezeichneten Zeitraums
aber wird man von seltener vorkommenden Wörtern alle Beläge verzeichnen, von
gewöhnlichen und durchweg gangbaren nur eine Anzahl von Stellen, zum Theil nur
durch Ziffern bezeichnet, oder bei sehr ausgedehntem Gebrauch durch ein „etc."
oder „ff.". Dieses Verfahren wird man in umfassenderem Maasse, aber stets unter
Beobachtung der oben angegebenen eingehenden Rücksicht auf die letzten Spuren
des Vorkommens, auf die späteren Zeiträume, etwa vom Ende des zweiten Jahrhunderts n. Chr. ab anwenden können. Hierbei tritt namentlich, worauf BÜCHELER sehr
richtig hinweist, für die grössere | oder geringere Ausführlichkeit der Angaben der
Gesichtspunkt auf, ob die betreffenden Schriftsteller nur die alte Tradition fortsetzen
oder ob sie Neues entwickeln, so dass z. B. Commodianus reichlicher als Hieronymus heranzuziehen ist. Für alle Zeiträume aber wird man, wo sie vorhanden sind,
sich zur Raumersparniss wie zur Erhöhung der Übersichtlichkeit ohne sachlichen
Nachtheil, wenn auch zu einiger Erschwerung für die verhältnissmässig geringe Zahl
der speciell im Einzelnen Nachforschenden, auf gute Specialwörterbücher bez. eingehende Indices verborum oder auf sonstige sorgfältige lexikalische Zusammen-
stellungen und Abhandlungen lexikalischen Inhalts berufen können, wie sie sich
z. B. in älteren Commentaren und namentlich in den Bänden des WÖLFFLIN'schen
Archivs vielfach vorfinden.

Für die Ausführung des Unternehmens sind nach Erledigung der nothwendigen
Vorbereitungen (A) von vornherein z w e i P e r i o d e n zu unterscheiden (B I)
d i e Z e i t d e r S a m m l u n g d e s M a t e r i a l s und (B II) d i e Z e i t
d e r V e r a r b e i t u n g u n d d e r D r u c k l e g u n g d e s s e l b e n. Für
beide Zeiten bedarf es einer verschiedenen Organisation.

A. Vorbereitungen

Niedersetzung einer Commission

Die Frage über die Leitung des Unternehmens so wie die einleitende Erörterung über
alles weitere, die Organisation und den Fortgang des Unternehmens betreffende,
scheint mir am zweckmässigsten einer Commission vorgelegt zu werden, die von der
Königlich preussischen Regierung einberufen wird.

Das Bestehen einer solchen Commission erscheint auch im weiteren Fortgange
des Unternehmens wünschenswert, um mit ihrem Rathe gehört zu werden und den
förderlichen Fortgang des Unternehmens in Obacht zu nehmen. Sie würde, ausser-
ordentliche Fälle abgerechnet, in der Regel alljährlich einmal zu einer Sitzung einzu-
berufen sein, ausserdem wären ihre Mitglieder zu verpflichten, Alles, was ihnen im

Interesse der Sache von Belang erscheint, der Leitung zur event. weiteren Veranlassung zu Gehör zu bringen.

Leitung

In Betreff der Leitung wird die Commission sich von vornherein darüber schlüssig zu machen haben, ob dieselbe einer einzigen Persönlichkeit oder mehreren anvertraut werden soll. Wenn in dem Folgenden das erstere angenommen wird und demgemäss die weiteren | Vorschläge ausgeführt werden, so ist eine Modification derselben für den anderen Fall in der unten (S. 682) angedeuteten Weise ohne Schwierigkeit zu bewerkstelligen.

Geeignete Persönlichkeiten für die Leitung sowie für die Ausführung der weiterhin bezeichneten Arbeiten in Vorschlag zu bringen enthalte ich mich, da dies in dem gegenwärtigen Stadium der Angelegenheit verfrüht erscheint; das darf versichert werden, dass bei dem gegenwärtigen Stande der klassischen Philologie in Deutschland es weder für die Leitung noch für die Hülfsthätigkeit an geeigneten Männern fehlen wird.

Secretar

Der Leitung ist ein ausschliesslich für diese Thätigkeit anzunehmender Secretar beizugeben, der zunächst sich mit den von jener in's Auge gefassten Mitarbeitern in Verbindung setzt und, so weit sie von vornherein oder andere statt ihrer substituirte bis zu der nothwendigen Anzahl sich bereit erklären, mit denselben die ihnen zuzutheilenden Pensa festsetzt, des weiteren (um das hier gleich vorwegzunehmen) die mit ihnen und sonst für das Unternehmen nothwendige Correspondenz führt und die An- und Einordnung der nach Absolvirung der einzelnen Pensa eingehenden Zettelsammlungen übernimmt. So weit und so lange das nicht seine volle Zeit in Anspruch nimmt, wird er sich an der Sammlung des Materials betheiligen.

Die Sammlung kann kurze Zeit nach Einsetzung der Leitung und des Secretars gleichen Schritts mit der Vertheilung der Pensa beginnen.

B I. Zeit der Sammlung des Materials

Die Sammlung des Materials durch die gewonnenen Mitarbeiter erstreckt sich, so weit nicht zuverlässige, auf die besten kritischen Texte gegründete Specialwörterbücher und eingehende Indices verborum vorhanden oder in kürzester Frist zu erwarten sind, auf die gesammten überhaupt in Betracht kommenden Schriftwerke und Denkmäler. Dass ausser den vorhandenen Specialwörterbüchern im Voraus noch andere angefertigt und gedruckt werden, was von manchen Seiten für geboten erachtet wird, erscheint mir als eine nicht nothwendige Verzögerung. Vor allem aber sind die Schriftsteller und Denkmäler nicht, wie WÖLFFLIN es eingerichtet hat, noch ganz abgesehen von den minimalen von ihm aufgegebenen Portionen, nach und nach von den Sammlern, denen dadurch die Nothwendigkeit oftmaliger Wieder|holung des Excerpirens eines und desselben Werkes erwächst, für einzelne Theile des Alphabets, sondern von vornherein durch das ganze Alphabet hindurch von A bis Z auszuziehen. Die Instruction für die Sammler im Einzelnen bleibt künftiger Festsetzung durch den Leiter event. nach meinem obigen Vorschlage unter Mitwirkung der Commission vorbehalten. Als Grundlage dafür werden die sachverständigen Ausführungen WÖLFFLIN's über die Erfordernisse eines „Musterartikels" (Arch. I. 10 ff.) und „über die Organisation der Arbeit" (S. 12 ff.) nebst den das. S. 19 f. gegebenen „allgemeinen Bestimmungen" gelten können.

Sammler

Wenn WÖLFFLIN eine Anzahl von etwa 250 Mitarbeitern zu gewinnen suchte und deren 180–200 dauernd gewann, deren jedem er nur ein geringes Pensum zuwies, während er sie durch Gratislieferung des Archivs und im Bedürfnissfalle durch kleine Gratificationen von 50, 75 und 100 Mark für ihre Mühewaltung entschädigte, so ist ein solches Verfahren, das bei einem von einer Privatperson ohne finanzielle Unterlage geleiteten Unternehmen geboten war und mit grossem Geschick und bewunderungswerther Energie in's Werk gesetzt worden ist, jetzt in mehr als einem Betracht von vornherein abzuweisen. Statt einer so grossen Anzahl Freiwilliger muss eine begrenzte Menge von Arbeitern mit umfassenderen Pensen angeworben und honorirt werden: erst dann wird man in viel geringerer Zeit viel mehr und zwar mit immer besser und einheitlicher geschulten, strafferer Disciplin zu unterziehenden Sammlern leisten können. In annähernder Übereinstimmung mit mehreren Sachverständigen erscheint mir etwa die Zahl von 50 Sammlern angemessen.

Honorirung der Sammler

Diese alle sind nicht mit festem Gehalt anzustellen, sondern nach dem Maasse ihrer Leistungen für jeden von ihnen ausgezogenen Band nach Verhältniss des Umfanges und der aufzuwendenden Arbeit zu honoriren. Mit jedem ist ein bindender Vertrag zu schliessen, der das übertragene Pensum und die Zeit der Ablieferung der Excerpte bestimmt; diese sind nach Absolvirung eines jeden Schriftstellers bez. Bandes einzuliefern, um alsbald eingeordnet werden zu können; halbjährlich etwa hat jeder Sammler einen Bericht über den Fortgang seiner Arbeit einzureichen, um eine beständige Controle zu ermöglichen; über Gebühr Saumselige sind verpflichtet das bis dahin Gearbeitete ohne Entgelt abzuliefern. |

Umfang und Dauer der Sammlung

Wenn man gegen 120 Bände der Bibliotheca Teubneriana von durchschnittlich 25 Bogen und von den 74 Bänden von MIGNE's patrol. Lat. saec. I–VI nach Abzug der in jener enthaltenen etwa 60 Bände von durchschnittlich 50 Bogen, und auf jeden Sammler die Absolvirung eines fünf solchen Durchschnittsbänden entsprechenden Pensums rechnet, den Durchschnittsband der patristischen Litteratur wegen der minderen Ansprüche (s. S. 677) dem TEUBNER'schen Durchschnittsbande gleich gerechnet, die dazukommenden Grammatiker, Scholiasten, Juristen (eine durch den Berliner Index sehr verminderte Arbeit), Inschriften u. s. w. (z. B. die in der Bibliotheca Teubneriana nicht enthaltenen Stücke des Plautus) etwa einem Umfange von 70 Bänden entsprechend, so ergäbe sich (ungerechnet die Mitarbeit des Secretars für diese Periode der Sammlung) ein Zeitraum von $\frac{120+60+70}{50}=5$ und mit Hinzurechnung der Vorbereitungszeit im Anfange und schliesslich einiger durch Nachschub zu deckender Verspätungen etwa 6 Jahren.[1]

B II. Zeit der Ausführung und Drucklegung

Assistenten und Hülfsarbeiter

Dem Leiter sind für die Bearbeitung des vorliegenden Materials, ausser dem Secretar noch zwei weitere nur für den Thesaurus zu beschäftigende Assistenten beizugeben; neben ihnen sind dafür gleichfalls ausschliesslich noch sieben andere Hülfsarbeiter thätig. Unter diese wird die Arbeit unmaassgeblich etwa so vertheilt, dass der Secretar etwa die ersten 5 Buchstaben des Alphabets nebst der Correspondenz, die beiden anderen die Buchstaben F–O und P–Z übernehmen. Von diesen führt der Secretar je einen, die anderen je zwei selbstständig aus; jedem der Hülfsarbeiter werden je 2–3 Buchstaben zusammen von möglichst gleichem Umfange zugetheilt. Sie senden die von ihnen ausgearbeiteten Artikel nach Absolvirung einer festzusetzenden grösseren Anzahl von Artikeln dem betreffenden Assistenten zur Revision ein; nach geschehener Revision werden sie durch dieselben, sowie die von ihnen selbst fertig gestellte Arbeit | dem Leiter zur Superrevision vorgelegt. Vierteljährlich stattet ihm jeder der Assistenten wie der Hülfsarbeiter Bericht ab, jährlich erstattet er selbst

---

1 Selbstverständlich ist hier bei Nennung der betreffenden Sammlungen nur auf den äusseren Umfang Rücksicht genommen worden. Dass die Sammler überall sich der besten Texte und kritischen Hülfsmittel bedienen müssen, bedarf keiner weiteren Ausführung. Namentlich die MIGNE'sche Sammlung selbst werden sie nur da zu Rathe ziehen, wo das Wiener Corpus noch nicht vorliegt; aber auch für diese Bände würden, wie von maassgebender Stelle in Aussicht gestellt wird, die Mitarbeiter am Corpus zur möglichsten Unterstützung der Sammler für den Thesaurus angewiesen werden.

einen Generalbericht an die Commission, diese selbst dann einen solchen an das Ministerium; wird die Einsetzung einer Commission nicht beliebt, so fällt die Erstattung des Berichts dem Leiter zu. Dem Leiter bleibt (eventuell unter Mitwirkung der Commission) die Feststellung der Instructionen für die sämmtlichen Mitarbeiter vorbehalten.

Wird nicht ein Leiter, sondern eine dirigirende Commission an die Spitze gestellt, so wird, wie von anderer Seite vorgeschlagen wird, dieser der Auftrag zu ertheilen sein, für die einzelnen Bände Herausgeber zu bestellen, unter die zugleich die Leitung der Vorarbeiten vertheilt werden müsste.

Umfang und Dauer

Wenn man den Umfang des Gesammtwerkes auf 10 Bände zu etwa 1200 Seiten = insgesammt 1500 Bogen in dem von sachverständiger Seite meist empfohlenen hoch-gross Quart anschlägt, so wird man hoffen dürfen, dass jährlich von den zehn Mitarbeitern ein dem Umfange eines solchen Bandes entsprechendes druckfertiges Manuscript hergestellt wird, wonach durchschnittlich auf jeden etwa 15 Bogen kommen. Immerhin wird man sich, zumal die Assistenten auch die Revisionsarbeiten überwachen müssen, der Secretar ausserdem mit der Correspondenz beschäftigt ist, vom Anbeginn der Vorbereitungen zur Ausarbeitung bis zur vollendeten Drucklegung auf eine 1–2 weitere Jahre sich erstreckende Dauer gefasst halten müssen.

Drucklegung

Der Druck wird der vorgeschlagenen Arbeitseinrichtung gemäss möglichst zugleich in den drei angegebenen Abtheilungen A, F und P begonnen und in Lieferungen von mässigem Umfange, wie das deutsche Wörterbuch der Gebrüder GRIMM, ausgegeben. Eine Correctur übernehmen die Verfasser der Artikel, dazu eine Revision der von ihnen im Manuscript bereits durchgesehenen Artikel die Assistenten, eine Revision der von diesen verfassten Artikel der Leiter; von den anderen Artikeln wird ihm eine Superrevision vorgelegt.

Centralstelle für die Zettel

Sämmtliche Zettel, die den Mitarbeitern zu Gebote gestanden haben, müssen an einer zu bestimmenden Centralstelle gesammelt, dauernd aufbewahrt und dem Gebrauche der Einzelforscher zugänglich gehalten werden. |

IV. Vorläufiger Kostenanschlag

1. Für die sechsjährige Sammelperiode

Ausgabe

Jahresgehalt für den Leiter im Nebenamt (bez. Entschädigung für die Mitglieder der Commission, eventuell je nach ihrer Mitgliederzahl etwas höher) à 3000 Mark	18000	Mark
Für den Secretar à 2000 Mark	12000	"

Honorar für die Sammler

3000 Bogen (s. S. 681) à 15 Mark.................	45000	Mark
3000 Bogen (s. S. 681) à 10 Mark.................	30000	"
Inschriften, Juristen, Grammatiker, Scholien u. s. w..................................	15000	"

	90000	"
Bibliothek; Exemplare für eine Anzahl der Sammler, Zettelrevisionen, Reisen u. a. Nebenkosten.........................	20000	"
	140000	Mark

2. Für die eventuelle zwölfjährige Zeit der Ausarbeitung und Drucklegung

	Übertrag 140000	Mark
Jahresgehalt des Leiters à 3000 Mark (im Nebenamt) bez. Entschädigung für die Mitglieder der Commission (s. I.)	36000	Mark
Jahresgehalt der drei Assistenten unter Erhöhung des Gehalts des Secretars und unter allmählicher Erhöhung auch der anderen Anfangsgehälter von 2500 – 5000 Mark (Durchschnitt 3750 Mark).......................................	135000	"
Jahresgehalt der sieben Unterassistenten von 1750 – 2250 Mark (Durchschnitt 2000 Mark)....	168000	"
Sachliche Ausgaben und sonstige Nebenkosten	21000	"
	360000	"
	Gesammtsumme 500000	Mark

In Bezug auf die für die Gehalte angenommene Durchschnittssumme von 303000 Mark, d. h. etwas über 25000 Mark jährlich, ist zu beachten, dass sie anfänglich geringer sein und erst allmählich | jene Höhe erreichen wird, und angenommen, dass dem Leiter unter Benehmen mit der Commission (eventuell der sonst vorgeordneten Körperschaft oder Behörde) freie Hand in der Festsetzung der Gehalte für die sämmtlichen Mitarbeiter beider Kategorien unter Übertragbarkeit der ausgeworfenen Durchschnittsposten zu belassen sei. Auf 18 Jahre vertheilt erfordert die oben angenommene Summe von 500000 Mark durchschnittlich einen Jahreszuschuss von nicht voll 30000 Mark. Sehr ermässigen würde sich dieselbe, wenn ein erheblicherer Theil des zu erwartenden buchhändlerischen Honorares mit zur Bestreitung der Ausgaben verwendet wird.

Einnahme

An Honoraren würden bei einer Zahlung von mindestens 80 bis zu 100 Mark für den Bogen für 8 Seiten, die von competentester Seite in Aussicht gestellt werden, den Kosten 120000–150000 Mark Einnahme gegenüberstehen. Ob diese Summe ganz oder zum Theil zur Bestreitung der Ausgaben, namentlich der sachlichen, bez. als Reservefonds und zur Deckung etwaiger Überschreitungen dienen soll, darüber bleibt Beschluss von maassgebender Seite vorbehalten.

Nicht die Höhe der voraussichtlichen Gesammtkosten, aber die jährlich aufzuwendende Summe lässt sich selbstverständlich vermindern, wenn man ein langsameres Erscheinen des Werkes in's Auge fasst: bei einer Gesammtperiode von 20 Jahren würde sich die jährliche Durchschnittssumme auf 25000, bei einer solchen von 25 Jahren auf 20000 Mark ermässigen.

Breslau, März 1891.   HERTZ. |

B

Es wird kein Einsichtiger bestreiten, dass der Wissenschaft, und zwar keineswegs der Sprachforschung allein, kaum durch ein anderes Einzelwerk mehr genützt werden könnte als durch die Herstellung eines ihren Anforderungen genügenden lateinischen Wörterbuchs. Dass die Sicherung und Herstellung der Schriftstellertexte, die Beobachtung der Stilunterschiede nach der Zeit wie nach der Art der Schriftsteller, die chronologische Feststellung der uns gebliebenen Litteraturtrümmer dadurch ein festes Fundament gewinnen würden; dass was jetzt durch mühsame und endlose Einzelarbeit mehr erstrebt als erreicht wird, dann zu grossartigem Allgemeingebrauch eröffnet wäre; dass damit an die Stelle einer in ihrer Zerstreutheit unübersehbaren und durch ihre Massenhaftigkeit zum guten Theil sich selber unmöglich machenden Litteratur mit einem Schlage ein grosses Gesammtwerk träte, ist sicher nichts Geringes; in dieser Hinsicht würde ein solches Werk den grossen Gesammtpublicationen über Inschriften und Bildwerke mindestens gleichberechtigt sich an die Seite stellen. Aber dies, so werthvoll es ist, wäre noch nicht die Hauptsache. Viel wesentlicher noch würde der Einblick sein, den dasselbe gewähren würde in die Geschichte der heutigen Cultursprachen, das heisst in die Geschichte unserer Civilisation. Wie die Sprachen der älteren Culturperiode geworden sind, können wir meistentheils nur durch Rückschluss erkennen; für die gegenwärtige lässt sich das gleiche Problem, der wunderbare aus den Trümmern der antiken Cultur neu erblühte Sprachenfrühling in grossem Umfang in historischen Documenten verfolgen. Aber freilich muss man dazu sie sammeln und ordnen. Die Schlüsse in's Allgemeine können erst gezogen werden, wenn im Besonderen die Lebensgeschichte jedes einzelnen Worts, der abgestorbenen nicht minder wie der lebendig gebliebenen und ihres verjüngenden Nachwuchses, der Wandel der Formen wie der Verwendungen zuverlässig und übersichtlich dargelegt ist. Insofern kommt dem lateinischen Thesaurus eine allgemein geschichtliche Bedeutung zu, wie sie einer gleichen Bearbeitung des griechischen oder eines anderen Wortschatzes nicht zugesprochen werden kann. Es ist das Vorrecht der grossen Ziele, dass sie ernste Männer zwingen zu streben und zu hoffen, selbst wenn ein unmittelbarer Erfolg nicht abzusehen ist. In diesem Sinne ist die Frage angeregt worden, wie dies Ziel sich erreichen lässt, und in diesem Sinne wird sie auch hier aufgenommen. |

Darüber kann keine Frage sein, dass dieses Werk nur durch staatlich organisirte Arbeit herbeigeführt werden kann. Es übersteigt weitaus die Arbeitskraft auch des thatkräftigsten Individuums und darf nicht an die zufällige Lebensdauer einer einzelnen Persönlichkeit geknüpft werden. Wie auf allen anderen Gebieten der menschlichen Thätigkeit fordert auch die Wissenschaft die Organisation der Arbeit, und wir Deutsche dürfen uns rühmen hierin die Spitze genommen zu haben und zu behaupten. Kann ein solcher Wortschatz überhaupt geschaffen werden, so wird er in Deutschland geschaffen, und dieses Vorrecht schliesst eine Pflicht ein.

Über Modalitäten dieser Organisation schon jetzt zu rechten scheint kaum der Sache förderlich zu sein. Die der Akademie vorgelegte Denkschrift ist als ein erster Entwurf nützlich und anregend; dass der Arbeitsplan erst festgestellt werden kann, wenn die Ausführung als möglich erkannt und im Allgemeinen beschlossen ist, wird ihr Verfasser selbst am wenigsten bestreiten. Auch sind die Grundlinien des Unternehmens, wie bei jedem grossen Bau, einfach und zweifellos und ihre Nothwendigkeit einleuchtend. Die Leitung kann nur einer dauernden Körperschaft, sei es einer Akademie oder einer nach Analogie unserer wissenschaftlichen Centraldirectionen gestalteten staatlichen Corporation übertragen werden. Die Theilung der Arbeit ist, nicht bloss für das Sammeln, sondern auch für das Verarbeiten der Materialien, unerlässliche Bedingung, und wird die Leitung des Unternehmens hauptsächlich darin bestehen, die für dieses wie für jenes geeigneten Kräfte zu finden und zu staatlicher Genehmigung vorzuschlagen. Es wird von der Individualität der also gerufenen Gelehrten abhängen, welchen grösseren oder geringeren Einfluss auf die Gestaltung des Unternehmens der einzelne gewinnt; formell kann ihre Stellung zu der leitenden Stelle nur als gleichartige und zu einander nur als paritätische geordnet werden. Das Ziel der Arbeit ist die Zusammenstellung der Acten über das Vorkommen eines jeden lateinischen Wortes und die Darlegung der aus diesen Acten sich ergebenden Resultate über das Wandeln seiner Formen und seiner Verwendung. Die sprachevergleichende Untersuchung über die in vorhistorische Zeit fallende Bildung des Wortes und nicht minder die Untersuchung über dessen Umwandlung oder auch dessen örtliches oder allgemeines Verschwinden in der nachlateinischen, ungefähr mit dem Anfang des 7. Jahrhunderts anhebenden Epoche werden von dem Wörterbuch selbst auszuschliessen sein; für diese grossen Arbeiten soll dasselbe das Substrat bieten, aber sie keineswegs in sich aufnehmen. Daran wird nicht zweifeln, wer die deutsche Wissenschaft kennt, dass es an den Arbeitern, den Gehülfen sowohl | wie den Meistern, nicht fehlen wird, wenn an einen solchen Bau die Hand gelegt wird, und dass für die zahlreichen und schwierigen Einzelfragen, welche in Betreff der Modalitäten schon jetzt sich jedem aufdrängen und bei effectivem Angreifen in noch weit grösserer Zahl hervortreten werden, die nach Umständen mögliche praktische Lösung alsdann ebenfalls gefunden werden wird.

Aber wer einen Bau beginnen will, hat zunächst und vor allem eine wenigstens ungefähre Einsicht darein sich zu verschaffen, welche Mittel zu dessen Vollendung erfordert werden. Wenn der Verfasser der vorstehenden Denkschrift in richtiger Erkenntniss der Sachlage einen vorläufigen Kostenanschlag aufgestellt hat, so soll hier im Anschluss daran auf einige Punkte hingewiesen werden, in welchen er der Ergänzung bedürftig und die erforderliche Summe in Folge dessen allzu niedrig angesetzt erscheint.

Wir sehen dabei ab von der Abschätzung des Umfanges der zu bearbeitenden Schriften; die Masse des nicht in den Sammlungen von Teubner und Migne enthaltenen Materials dürfte beträchtlich grösser sein als dort angenommen ist. Aber da Gewissheit hier doch nicht erreichbar ist, mag es bei der gegebenen Aufstellung bewenden.

Weit wichtiger ist die Frage, in welcher Weise die Materialien gesammelt werden sollen. Bisher ist dafür durchgängig der Weg eingehalten worden, und diesen hat auch der Verfasser der Denkschrift im Sinn, dass die Werke unter die Hülfsarbeiter vertheilt werden und jedes einzelne von einem einzelnen zu diesem Zweck ausgezogen wird. Wie unvollkommen diese Manipulation ist, hat niemand schwerer empfunden als der Meister der Lexikographie JAKOB GRIMM, auch scharf genug es ausgesprochen; z. B. in seinen Briefen an Hirzel, wo es unter anderem heisst: „Aller Anweisungen zum Trotz haben solche Schlingels von Mitarbeitern nur nach Wörtern gesucht, die in ihren Gedanken wichtig waren, die aber worauf es ankam unausgezogen gelassen" und später: „Die bedeutendsten Schweizer Schriftsteller sind nur ungenau und ohne Einsicht in die Zwecke des Wörterbuchs genutzt; es musste, so gut es ging, nachgeholfen werden", und so weiter. Dieselbe Erfahrung wird mit Nothwendigkeit sich bei jedem Unternehmen wiederholen, das auf vereinte Thätigkeit Vieler angewiesen ist; es ist von der Organisation der Arbeit eben nicht zu trennen, dass unter den vielen Mitarbeitern halbfähige gar nicht und unfähige schwer zu vermeiden sind. Indess mag dies Verfahren bei den gewöhnlichen, wesentlich auf eine leidliche Übersicht des Sprachschatzes sich beschränkenden, Wörterbüchern sich ertragen lassen; wenn aber ein solches den Anspruch erhebt, die Geschichte des einzelnen Wortes zu liefern und wenn, wie selbstverständlich, nicht bloss die Raritäten, | sondern vor allen Dingen die häufig gebrauchten und vielfach gewendeten Ausdrücke darin zur Anschauung kommen sollen, so kann es nimmermehr auf solche vom individuellen Belieben gewöhnlicher Gehülfen abhängige Auslesungen gegründet werden. Unumgänglich bedarf es dafür einer Verzettelung wenigstens der wichtigsten Schriftwerke, wie sie für das von der Savigny-Stiftung vorbereitete Vocabularium juris bei den klassischen Juristen durchgeführt worden ist; insbesondere lässt sich das Fehlen eines Wortes in einem zeitlich oder örtlich oder personal bestimmten Kreise, das oft wichtiger ist als das Vorkommen, in weiterem Umfange nur auf diesem Wege ermitteln. Wenngleich dies Verzettelungsverfahren den Vortheil gewährt, dass rein mechanische, also billigere Arbeitshülfe dabei in weiter Ausdehnung zur Anwendung kommen kann, so hat doch die Erfahrung gelehrt, dass das Verzetteln und das Ordnen des in grösseren Werken enthaltenen Wortschatzes bei weitem kostspieliger ist als das blosse Ausziehen. Auch wird für das beabsichtigte Lexikon das letztere nothwendig mit dem Verzetteln verbunden werden, werden die Zettel, bevor man sie in die alphabetische Folge bringt, von wissenschaftlichen Männern durchgegangen und wird bei den zur Aufnahme in das Lexikon geeignet erscheinenden Stellen die zum Verständniss erforderliche Verbindung hinzugefügt werden müssen. Wenn es bei den Digesten durchführbar ist auf Grund jener mechanisch hergestellten und einer solchen Durchsicht nicht unterworfenen Zettel auch häufig vorkommende Wörter bei der Redaction überall nachzuschlagen, so würde keine Arbeitskraft bei einem allgemein angelegten Wörterbuch für jedes einzelne Wort die sämmtlichen Citate zu verificiren und daraus dessen Darstellung zu gestalten vermögen. Aus demselben Grunde werden auch die – überhaupt nur in beschränktem Umfang bereits vorliegenden – Indices verborum zu einzelnen Schriftstellern für eine derartige Arbeit grossentheils unbrauchbar sein. – Gewiss soll nicht behauptet werden, dass das hier angedeutete Verfahren für die gesammte einschlagende Litteratur zur Anwendung zu kommen hat. Insbesondere die stereotype Inschriftenmasse, sowie die gleichfalls in ihrem Wortgebrauch homogene patristische Litteratur werden durch verständig angelegte und, wovon nicht abgesehen werden darf, von den Leitern des Unternehmens revidirte Excerpte genügend ausgenutzt werden können. Aber ohne Verzettelung des Wortschatzes der wichtigsten Profanschriftsteller, sowie der lateinischen Bibel in allen ihren Abwandelungen und einzelner Hauptwerke der theologischen Litteratur wird ein lateinisches Lexikon nie das geben, was mit vollem Rechte von dem Verfasser der Denkschrift verlangt wird, die Geschichte des Einzelworts. Um wieviel bei dieser Voraussetzung die Kosten des | Sammelns der Materialien sich erhöhen würden, lässt sich ziffernmässig nicht fixiren; sicher würde der von der Denkschrift dafür eingestellte Betrag von 140000 Mark sich mindestens verdreifachen.

Nicht minder als die Sammelarbeit wird in der Denkschrift die Redaction unterschätzt. Die Voraussetzung, dass ein derartiges Werk mit zehn Bänden von je 1200 Seiten abgeschlossen werden kann, ist völlig problematisch und selbstverständlich wird, wenn dasselbe umfänglicher ausfallen müsste, auch der Kostenbetrag verhältnissmässig steigen. Aber selbst wenn man jene Voraussetzung vorläufig gelten lässt, ist der Kostenansatz weitaus zu niedrig gegriffen. JAKOB GRIMM, ein Meister auch im Fertigstellen, hat in zwölf Jahren in Gemeinschaft mit dem Bruder fünf Buchstaben zum Druck gebracht; und nicht im Nebenamt und mit unendlich viel knapperem Material, dessen Mehrung wohl den Werth des Werkes, aber in gleichem Maass auch die Schwierigkeit der Arbeit steigert. Man wird acht bis zehn geeignete Gelehrte einen jeden zehn bis zwölf Jahre hindurch ausschliesslich für diese lexikalische Arbeit zu beschäftigen haben, wenn dieselbe in absehbarer Zeit zum Abschluss gelangen soll. Auch hier also wird die in der Denkschrift für die Kosten der Redaction in Anschlag gebrachte Summe von 360000 Mark ohne Frage nicht ausreichen.

Es können demnach die Gesammtkosten des Unternehmens nicht unter einer Million Mark präliminirt werden.

Eine derartige Forderung, von etwa 50000 Mark jährlich auf einen Zeitraum von etwa 20 Jahren für ein fundamentales wissenschaftliches Unternehmen darf nicht erschrecken, ja nicht einmal befremden. Wenn die Kosten, welche die preussische Regierung, bez. das Reich durch viele Jahre hindurch für die griechische und lateinische Inschriftensammlung und für die Herausgabe der deutschen Geschichtsquellen aufgewendet hat, zusammengerechnet werden, so werden sie für jedes dieser Unternehmen einen gleichen Betrag theils erreichen, theils sich ihm nähern. Bisher sind die also aufgewendeten Gelder auch ausserhalb der Fachkreise weder als übel angewandt noch als unbillige Belastung des Staatshaushalts bezeichnet worden. Was in den Zeiten nationaler Erniedrigung und mühsamen Aufstrebens möglich war, wird das vereinigte Deutschland auch zu leisten und allenfalls zu übertreffen vermögen. Aber wenn man in schwierige und weitaussehende Unternehmungen nicht mit sehenden Augen hineingeht, so wird diese Blindheit denselben nicht zum Vortheil ausschlagen. Der rechtzeitige Hinweis auf die Schwierigkeiten ist der beste Weg um sie zu überwinden.

Die Königliche Akademie der Wissenschaften. |

C

Für die Herstellung des Wortverzeichnisses zu einer beliebigen Schrift scheint nach den bei dem juristischen Index der SAVIGNY-Stiftung gemachten Erfahrungen das folgende Verfahren sich zu empfehlen.

Von dem einzelnen Werk werden zwei Exemplare der zu Grunde gelegten Ausgabe nach den einzelnen Wörtern unter Wiedervereinigung der durch Zeilen- oder Seitenschluss getrennten Worttheile zerschnitten, und alsdann jedes Wort durch Stempelung mit dem entsprechenden den Titel des Werkes sowie Seite und Zeile, bez. Buch und Capitel der zu Grunde gelegten Ausgabe angebenden Citat versehen, beispielsweise Gaius 3, 9:

	Stempel:		Stempel:
Si	G 3 9	ex	G 3 9
nullus	G 3 9	eadem	G 3 9
sit	G 3 9	lege	G 3 9
suorum	G 3 9	XII	G 3 9
heredum	G 3 9	tabularum	G 3 9
tunc	G 3 9	ad	G 3 9
hereditas	G 3 9	agnatos	G 3 9
pertinet	G 3 9		

In diesem Stadium werden den Blättern die kritisch erforderlichen Bemerkungen beigefügt. Wenn zur Anbahnung der Redaction die Verbindung angegeben werden soll, in der das betreffende Wort an der fraglichen Stelle auftritt, so hat dies gleichfalls in diesem Stadium zu geschehen.

Nach Ausführung dieser Arbeit werden die Blätter zerschnitten und die also sich ergebenden Streifen, von denen jeder ein einzelnes Wort enthält, alphabetisch geordnet, so dass die jedem Schriftsteller gehörigen Streifen zusammenbleiben und in der Folge, in der sie bei diesem auftreten, auf Folioblätter einseitig aufgeklebt werden. Ein derartiges Blatt aus den Digesten stellt sich folgendermassen dar. Die Unterscheidung der verschiedenen Schriftsteller ist in dieser Probe nicht berücksichtigt, kann aber selbstverständlich durch Differenzirung des Vorsatzzeichens D mit Leichtigkeit eingefügt werden.

filio	D I 897 2	filium	D I 905 25
filio	D I 897 3	filium	D I 906 27
filii	D I 897 5	filiis	D I 906 32
filii	D I 897 7	filius	D I 906 30
filius	D I 901 2	filium	D I 906 33
filio	D I 905 24	filio	D I 906 35

Nr. IV

Eduard Wölfflin

Zwei Gutachten über das Unternehmen eines lateinischen Wörterbuches (1892)

Als der Unterzeichnete vor bald 10 Jahren den Gedanken eines Thesaurus linguae latinae wieder in Anregung brachte, und unterstützt durch die bayrische Akademie der Wissenschaften mit Gründung dieser Zeitschrift einen ersten Schritt zur Verwirklichung desselben that, war er sich von Anfang an darüber klar, daß das Unternehmen als Privatunternehmen aussichtslos sei und daß es auch durch die genannte in ihren Mitteln beschränkte Körperschaft nicht getragen werden könne. Die nächste Hoffnung richtete sich auf eine Unterstützung der preußischen Akademie der Wissenschaften, falls die ersten Versuche deren volle Anerkennung finden würden. Heute ist man darüber einig, daß auch eine Verbindung der beiden Akademieen nicht ausreichen würde, um der großen Arbeit die nötige finanzielle Basis zu geben, und so wagte es denn Professor Martin Hertz in seiner Görlitzer Präsidialrede vor der vierzigsten Philologenversammlung von einer Kooperation der drei großen Akademieen (Berlin, Wien, München) und anderer gelehrter Gesellschaften zu sprechen. Auch dieser Gedanke hat nicht Wurzel gefaßt, doch gelang es Hertz, die Aufmerksamkeit des preußischen Kultusministeriums auf die Sache zu lenken, und Minister v. Goßler erwiderte die Übersendung der gedruckten Rede am 27. Februar 1890 mit der Versicherung, er werde die gegebene Anregung zum Gegenstande weiterer Erwägungen machen. Am 15. Februar 1891 fand in Berlin unter dem Vorsitze des Herrn Geh. Ober-Regierungsrat Althoff eine Konferenz statt, zu welcher außer Hertz die Mitglieder der Kgl. Akademie Mommsen, Vahlen und Diels einberufen waren. Offenbar war die Voraussetzung dieser Beratung, daß das Werk auf Kosten des preußischen Staates ins Leben gerufen werden solle. Hertz erhielt den Auftrag, eine Denkschrift über Bedeutung, Geschichte, Organisation und Kosten|berechnung des Unternehmens auszuarbeiten, und er legte dieselbe vor, nachdem er brieflich oder mündlich Meinungsäußerungen von Bücheler, Dziatzko, v. Hartel, H. Keil, C. F. W. Müller, A. Schmitt (Teubner) und dem Schreiber dieser Zeilen eingeholt hatte. Die preußische Akademie der Wissenschaften gab ihr Gutachten über diese Denkschrift ab, und beide liegen nun mit Genehmigung des Ministeriums in den Sitzungsberichten (Gesamtsitzung vom 9. Juli 1891) gedruckt vor uns.

Gleichzeitig wollte man auch in Bayern das Archiv mit dem siebenten Jahrgange nicht eingehen lassen, sondern man war an maßgebender Stelle entschlossen, zur

[*Arch. Lat. Lex. 7 (1892) S. 507–522.*]

Fortsetzung der Thesaurus-Arbeiten eine Summe in das Akademiebudget einzusetzen; doch gebot die Rücksicht, dem weiter gehenden Plane nicht in den Weg zu treten, die Position in elfter Stunde zurückzuziehen.

Das Schlußwort des preußischen Akademieberichtes weist endlich auch darauf hin, das Unternehmen mit Reichsmitteln auszuführen. Da eine internationale Vereinigung wie bei den Arbeiten der europäischen Gradmessung in vorliegendem Falle ausgeschlossen ist, so sind wir mit diesem Appell an das 'geeinigte Deutschland' auf den Höhepunkt unserer Hoffnungen gelangt. Namentlich schulden wir der preußischen Akademie der Wissenschaften den größten Dank dafür, daß sie nicht nur der gewissenhaften Prüfung einer so schwierigen Frage sich nicht entzogen hat, sondern mit so großer Wärme für den Plan eingetreten ist. Es wird die Leser dieser Zeitschrift gewiß interessieren, Kunde von diesen beiden Gutachten zu erhalten, denen wir einige Betrachtungen und Erwägungen anzuschließen uns erlauben werden.

1. Bedeutung des Thesaurus linguae latinae*

Hertz definiert den Zweck des Wörterbuches zunächst nach Jak. Grimm: „Es soll ein Heiligtum der Sprache gründen, ihren ganzen Schatz bewahren, allen zu ihm den Zugang offen halten." Er führt aus, wie der Sprachforscher wesentlich mit dem Lexikon arbeite, wie die Erforschung der Einzelsprache auch auf die ver|wandten Sprachen ein Licht werfe, wie Kritik und Interpretation wesentlich bedingt seien durch die genaueste Kenntnis des Wortgebrauches, die Entscheidung über den Verfasser und die Entstehungszeit einer Schrift durch den Gesamtcharakter der Sprache, das Studium der romanischen Sprachen durch eine wissenschaftliche Erkenntnis des Lateinischen, daß daher die Ausführung des Werkes dem deutschen Namen einen neuen Ehrenplatz in der civilisierten Welt und gerade bei den Völkern romanischer Zunge sichern würde.

Der Verfasser des Berichtes der preußischen Akademie vergleicht den Thesaurus mit dem Corpus inscriptionum und stellt denselben nicht nur als 'mindestens gleichberechtigt' hin, sondern erkennt ihm den Vorrang zu, da er einen Einblick in die Geschichte der heutigen Kultursprachen, d. h. unserer Civilisation, gewähre; einer Bearbeitung des griechischen Wortschatzes dürfe diese allgemeine Bedeutung nicht zugesprochen werden. Der Wissenschaft, und zwar keineswegs der Sprachforschung allein, könne kaum durch ein anderes Werk mehr genützt werden. Es wird hervorgehoben, daß an die Stelle der sprachlichen Einzeluntersuchungen in Dissertationen, Programmen, Aufsätzen in Zeitschriften, Broschüren, Büchern, deren Benutzung durch ihre Zersplitterung fast unmöglich wird, ein zusammenfassendes Ge-

---

*Wenn wir uns im Folgenden gestatten, von dem 'Thesaurus linguae latinae' und nicht von dem 'Lat. Wörterbuche' zu sprechen, so geschieht es in der Voraussetzung, daß das Werk in lateinischer Sprache abgefaßt einen lateinischen Titel tragen müßte.

samtwerk träte, aus welchem jeder Gelehrte schnell und sicher schöpfen könnte, was er zu wissen braucht; daß die Schlüsse ins Allgemeine für Sprachgeschichte erst gezogen werden können, wenn die Lebensgeschichte jedes einzelnen Wortes urkundlich vorliege.

2. Geschichte des Unternehmens

Über die Vorläufer eines den heutigen Anforderungen entsprechenden Thesaurus ling. lat. hat sich nur Hertz S. 3–6 (673–676) verbreitet. Zu Anfang unseres Jahrhunderts hat F r i e d r . A u g . W o l f, da er die Arbeiten von Rob. Stephanus, J. M. Gesner und Aeg. Forcellini als nicht genügend erkannte, den Gedanken eines auf selbständiger Durchforschung der lateinischen Litteratur gegründeten Thesaurus gefaßt. Vgl. dessen Litter. Analekten, Heft 4. Er hoffte in Deutschland, Holland, Frankreich, Italien, England ein Dutzend Gelehrte zu gewinnen, welche alle Autoren excerpieren und ihre Excerpte zwei Redaktoren zur Verwertung überlassen sollten. Jahre lang wurde über | den Plan, namentlich mit Ruhnken, verhandelt, doch ohne Erfolg. Aus diesem Grunde, und weil Wolf überhaupt so viele Entwürfe schuf, die er doch nicht ausführte, war der Versuch bei unserer Generation fast in Vergessenheit geraten; jetzt hat Hertz wieder mit Recht daran erinnert, und vor ihm schon Heerdegen in Müllers Handb. d. Klass. Alt. II² 625. Daß die Wiederaufnahme des Gedankens durch Ritschl, Halm und Fleckeisen kein besseres Los hatte, ist allgemein bekannt und im Archive I 2 ausgeführt. Die Männer hatten dasselbe wissenschaftliche Endziel vor Augen, wie wir heute; nur müssen wir andere Mittel ergreifen, weil das Studium der romanischen Sprachen in den letzten 35 Jahren so große Fortschritte gemacht hat. Den dringendsten Bedürfnissen wurde, soweit es in den Grenzen eines Handwörterbuches möglich war, durch die verständige Einsicht und den unermüdlichen Fleiß von K. E. Georges genügt.

Die letzte Aktion begann mit dem Aufsatze des Unterzeichneten 'Über die Aufgaben der lateinischen Lexikographie' (Rhein. Mus. 37, 83 ff.) und führte zur Gründung dieser Zeitschrift. Eine Lösung der Frage war allerdings auch dies nicht, aber wenigstens eine Vorbereitung der Lösung und eine 'Vorarbeit', wie es auf dem Titel angegeben ist. Hertz glaubt, daß mit der Zeitschrift das erreicht worden ist, was erreicht werden sollte; sie hat einige hundert Lexikonartikel geliefert, deren Verfassern das Material der gesamten lateinischen Litteratur vorlag; sie hat aber auch, da sie zugleich der lateinischen Grammatik dienen wollte, Beiträge zur Lautlehre, zur Wortbildungslehre (die Geschichte mancher Suffixe und damit indirekt weitere Hunderte von Lexikonartikeln), zur Syntax, zum afrikanischen Latein und damit auch Beiträge zur Litteraturgeschichte gebracht, durch welche erwiesen werden sollte, daß die Lexikographie keine mechanische Arbeit, sondern eine wissenschaftliche Disziplin sei, ja daß sie, wie sie auf alle Gebiete ein Licht wirft, so auch die Kombination sehr weit gehender Kenntnisse zur Voraussetzung habe.

3. Die Organisation der Arbeit

Als unbestritten dürfen vier Grundsätze gelten: 1) von dem Thesaurus sind die Eigennamen auszuschließen, dies im Gegensatze zu dem Projekte Halm-Ritschls, welches ein Onomastikon | in Aussicht nahm.* 2) Der Thesaurus ist nicht auf sekundären Hilfsmitteln, sondern auf Zettelexcerpten aus der ganzen lateinischen Litteratur aufzubauen; 3) diese Zettel müssen teils sämtliche Belegstellen enthalten, teils muß eine Auswahl getroffen werden. 4) Die Schriftdenkmäler sollen bis auf die beiden Gregore und Isidor inklusive ausgezogen werden, eventuell die Litteratur bis auf die Mitte des neunten Jahrhunderts (nach Gröber).

Zu Nr. 3 erläutert Hertz, für die archaische, goldene und silberne Latinität seien von 'seltener vorkommenden' Wörtern alle Belege zu verzeichnen, von 'gewöhnlichen und durchweg gangbaren' nur eine Anzahl von Stellen, zum Teile nur durch Ziffern bezeichnet, oder bei sehr ausgedehntem Gebrauche durch 'etc.'; dieses Verfahren sei in noch ausgedehnterem Maße für die Litteratur vom Ende des 2. Jahrh. an anzuwenden. Hier glaubt der Akademiebericht eine wunde Stelle entdeckt zu haben (und es ist in der That wohl die wundeste Stelle des Berichtes), indem er bemerkt, es seien für die wichtigsten Schriftsteller 'vollständige' Zettelexcerpte nötig, um das F e h l e n eines Wortes, welches oft wichtiger sei als das Vorkommen, sicher zu bestimmen; ohne dies könne der Thesaurus nie geben, was er geben solle: die Geschichte des Wortes. Es war uns eine große Genugthuung, die von uns in die lateinische Lexikographie eingeführte Beobachtung des Fehlenden von so hervorragender Seite anerkannt zu sehen; doch wird unseres Erachtens Hertz von dem Vorwurfe nicht betroffen. Wenn beispielsweise mox, olim, quamquam bei Caesar vorkämen, so müßten auch nach dem Grundsatze von Hertz wenigstens einige Stellen, eventuell mit 'etc.' auf den Zetteln angegeben sein; ist dies nicht der Fall, so darf man mit Sicherheit auf das Fehlen schließen, welches denn auch in Wirklichkeit für Caesar zutrifft. Bedingt hier subjektive Willkür des Autors das Fehlen von lebenskräftigen Wörtern, so verhält es sich anders mit dem Fehlen absterbender oder abgestorbener Wörter. Denn so wenig bekannt dem Philologen diese Dinge noch sind, das weiß doch, wer sich täglich damit beschäftigt, daß die wenigsten der in den romanischen Sprachen abgestorbenen Wörter im Spätlatein gänzlich fehlen; sondern wenn sie auch | die Volkssprache nicht mehr kennt, so führen sie doch in der Litteratur ein Scheinleben, wenn die Verfasser die Schriften Ciceros u. a. fleißig lesen. Der Sterbeprozeß verlangt daher einen sehr sorgfältigen Beobachter, dem Thatsachen bekannt sein müssen, welche heute wohl kaum ausgesprochen sind.**

---

* Daß dies nur eine Konzession ist, um die Schwierigkeiten zu vermindern, sei hier ausdrücklich bemerkt. Man wird in dieser oder jener Form auf die Sache zurückkommen müssen.

** Es kann auch ein Wort in einem Buche ausnahmsweise an 1 oder 2 Stellen vorkommen, welche wörtliche oder freiere Citate eines älteren Autors enthalten; daraus darf für dessen Lebensfähigkeit

Daß in den romanischen Sprachen populari durch vastare völlig verdrängt ist, sieht man mit bloßem Auge; wann und warum populari untergegangen, darauf wird man uns vielleicht die Antwort schuldig bleiben. Wenn aber populari bei den Panegyrikern und bei Justin noch häufig vorkommt, bei den gleichzeitigen Script. hist. Aug. nur an einer Stelle, und zwar bei dem ältesten Spartian Sever. 2, 5, gegenüber vielen Dutzenden Belegen für vastare, so heißt dies offenbar, daß die Volkssprache, welche die Scr. h. A. bekanntlich schrieben, das Wort aufgegeben hatte, während es in der Feder der rhetorisch Gebildeten sich erhielt. Die romanischen Sprachen haben von zwei sich im ganzen deckenden Synonymen meist das eine fallen lassen, jedenfalls nicht beide in gleicher Bedeutung erhalten; ursprünglich = ver h e e r e n (mit einer Volksmasse überziehen) konkurrierte es mit vastare (ver w ü s t e n) und fiel daher; allein es wurde von populus nochmals ein Verbum activum abgeleitet, nach Analogie von vulgus, vulgare, im Sinne von 'verbreiten', Greg. Tur. Mart. 3, 60 (miracula non oculi sed magis debeant populari), ja es nahm auch die Bedeutung von habitare an (vgl. Du Cange) und lebt im Ital. und Franz. als transitivum = bevölkern fort (popolare, peupler). Es würde auch dem Lexikographen unbenommen bleiben, wenn die Gründe ausreichen, ohne Annahme einer Neubildung das ital. popolare durch Bedeutungsentwicklung aus dem lat. populari, populare hervorgehen zu lassen.* |

Dasselbe wird uns das in den romanischen Sprachen untergegangene Wort amnis bestätigen, welches bei den Panegyrikern beliebt ist, wogegen es den Script. hist. A. fehlt. Wollen wir uns aber nach fluvius und flumen umsehen, wegen franz. fleuve und ital. fiume, so würde allerdings der Sammler nach der Instruktion von Hertz beide Wörter als 'gewöhnliche' nur stiefmütterlich behandeln, während doch möglicherweise (wenn fleuve ein fortgepflanztes, kein mot savant wäre) dieselben nach Ländern auseinanderfallen könnten. Ganz besonders wäre aber, wovon kein Sammler eine Ahnung haben wird, im Spätlatein auf rivus zu achten, weil dieses das span. Wort für Fluß geworden ist. Daß wir hier bei willkürlicher Auswahl der Stellen die wahre Sachlage nicht erkennen können, ist ebenso klar als das andere, daß eine vollständige Aufzählung sämtlicher Belege, auch im Spätlatein, ein Ding der Unmöglichkeit ist. Also quid faciamus nos? Über die Behandlung der Partikeln, welche we-

---

zur Zeit der Abfassung des Buches begreiflicherweise nichts geschlossen werden.

  * Wie uns soeben von hochgeschätzter Seite mitgeteilt wird, dürfte die Geschichte des Wortes folgende sein: neben dem Simplex lebte das Compositum depopulo, depopulor, welches oft von den Verheerungen der Pest gebraucht wird, wie Tac. 16, 13 omne mortalium genus vis pestilentiae depopulabatur; Gellius 2, 1, 5 pestilentia Atheniensium civitatem internecivo genere morbi depopulata est, und in die Bedeutung von ent-völkern überging, z. B. Greg. Tur. 4, 36 pestilentia hanc urbem clade vehementissima depopulavit. Von diesen Spätlateinern erbte das Mittellatein den Ausdruck, welchen dann Schriftsteller in den Vulgärsprachen mit frz. dépeupler, ital. dipopolare etc. wiedergaben. Dem Verbum mit negierendem Sinne mußte aber das positive populare = be-völkern auf dem Fuße folgen. – Populare = verbreiten lehnt sich an vulgare an; vgl. δημοσιοῦν, δημοσιεύειν und publicare von publicus = populicus.

gen ihres häufigen Vorkommens die allergrößte Schwierigkeit bereiten, hat sich wohl absichtlich keines der beiden Gutachten ausgesprochen. Wir meinen, die Instruktion von Hertz wäre dahin zu bestimmen, daß die 4 oder 5 e r s t e n Belege auf dem Zettel zu verzeichnen wären mit folgendem 'etc.'; finden sich nun 5 Belege in dem Umfange von 10 oder 20 Seiten des Textes, so kann man ausrechnen, wie oft das Wort ungefähr in dem ganzen Werke vorkommt; verteilen sich dagegen die 5 Belege auf 400 oder 500 Seiten, so haben wir es mit einem seltneren Worte zu thun. Überhaupt aber wird man einer erfahrenen Oberleitung überlassen müssen, teils die Instruktion möglichst bestimmt abzufassen, teils durch brieflichen Verkehr die Sammler auf das Wichtige aufmerksam zu machen. So ist es wenigstens beim Archiv gehalten worden, wovon die vielen Tausende von Briefen Zeugnis ablegen. Reglemente thun hier weniger als der lebendige Geist. Man verzeihe, wenn wir wider Willen in den Ton des Docierens hineingeraten sind, aber wir bitten uns Revanche zu geben, und der Dank wird um so größer sein, je länger die Vorlesung ausfallen wird.|

Eine weitere Unklarheit hat sich darüber ergeben, wie groß die Zettelcitate sein sollen. Hertz denkt sich offenbar, daß bei den Klassikern bis Fronto der Satz in knappster Form so gegeben werden solle, daß der ungefähre Sinn der Stelle verständlich ist; der Akademiebericht dagegen nimmt nur einzelne mit der Scherc ausgeschnittene und auf einen Zettel geklebte Wörter an, denen erst später die nötige Ergänzung beigeschrieben wird, ohne indessen zu behaupten, daß dieses Verfahren den Vorzug verdiene. Dasselbe ist für das Archiv auch einmal zur Verwendung gekommen, bald aber aufgegeben worden, aus welchen Gründen, kann hier nicht ausgeführt werden. Mündliche, bei Kundigen eingezogene Erkundigungen führten auch zu keiner Empfehlung, und ein eifriger Förderer des Archivs schreibt uns: „Das Zerschneiden zweier Exemplare eines Textes sichert allerdings die Vollständigkeit des Materials, vergrößert aber augenscheinlich die Arbeit erheblich u. s. w." In praxi werden immer, man mag es einrichten wie man wolle, die einen Mitarbeiter vollere, die anderen knappere Citate liefern, und der Vf. des Lexikonartikels wird sich, wie es beim Archive auch der Fall war, daran gewöhnen müssen, bessere und schlechtere Zettel durcheinander zu verarbeiten, überhaupt alle wichtigeren Stellen im Zusammenhange nachzuschlagen.

Selbstverständlich sind zuverlässige Indices verborum so viel als möglich zu benutzen, um die Sammler zu entlasten; für den Kenner liegen sie in weiterem Umfange vor als man glaubt, wie denn beispielsweise das vermißte Lexikon zu der Vulgata in zwei Folianten, denen sich ein eigener Foliant für die Partikeln anschließt, in solcher Vorzüglichkeit vorliegt, daß mehr zu wünschen überflüssig wäre. Um so weniger sind wir für die Itala gedeckt, wenn man sich nicht mit Rönsch begnügen will.

Endlich nehmen beide Gutachten an, daß vor dem Beginne der lexikalischen Verarbeitung die Zettel für sämtliche lateinische Wörter von A – Z eingeliefert werden sollen, während beim Archive die Bearbeitung des Lexikonartikels mit dem Einlaufen aller Zettel des einzelnen Wortes begonnen werden konnte. Zwei Gründe lassen sich dafür anführen. Der Bearbeiter von amnis könnte sich über fluvius, der von aberro über deerro, der von abscedo über discedo unterrichten wollen. Diese Rücksicht dürfte die minder wichtige sein, und überhaupt mehr nur eine ideale; denn der Bearbeiter von amnis wird froh sein das zugewiesene | Wort absolviert zu haben; vergleichende Synonymik wird wohl nicht im Thesaurus, sondern erst später mit Benutzung desselben getrieben werden. In höherem Grade mag es indessen für den Excerptor erwünscht sein, den Text nicht 24mal für jeden einzelnen Buchstaben, sondern uno tenore nur einmal durchzulesen. Andrerseits wird dadurch der Beginn der eigentlich lexikalischen Arbeit um 6 Jahre hinausgeschoben. Wie dieser Zeitraum auszunutzen wäre, darüber unten.

4. Arbeiter und Leitung

Für die Herstellung der Zettel sind keine freiwilligen Arbeiter, wie beim Archive, in Aussicht genommen, sondern zu honorierende Sammler, und zwar 50 an der Zahl. Wenn man die lat. Autoren der Bibl. Teubneriana zu 125 Bänden à 25 Bogen Text (den kritischen Apparat abgerechnet) veranschlagt, die Patrologie zu 60 Bänden à 50 Bogen, die übrige Litteratur (Grammatiker, Juristen, Scholiasten, Inschriften) zu 70 Bänden, so kommt man auf rund 250 Bände, welche an 50 Sammler so vergeben werden sollen, daß jeder 5 zu bearbeiten hätte, jährlich im Durchschnitte einen.

Für die Kontrolle dieser Zettelsammlungen, für die formelle Korrespondenz u. a. Arbeiten ist ein ständiger Sekretär angesetzt.

Die lexikographische Verarbeitung des Zettelmaterials ist auf den Sekretär, so weit derselbe nicht sonst in Anspruch genommen ist, auf 2 Oberassistenten und 7 Unterassistenten (Hilfsarbeiter) in der Art verteilt, daß die von den Unterassistenten hergestellten Artikel von den Oberassistenten, bez. dem Sekretär durchgesehen werden sollen. Dem Leiter (Redaktor) fällt die Superrevision zu. Statt des einen Leiters können auch mehrere bestellt werden, welche einer von der preuß. Regierung zu ernennenden Kommission untergeordnet sind.

Von diesen Vorschlägen von Hertz weicht der Akademiebericht nur unbedeutend darin ab, daß er statt der Unter- und Oberassistenten von 8–10 Gelehrten spricht, stärker dagegen darin, daß er in erster Linie die Oberleitung einer Akademie überträgt, unter welcher die 8–10 Gelehrten koordiniert stehen, in zweiter Linie eine nach Analogie der wissenschaftlichen Centraldirektionen gestaltete staatliche Korporation empfiehlt.

Sowohl diese letzte Modalität als auch die beiden von Hertz bezeichneten Wege scheinen uns in gleiche Erwägung gezogen | werden zu können, während die bei dem Archive gemachten Erfahrungen gegen die Oberleitung durch eine Akademie sprechen. Denn was durch das Archiv erreicht worden ist, wäre undenkbar, wenn die Redaktion nicht vollkommen freie Hand gehabt hätte. Der Streit, ob Kriege durch Ministerien oder durch einen Obergeneral zu leiten seien, ist längst ausgefochten. Wenn das Unternehmen lebensfähig werden und leben soll, so muß es vor allem eine Seele erhalten, aber lieber die eines Extraordinarius als ein Dutzend Teilseelen einer Akademie. Es ist wohl durch die wenigen oben angeführten Beispiele klar geworden, daß die Oberleitung nicht in einer bloßen Oberaufsicht bestehen kann, da ja die wissenschaftliche Lexikographie noch nicht existiert und erst im Verlaufe der großen Arbeit entwickelt werden muß, sondern daß in die zahlreichen Arbeiter ein einheitlicher Geist hineingebracht werden muß. Der Redaktor des Archives war auch nicht in der Lage, die Aufsätze nur in Empfang zu nehmen und zum Drucke zu befördern, sondern ganz abgesehen von der persönlichen Initiative, welche oft ergriffen werden mußte, waren eine Reihe von Artikeln vollständig umzuarbeiten und neu zu schreiben. Wenn dies, bisher verschwiegen, hier gesagt wird, so geschieht es, um der Täuschung vorzubeugen, als könnte das Gesamtwissen einer vielköpfigen Korporation die nicht zu vermeidende Detailarbeit ersetzen. Auch würde der Vergleich mit dem Corpus inscriptionum latinarum wohl hinken, weil die Leitung des Unternehmens durch die Akademie nur dadurch möglich war, daß dieselbe den ersten Epigraphiker in ihrer Mitte besaß. Wir müssen wiederholen, was wir in der Einleitung zu den 'epigraphischen Beiträgen' und zur 'Columna rostrata' gesagt haben, daß die lateinische Grammatik und Lexikographie eine ebenso selbständige Disziplin sind wie jede andere philologische, und daß zur Leitung eines in dieses Gebiet einschlagenden Unternehmens die Fachkenntnisse gerade so nötig sind wie für die Leitung eines archäologischen, numismatischen oder epigraphischen. Wenn dieselben heute nicht gerade häufig sind, so scheint es gewagt sie bei allen Mitgliedern eines größeren Kollegiums vorauszusetzen.

Aber nicht nur während der lexikalischen Verarbeitung wird die schwierigste Aufgabe dem Leiter zufallen, auch schon in den ersten Jahren, während noch die Zettel angefertigt werden, wird derselbe alle Kräfte einzusetzen haben. Eine Litteratur von | 250 bis 300 Bänden unter 50 Sammler zu verteilen, erscheint an sich nicht so schwierig; es ist aber zu erwägen, daß dieselben einmal von ungleichem Umfange, und daß viele Schriften gar nicht in Bänden zusammengedruckt, sondern an den verschiedensten Orten einzeln veröffentlicht sind; ferner ist die Lektüre bald eine interessante, bald eine weniger zusagende, so daß man wahrscheinlich, um die Sammler annähernd gleich zu stellen, zu einer Mischung von Pensen kommen wird; endlich ist den persönlichen Neigungen und den bisherigen Studien der Sammler Rechnung zu tragen. Bei dem Archive wäre ohne viele Hunderte von Briefen, ohne das freundschaftliche Verhältnis, in welchem die Mitarbeiter zu der Redaktion standen oder in welches sie traten, die Verteilung kaum möglich gewesen. Dazu kommt die Bestimmung der zu benutzenden Ausgaben, bei verschiedenen Zählungen die Citationsweise, die ganze Instruktion an die Sammler, und die Pflicht unklare Bestimmungen denselben brieflich zu erläutern.

Sobald aber einmal die Aufgabe ernst angefaßt wird, dürfte es auch eines der dringendsten Bedürfnisse sein, die ganze philologische Litteratur der letzten Jahrzehnte durchzusehen und alle wichtigeren Untersuchungen, welche sich an einzelne Worte knüpfen, seien sie sprachlicher oder sachlicher Art, in die Durchschußblätter eines Thesaurus von Forcellini-De Vit einzutragen; eine Vorarbeit dazu liegt bei den Akten des Archives. Die Oberleitung wird sich bemühen müssen in Erfahrung zu bringen, wo sich ausgearbeitete Indices verborum zu einzelnen Autoren in Privatbesitz befinden und wo solche in nächster Zeit zu erwarten stehen; sie wird überhaupt sich bestreben Arbeiten, welche uns zur Zeit noch fehlen und für den Thesaurus noch wichtig sind, durch persönliche Verbindung mit einzelnen Gelehrten möglichst zu fördern, z. B. neue Ausgaben der Itala, des Firmicus Maternus, des Theodorus Priscianus; um aber einen Überblick über die vorhieronymianischen Bibelübersetzungen zu bekommen, wird sie, wie für die Inschriften und das Latein der klassischen Juristen mit den Berliner Unternehmungen, so auch mit den Herausgebern der in Vorbereitung begriffenen Bände des Corp. scr. eccles. Fühlung nehmen müssen und dabei, wie bereits vorgesehen ist, auf das Entgegenkommen von Prof. v. Hartel rechnen dürfen. Eine lange Liste solcher Desiderata, wie sie sich in der Praxis als dringend herausstellten, hatte sich die Redaktion des Archives seit Jahren angelegt, nur konnte begreiflich, so lange man sich | in einem Versuchsstadium ohne gesicherte Zukunft befand, mit den Arbeiten zur Ausfüllung der Lücken nicht vorgegangen werden. Wie aber alle diese Arbeiten zwischen einer leitenden Akademie und 8 oder 10 koordinierten Redaktoren zu verteilen wären, ist uns nicht klar geworden, zumal es S. 16 heißt, die Leitung werde hauptsächlich darin bestehen die geeigneten Kräfte zu finden und zu staatlicher Genehmigung vorzuschlagen. Vor der Mobilisierung hat der Generalstab am meisten zu thun, und die Mittelinstanz zwischen Oberfeldherr und Kombattanten ließe sich ohne Nachteil für die Sache gewiß nicht überspringen.

5. Zeit und Geld

Keines der beiden Gutachten nimmt an, daß die Inangriffnahme des Thesaurus bei dem heutigen Standpunkte der Wissenschaft eine verfrühte wäre oder daß man besser zuwarten würde etwa bis zum Abschlusse des Corpus inscr. latin. und des dazu gehörigen Index verborum, bis zur Vollendung des Wörterbuches des klassischen Juristenlateins, bis zur Vollendung des Corpus scriptorum ecclesiasticorum latinorum. Gewiß fehlt noch manches; aber das Bessere ist überall der Feind des Guten. Und angenommen, man wollte die Arbeit der nächstfolgenden Generation überlassen, wer bürgt uns dafür, daß wir im nächsten Jahrhundert die Kräfte von Gymnasiallehrern so wie heute zur Verfügung haben? In der That ist keinen Augenblick damit zu zögern, das, was vor bald einem Jahrhundert der Begründer der Altertumswissenschaft als wissenschaftliches Bedürfnis erkannt hat, auszuführen. Nachdem die Franzosen den Thesaurus linguae graecae geschaffen haben, dürfte man von Deutschland (oder Preußen) verlangen, daß es mit dem Thes. l. latinae nachfolge.

Hertz nimmt eine sechsjährige Periode zur Herstellung der Zettel, eine zwölfjährige (die Akademie 10–12 Jahre) zur Verarbeitung des Materiales an. Diese Frist scheint uns, wenn man die ganze Wahrheit sagen soll, etwas knapp bemessen; die erste ist darum schwer zu berechnen, weil noch nicht entschieden ist, ob die Zettel mit längeren oder kürzeren Citaten, mit vollständigen oder ausgewählten Stellen, oder ob sie mit bloßen Stichworten auszufüllen seien. Gegen die zweite aber erlauben wir uns zu bemerken, daß der Plan des Corpus inscr. graec. gleich nach den Befreiungskriegen vorgelegt wurde, daß | das erste Heft im Jahre 1825 erschien, der vierte Band mit dem Jahre 1877 abgeschlossen wurde. Oder, um kürzer zu sein, welches wissenschaftliche Unternehmen, an Schwierigkeit dem Thesaurus vergleichbar, hat in so kurzer Zeit eine selbständige Arbeit geliefert? Die Vorarbeiten zum Wörterbuche der klassischen Rechtswissenschaft gehen viele Jahre zurück und noch ist die erste Lieferung nicht zu erwarten. Von dem lange vorbereiteten Lexicon Taciteum von Gerber-Greef sind von 1877–1891 neun Lieferungen zu 6 Bogen erschienen. Die Publikationen von Merguet, eigentlich nur Indices verborum, durch 6–10 Mitarbeiter unterstützt, konnten allein darum rascher erscheinen, weil die Stellen nur nach rein äußerlichen Gesichtspunkten zusammengedruckt wurden. Und nun bedenke man, wie viel leichter es ist, sich in einen einzelnen Autor einzulesen, wie viel schwieriger, immer mit hunderten der verschiedensten Jahrhunderte sich zu beschäftigen; wie viel leichter alle Stellen einzuordnen, wie viel schwieriger, von 1000 Stellen die 50 oder 100 wichtigsten auszusuchen. Dazu kommt, daß für den einzelnen Autor, dessen Werke sich über wenige Jahrzehnte erstrecken, von einer geschichtlichen Entwicklung des Wortes kaum die Rede sein kann, während bei dem Umfange von Plautus bis Isidor die im Laufe von 8 Jahrhunderten eingetretenen Wandlungen der Konstruktion und der Bedeutung studiert werden müssen. Wir sind vollkommen überzeugt, daß, wenn jeder der bei den Beratungen Beteiligten auch nur einen einzigen Lexikonartikel mittleren Umfanges probeweise bearbeiten möchte, die Rechnung anders herauskommen würde; Theorie und Praxis gehen eben nicht immer zusammen. Da die größeren Lexikonartikel des Archives von Gelehrten der verschiedensten deutschen Stämme bearbeitet sind, so wären diese die kompetentesten Richter. Einen wesentlichen Unterschied wird es machen, ob die Bearbeiter der Lexikonartikel örtlich vereinigt sein werden oder nicht. Wir müßten das erstere für dringend wünschenswert, ja fast für notwendig erachten. Die bei dem Archive gemachten Erfahrungen haben gezeigt, daß ganz hervorragende Mitarbeiter, die in Universitätsstädten wohnen, ihre Artikel allein nicht abschließen können, ohne Dutzende von Fragen der Redaktion vorzulegen; namentlich fehlen die Bücher. Wie viel einfacher wäre es daher, wenn für die speziellen Zwecke des Thesaurus eine Handbibliothek angelegt würde, welche alle gemeinschaftlich benutzen können, wobei der persönliche Ge|dankenaustausch der auf demselben Gebiete Arbeitenden Förderung und Zeitersparnis zugleich bringen würde?

Die Kosten des Unternehmens berechnet Hertz auf eine halbe, der Akademiebericht auf eine ganze Million Mark, denen circa 150000 Mark an Verlegerhonorar als Einnahme gegenüberstehen. Davon entfallen auf die Herstellung der Zettel 90000 Mark, nämlich für 120 Bände der Bibl. Teubn. à 25 Bogen (= 3000 Bogen), der Bogen zu 15 Mark gerechnet, zusammen 45000 Mark, für die Patristik (60 Bände à 50 Bogen zu 10 Mark den Bogen gerechnet, weil hier Vollständigkeit viel weniger beansprucht wird) 30000 Mark, für den Rest der Litteratur im ganzen 15000 Mark. Dazu kommt für die sechsjährige Sammelperiode der Sekretär mit 2000 Mark Jahresgehalt, zusammen 12000 Mark; für den Leiter, welcher seine Arbeit als Nebenamt zu betrachten hat, und die Kommission sind jährlich 3000 Mark angesetzt, zusammen 18000 Mark; für Bibliothek, Reisen, Zettelrevision u. s. w. 20000 Mark: total einschließlich des Honorars für die Sammler 140000 Mark.

Die auf 12 Jahre berechnete Ausführung ist so gedacht, daß Leiter wie Kommission in Funktion bleiben sollen, was eine Ausgabe von 36000 Mark nötig macht. Die eingelieferten Zettel werden in 3 Gruppen zerlegt, z. B. A–E, F–O, P–Z und an den in diesem Stadium entlasteten Sekretär sowie an 2 Oberassistenten verteilt, welche als Anfangsgehalt 2500 Mark beziehen und bis auf 5000 Mark steigen; bei einem Durchschnitte von 3750 Mark ergiebt dies für 12 Jahre 135000 Mark. Außerdem sind 7 Unterassistenten zu 1750–2250 Mark (Durchschnitt 2000 Mark) vorgesehen, total für 12 Jahre 168000 Mark. Endlich sachliche Ausgaben und Nebenkosten 21000 Mark. Summa 360000 Mark mit Einrechnung der 140000 Mark für die Sammelperiode eine halbe Million Mark. Der Umfang des Werkes wird auf 10 Bände Großquart zu 1200 Seiten berechnet.

Die Akademie setzt diesen Ausgabeposten keine neuen hinzu, doch veranschlagt sie alle höher; den Umfang der zu excerpierenden Litteratur, den Umfang des Thesaurus, die Herstellung der Zettel, die Honorare der Redaktion und der Arbeiter. Sie fügt hinzu, die Sammlung der Inschriften oder die (noch lange nicht abgeschlossene) Herausgabe der deutschen Geschichtsquellen habe nicht weniger gekostet, und die also verwendeten Gelder seien auch außerhalb der Fachkreise weder als übel angewandt, noch als unbillige Belastung des Haushaltes bezeichnet worden. Was | in den Zeiten nationaler Erniedrigung und mühsamen Aufstrebens möglich gewesen, werde das vereinigte Deutschland auch zu leisten und allenfalls zu übertreffen vermögen.

Wir erlauben uns, diesem nur die eine Erwägung beizufügen, ob es nicht besser wäre, den Gehalt der Ober- und Unterassistenten in ein mäßiges Fixum und ein hohes Kolumnenhonorar pro rata der eingelieferten Arbeit zu scheiden. Die großen Gehalte sichern weder den raschen Fortgang der Arbeit, noch begünstigen sie denselben. Daß die Assistenten in 12 Jahren mit der Arbeit fertig würden, ist durch nichts verbürgt, auch nicht einmal eine Probe an einer kleinen Partie gemacht. Bei der Honorierung per Kolumne würde die uns wahrscheinliche Verzögerung der Arbeit den Kostenansatz weniger berühren. Übrigens enthalten wir uns, zu den einzelnen Posten kritische Stellung zu nehmen, und zwar darum, weil hierfür keine bestimmten Erfahrungen vorliegen. Über die Arbeit zu sprechen, hielten wir für unsere Pflicht; unsere subjektive Ansicht über Finanzfragen an die Öffentlichkeit zu bringen, ohne daß jemand dies wünscht, halten wir für unbescheiden. Nicht als ob wir nicht auch diese Seite reiflicher Erwägung unterzogen und die Ansicht von Freunden eingeholt hätten; der oben erwähnte Förderer des Archives stimmt in seiner brieflich mitgeteilten Rechnung im wesentlichen mit Hertz. Aber wenn man denn nicht blindlings in ein großes Unternehmen sich hineinstürzen will, so wäre zu überlegen, ob man mit einem Kredit auf einige Jahre für eine größere Probe den Anfang machen wollte. Von Krediten für Schießversuche bleibt nichts übrig, da das Pulver verraucht; für diesen Kredit hätte man immerhin bestimmte Leistungen, schwarz auf weiß, und auch ein abgegrenzter Teil der Arbeit behielte seinen bleibenden Wert für die Wissenschaft; wenn wir auch nur einen Seitenflügel bauen, so ist dieser doch immer ein für sich bewohnbares Gebäude. Es würde sich dann leichter ausrechnen lassen, wie hoch das Ganze zu stehen käme.

Jedenfalls sind die wohlgemeinten Ansichten derer, welche vor Jahren glaubten, der Redakteur des Archivs könne den Thesaurus allein zu stande bringen, gründlich widerlegt. Der Schreiber dieser Zeilen hat lange an dem Prinzipe der freiwilligen Leistung festgehalten, welche dem großen nationalen Werke eine ideale Weihe verliehen hätte; er suchte nur Deckung der Barauslagen, Honorierung des ständigen Sekretärs und einen Kredit, | um diejenigen Sammler zu entschädigen, welche ihre freie Zeit zum Opfer zu bringen nicht in der Lage sind. Jetzt werden durch Veröffentlichung der Gutachten die Erwartungen hoch gespannt sein. Doch, ob so oder so, darauf kommt es weniger an; nur das eine wäre zu beklagen, wenn gerade jetzt, wo das Interesse für diese Studien neue Anregung erhalten hat, infolge der hohen Forderung gar nichts geschehen würde.

Nr. V

Eduard Wölfflin

Protokoll der Berliner Konferenz
(1893)

Sitzung, Samst. den 21 Oktob. 1893,
Nachmittag 4 Uhr bei H. Prof. Diels.

Anwesend: Bücheler, Diels, Hartel, Ribbeck, Wilamowitz, Wölfflin.

Der Vorsitzende bringt zuerst die Frage der Ausgestaltung des zur Zeit aus 2 Mitgliedern bestehenden Directoriums zur Sprache, indem er daran erinnert, daß schon auf der Frankfurter Conferenz eine dreiköpfige Direction gewünscht worden sei. Da Bücheler sich aus persönl. Gründen nicht verpflichten kann die Hälfte der Arbeit auf sich zu nehmen, dessen Mitwirkung aber sowohl für die Sache als für die Durchsetzung von Geldforderungen sich als unentbehrlich erweist, da ferner Werth darauf gelegt wird eine jüngere Kraft beizuziehen, so wird als weiteres Mitglied der Direction Prof. F. Leo in Göttingen, der bereits auf der Frankfurter Conferenz genannt war, in Vorschlag gebracht, einstimmig angenommen, welcher dann noch gegen Ende der Sitzung die Annahme der Wahl telegraphisch anzeigt. Auch Bücheler erklärt nunmehr, Competenzvertheilung vorbehältlich, in der Direction verbleiben zu wollen.

Hierauf gelangt zur Behandlung das erste Kapitel des vorgelegten autographierten Memorials, Zettelwerk und Indices. Diels trägt seine abweichenden Ansichten vor, indem er einen ausführlich ausgearbeiteten, mit Kollegen durchgesprochenen Plan vorliest, welcher als Beilage des Protokolles zu den Acten genommen wird. Derselbe bezweckt namentlich an die Stelle der lexikalischen Excerpte vollständige Zettelindices zu setzen, unter Annahme des Meuselschen Verfahrens. Angestellte Berechnungen ergeben, daß dieß ohne Erhöhung der im Memorial vorgesehenen Summe möglich sei. Dieses Verfahren findet allgemeine Billigung, und es wird beschlossen:

„Das Prinzip der vollständigen Verzettelung ist anerkannt für die archaische und klassische Periode; die Autoren der silbernen Latinität sind ebenso vollständig zu

---

[Tagung der Vertreter der fünf deutschsprachigen Akademien und des von der Coburger Konferenz (30. 7. 1893) gewählten Thesaurus-Direktoriums am 21. und 22. 10. 1893 in Berlin (Vorsitzender, ebenfalls in Coburg gewählt, H. Diels); hs. Original des Protokolls beim Thesaurus in München; unveröffentlicht (Abbild. u. S. 160).]

LUCANUS I 217–219

euros

217 Tunc vires praebebat hiemps, atque auxerat undas
218 Tertia iam gravido pluvialis Cynthia cornu.
219 Et madidis euri resolutae flatibus Alpes.

19

LVCANI I 217–227

euros

(tum BG)
217 tunc vires praebebat hiemps, atque auxerat undas (sc. Rubiconis)
218 Tertia iam gravido pluvialis Cynthia cornu (i.e. Diana = Luna)
219 et madidis euri resolutae flatibus Alpes.
220 primus in oblicum sonipes opponitur amnem
221 excepturus aquas; molli tum cetera rumpit
222 turba vado faciles iam fracti fluminis undas.
223 Caesar, ut adversam superato gurgite ripam
224 attigit Hesperiae vetitis et constitit arvis, (= Italiae)
225 'hic' ait, 'hic pacem temerataque iura relinquo;
226 Te, Fortuna, sequor; procul hinc iam foedera sunto.
227 credidimus fatis, utendum est iudice bello.'

72

Materialzettel (komplette Verzettelung; verkleinert):
oben Entwurf H. Diels (s. u. S. 177 Anm.), unten endgültige Form

verzetteln, wenn und insoweit die anzustellenden Proben die Möglichkeit namentlich vom finanziellen Standpuncte aus ergeben; die für das Spätlatein zu verzettelnden Autoren, resp. Schriften, werden mit Rücksicht auf ihre typische Bedeutsamkeit u. s. w. zur vollständigen Verzettelung ausgewählt; im Uebrigen sind die vorhandenen Indices auszunützen." |

Die Aufnahme der Eigennamen in den Thesaurus wird allgemein anerkannt, doch die Frage, ob dieselben in einen eigenen Band zu verweisen seien, späterer Entscheidung vorbehalten.

Bei einer vorläufigen Besprechung der finanziellen Seite wird darauf gedrungen, bei Verhandlungen mit dem Verleger auf einen billigen Verkaufspreis des Werkes zu dringen, unter Umständen, eine mäßige Erhöhung der Staatssubventionen anzustreben um dieses Ziel zu erreichen. – Zwei Offerten von Teubner und Weidmann wurden vorgelegt und zu den Acten genommen, doch Beschlußfassung bis nach Zusicherung der staatlichen Subventionen verschoben.

[*Unterschriften:*]
Bücheler Diels v. Wilamowitz Ribbeck Wölfflin Hartel |

Sitzung, Sonntag den 22. Oktober 1893,
Vorm. 10 Uhr bei Prof. Diels.

Anwesend: Diels, Bücheler, Wilamowitz, Leo, Ribbeck, Wölfflin, Hartel;
          später Geh. R. R. Althoff und R. R. Dr. Schmidt.

Der Vorsitzende begrüßt den H. Prof. F. Leo aus Göttingen als neu eintretendes Mitglied.

Nach Verlesung und Genehmigung des Protokolles der Sitzung vom 21. Oktober wird die Frage erörtert, wie den fünf Akademien Kenntniß von den gefaßten Beschlüssen und den noch im Laufe des Tages zu führenden Verhandlungen gegeben werden solle. Der Ansicht, daß jeder der 5 Akademiedelegierten sich selbst einen Bericht entwerfe und denselben seiner Klasse mittheile, wird eine andere entgegengesetzt und schließlich angenommen, wornach den fünf Akademien ein gleichlautender Bericht vorgelegt und den Delegierten überlassen werden solle denselben nach Gutfinden durch mündliche Mittheilungen zu ergänzen. Diesem Berichte soll eine Einleitung über die Vorgeschichte und die Bedeutung des Werkes vorausgeschickt und die Redaction dem Präsidenten und dem Schriftführer übertragen werden, worauf dasselbe den übrigen Commissionsmitgliedern zur Unterschrift und Genehmigung (bzw. Abänderung oder Ergänzung) vorgelegt werden soll.

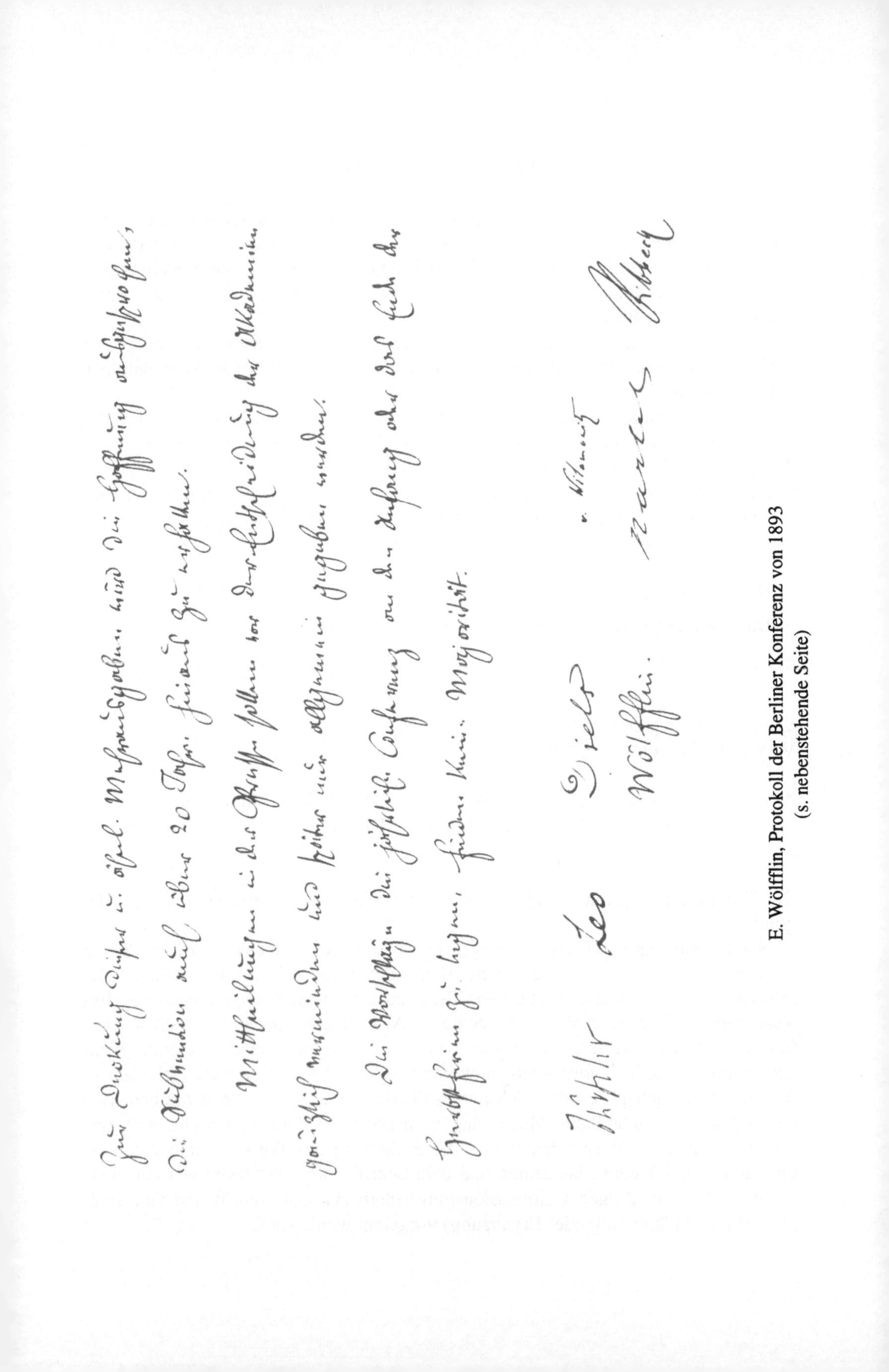

E. Wölfflin, Protokoll der Berliner Konferenz von 1893
(s. nebenstehende Seite)

Hierauf verliest der Vorsitzende den Entwurf einer Geschäftsordnung, welche durchgesprochen, theilweise abgeändert, und in der Schlußfassung dem Protokolle beigegeben wird.

Nach Eintreffen der H. H. Geh. R. R. Althoff und R. R. Schmidt referiert der Schriftführer kurz über die finanzielle Seite des Unternehmens in genauem Anschlusse an das autographierte Memorial, S. 24, mittlere Dauer. Der Plan sich an das Deutsche Reich zu wenden, wird | aufgegeben, zumal neuerdings auch die Petition betr. Herausgabe der altdeutschen Tonmeister abgelehnt worden ist. Dafür findet der Vorschlag sich an die Staaten der 5 Akademien zu halten Annahme und als runde Subventionssumme wird 1/2 Million Mark angesetzt, d. h. 100000 Mark für jede Akademie, oder auf 20 Jahre vertheilt, je 5000 Mark per Jahr. Nachdem Bayern diese Summe für 1894 und 1895 bereits in das Budget eingesetzt, erklärten die als Vertreter des Kgl. preuß. Ministeriums erschienenen H. H. Althoff und Schmidt die Garantie übernehmen zu können, daß jede der beiden preußischen Akademien jährlich 5000 Mark beizusteuern in der Lage sein werde. Ueber Oesterreich und Sachsen gaben Hartel und Ribbeck vorläufige Aufschlüsse. Da die im Memorial für 2 Directoren zusammen eingesetzte Summe von 1500 M. dem preußischen Usus widerspricht, wornach für eine solche Arbeit im Nebenamte 1200 M. vergütet zu werden pflegen, so wird die Ansicht ausgesprochen, eine Erhöhung dieser und ähnlicher Posten sei angezeigt, auch wenn die Gesammtsumme der Subvention von 1/2 Million überschritten werde. Zur Deckung dieser u. ähnl. Mehrausgaben wird die Hoffnung ausgesprochen, die Subvention auch über 20 Jahre hinaus zu erhalten.

Mittheilungen in der Presse sollen vor der Entscheidung der Akademien gänzlich vermieden und später nur allgemein gegeben werden.

Die Vorschläge die jährliche Conferenz an den Anfang oder das Ende der Herbstferien zu legen, finden keine Majorität.

[*Unterschriften:*]

Bücheler Leo Diels v. Wilamowitz Wölfflin Hartel Ribbeck

Nr. VI

Franz Bücheler / Eduard Wölfflin

Memorial betr. Thesaurus linguae latinae
(1893)

Die Frage, was in einen Thesaurus linguae latinae gehöre und was nicht, dürfte verhältnißmässig am leichtesten zu beantworten sein. Man begreift es wohl, wenn die Eigennamen, um die Arbeit zu theilen, in ein eigenes Onomasticon verwiesen werden; da sie aber auch lateinisches Sprachgut sind, so werden wir ihnen die Aufnahme nicht versagen können. Nur sollen dieselben nicht historisch nach ihren Trägern beleuchtet, sondern nur verzeichnet und, soweit möglich, erklärt werden, woran sich eine kurze Angabe über Heimat, Alter und Verbreitung anschließen dürfte. Griechische Worte sind nur insofern aufzunehmen, als sie gleich lateinischen behandelt und als im Lateinischen recipiert zu betrachten sind. Die chronologische Grenze nach unten bildet etwa das Jahr 600, so daß nicht nur das Gesetzgebungswerk Justinians, sondern auch die Leges barbarorum und die beiden Gregore noch in unsern Untersuchungskreis gehören; ausnahmsweise noch Späteres, wie Isidors Origines, insofern sie alte Litteratur enthalten.

Diesen ganzen lateinischen Sprachschatz zur Darstellung zu bringen giebt es zwei Wege. Entweder wird man trachten ein möglichst vollständiges Repertorium anzulegen, gleichsam einen Generalindex sämmtlicher Specialindices; oder aber man wird auf Vollständigkeit von vorneherein verzichten und nur das Wichtigste herausheben wollen. Für jede Methode liessen sich Gründe beibringen, nur würde ein vollständiges Zettelmaterial für die ganze römische Litteratur eine digesta moles bleiben und nie zum Drucke gelangen können, vielmehr | würde die Benützung auf eine Art von lexalischem Auskunftsbureau hinauslaufen. Wenn nämlich die in der Bibliotheca Teubneriana nicht ganz 300 Seiten füllenden Schriften Caesars in dem Lexicon von Meusel circa 4000 Columnen Lexicon Octav einnehmen, also den zehnfachen Raum des Textes, so würde nach gleichem Verhältnisse ein Lexicon der von Martin Hertz sehr bescheiden auf 250 mäßige Teubnerbände berechneten Litteratur der Römer 2500 Bände beanspruchen. Wollte man aber auch nur den denkbar kürzesten, bloß

[*Dieser Text ist das Ergebnis der vorbereitenden Beratungen, zu denen sich die von der Coburger Konferenz am 30. 7. 1893 gewählten Direktoren Bücheler und Wölfflin unmittelbar darauf (3. bis 11. 8. 1893) in München trafen; ausgearbeitet von Wölfflin im September, revidiert von Bücheler Anfang Oktober, wurde das Memorial an die Teilnehmer der Berliner Konferenz versandt, war dort Grundlage der Beratungen und wurde später auch den beteiligten Akademien zugeschickt; vervielfältigte Exemplare von Wölfflins Autograph beim Thesaurus in München; unveröffentlicht.*]

Wortform und Fundstelle enthaltenden Index omnium verborum mit dem dreifachen Umfange des Textes in Rechnung bringen, weil Autorname, Buchtitel und Ziffern des Citates sammt Wortform etwa den dreifachen Raum des einzelnen Textwortes einnehmen, so käme man immerhin noch auf 750 Bände. Diese würden, selbst wenn sie gedruckt wären, nur wenige Bibliotheken zu kaufen im Stande sein, und der Benützende würde sich durch ein so grosses Material durchzuarbeiten haben und durch das Nachschlagen der einzelnen Stellen so viel Zeit verlieren, daß ihn die Mühe des langen Suchens bald zurückschrecken würde. Endlich würde eine solche vollständige Verzettelung und die Classifizierung und Zusammenordnung sämmtlicher Stellen Summen in Anspruch nehmen, die wir weder zu verlangen den Muth noch zu erhalten die Aussicht hätten.

Nöthigen solche Betrachtungen den idealen Standpunct aufzugeben und sich nach dem praktisch Erreichbaren umzusehen, | so liegt die Hauptschwierigkeit in der <u>Auswahl des Stoffes</u>. Die Redaction des Archives hat diese, da für die Proben die vollständigen Zettel eingefordert waren, dem Bearbeiter des Lexiconartikels überlaßen, dadurch aber eine Form der Darstellung erhalten, welche zwar für das Studium lehrreich und werthvoll, für den Thesaurus jedoch 5–20 mal zu groß ist; außerdem mußte dafür ein Maass von Zeit aufgewendet werden, welches bei Einzelversuchen wohl verantwortet, als Norm aber für ein großes Wörterbuch von den Mitarbeitern nicht beansprucht werden kann, indem ein geübter Latinist an dem Artikel accedo 3 Wochen, ein anderer an dem 64 Octavseiten füllenden Artikel abeo 3 Monate zu arbeiten hatte. Müssen wir also von solchen Extremen uns möglichst fern halten, so erscheint es als überflüssige Kraftverschwendung sich Materialien einliefern zu lassen, die man später doch wegzuwerfen gezwungen ist, und so wenig ein Kriegsminister minderwerthige Milizen zum Kriege einziehen wird, die er kaum bewegen, sicher nicht ernähren kann, so wenig können wir uns darauf einlassen sämmtliche Belege eines Wortes aus dem Spätlatein einzusammeln. So stellt es sich als erste Forderung heraus gleich bei der Einsammlung des Materiales den entbehrlichen Ballast bei Seite zu lassen, was dann weiter voraussetzt, daß die lexikalische Excerpierung eines lateinischen Textes nicht von Lohnarbeitern, sondern nur von einem Kenner eines Autors besorgt werden kann, welcher allgemeines und individuelles, provinzielles und Latein eines bestimmten Zeitalters zu unterscheiden im Stande ist. Nur wenn die Bearbeiter von Lexiconartikeln durch Einlieferung bereits | gesichteten Materiales entlastet werden, können sie so rasch produzieren, daß über Jahr und Tag Lieferungen und Bände zu Stande kommen.

Mit dem Aufgeben des ersten Weges ist selbstverständlich zugegeben, daß der Thesaurus nicht alle möglichen Fragen beantworten kann, daß vielmehr der Specialforschung recht viel zu lösen übrig bleibt; namentlich wird man über das Absterben gewisser Wörter und Wortverbindungen nicht oder nicht immer unterrichtet werden. Uebrigens schließen die beiden Methoden einander nicht aus, und so gut man ein Gebäude aufführt mit dem Vorbehalte später nach Bedürfniß einen Flügel anzusetzen, so gut kann im Laufe der Zeit das Zettelmaterial vervollständigt und in einer neuen Auflage des Thesaurus das Wichtigste nachgetragen werden. Ueber einen Mittelweg folgt unten S. 15 Näheres. In diesen allgemeinen Erwägungen soll nur die Vorbereitung für das Verständniß des unten folgenden Planes liegen. |

I. Zettelwerk und Indices

Da das Ausschreiben sämtlicher Belege eines Wortes aus allen Autoren zu einem nicht zu bewältigenden Apparate führen würde, wofür uns die von den Mitarbeitern des Archives gelieferten 7 Zettelkasten a, ab, abs ein lehrreiches, d. h. abschreckendes Beispiel sind, insofern sie durchzulesen und zu verarbeiten niemand sich entschließen kann, so wird die Hauptfrage sein, wie weit auf Vollständigkeit zu halten ist und wie weit eine bloße Auswahl genügt. Dabei gilt als selbstverständliche Voraussetzung, daß Stellen, welche in die Zettel aufgenommen werden, so ausführlich citiert sein müßen, dass ein Nachschlagen zum Verständniß des Satzes in der Regel nicht mehr nöthig wird. Wir scheiden die Autoren in 4 Klassen.

a) Gedruckte, ohne Weiteres verwendbare Lexica

Hieher gehören, weil sie alle Stellen im Wortlaute des Satzes oder der Phrase enthalten: Merguet, Lexicon zu Ciceros Reden. Merguet, Lex. zu Cic. philos. Schr. Merguet Lex. zu Caesar und seinen Fortsetzern, in Verbindung mit Meusel, Lexicon Caesarianum. Zangemeister-Bentley, Index zu Horatius. Fügner, Lex. Livianum. Gerber-Greef, Lex. Taciteum. Auch das Berliner Lexicon zur Klaß. Rechtswißenschaft wird, obschon es lange nicht alle Stellen enthalten soll, für unsere Zwecke mehr als ausreichen.

Die einzelnen Artikel dieser Werke sind auszuschneiden und auf Octavblätter von der Größe des Normalzettels aufzukleben; da aber von jedem Druckblatte nur die eine Seite benützt werden kann, die andere | durch Aufkleben verloren geht, so müßen die genannten Bücher in doppelten Exemplaren angekauft werden. Die im Verhältniß zu dem Zetteloctavformat schmäleren Druckcolumnen werden einen kleinen Raum übrig lassen, welcher von dem Vf. des Lexiconartikels zu Notizen benützt werden kann. – Dabei ist nicht unbemerkt geblieben, daß zwar das Lexicon Taciteum in 5 Jahren sicher vollständig sein wird, nicht aber das Lexicon Livianum. Indeßen würde uns auch genügen eine Abschrift der Schedae Hildebrandi zu bekommen, welche 6 Quartbände füllen und nur nach den neuesten Texten abcorrigiert werden müßten. [*Am Rand:* Cornificius: Marx, Varro, r. rust. Teubn. Index.]

b) Neu zu bestellende Indices omnium verborum

Plautus, Terenz, Lucrez, Ciceros Briefe, Seneca philos. & trag. Fronto, Apuleius.

Unter Indices omnium verborum sind nicht Indices omnium locorum gemeint; es können daher für Partikeln die am meisten intereßanten und characteristischen Stellen genügen, mit dem Zusatze: etc. paßim, od. ähnl. Nur bei Plautus wird auf absolute Vollständigkeit gehalten werden müßen. Die Octavzettel sind nur auf der Vorderseite zu beschreiben. Es werden dafür folgende Summen ausgesetzt: Plautus (excl. Rassow) 2000 M. Terentius 500. Lucretius 1000. Cic.epist. 2 Pensa à 1500 M. Seneca 4 Pensa à durchschnittlich 1000. Fronto 600. Apuleius 1200. [*Am Rand:* 12300.]

Bezl. Plautus ist mit Niemeyer in Potsdam & Prof. Norden zu verhandeln, welche bereits ganz oder theilweise im Besitze eines Plautusindex sein sollen; wird derselbe binnen 4–5 Jahren | gedruckt, so kann den Herausgebern ein Druck- oder Honorarzuschuß bis zu 2000 M. gewährt werden. – Für Terentius ist auf das druckfertige Lexicon von E. Hauler gerechnet, welches in gleicher Weise wie Plautus zu behandeln ist. – Einem vielleicht gleichfalls handschriftlich vorhandenen LucrezLexicon ist nachzuspüren. – Cicero, Seneca, Fronto, Apuleius sind neu zu vergeben.

Es sind bei erster, vorläufiger Umschau nach geeigneten Personen in Aussicht genommen: Plautus, eventuell 2 Pensa (Amphitruo–Menaechmi; Rest) Norden, Niemeyer, Rassow, Seyffert. – Terentius: Hauler. – Lucretius: (Bechert), Heinze-Straßburg, Heylbut Hamburg. – Cic.epist.: Böckel, Köhler, Burg, Lehmann. – Seneca: Thomas, Klammer, Prohasel, Brandis, Hoyer, Brinkmann; Tachau für trag. – Fronto: Klußmann-Rudolstadt, Ebert. – Apuleius: Rebling, Wotke, Rich. Opitz, Joachim-Hamburg.

Die eingelieferten Zettel sind durch die Direction oder den Secretär einer Nachprüfung zu unterziehen, welche sich indeßen auf Stichproben zu beschränken haben wird. Sollte sich wider Erwarten Unzuverläßigkeit und Unzulänglichkeit dieser Zettel ergeben, so muß auf Vervollständigung und Berichtigung durch eine geeignetere Person gedrungen werden.

c) Neu zu bestellende Indices mit Auswahl

Um einen Maßstab zu geben, was bei einem Autor der silbernen Latinität in die Zettel aufgenommen zu werden verdiene, ist probeweise der Anfang des 4. Buches der Controversien von Seneca | behandelt und im Protokolle angegeben, nicht nur welche Worte zu notieren sind, sondern auch, in welchem Umfange das Citat zu geben sei. Aus dem Gebiete des Spätlateins ist ebenso behandelt und im Protokolle gebucht Macrob. Saturn. lib. 5, Anf. Im Allgemeinen sind die Stellen so vollständig auszuschreiben, daß zwar alle für das Verständniß gleichgültigen Worte weggelassen werden können, aber auch alle beibehalten werden müßen, welche für die Wahl des Ausdruckes maßgebend sind oder denselben näher bestimmen und erläutern. Daher sind beispielsweise aufzunehmen die Synonyma und Contraria, die adverbiellen Zusätze, so weit sie den Begriff des Verbums modifizieren.

Es wurde erwogen, ob es nicht passend sei, wenn die Excerptoren die aufgenommenen Worte in dem Texte ihres Handexemplares unterstreichen und dieses
nach Vollendung ihrer Arbeit der Direction abliefern, damit dieselbe jederzeit wiße,
welche Worte in die Zettel eingetragen seien, welche nicht. In diese Rubrik gehören:

Cicero rhetorica	600 Mk.
" Aratea	50
Manilius	300
Priapea	60
Seneca rhetor	400
Columella	300
Asconius, Pomponius Mela	100
Plinii epistulae	300
Quintilian, declam. maiores	120
Solinus	100
Palladius	100
Firmicus mathes.	200
Symmachus	300
Ammianus	400
Macrobius	200
Martianus Capella	250
Livii periochae, Obsequens	100
Caelius Aurelianus + medici	1000
Varro ling. lat. + grammatici	1200
Rhetores min. (Ergänz. v. Halm)	200
Geographi (excl. Pomp. M.)	100
Glossaria	600
Nichtrömische Jurisprudenz	500
Patristik, Wiener Corpus	800
Patristik, Migne, 30 voll.	2800
Reserve für Patristik	400
	11480

Es wird angenommen, daß die circa 30 Bände des Wiener Corpus nicht neu zu
bearbeiten, sondern daß nur aus den gedruckten Indd. verborum eine Auswahl zu
treffen sei; aus den Texten der Patrologie von Migne dagegen sind die seltenen Worte
neu auszuziehen, wofür 100 Mark pro Band gerechnet sind. Eine vorzügliche Offerte
liegt bereits privatim vor. Vgl. übrigens unten S. <15.>

d) Revision & Ergänzung gedruckter Indices

Die Ergänzung bezieht sich in erster Linie auf die gedruckten Indices, welche nur die einzelnen Wortformen enthalten; in zweiter Linie auf solche, welche nur das vom Verbum regierte Nomen, oder das zum Adiectiv gehörige Substantiv enthalten. Durch die Ergänzung soll das Citat so weit vervollständigt werden, daß der Bearbeiter des Lexiconartikels in der Regel die Stelle nicht nachzuschlagen braucht. (Vgl. unter c.)

Die Revision wird definiert: der Text der den Index enthaltenden Ausgabe (in usum Delphini, Valpy, Lemaire u. s. w.) ist nach der neuesten besten Recension und auf Grund eigenen Urtheiles abzucorrigieren; die dadurch wegfallenden Worte sind in dem Index sämtlich zu streichen, die neu hinzukommenden einzufügen; endlich ist zu prüfen, ob Worte im Index ausgelaßen & die Zahlen der Citate richtig seien. Hieher gehören:

Poesie.

Livius Andr. (Bährens; excl. trag. & com.)		
Eintragen aller Worte als ältester Belege in das Directionsexemplar	10 Mk.	
Fragm. trag. & com. Ribbeck	—	
Ennius (Vahlen), Lucilius (Harder) Naevius (Müller)	50	
Virgil (Erythraeus)	400	
Catull (Schwabe), Tibull (Hiller)	150	
Propertius (Lemaire) 100, Aetna (Wagler) 15	115	
Ovid (Burmann od. Turiner Ausg.)	1200	
Phaedrus (Collmann) + Romulus	80	
Lucan (Oudendorp) + Comment. Bern.	400	
Persius, Juvenal (Jahn) + Scholia, letztere auf besondern Zetteln	400	
Valerius Flaccus (Lemaire)	150	
Silius Italicus (Lemaire)	250	
Statius (Lemaire)	300	
Martial (Friedländer)	120	
Ausonius (in usum Delphini)	300	
Claudianus (Gesner, Birt)	400	
Calpurnius Nemesianus (Schenkl)	80	
Anthologia (Riese)	800	
Poetae lat. min. (Bährens) abzgl. Cicero Aratea, vol. II abzgl. Dirae, vol. III abz. Calp. Nem. & Carm. de fig. = Rhet., abzgl. vol. IV = Anthol. Riese	500	
Donatus + Eugraph. in Terent.	100	
Servius + Scholia Vergiliana	600	6405

Prosa.

Cato frgm. Jord. Revision & Ergänzung	80
Varro saturae (Riese) desgl.	120
Peter, frgm. hist. (große Ausg.) dsgl.	100
Vitruv (Rose), Ergänzung	300
Sallust (Dietsch), frgm. Haul. PseudoSall.	200
Curtius, Revision nach Snak., Eichert	300
Plinius, nat. h. Revision nach Harduin	1500
Quintilian (Bonnell)	200
Frontin (Oudendorp, Gundermann)	60
Florus, Ampelius, Rufus	80
Sueton (Baumg. Crusius; Revision der Dichter Viten)	100
Quintilian, declam. min. (Ritter)	120
Gellius (Valpy)	250
Itala (Rönsch) neu	300
Irenaeus latinus + Hermas	200
Panegyrici (in usum Delphini)	200
Censorin + Granius Licinianus	20
Aurelius Victor + PseudoAur. (Arntzen)	80
Itinerarium Alexandri (Excerpt)	50
Vegetius, epit. rei mil. (Lang)	80
" mulomedicina	50
Boetius (Peiper, Friedlein)	300
Historia Apollonii, Aulularia	30
Gromatici (Lachmann-Bursian)	50
Hygin, Mythographi Munker	350
Scholia (zu Statius, Aratea etc.) Varia	1200
Corpus inscriptionum, Ephemeris	3000 9320

Anhang.

α) Es soll ein Gelehrter gewonnen werden, wie Prof. Max Schulze in Marburg, welcher das Etymologische revidiert und vervollständigt   1500 M.

β) es sollen aus der neuesten philologischen Litteratur, opuscula (Paucker), Zeitschriften, Pro|grammen etc. lexikalische Beobachtungen und Notizen ausgezogen & in das Handexemplar der Direction eingetragen werden   2000

γ) Es sollen die bei Georges angegebenen Quantitäten revidiert werden (Bücheler)   —

δ) Es ist wünschenswerth einem eigenen Mitarbeiter die Sammlung & Bearbeitung der Eigennamen zu übergeben   —   3500

e) Minimalausgaben für Zettel, Indices u. s. w.

Anschaffung von Indices in 2 Exemplaren. Texte.		
Directions Exemplar durchschoßen (Georges?)		3000
Papier und Buchbinderarbeiten		2000
Neue Indices omnium verborum		12300
Indices mit Auswahl		11480
Revidierte & ergänzte Indices,	Poesie	6405
	Prosa	9320
Etymologien, lexikal. Notizen		3500
Unvorhergesehenes		1995
		Mark 50000

f) Mehrkosten, bzw. Erweiterung des Zettelapparates

Die vorstehende Berechnung für Zettel, Indices und Verwandtes kann in doppeltem
Sinne keine abschliessende sein, weil theils die angegebenen Arbeiten wahrscheinlich theurer zu stehen kommen als angenommen ist, theils auch eine Erweiterung des
Zettelapparates hie und da wünschenswerth erscheinen wird. |

1) Für den oben gegebenen Kostenvoranschlag wird der Natur der Sache nach
darum niemand eine Bürgschaft übernehmen können, weil wir es nicht, wie etwa bei
einem Bauunternehmen mit Arbeiten zu thun haben, welche schon hundertmal da gewesen sind & daher mit festen Preisen eingesetzt werden können, sondern mit solchen, die noch nicht da waren und für die es einen strengen Maßstab nicht giebt und
nicht geben kann. Leistungen <u>ähnlicher</u> Art, wenn auch minder umfangreiche, sind
für das Archiv gratis geliefert worden, was wir indeßen bei gesteigerten Ansprüchen
aufgeben müssen; ebenso wenig aber ist eine Bezahlung der Arbeit, etwa nach Analogie von Privatstunden, möglich; vielmehr kann nur ein angemeßener Ehrensold
geboten werden. Wie weit nun die Mitarbeiter ihre Leistung als Ehrensache betrachten werden, läßt sich nicht wohl voraussehen, und wenn es die äußeren Verhältniße
dem einen möglich machen auf bescheidene Bedingungen einzugehen, so kann ein
anderer, uns ebenso unentbehrlicher, viel höhere Ansprüche machen, weil er keinerlei Opfer zu bringen in der Lage ist. Es lässt sich daher voraussehen, daß die Bezahlung eine ungleiche sein werde. Gelehrte, welche sich als künftige Herausgeber mit
einem Autor beschäftigen, können uns die gewünschten Arbeiten billiger und besser
liefern als solche, welche sich erst einarbeiten müßen. Aus diesem Grunde wird be-
absichtigt die Pensa im Archive oder sonst wie auszuschreiben und Offerten mit
Preisbestimmung abzuwarten ohne unsere eigenen Ansätze zu veröffentlichen. Die
Gründung des Archives hat ohne Zweifel ein gesteigertes Interesse an lexikalischen |
Forschungen und einen Wetteifer in solchen Arbeiten entzündet, welcher auch jetzt
noch nicht erkaltet ist und uns um so Beßeres hoffen läßt, je bälder das große Werk
in Betrieb gesetzt wird.

Einige, namentlich kleinere Arbeiten, für welche kein Angebot einläuft oder durch Initiative der Direction erhältlich ist, werden durch den Secretär oder auch durch die Direction selbst privatim zu erledigen sein. Kann daher in dem einen Falle erspart werden, was in dem andern zu unserem Ansatze zugelegt werden muß, so müßen wir doch noch ausdrücklich erklären, daß wir die meisten unserer Ansätze als Minimalansätze betrachten, weßhalb wir mit der Möglichkeit zu rechnen haben, daß der Gesammtaufwand die Summe von 50000 M. erheblich übersteigen werde.

2) Andrerseits kann man für manche Autoren Indices omnium verborum wünschen, wo wir uns mit Auswahl begnügt haben, oder man kann sich die Auswahl vollständiger vorstellen als wir es gethan, z. B. bei der Patristik. Um den Entwicklungsgang der lateinischen Sprache sicherer zu überblicken, würde es von großem Nutzen sein, für jedes Jahrhundert 2–3 characteristische Autoren so vollständig verzetteln zu laßen, daß man über Fehlen oder Vorkommen eines Wortes absolute Gewißheit hätte. Das von uns oben aufgestellte Programm dürfte zwar, wenn gespart werden muß und die Subventionen hinter den Erwartungen zurückbleiben, immerhin genügen; es ist aber vorbehalten daßelbe zu erweitern, sobald die erste Hälfte abgeschloßener Contracte uns zeigt, daß Geld übrig bleibt. Um daher beiden Eventualitäten Rechnung zu tragen, haben wir zu den 50000 | Mark weitere 50000 zugelegt, für Mehrkosten des oben Projectierten so wie für Ausdehnung dcs Zettelapparates, eine Summe, mit welcher wir auch weitergehende Wünsche zu befriedigen hoffen. In dem tabellarischen Kostenvoranschlage sind beide Summen gleich in eine von 100000 M. für Zettel zusammengezogen und auf die einzelnen Jahre vertheilt.

Als Einlieferungstermin sind 4–6 Jahre in Aussicht genommen. Die Verhandlungen mit den Sammlern haben gleich nach Bewilligung der Geldmittel zu beginnen; die Correspondenz, die Buchung und Ordnung der eingelieferten Zettel besorgt der Secretär im Auftrage der Direction; die Zahlungen die Direction im Einvernehmen mit der Bank, bei welcher die Subventionen zinstragend in Conto Corrent anzulegen sind.

II. Die Lexiconartikel

Setzt man den Umfang des neuen Thesaurus auf 12 Bände groß Quart zu durchschnittlich 1000 Seiten, etwa in dem Formate von Forcellini-DeVit, so erhält man das Doppelte dieses sechsbändigen Werkes; den Umfang auf das Dreifache anzusetzen widerräth die Rücksicht auf die Kaufkraft mittlerer Bibliotheken und einzelner Gelehrter. Die Aufnahme der Eigennamen und bei DeVit fehlender Appellativa wird räumlich dadurch ausgeglichen, daß einige Bände von Forcellini erheblich unter 1000 Seiten enthalten. Rechnet man aber weiter, daß bei Forcellini Vieles in der Form zu weitschweifig oder antiquiert und falsch ist, so wird man bei Benützung dieses frei werdenden Raumes sagen können, daß der | neue Thesaurus bei doppeltem Umfange etwa 2 1/2 mal so viel Material bieten wird als der alte. Wir liefern somit nicht eine vermehrte und verbeßerte Auflage, sondern ein vollkommen neues Werk. Um zu verhindern daß dasselbe ungebührlich ins Breite wachse, werden die Bearbeiter der Artikel von vorneherein streng anzuhalten sein dieselben auf den doppelten Umfang von DeVit zu berechnen; jedenfalls behält sich die Direction das Recht vor Artikel, welche diesen Umfang übersteigen zu kürzen oder sie giebt die Vorschrift die über das Durchschnittsmaß hinausgehenden Stellen an den Rand des Mscr. zu setzen, wodurch die Entscheidung über Aufnahme oder Streichung wesentlich erleichtert würde.

Da unsere Artikel nicht Umarbeitungen oder Verbeßerungen von DeVit sein sollen, sondern aus einem neuen, reichhaltigen Materiale aufzubauen sind, so ergiebt sich die Aufgabe, die in den Zetteln verzeichneten Stellen genau zu prüfen, das Wichtigste selbstständig auszuwählen, nach historischen, semasiologischen, grammatikalischen Rücksichten neu zu ordnen und die intereßanteren Schlüße und Beobachtungen in eine kurze Form zu bringen. Darin liegt der Schwerpunct der wißenschaftl. Arbeit, dafür bedürfen wir der tüchtigsten Mitarbeiter, dafür muß auch die größere Hälfte des verfügbaren Geldes eingesetzt werden.

Nach M. Hertz sind für diese Ausarbeitung ein Director, 3 Oberaßistenten und 7 Unteraßistenten in Aussicht genommen, welche in den 12 hiefür angesetzten Jahren zusammen 360000 M. kosten; dabei wird aber vorausgesetzt, daß dieselben in dieser Frist die Arbeit von A bis Z zu Ende führen werden, was um so weniger | wahrscheinlich ist, als fixe Jahresgehalte den raschen Fortgang einer Arbeit nicht zu fördern pflegen. Würden dieselben, was leicht möglich, 20 Jahre brauchen statt 12, so stiege der Posten von 360000 Mk. auf 600000, und die Basis der Rechnung wäre umgeworfen. Wir glauben daher die Honorierung dieser Arbeit passender nach Seite und Zeile berechnen zu sollen, indem wir die gedruckte Quartseite zu 30 M. berechnen, die Columne zu 15, was bei 12 Bänden à 1000 Seiten gerade auch 360000 M. ergiebt. Es ermöglicht uns auch dieser Modus nicht nur 10, sondern vielleicht 50 Mitarbeiter zu beschäftigen, was im Interesse rascher Production den Vorzug verdient. Allerdings müssen bei diesem Verfahren die Zettelmaterialien nach auswärts versandt werden, wie es auch bei dem Archive der Fall war, während Hertz sich seine Aßistenten in der Nähe der Direction, in regem gegenseitigem Verkehre vereinigt gedacht haben mag, was auch seinen Vortheil hätte. Indessen gestattet die Versendung besser die Deutschen aller Stämme zu der Arbeit heranzuziehen, wie sie auch jeder Praeponderanz der Direction, in welcher für die allseitige wißenschaftl. Ausgestaltung des Thesaurus etwas Gefährliches liegt, Schranken setzt. Noch eine andere Folge wird die Bezahlung per Seite im Gegensatz zu den fixen Gehältern haben, nämlich die, daß wenigstens an Bearbeiter zweiten Ranges, wo wir Hülfskräfte einzustellen gezwungen werden, die Artikel in Mischpensen vergeben werden, leichtere & schwierigere durcheinander, nicht einem Mitarbeiter lauter Nomina, einem andern lauter Partikeln. Selbstverständlich werden, wenn einmal die Arbeit in Gang kommt, Specialinstructionen mit Probeartikel, Anweisung | über Abkürzungssystem

u. s. w. erlassen werden müßen, zu denen ergänzend die Correspondenz mit Secretär & Direction hinzutritt.

Um schließlich noch eine Vorstellung zu geben, an was für Bearbeiter von Lexiconartikeln wir denken, so nennen wir:

Birt, Sam. Brandt, Osk. Brugmann, Cramer-Düßeldorf, Engelbrecht, Funck-Kiel, Götz, Gundermann, Harder, Hauler, Hoffmann (inscr. Afr.), Hosius, Jeep-Königsberg, Ihm, Alb. Köhler, Bernh. Kübler, Leo, Marx, Meusel, Möller, Müller-Breslau, Norden, Ploen, Roßbach iunior, Schlee, Fr. Schöll, Seyffert, Skutsch, Stowaßer, Thielmann, Thomas, Weinhold, Weyman, Wotke. Dieselben unterzeichnen ihre Artikel durch Chiffre oder abgekürzten Namen.

III. Direction und Angestellte

Für die aus 2 Mitgliedern (z. Z. Bücheler & Wölfflin) bestehende Direction sind zusammen jährlich 1500 M. angesetzt. Die Vertheilung der Geschäfte wird ihnen selbst überlassen; Manuscripte oder Correctur von Lexiconartikeln werden von beiden gelesen. Die Direction trägt mit der Commission die Verantwortlichkeit für das Ganze.

Die Directoren sind Mitglieder der Delegierten Commission; die Kosten der Commißionsconferenzen und der Directorialconferenz zum Zwecke der Ausarbeitung vorliegenden Planes werden in dem vorbereitenden Stadium von den 5 (eventuell 4, ausschl. Göttingen) deutschen Akademien getragen; später ist darnach zu streben diesen Ausgabeposten auf ein Minimum zu beschränken. | An die Stelle der Conferenz könnte ein jährlicher Bericht der Direction treten, welcher den Commißionsmitgliedern vorzulegen wäre; auch könnte während der Sammelperiode alljährlich ein Mitglied oder abwechselnd je ein Mitglied einer Akademie persönlich Einsicht von dem Stande der Vorarbeiten nehmen.

Für die auf 4–6 Jahre berechnete Sammelperiode ist nur ein kleines Beamtenpersonal nothwendig. Die Hauptcontracte wird die Direction selbst abschliessen, wie auch die Redaction des Archives sämtliche Verhandlungen mit 250 Mitarbeitern allein geführt hat. Durch die Vertheilung der Arbeit auf 2 Directoren wird diese leichter, und wenn denselben ein Secretär beigegeben wird, so sollte es ausreichen, wenn derselbe neben einer andern Beschäftigung etwa den halben Tag dem Unternehmen zur Verfügung stellt. Aus diesem Grunde ist ein Gehalt von nur 1800 M. eingesetzt. Immerhin wird angenommen, daß der Secretär ein jüngerer in lateinischer Sprache und Litteratur wohlbewanderter und auch durch schriftstellerische Leistungen auf diesem Gebiete erprobter Philologe sei, der, wenn er in der Sammelperiode sich bewährt, Aussicht hätte während der Ausarbeitungsperiode in eine höher besoldete Stelle aufzurücken.

Da außerdem für mechanische Arbeiten wie Copiaturen, Zettelordnung u. ä. ein Credit von jährlich 1400 M. aufgenommen ist, so kann der Secretär, falls er mehr Zeit aufwenden will, einige dieser Arbeiten übernehmen & sich dadurch aufbessern.

Der Posten Varia mit 300 M. während der Sammelperiode ist für | Reisen, Porti u. ä. bestimmt; dabei ist anzustreben aus den Zinsen der einbezahlten Subventionen, so weit sie nicht gleich zur Verausgabung gelangen, eine Reserve für Varia zu bilden.

Anders stellt sich die Sache in der zweiten Periode, wenn die gesammelten Materialien zur Verarbeitung gelangen. Zwar bleibt die Direction dieselbe und soll, um mit gutem Beispiel voranzugehen, auch kein höheres Gehalt beanspruchen; aber der erste Secretär wird von diesem Zeitpuncte an ein Mann sein müßen, der einlaufende Lexiconartikel zu prüfen und zu beurtheilen und der durch seinen täglichen Verkehr mit der Direction im Stande sein soll dieselbe zu unterstützen und im Nothfalle zu vertreten. Wir stellen ihn mindestens wie einen Extraordinarius, indem wir ihm 3600 M. aussetzen. Er hat sich sowohl bei der Correctur der Fahnen zu betheiligen, Zweifelhaftes nachzuschlagen, wie auch einzelne Artikel, falls sie nicht rechtzeitig eingeliefert werden sollten, selbst auszuarbeiten, wofür er außer seinem Gehalte Honorarantheil erhalten kann.

In denselben Functionen ist ihm ein zweiter Secretär mit geringerem Gehalte beigeordnet (1800, event. 2000 M.), und überdieß jedem Director gestattet, innerhalb des Credites von 800–1000 M. jährlich vorübergehend zur Beschleunigung od. Vervollständigung der Arbeiten Hülfskräfte heranzuziehen.

Der Posten Varia mit 300 M. ist gemeint wie S. 20/21 für Reisen, Porti etc. |

Selbstverständlich wird die Arbeitslast in dem Maße kleiner, je länger die Frist wird, auf welche sie sich vertheilt; sie wird grösser sein, wenn es gelingen sollte die Verarbeitung des lexikalischen Materials in 12 Jahren zu bewältigen statt in 15 oder 18; oder, was dasselbe besagt, größer, wenn jährlich 1000 Quartseiten fertig gestellt werden können statt nur 800 oder 666. Lässt sich nun ohne Schädigung der Qualität ein rascheres Tempo anschlagen, so werden mehr Hände nöthig sein, und wir haben deßhalb bei der kürzesten Ausarbeitungsperiode von 12 Jahren eine eigene Summe von 1500 M. jährlich aufgenommen, um ebenso gut den zweiten Secretär gegen beßere Bezahlung stärker belasten oder weitere untergeordnete Hülfskräfte heranziehen zu können. Aus dem nämlichen Grunde haben wir den Posten Varia für die Minimaldauer auf 400 M. erhöht, weil die Summe der Correspondenzen & Zettelsendungen für das einzelne Jahr grösser sein wird als bei Vertheilung der nämlichen Arbeit auf 15 oder 18 Jahre.

Der Secretär der Sammelperiode und die beiden Secretäre der Ausarbeitungsperiode werden auf Vorschlag der Direction von der Commißion gewählt; die Einstellung der Hülfskräfte ist den Directoren überlaßen. Die Hauptstärke unseres Personals muß aber in den S. 19 genannten Mitarbeitern <liegen>, deren Zahl während der Sammelperiode und auf Grund gemachter Erfahrungen zu vermehren unsere Aufgabe sein muß. Es wird nur erwünscht sein, wenn auch die einzelnen Commißionsmitglieder seiner Zeit hiefür Vorschläge machen; die definitive Verhandlung wird dann nach Genehmigung der Commißion erfolgen. |

Minimal Dauer	Jahr	Honorar f. Lex. Artikel	Zettel	Direction Angestellte	
Sammlung	1		[*]25000	[**]5000	[*]incl. Bücheranschaff. Buchbinder
	2		25000	5000	[**] Direction 1500
	3		25000	5000	Secretär 1800
	4		25000	5000	Scripturen 1400 } 5000
Ausarbeitg.	5	[+]30000		[***]10000	Varia 300
	6	30000		10000	[***]Direction 1500
	7	30000		10000	I. Secretär 3600
	8	30000		10000	II. Secretär 2000
	9	30000		10000	Hülfskräfte 1000 } 10000
	10	30000		10000	Scripturen &
	11	30000		10000	Correcturen 1500
	12	30000		10000	Varia 400
	13	30000		10000	[+]1000 Seiten à 30 M. = 1 Band
	14	30000		10000	
	15	30000		10000	
	16	30000		10000	
Total		360000	100000	140000	**600000**

Mittlere Dauer	Jahr	Honorar f. Lex. Artikel	Zettel	Direction Angestellte	
Sammlung	1		[*]20000	[**]5000	[*]incl. Bücheranschaff. Buchbinder
	2		20000	5000	[**]wie Minimaldauer
	3		20000	5000	[***]Direction 1500
	4		20000	5000	I. Secretär 3600
	5		20000	5000	II. Secretär 1800 } 8000
Ausarbeitg.	6	[+]24000		[***]8000	Hilfskräfte 800
	7	24000		8000	Varia 300
	8	24000		8000	[+]800 Seiten, $\frac{4}{5}$ Band à 30 M.
	9	24000		8000	
	10	24000		8000	
	11	24000		8000	
	12	24000		8000	
	13	24000		8000	
	14	24000		8000	
	15	24000		8000	
	16	24000		8000	
	17	24000		8000	
	18	24000		8000	
	19.20	48000		16000	
Total		360000	100000	145000	**605000**

Maximal Dauer	Jahr	Honorar f. Lex. Artikel	Zettel	Direction Angestellte	
Sammlung	1		*20000	**5000	*incl. Bücher, Buchbinder
	2		16000	5000	**wie Minimaldauer
	3		16000	5000	***wie mittlere Dauer
	4		16000	5000	+666 $\frac{2}{3}$ Seiten à 30 Mark
	5		16000	5000	= $\frac{2}{3}$ Band
	6		16000	5000	
Ausarbeitg.	7	+20000		***8000	
	8	20000		8000	
	9	20000		8000	
	10	20000		8000	
	11	20000		8000	
	12	20000		8000	
	13	20000		8000	
	14	20000		8000	
	15.16	40000		16000	
	17.18	40000		16000	
	19.20	40000		16000	
	21.22	40000		16000	
	23.24	40000		16000	
Total		360000	100000	174000	**634000**

IV. Finanzielle Uebersicht

Dazu die Tabellen S. 23. 24. 25.

Die Gesammtkosten des Unternehmens sind veranschlagt:
 a) bei 16 jähriger Dauer auf   M. 600000
 b) bei 20 jähriger Dauer   605000
 c) bei 24 jähriger Dauer   634000
Als Total der staatlichen (Reichs) Subventionen
 wird angenommen die Summe von   M. 500000
als Zuschuß des Verlegers   150000
 welche Summe durch Teubner durch Brief vom 24. Aug.
 1893 zugesichert, gegenüber der älteren Offerte von
 120000–150000 Mark. Weidmann bietet bis 165000 M.
 aber nur unter bestimmten Bedingungen.

          650000

Wenn wir die mittlere Dauer zu Grunde legen, so wären an Subventionen 20 Jahre lang je 25000 M. (bzw. von den 5 Akademien jährlich je 5000 M.) einzuzahlen und zwar gleich von Anfang an für die Sammelperiode, da der Verleger vor der Drucklegung nicht herangezogen werden kann. Bei 16jähriger Dauer wären jährlich 31250M. aufzubringen, d. h. in den ersten Jahren könnten Gehalte u. Honorare nur zu 4/5 in baar bezahlt werden, der Rest in Ratanachzahlungen. Bei 24jähriger Dauer hätten wir circa 10000 M. Zinsgewinn, da die Summen lange vor Bedarf zufliessen würden. Doch möchten wir am liebsten mit der mittleren Dauer rechnen. |

Die Zahlungen des Verlegers erfolgen, per Druckbogen berechnet, nach Vollendung jeder Lieferung; die Vf. der Lexiconartikel erhalten ihr Honorar gleichfalls am Schluße jeder Lieferung; Direction & Angestellte, incl. Hülfskräfte, vierteljährlich postnumerando.

Ueber die Subventionen (5 Akademien? deutsches Reich?) kann zur Zeit nichts Bestimmtes gesagt werden. Das bayr. Budget für 1894/95 enthält bereits die Summe von 10000 M. = 2 Jahresraten der K. bayr. Akademie der Wissenschaften und der Minister glaubt auf die Unterstützung der Kammern rechnen zu dürfen. Ebenso hat Minister v. Gautsch die 100000 M. für Oesterreich zugesagt. Wenn nach gleichem Verhältniß auf Preussen für Berlin und Göttingen zusammen 200000 M. treffen würden, oder 10000 M. jährlich auf 2 Decennien, so fragt es sich nur, wie und ob Sachsen für Leipzig die 100000 M. übernehmen könnte, d. h. 5000 M. per Jahr. Es ist vorgeschlagen, daß sobald die preußische Quote zugesichert wäre, die 5 Akademien sich sofort an Württemberg & Baden mit der Bitte zu wenden hätten, jährlich je 1500 und 1000 M. zu dem Werke beizutragen, wodurch Sachsens Beitrag auf die Hälfte herabgesetzt würde. Bei dem hervorragenden Interesse, welches die Gymnasiallehrer beider Länder dem Archive zugewendet haben, ist die Hoffnung auf Gewährung dieser Bitte keine allzu kühne; auch würden auf dem Titel des Werkes unter der Reihe der subventionierenden Staaten Württemberg & Baden mit zu nennen sein. |

Der Möglichkeit von Mehrausgaben für die Sammelperiode ist durch die Organisation vorgebeugt, indem der Grundplan für Zettel und Indices 50000 M. vorsieht, der Direction aber freie Hand läßt dieselben innerhalb des festen Credites von zusammen 100000 M. zu erweitern. Der Abschluß der Contracte betr. die nöthigsten Autoren wird einen Maßstab abgeben, wie viel Luxus der Befriedigung der dringendsten Bedürfnisse beigemischt werden darf, und im zweiten oder dritten Jahre werden sich die Kosten bereits übersehen laßen. Möglich ist, daß die Summe von 100000 M. nicht ganz aufgebraucht und ein Rest auf die Ausarbeitungsperiode übertragen wird.

Abgesehen von einem solchen Uebertrage ergeben Subventionen (500000) und Verlegerhonorare (Minimum 150000; Weidmann 165000) noch einen Ueberschuß von mindestens 45000 über die Kosten der mittleren Dauer (605000), die sich als Ersparniße oder im schlimmsten Falle als Deckung von Mehrausgaben herausstellen würden. Der Fall, daß der Umfang des Werkes unter 12000 Seiten betragen werde, ist mehr als unwahrscheinlich; im Gegentheile wird die Direction von Anfang an mit allen Kräften dahin arbeiten müßen, daß der Umfang nicht überschritten werde. Wenn man fest entschloßen ist das Seitenhonorar nicht über 30 M. hinaufzusetzen, so würde der Ueberschuß gestatten ohne Nachcredite etwa noch einen dreizehnten Band folgen zu laßen.

Nr. VII

Hermann Diels

Stellungnahme zum Memorial
(1893)

Die Anlage des Thesaurusunternehmens wie sie im vorl. Projecte erscheint zerfällt in 2 Etappen 1) Verzettelung 2) Redaction.

Nach dem vorliegenden Plane der Verzettelung herrscht von Anfang an das Bestreben vor das Wichtige vom Unwichtigen auszuscheiden. Dies entlastet zwar den Schlußredactor, gibt ihm aber notwendig ein subjectiv gefärbtes und unvollständiges also unwissenschaftliches Material in die Hand. Wenn man Gelehrten ersten Ranges die Entscheidung was in den Thesaurus kommen soll was nicht bei der Übersicht über das gesamte Material vielleicht mit einiger Zuversicht überlassen darf, obgleich es wahrscheinlich ist, daß ihnen in vielen Punkten erst aus dem Materiale die richtige Erkenntnis des Wesentlichen aufgehen wird, so ist es doch ganz unthunlich in den verschiedenen Stadien der Verzettelung die große Verantwortung | dafür den notwendiger Weise allein für jene Verzettelungsarbeiten in Betracht kommenden Gelehrten und Gehilfen 4–6 Ranges zuzuschieben. Mögen diese braven Gymnasiallehrer und Docenten und Studenten noch so tüchtig sein: was bei einem Autor zu excerpieren sei mit Rücksicht auf den ganzen historischen Verlauf der lateinischen Sprachgeschichte, das werden nur wenige oder keiner jedesmal richtig zu beurteilen im Stande sein.

Nun ist es ja richtig, daß eine vollkommene Verzettelung, eine mechanisch hergestellte Sammlung omnium verborum et locorum nicht bewältigt werden kann, wenigstens nicht in einem Werke mag es 12 oder 120 Bände umfassen, übersichtlich gesammelt werden kann, wenn man von dem Gesetz der 12 Tafeln bis zu dem Justinians alles verbotenus sammeln | wollte. Ein solcher Plan mole ruit sua und Niemand hat einen solchen ernstlich aufgestellt. Auf der anderen Seite aber gleich von vornherein auf Vollständigkeit des Zettelmaterials verzichten und sich auf die Zuverlässigkeit der Excerptoren verlassen, scheint mir wissenschaftlich unmöglich. „Es können" heißt es S. 6 „für Partikeln die am meisten interessanten und characteristischen Stellen genügen". Ich glaube das ist erstens unmöglich, da ich mir wenigstens nicht getraute bei irgend einem Schriftsteller gerade bei so schwierigen und so wenig

[*Diese konstruktive Kritik an dem Memorial von Bücheler/Wölfflin (o. Nr. VI) wurde bei der Berliner Konferenz am 21.10.1893 vorgetragen; hs. Original beim Thesaurus in München (samt Musterzetteln, die schon fast alle Merkmale der späteren Thesaurus-Zettel aufweisen, für die Perikope LVCAN. 1,217–219); unveröffentlicht (Abbildungen o. S.158, u. S.178).*]

H. Diels, Stellungnahme zum Memorial, S. 4a
(s. nebenstehende Seite)

bearbeiteten Wörtern wie den Partikeln das „Interessante und Characteristische" zu treffen. Dem einen mag das recht uninteressant erscheinen, daß Horaz am Schlusse seiner Dedication die ganz gewöhnliche Partikel quodsi gebraucht und so im Ganzen 17 x, andere haben darin, ich | weiß freilich nicht ob mit Recht, ein Anzeichen des prosaischen Ingenium des Dichters gefunden. Ferner ist es ja bekannt, daß die einzelnen Casus z. B. der Pronomina, die einzelnen Formen der Verba nicht gleichmäßig bei den Schriftstellern vorkommen. Es müßte doch darüber Auskunft zu erhalten sein wie es mit solchen gemiedenen Formen steht. Ferner ist viel vom Absterben der Wörter die Rede in den Thesaurusbesprechungen. Die einzelnen Schriftsteller zeigen z. T. ganz unbegreifliche Defecte. Warum fehlt bei Cäsar das Wort clades? Ich weiß nicht, ob man dafür Gründe hat. Jedenfalls muß man die Sprachstatistik des class. Lat. vollst. übersehen, um darüber urteilen zu können. Wie will man dies und ähnliches constatiren, wenn man selbst in der Blütezeit der Latinität nicht genau Buch führt über jedes Wort, jede Form, jede Partikel? Endlich wenn man gerade in neuester Zeit durch die mikroscopische Methode d. h. durch die Betrachtung der Partikeln Erfolge errungen hat oder wenigstens an Erfolge glaubt, der Thesaurus wird dieser Methode den Stoff liefern oder wenigstens auf solche Behandlung gerüstet sein müssen.

Also der Thesaurus darf kein Raritätencabinet werden, sondern das Gemeine und Alltägliche, ja gerade dies muß als solches wenigstens ziffernmäßig constatirbar und in der Verzettelung berücksichtigt sein. Ich meine nicht, daß | jedes et und atque künftig im Thesaurus verzeichnet werden soll (das ist ja ein Ungedanke), aber vorhanden in dem Zettelfundament müssen sie sein, damit sie wenigstens gezählt und das Characteristische ausgehoben werden kann. Denn was wichtig und characteristisch ist, lehrt erst das Material. Wer mit seinem Wissen (und wäre es das eminenteste) an die Excerption der Schriftsteller herangeht, läuft Gefahr fruchtbares Material bei Seite zu lassen. Nur die unbefangene d. h. auf vollständiger Kenntnisnahme des Materials beruhende Prüfung kann die Abstufung der Zeitalter, der Gattungen, der Individuen unterscheiden. Was in dem vorliegenden Projecte gefordert wird für Plautus, das ist, sollte ich denken, für Terenz, Lukrez und Vergil und für Varro und Cicero billig. Ich kann es daher nicht wohl verstehen, warum der Redactor Ciceros übrige Schriften in extenso soll benutzen können, die rhetorischen aber in excerpto. Ich möchte glauben, daß Cicero wenn irgend einer, dem | Redactor in vollständiger Verzettelung aller Schriften vorliegen muß. Aber mit Cicero wird man sich nicht begnügen dürfen, und wenn man das nächstliegende Bedürfnis anerkennt, die Latinität wenigstens der großen Schriftsteller zu umfassen, so muß meine ich, mindestens bis Tacitus, andere werden sagen, bis Diocletian, das gesamte Material genau verzettelt vorliegen. So faßt es wol auch M. Hertz auf, wenn er S. 677 des Gutachtens die Excerption d. h. die Auswahl des Vocabelvorrats, etwa vom Ende des II. Jahrh. n. Chr. beginnen läßt.

Aber gegen die <u>ganze</u> Einrichtung der Excerption sprechen gewichtige Gründe.

1) Jeder excerpirt in Quantität und Qualität anders und gemeinsame Normen lassen sich dafür nicht aufstellen. (Erfahrung an d. 12 Indices der Aristoteles-Commentatoren) |

2) Diejenigen Hilfsarbeiter, die mit Verstand excerpiren können, sind dünn gesät
und theuer, wenigstens wenn man die Qualität der Arbeit entsprechend entlohnt.

3) Beim Excerpiren sind Irrtümer im Schreiben und namentlich in den Zahlen
ganz unvermeidbar. Der Plutarchindex Wyttenbachs versagt außerordentlich häufig,
weil die pagina noch mechanisch fortgeschrieben wurde, wenn die neue begonnen,
wie man „September" noch einige Tage in den October hinein schreibt. Dies ist bei
allen Indices der Fall, die nicht controlirt wurden, und die Controlle muß die Arbeit,
Zeit und Kosten fast verdoppeln. Daher ist beim Index der Digesten ein mechanisches Verfahren beliebt worden, das freilich auch mit Übelständen verknüpft ist.

4) Selbst da, wo die bloße Revision fertiger Indices gewünscht wird S. 10 ff. ist
die Mühe | und Zeit, die darauf verwendet werden muß unsagbar. Denn da ja nicht
jedes Wort revidirt werden soll, so muß jede revidirte Stelle wenigstens unterstrichen
werden. Dann muß der Index auseinandergeschnitten werden und dann ist, da ja die
einzelnen Stellen nicht getrennt werden können (was zur Redaction der einzelnen
Wortbedeutungen eigentlich unbedingt notwendig wäre), bei den häufig vorkommenden Vocabeln ein solcher revidirter Index so gut wie gar keiner. Es kommt
hinzu, daß bei dieser Manier orientirende Bemerkungen über Zusammenhang, Varianten, Textcritic etc nur schwer am Rande Platz finden und daß die Divergenz der
Zählung der Verse oder § oft die ganze Arbeit illusorisch zu machen droht. Um nicht
mit Allgemeinheiten zu kommen habe ich mehrere Proben gemacht. Um den bekanntlich recht tüchtigen Index Quintilianeus von Bonnell mit der Halm'schen Ausgabe zu confrontiren, wählte ich auf gut Glück S. 8, 1–15 (1/2 Seite des Proömiums). Ich habe nur die bemerkens | werten Vocabeln und Phrasen aufgeschlagen, die
nach meiner Ansicht, wenigstens im <u>Apparat</u> des Thesaurus nicht fehlen dürfen. Ich
fand daß 13 solcher Wörter und Wendungen oder Wortformen (wie sicuti statt sicut,
sucus metaphorisch, ius rhetorices interpretari, testandum est, corpus d. Fleisch im
Gegens. zu Knochen) bei Bonnell fehlen. Ich schrieb diese Defecte dazu, unterstrich
die verglichenen Stellen und brauchte bei raschester Erledigung für die halbe Seite 1
volle Stunde. Soll also der Bonnell'sche Index wissenschaftlich brauchbar werden
und die Halm'sche Recensio dem Thesaurus auch nur an den wichtigsten Stellen zu
gute kommen, so braucht man für die Institutionen des Quintilian 366 x 2 = 722
Stunden. Da man eine so entsetzlich ermüdende Arbeit am Tage höchstens vier Stunden aushält, so braucht man dazu 180 Tage und der Gelehrte, der nicht der erste beste sein darf, erhält dann, da man doch 20 Mark mindestens für das Zerschneiden
und Aufkleben des Index abrechnen muß, ein Geschäft das auch | nicht jeder beliebige Arbeiter machen kann, 180 Mark nach der im Project S. 11 für Quintilians Institutionen ausgeworfenen Summe von M. 200, so macht dies gerade 1 Mark für den
Tag!

Aber auch abgesehen von diesen Berechnungen, abgesehen von den Fehlern die bei solchem Hin- u. Herschlagen unvermeidlich und noch viel leichter möglich sind als beim bloßen Excerpiren, was erhält man dann bestenfalls? Eine Wiedergabe der jeweilig besten Ausgabe, im günstigsten Falle, aber d. h. wenn der betr. Excerptor ein ausgezeichneter Gelehrter u. scrupulösester Arbeiter ist u. wenn er die doppelte Zeit daran setzt, eine an einigen Stellen verbesserte Ausgabe der betr. Ausgabe. Aber für wieviele Dichter und Prosaiker liegen denn solche Ausgaben vor? Wie darf man wagen in einem Thesaurus die Maniliusausgabe von Jacob, die Silvae von Bährens, um | keine Lebenden zu nennen, zu Grunde zu legen?

Wenn schon der Merguet'sche Ciceroindex nicht ohne weiteres brauchbar ist, weil er zwar nach den „neuesten Texten" (S. 6), aber ohne selbständige Revision verfertigt ist, die selbst der Halm-Baiterschen und C. F. W. Müllerschen Ausgabe gegenüber unerläßlich ist, so sind bei vielen oder den meisten Schriftstellern die neuesten Ausgaben nicht ohne weiteres zur Grundlage brauchbar.

Daher scheint mir die Forderung unerläßlich, daß primo loco für zuverlässige Texte gesorgt wird, die nicht auf subjectiver Kritik, sondern auf behutsamster Ausbeutung der handschr. Recensio beruhen. Wie das zu machen sei, will ich sofort darlegen, indem ich meiner Kritik nunmehr meine positiven Vorschläge folgen lasse: |
Ich unterscheide 2 Perioden der Litteratur

    1) bis Tacitus (resp. Fronto – Apuleius – Gellius)
    2) von da bis Justinian.

Für die zweite adoptire ich notgedrungen die Excerption intellegenterer Fachmänner, in dem von vornherein für diese zweite Periode nur das Seltene vollständig, das Übrige in typischen Beispielen gesammelt werden soll.

Für die erste dagegen verlange ich vollständige Neu-Sammlung des Materials, soweit | nicht bereits vorhandene Indices den Anspruch der Vollständigkeit befriedigen. Ich adoptire daher die S. 5 namhaft gemachten Lexica zu Cäsar, Cicero, Horaz, Livius Tacitus. Ich verhehle mir dabei nicht, daß die Benutzung dieser gedruckten Lexica für den Redactor mehr Unbequemlichkeit als Bequemlichkeit darbieten wird. Vielleicht kann man die Orginalzettel dieser Lexica von einem oder dem anderen Werk erwerben. Indem ich also obgleich widerstrebend diese paar Lexica annehme, fordere ich für alle anderen Schriftsteller der I Periode neue und vollständige indices omnium verborum et locorum und zwar fordere ich, daß diese Indices auf Grund zuverlässiger, von Fachmännern revidirter Texte gemacht werden und endlich fordere ich, daß jeder Zettel die Bedeutung, den Zusammenhang, die etwaigen Varianten des betr. Wortes in voller Deutlichkeit erkennen lassen muß, sodaß ein späteres Nachschlagen grundsätzlich vermieden wird. |

Wenn die hochverehrten sachverständigen Collegen welche den Plan entworfen haben, von solchen Forderungen glaubten Abstand nehmen zu müssen, so haben sie glaube ich sich hauptsächlich von zwei Erwägungen leiten lassen. Einmal erschreckte die Massenhaftigkeit des zu verarbeitenden Materials. In der That steht man vor den

Bergen von Zetteln, die zu erwarten sind, vorläufig ratlos, wenn auch die größten Bergriesen Cicero, Livius Tacitus sich nicht mehr darunter befinden. Aber die Zahlen sind in der Praxis nicht so fürchterlich. Und vor allem der Masse läßt sich durch eine stufenmäßige Vorbereitung und Teilung der Redactionsthätigkeit wirksam entgegenwirken, wie ich sofort zeigen werde.

2) erschrecken die Summen, welche bei solcher Verzettelung erforderlich scheinen. Erfordert schon der Modus des vorliegenden Projectes für Indices 23780 M., so | wird, meint man, ein vollständiger Index bis auf Tacitus mindestens 100000 kosten, und wenn die dafür ausgesetzten Summen nach meiner persönlichen Erfahrung sich als überaus niedrige erweisen, die vielleicht um das 6 bis 10fache erhöht werden müssen, so kämen wir schon mit der bloßen Verzettelung auf die Summe welche für das ganze Unternehmen in Aussicht gestellt ist.

Bedenkt man endlich, daß zur Bewältigung des so massenhaft gesteigerten Materials zahlreichere Kräfte angestellt werden und endlich ein größerer Umfang des Thesaurus in Aussicht genommen werden muß, so steigert sich dies alles zu Summen, die das ganze Unternehmen als aussichtslos erscheinen <lassen>. So erscheint es in der That fast in dem Gutachten der Akademie S. 19 und deshalb, glaube ich, haben unsere verehrten Collegen sich schweren Herzens zu ei|nem bescheideneren Vorschlage vereinigt.

Mein Plan geht nun dahin zu versuchen, ob nicht durch eine andere Organisation die schweren Mängel des Excerptverfahrens verhütet und wenigstens für die I Periode eine vollständige Verzettelung möglich würde.

Ich adoptire das Meusel'sche Verfahren, dessen praktische Durchführbarkeit er selbst glänzend erprobt hat. Ich selbst habe einige Versuche gemacht, die ich hier vorlege. Danach brauche ich z. B. um Lukrez zu revidiren, die Varianten zu bemerken, den Zusammenhang zu notiren und dann jedes Wort mit diesen Noten versehen darzustellen im Ganzen 309 Stunden, d. h. bei 6 täglichen Arbeitsstunden, die sehr leicht erträglich sind, weil viel mechanische Arbeit dazwischen fällt, 51 Tage, also | ganz reichlich bemessen incl. der alphabetischen Ordnung des Materials 2 Monate. Rechnet man, wie man es nach Analogie der Bibliotheksvolontäre u. sonst. wiss. Hilfsarb. thun kann, die Remuneration auf monatlich 100–120 Mark, so kostet also der Index wenn weitere 50–100 Mark für Papier und Hektographenmasse dazukommt, ein absolut vollständiger, auf der letzten Edition beruhender, jedes spätere Nachschlagen so gut wie überflüssig machender Lukrezindex 250–300 M. d. h. 1/4–1/3 des für denselben Zweck in dem vorl. Project ausgesetzten Preises von M 1000, womit man nur einen index omnium verborum, aber nicht omnium locorum erhielte, der doch bei Lukrez, wie mir scheint, ganz unerläßlich ist.

Ich habe ein anderes Experiment mit Manilius gemacht. Hier muß der Jacob-Text, ehe er dem Indexmacher übergeben wird, jedenfalls erst | ganz anders festgestellt werden. Das ist eine Arbeit für sich, die ich nicht besonders berechne. Abgesehen davon erfordert das Verzetteln der 4258 Verse etwa 80 –100 Stunden also etwa rund

14 Tage oder M. 50–60. Gibt man nun noch einem im Manilius bewanderten Gelehrten wie Bechert (Leipz. Stud. I) (Krämer Marburg) die Recension des Manilius in die Hand, die er ja sofort drucken lassen kann, wenn er will, und verbindet damit den Auftrag das Handexemplar des Indexmachers so vorzubereiten, daß er alles was er in die Indices eintragen soll schon fertig vorfindet, so wird die Aufgabe wesentlich erleichtert. Ein solcher Gelehrter muß natürlich seinen Hauptlohn in der Ehre finden als der Normaleditor des betr. Autors verewigt zu werden. Bewilligt man ihm aber (außer dem zu erwartenden Buchhändlerhonorar) noch eine Summe von M. 100 | so kostet dieser ganz ausnahmsweise schwierige Index etwa 200 M., während im Projecte 300 M. dafür ausgeworfen sind, ohne daß dabei an eine Revision des Textes an Haupt und Gliedern gedacht worden zu sein scheint.

Ferner würde statt des entsetzlich mühseligen, wissenschaftlich unzureichenden und praktisch schwer verwendbaren Bonnell'schen Index retractatus, wie er mit M. 200 ins Budget aufgenommen ist ein neuer Index in 183 St. nach meiner Berechnung sich herstellen lassen d. h. in ungefähr einem Monate, sodaß der vollständige Index ganz gewiß nicht theurer zu stehen kommen würde als der Index retractatus.

Diese Proben mögen genügen, um zu zeigen, daß man mit denselben Summen | die im vorliegenden Projecte ausgesetzt sind, einen index perfectus der Schriftst. der ersten Periode herstellen kann u. wahrscheinlich etwa die Hälfte des Geldes spart.

Zugleich aber gestattet der Modus der Verzettelung auch eine Teilung der Arbeit, die mir wesentlich zu sein scheint. Man teilt die Arbeit wie bei Manilius in 2 Teile 1) wissenschaftliche u. 2) mechanische.

1) Man läßt von dem wissenschaftlichen Arbeiter den Autor zum Indexmachen vollkommen vorbereiten d. h. also er unterstreicht die wichtigen Varianten der Hdss. (bei alten Hdss. auch orthographische), die unerläßlichen Emendationen, er gibt bei schwierigen Bedeutungen Erklärung (deutsche Übersetzung) endlich er teilt nach dem Sinne den Text in bequeme Pericopen ab, soviel Zeilen der einzelne Stammzettel enthalten soll. |

Diese Ehrenarbeit werden gewiß eine große Anzahl Gelehrter gratis übernehmen, obgleich ein geringer Ehrensold die gegenseitige Verpflichtung besser festigt. Denn die Ablieferung des so vorbereiteten Ms. muß in ganz regelmäßigen Lieferungen erscheinen, nachdem die Redaction das Muster festgestellt und durch Proben sich von der Brauchbarkeit des Mitarbeiters überzeugt hat.

Ist der Text so vorbereitet, so kann man jeden zuverlässigen Menschen mit deutlicher Hds. und einigem Latein zur mechanischen Herstellung der Zettel verwenden. Das würde am besten in den Universitätsstädten geschehen, wo man ja beliebig viele Kräfte zu billigsten Preisen zur Herstellung der Stammzettel verwenden könnte. Beauftragt man nun noch einige manuell geschickte Arbeiter dieser Art (denn Studenten sind heutzutage billiger als Handwerker) mit der Herstellung | der hektographischen Abzüge, so wird viel Zeit, Mühe und Verdruß gespart werden und der Preis und die

Herstellungszeit sich noch wesentlich niedriger stellen als ich es bei der Herstellung im Kleinen annehmen kann.

Die fertigen von den Stammzetteln gefertigten Copien werden von den Verzettelern der Wortfolge nach rot unterstrichen und mit dem rechts stehenden mit Tinte geschriebenen Lemma versehen.

Sie bleiben aber in der Wortfolge des Autors ungestört liegen, bis sie die Revision des Sekretärs oder Untersecretärs passiert haben, der nach Stichproben einzelne mislungene Zettel zur Erneuerung zurückgibt oder bei schlechtem Ausfall die Arbeit | oder den Arbeiter zurückweist. Ist dagegen die Probe gut ausgefallen, so kann die alphabetische Ordnung beginnen.

Für die Aufbewahrung der so von allen Seiten einlaufenden Zettel ist ein geräumiges Local an dem Sitze der Directoren in Aussicht zu nehmen (resp. 2), wo in mit Deckeln vers. Papp- oder Blechkästen vor dem Licht und dem Staub geschützt die Zettel aufbewahrt werden, bis die einzelnen Wörter resp. Wörterfolgen des gesamten Materials an die Redactoren verteilt werden. Verteilung des Stoffes an die 2 Direct. [*2 abgekürzte Wörter unleserlich*] (Dichter und Prosaiker) etc.

Der wie es scheint, nur gestreifte Gedanke, daß hier Auskunftsbureaux für lateinische Lexicographie errichtet werden, | scheint mir sehr wichtig. Ich meine, es müßte jedem gegen eine zu zahlende Gebühr frei stehen das Material und die Sekretariatskräfte der Centralbureaux wissenschaftlich auszunutzen. Dies würde nach Vollendung des Werkes sogar noch wichtiger werden wie vorher u. dann wird wol auch für eine bes. Organisation dieser Bureaux und dieses Nachrichtendienstes zu sorgen sein. Dagegen halte ich es für verfrüht irgend einen dieser Indices bereits jetzt <u>drukken</u> zu lassen, da die Drucklegung 1) das Material jahrelang bei größeren Autoren jahrzehntelang occupiren würde und 2) ist das Zettelatom [!] ein unendlich viel geeigneteres Substrat für die Verarbeitung als eine noch so fein erklügelte Zusammenstellung. 3) endlich ist der Druck bei der Unsicherheit des Setzergewerbes und drohenden Strikes [!] ein Accidens, das nicht ohne Not in unsere Berechnung gezogen werden sollte. |

Während der Zeit des Sammelns wird neben den beiden Directoren jedenfalls je ein ständiger Sekretär seine Arbeit finden und dadurch eine gleichm. Anspann. der ständigen Beamten erzielt werden. Sodann aber, wenn das Material zusammen ist, wird die Zahl der wissenschaftl. Hilfsarbeiter wesentlich zu vermehren sein. Die Raritäten können ja leicht erledigt werden, aber die schwierigeren und umfänglicheren Artikel können meines Erachtens nicht von dem eig. Redactor aus dem rohen Zettelmaterial herausgearbeitet werden. Vielmehr hat ein Vorarbeiter die rudis indigestaque moles welche ihm von dem Directorium zur Verarbeitung übersandt wird nach der angegebenen Instruction zu sondern, die Masse der Zettel lediglich statistisch zu verwerten u. die Zahlen festzustellen, dann aber die bemerkenswerten Zettel aus dem Ganzen | auszusondern. Diese gesiebten Zettel (denn es ist darauf zu halten, daß möglichst die Originalzettel, nichts Copirtes zur Verwendung kommt) kommen dann an den eigentlichen Redacteur, der den Artikel zu ordnen, zu verfassen und zu controliren hat. So verschwinden also die erschreckenden Massen und wenn der Artikel aus den Händen des Redacteurs kommt, zusammen mit den gesiebten und den ungesiebten Zetteln, wird es für den revidirenden Sekretär oder Director nicht mehr allzu anstrengend sein, das etwa Fehlende zuzufügen und vor allem das Überflüssige mit dem Rotstifte zu streichen oder zu comprimiren. |

Zum Schlusse möchte ich einige Einzelbemerkungen zufügen.

Das Eintragen in das Directionsexemplar, von dem mehrfach die Rede, hat als Uebelstand, daß bei der getrennten Bearbeitung der einzelnen Abteilungen diese Bemerkungen z. B. die ältesten Belege f. Liv. Andronicus S. 10 nicht zugänglich sind. Das Zettelsystem ist m. E. auch hier das einzig mögliche.

Unter den Schriftstellern die sei es ganz oder teilweise verzettelt werden müssen vermisse ich folgende (Anfrage!):

Apicius
<u>Petronius</u>
<u>Cato</u> und <u>Varro</u> de agricultura
Scriptores hist. Aug

<table>
<tr><td><u>Fragm. XII tabul.</u></td><td>Wie stehts mit</td></tr>
<tr><td>Dares</td><td>Augustin u. Vulgata.</td></tr>
<tr><td>Dictys</td><td>Boethius philosoph. Schriften ([1 ab-</td></tr>
<tr><td>Avienus</td><td>gekürztes Wort unleserlich] !)</td></tr>
<tr><td><u>Celsus</u> Medicin</td><td>Priscian Uebers. Bywater</td></tr>
<tr><td>Eutrop</td><td></td></tr>
<tr><td><u>Festus</u></td><td></td></tr>
<tr><td><u>Nonius</u></td><td></td></tr>
</table>

| In der Rubrik S. 10/11 scheinen einige Schriftst. zu unrecht zu stehen
Anthologia Riese hat k. Index
Poetae, Donatus, Servius etc.

Unter den Inschriften sind m. Er. die republikanischen Inschr. ferner d. Mm. Ancyr. u. die Arvalacten <u>vollständig</u> zu verzetteln. Ebenso eine Reihe wichtiger späterer Inschr.

Aes Italicense etc.

Zu den Annexforderungen S. 13 schlage ich vor

ε) die <u>Titel</u> der Litteraturwerke sind nach Teuffel zu sammeln u. einzutr. insofern sie nicht später sind.

ζ) ein Gelehrter, der die röm. Philosophie beherrscht muß gewonnen werden die röm. Termini bei Cicero u. Seneca mit den griechischen Correlaten zu vergleichen (Hirzel, Wendland, v. Arnim) η) Ein ebensolcher für die Rhetorik (Thiele) |

θ) Ein Gelehrter der die italischen Sprachen beherrscht muß die Parallelen dieser Sprachen kurz angeben (Nov. Lexicon Italicum Bücheler).

Ferner muß es in α) wohl heißen <u>Wilhelm</u> Schulze in Marburg

Ich fasse z. Schlusse m. Anschauungen kurz in Thesen zusammen

1) Die Grundlage der Verzettelung müssen in der Regel selbständig revidirte Texte bilden.

2) Die vollständige Verzettelung muß alle Autoren bis incl. Tacitus, ferner Fronto, Gellius, Apuleius umfassen.

3) Der Modus ist der Meuselsche auf Grund der anderweitig revidirten Musterexemplare

4) Die Zettelmasse passiert, ehe sie in die eigentliche Verarbeitung der Redactoren kommt, eine Rohbearbeitung nach groben statistischen Gesichtspunkten, welche den größten Teil des Materials bei Seite werfen wird. Durch diese Einrichtung wird zugleich die Arbeitsleistung intellectueller Art bereits der ersten Periode beträchtlich werden u. die Kräfte werden sich zur eig. Redaction stählen und erproben. |

5) Die Redaction selbst arbeitet nur mit dem gesiebten Materiale, hat aber jeden Augenblick die Möglichkeit in die rohe Masse zu greifen, um zu revidiren u. completiren

6) Das vom Redactor hergestellte Manuscript wird vom Director u. dessen Sekretären comprimirt, mit Rücksicht auf d. Umf. des Druckwerkes, wobei namentlich auch die Bedeutungsentwicklung eine starke Compression erfahren wird

7) Das Zettel-Material, das die beiden Directoren verwahren, kann <u>später</u> nach Beendigung des Thesaurus gedruckt werden. Die Zettel werden so weit wie möglich originaliter in der Redaction beibehalten [?], da Abschriften Fehler erzeugen. Nachher zurück.

8. Die Kosten werden sich nach meinem Plane für die Verzettelung billiger stellen. Aber der Gewinn wird durch die größeren Kosten der Bearbeitung des Rohmaterials etc aufgehoben werden. Somit kann das Budget im Großen bestehen bleiben.

Nr. VIII

Plan zur Begründung

eines Thesaurus linguae latinae
den fünf Deutschen Akademieen von der Berliner Delegirten-
conferenz zur Genehmigung vorgelegt
(1893)

Nachdem im 16. Jahrhundert die Philologendynastie der STEPHANI durch Gründung ihrer lateinischen und griechischen Thesauri das feste Fundament zum wissenschaftlichen Betrieb der klassischen Studien gelegt und dadurch wesentlich zu der glänzenden Blüte dieser Wissenschaft im damaligen Frankreich beigetragen hatte; nachdem dann im 18. Jahrhundert der lateinische Wortvorrath in Deutschland durch GESNER, in Italien durch FORCELLINI in umfassendem Sinne gesammelt worden, ist natürlich auch in unserm Jahrhundert, das einen so wunderbaren Aufschwung aller Alterthumsstudien erlebt hat, der Gedanke immer und immer wieder aufgetaucht, einen dem heutigen Stande und der heutigen Auffassung der Wissenschaft entsprechenden Thesaurus linguae latinae zu gründen. Schon im Anfang unseres Jahrhunderts verfolgte FRIEDRICH AUGUST WOLF, der der modernen Philologie allerwegen ihre wissenschaftlichen Aufgaben vorgezeichnet hat, den Plan mit hervorragenden Gelehrten des In- und Auslands einen solchen Thesaurus herzustellen. Dann nahmen RITSCHL, HALM und FLECKEISEN im Jahre 1858 den unterdessen vielfach ventilirten Gedanken WOLF's mit besserer Hoffnung auf, da sie in Hrn. BÜCHELER einen geeigneten Leiter des grossen Unternehmens gefunden hatten und zugleich auf eine von König MAX II. von Bayern hochsinnig aus der Cabinetskasse zur Verfügung gestellten Beitrag rechnen durften. Aber auch dieser unter so günstigen Vorzeichen unternommene Versuch scheiterte an inneren und äusseren Schwierigkeiten. So griff fünfundzwanzig Jahre später Hr. WÖLFFLIN, der Nachfolger HALM's auf dem Münchener Lehrstuhl, das Werk zum drittenmale an, indem er mit Unterstützung der K. bayrischen Akademie das „Archiv für lateinische Lexicographie und Grammatik mit Einschluss des älteren Mittellateins als Vorarbeit zu einem Thesaurus linguae latinae" gründete. Durch dieses Organ, das eben seinen 8. Band abschliesst, wurden die Anschauungen über lateinische Lexicographie wesentlich geklärt, erweitert und vertieft und eine ansehnliche Schaar von jüngeren und älteren Philologen für das grosse Werk interessirt und in | dessen Technik eingeweiht. Freilich je länger die Ausführung des Thesaurus verschoben wurde, um so schwieriger ward sie. Während man früher von dem Lexicon kaum mehr als die Vermittelung der richtigen Be-

---

[Als Privatdruck den fünf beteiligten Akademien im November 1893 zusammen mit dem Memorial (o. Nr. VI) übersandt; abgedruckt Arch. Lat. Lex. 8 (1893) S. 621–625.]

deutung und etwa eine Sammlung von Phrasen für das Lateinschreiben verlangte, während dann später der Nutzen des geforderten Thesaurus für die immer virtuoser ausgebildete Textkritik betont wurde, hat sich jetzt die lateinische Lexicographie ihr eigenes, autonomes Ziel gesteckt. Sie will die Geschichte der Sprache sowohl der Schrift- wie der Volkssprache durch alle Jahrhunderte, in denen das Latein lebendig war, also bis zur Abtrennung der romanischen Tochtersprachen, in jedem einzelnen Worte zur Darstellung bringen. Das Wort ist der Spiegel des Gedankens. Die Lebensgeschichte also der einzelnen Wörter, ihre Entstehung, Verbindung, Vermehrung, Abänderung in Form und Bedeutung, ihre gegenseitige Vertretung und Ersetzung, endlich ihr Absterben stellt in tausendfacher Brechung die Geschichte des nationalen Fühlens und Denkens dar; und die zwei wichtigsten Veränderungen der römischen Cultur durch griechischen, dann durch christlichen Einfluss spiegeln sich nicht minder treu im lateinischen Lexicon als in der lateinischen Litteratur ab. Die Wörter haben ja keine Sonderexistenz, sondern sie leben und weben in der Seele des Volkes, aus der sie geboren sind.

Um diese psychologisch-historische Aufgabe so zu lösen, wie es die heutige Wissenschaft verlangt, gilt es nicht nur die Wörter aller Epochen, Gattungen und Schriftsteller möglichst vollständig zu sammeln, nicht nur die Wandlung ihrer Form und Bedeutung darzustellen, sondern auch, woran frühere Forschung gar nicht dachte, das Fehlen gewisser häufiger Wörter in gewissen Zeitaltern, in gewissen Litteratur-Gattungen, bei gewissen Autoren zu constatiren und mit der Vorsicht, die hier geboten ist, zu erklären.

Diese Aufgaben der modernen lateinischen Lexicographie entwickelte Herr HERTZ im Jahre 1889 vor der Philologenversammlung in Görlitz und er wusste durch seine dringende Forderung eines Thesaurus linguae latinae nicht nur das Interesse der Fachleute, sondern auch der preussischen Regierung zu erregen. Auf ihre Veranlassung trat Anfang 1890 [!] in Berlin eine Conferenz zusammen, welche den genannten Gelehrten zur Abfassung einer in den Sitzungsberichten der Berliner Akademie 1891 (9. Juli) S. 671 ff. abgedruckten Denkschrift veranlasste. Hier wird für den Thesaurus eine etwa achtzehnjährige Dauer und eine Gesammtaufwendung von 500000 Mark in Aussicht genommen.

Diese ausführliche und sachverständige Darlegung hat dann die Berliner Akademie in einem in demselben Hefte S. 685 abgedruckten Gutachten beifällig beurtheilt. Nur fordert sie, dass das in Aussicht genommene Excerptionsverfahren durch eine vollständige Verzettelung der wichtigsten Schriftwerke ersetzt werde, wodurch sich freilich, wie betont wurde, die Gesammtkosten auf etwa eine Million Mark erhöhen würden.

Während man in ferner stehenden Kreisen den neuen Thesaurus bereits für völlig gesichert hielt, enthüllte das akademische Gutachten unerwartete Schwierigkeiten in technischer wie finanzieller Beziehung. Dass ein Staat so grosse Mittel zur Zeit bereit stellen könnte, schien zwar nicht unmöglich, aber unwahrscheinlich. Aber jenes Gut-

achten enthielt auch das stolze Wort: „Kann ein solcher Wortschatz überhaupt geschaffen werden, so wird er in Deutschland geschaffen, und dieses Vorrecht schliesst
eine Pflicht ein." So ward der schon früher erwogene Gedanke neu belebt, diese
Pflicht Deutschlands, die keine der deutschen Akademieen allein tragen | konnte, auf
gemeinsame Schultern zu nehmen und die fünf Akademieen in Berlin, Göttingen,
Leipzig, München und Wien zur Mitarbeit an dem deutschen Werke zu vereinigen.

Es war nicht der müheloseste Theil des Weges eine befriedigende Organisation
auf dieser Grundlage zu finden. Das Jahr 1893 ist fast ganz mit diesen Bestrebungen
hingegangen. Nachdem die Conferenzen zu Leipzig und Frankfurt a. M. die Bereit-
willigkeit der deutschen Akademieen ergeben hatten, durch Delegirte sich an den Berathungen zu betheiligen und in Coburg (30. Juli 1893) die Organisation in Umrissen
festgestellt worden war, wurden die Herren BÜCHELER und WÖLFFLIN, als die lei-
tenden Träger des Thesaurusgedankens, aufgefordert einen Arbeits- und Finanzplan
im Einzelnen auszuarbeiten, was dann auch auf Grund von achttägigen gemeinsamen
Berathungen in München (3. bis 11. August 1893) geschah. Dieser in einem
Exemplar beigefügte Entwurf lag der Berliner Conferenz vom 21. bis 22. October
dieses Jahres zur Berathung vor. Erschienen waren Herr BÜCHELER und sämmtliche
Delegirte der fünf Akademieen, am zweiten Tage auch Herr LEO aus Göttingen, der
neben den Herren BÜCHELER und WÖLFFLIN das Directorium bilden wird.

Nach eingehender Prüfung des Münchener Planes einigte man sich auf folgenden
Modus: Für einige wenige Klassiker fand man die vorhandenen Speciallexica ausreichend. Für die übrigen Schriftsteller dagegen wird eine neue Verzettelung stattfin-
den. Und zwar sollen aus den von Fachleuten revidirten und vorbereiteten Muster-
ausgaben vermittelst des MEUSEL'schen Systems vollständige Indices omnium verborum et locorum hergestellt werden. Die archaische und goldene Latinität (auch der
Inschriften) wird ganz, die silberne grösstentheils, die spätere Zeit nur in zweckent-
sprechender Auswahl verzettelt werden. Dabei soll namentlich auch auf die die mittelalterliche Latinität bestimmenden Schriften Rücksicht genommen werden. Die übrige antike Litteratur (einschliesslich der Inschriften) und die modernen Fachzeit-
schriften und Fachwerke sollen durch kundige Gelehrte excerpirt werden.

Sofort nach Herstellung und Revision der so gewonnenen Specialindices beginnt
das Werk der Ordnung und Bearbeitung im Rohen; die Zettel werden alphabetisch
gelegt, die Frequenz der Wörter und Wortformen statistisch festgestellt, die Arten
und Abarten der Bedeutung in grossen Gruppen ausgesondert und die characteristischen Typen jeder Art ausgehoben. Durch diese Rohbearbeitung wird es gelingen
vor der eigentlichen Redaction die Massenhaftigkeit des ungeheuren Materials auf
eine zweckdienliche Auswahl zu reduciren, doch so, dass man jeden Augenblick auf
die Einzelindices zurückgreifen kann, die auch nach Vollendung des Thesaurus ihren
selbständigen Werth für die Forschung behalten werden.

Ist nun diese Rohbearbeitung der einzelnen Indices abgeschlossen, so wird das
gesiebte Material zusammengelegt und einzelne Buchstaben oder Theile derselben

den eigentlichen Redactoren zur Feinbearbeitung überwiesen. Das Ergebnis dieser
Thätigkeit ist das Manuscript des Thesaurus, das nach der Revision der Direction
druckreif ist. Der Umfang des ganzen Werkes soll zwölf Bände gross Quart zu
durchschnittlich 1000 Seiten nicht übersteigen.

Bei dieser mannigfach abgestuften Thätigkeit sind nach der in der Sitzung vom
22. October d. Js. festgesetzten Geschäftsordnung, die in einem Exemplar beiliegt, nur
fünf Personen dauernd und in fester Stellung beschäftigt: die drei Directoren und die
beiden Secretäre, während der zahlreiche Stab von Mit- und Hilfsarbeitern nur nach
dem jeweiligen Bedürfnisse herangezogen wird. Die Oberaufsicht über das ganze
Werk steht den fünf Akademieen zu, die | zu der jährlichen Conferenz je ein Mitglied
zu delegiren haben, welche mit dem Directorium die leitende Commission bilden.

Bei der Berathung des finanziellen Planes, welche in derselben Sitzung des 22.
Octobers unter Theilnahme zweier Vertreter der preussischen Regierung (der Herren
Geh. Rat Dr. ALTHOFF und Reg. Rat Dr. SCHMIDT) stattfand, ergab es sich, dass
zwar einzelne Posten (namentlich der Verwaltung) höher anzusetzen waren, dafür
wurden wieder andere, namentlich die Kosten der Verzettelung wesentlich niedriger
veranschlagt, so dass man an der in dem Münchener Plan (S. 24) geforderten Total-
summe festhalten konnte.

Danach wird das ganze Unternehmen auf 20 Jahre und einen Gesammtaufwand
von 605000 Mark veranschlagt. Von dieser Summe hofft man 100000 Mark, im
günstigsten Falle 150000 Mark durch Buchhändlerhonorar zu decken. Die somit
verbleibende Summe von rund 500000 Mark würde sich gleichmässig auf die 5
Akademieen vertheilen, so dass auf jede in den 20 Jahren 100000, also jährlich 5000
Mark fallen würde.

Da die bayrische Regierung diese Quote für 1894 und 95 mit zusammen 10000
Mark bereits in den Etat eingesetzt hat und die anwesenden Vertreter der preussischen Regierung erklärten, die Garantie übernehmen zu können, dass jede der beiden
preussischen Akademieen (Berlin und Göttingen) jährlich 5000 Mark beizusteuern in
der Lage sein werde, da endlich die Delegirten der Leipziger und Wiener Akademie
die Hoffnung aussprachen, dass auch ihre Regierungen für die entsprechenden Quo-
ten aufkommen würden (zumal die österreichische Regierung bereits einer Anregung
der Wiener Akademie folgend je 1000 fl. für die Jahre 1894 und 1895 zu Vorarbeiten
in Aussicht gestellt hat), so erschien am Schlusse der Berliner Conferenz das Unternehmen wissenschaftlich, technisch und financiell soweit gereift, dass man nunmehr
den Plan dem Urtheil der fünf Akademieen unterbreiten zu können glaubte. Indem
die Delegirten diesen Conferenzbeschluss hiermit zur Ausführung bringen, hegen sie
die Hoffnung, dass ihre Akademieen mit der Genehmigung des Planes auch die darin
liegende doppelte Verpflichtung anerkennen, einmal sich an der Leitung des Unternehmens durch einen Delegirten zu betheiligen, andererseits aber die auf die einzelnen Akademieen fallende jährliche Quote von 5000 Mark von ihren Regierungen zu
erbitten.

Nr. IX

Friedrich Leo

Protokoll der Göttinger Konferenz
(1894)

Sitzung am 15. Mai 1894
Nachm. 4 Uhr, Göttingen Friedländerweg 36

Anwesend   Ribbeck Bücheler Hartel Diels Wölfflin Leo

1) Zum ständigen Vorsitzenden der Commißion wird gewählt Diels. Zu Directoren des Thesaurus: Bücheler Wölfflin Leo. Die Wahl der Secretäre wird für diesmal ausgesetzt u. den Directoren anheimgegeben, geeignete Persönlichkeiten provisorisch zu beschäftigen.

2) Finanzverwaltung. Zur Verfügung stehen für das Jahr Pfingsten 1894/1895 M. 22250. Diese Summe soll bei der Disconto-Gesellschaft (Berlin) niedergelegt werden. Den Directoren sollen zunächst die vorhandenen Restsummen der den Akademien von München (Rest 600 M.) u. Göttingen (Rest c. 900 M.) zur Vorbereitung des Thes. überwiesenen je 1000 M. angewiesen werden.

3) Verzettelung. Gewählt wird das Meuselsche System in autographischer Reproduction, nach dem Voranschlage des Lithographen Schäfer (Berlin); für die Aufbewahrung der Zettel das Kastenmodell von Sann in Gießen.

Instructionen für die Musterexemplare u. Verzettelung werden von der Direction erwartet. Der Plan, für die Verzettelung freiwillige Mitarbeiter aufzurufen, wird vorläufig fallen gelassen.

Der Direction wird Vollmacht ertheilt, für Herausgabe wichtiger, noch nicht in kritischer Bearbeitung vorhandener Texte Prämien zu bewilligen.

[*Unterschriften:*]
Diels Leo Ribbeck Wölfflin Hartel Bücheler |

[Tagung der Thesaurus-Kommission am 15. und 16. 5. 1894 in Göttingen (erste Konferenz nach der endgültigen Zustimmung der fünf Akademien zu dem Unternehmen); hs. Original des Protokolls beim Thesaurus in München; unveröffentlicht (Abbild. o. S. X).]

Sitzung vom 16. Mai,
Morgens 9 Uhr Friedländerweg 36

Anwesend: die sechs Mitglieder der Commißion.

Es wird bestimmt, daß die Herstellung der Mustereditionen auch für die Autoren
beginnen soll, deren Verzettelung nicht sofort in Aussicht genommen ist.

Ein Circular an die Hersteller der Mustereditionen wird im Entwurf genehmigt.

4) Etat.

Verwaltungskosten	7200 M.	(Directoren 3600
		Secretäre 3600)
Mustereditionen bis Neros Tod	3000	
Verzettelung, Excerption u.s.w.	10000	
Pauschalsumme für Directorium	2000	
	22200	

5) Anlage des Thesaurus: als Sprache wird Latein bestimmt. Die Formenlehre soll
einen Bestandtheil des Zettelmaterials bilden. Orthographische Varianten der ältesten
Handschriften sollen berücksichtigt werden.

Verlag: Ein Anerbieten der Weidmannschen Buchhandlung wird vorgelegt. Das
Directorium wird beauftragt, die Teubnersche Buchhandlung zu neuen Vorschlägen
aufzufordern. Gewünscht wird vollkommenere u. gefälligere typographische Herstellung; geprüftes holzfreies Papier; Verkaufspreis nicht über 40 Pfg. der Bogen.

6) Als Ort der nächsten Conferenz wird München bestimmt.

7) Die Ausfertigung des Berichts an die Akademien übernimmt der Vorsitzende.

[*Unterschriften:*]

Leo Bücheler Diels Ribbeck Hartel

[*Wölfflin hat irrtümlich nicht unterschrieben*]

Nr. X

Erster Thesaurus-Prospekt
(1900)

THESAVRVS LINGVAE LATINAE

EDITVS AVCTORITATE ET CONSILIO
ACADEMIARVM QVINQVE GERMANICARVM
BEROLINENSIS GOTTINGENSIS LIPSIENSIS
MONACENSIS VINDOBONENSIS

LIPSIAE IN AEDIBVS B. G. TEVBNERI

Je mehr nach Breite und Tiefe sich die sprachwissenschaftlichen Studien während der letzten Menschenalter entwickelten, um so mehr machte sich für beide Sprachen, die griechische wie die lateinische, das dringende Bedürfnis fühlbar, ein erschöpfendes und zuverlässiges Wörterbuch zu besitzen. Immer weniger erwies sich das Gedächtnis auch des Belesensten zur Sicherung von Form und Verbindung im Einzelnen als ausreichend; immer mehr sah man ein, wie oft allgemeines Sprach- und Stilgefühl allein irre führte.

So hat denn das Streben, ein möglichst vollständiges Lexikon, zunächst für das Lateinische, zu schaffen, nie geruht. Aber was auch Rob. Stephanus, Gesner, Forcellini für die Grundlage der Sammlung, was für deren Vermehrung im Einzelnen der fleissige Georges, was Freund und Klotz für die genauere Durcharbeitung grösserer und wichtigerer Artikel geleistet haben, all das bewies, trotz der wohlverdienten Anerkennung, welche die Werke fanden, doch nur immer aufs neue, dass die Aufgabe zu gross war, um von einem Einzelnen bewältigt zu werden. Wer für eine specielle Frage, z. B. für die sichere Erläuterung einer bestimmten Stelle, über zuverlässige Zeugnisse verfügen wollte, war und blieb gezwungen unermüdlich selbst zu sammeln. Denn im Allgemeinen entsprach weder das Bild, welches ein Artikel bei Forcellini-de Vit von einem lateinischen Worte gab, der wirklichen Geschichte des Wortes, liess also auch keine sicheren Schlüsse auf Einzelerscheinungen zu, noch war das eigentliche Artikelmaterial hinlänglich kritisch gesichert. Eine bei Forcellini citierte Stelle fand sich oft in den guten Ausgaben der Texte in ganz anderer Gestalt wieder; Druckeinrichtung und Worte des Lexikographen liessen andrerseits den Le-

---

[Verbreitet etwa gleichzeitig mit dem Erscheinen des ersten Thesaurus-Faszikels (2. 11. 1900).]

ser überhaupt sehr oft in Zweifel, was etwa Varro oder Plinius, was Forcellini sagt; Etymologie und Grammatik beruhen durchweg auf ganz veralteten Anschauungen. Besser waren ja nach allen diesen Seiten die Werke von Freund, Klotz, Georges; aber sie waren eben nur Handwörterbücher, konnten bei grösseren Artikeln nicht genügendes Material mit genügenden bezifferten Belegen geben, und auch sie bedienten sich fast durchweg kritisch nicht genügend gesicherter Ausgaben. Dazu sind Inschriften, Münzen, Glossen u. ä. in ganz unvollkommener Weise verwertet, konnten freilich auch zum Teil damals noch nicht besser verwertet werden. |

Unter diesen Umständen gewann der Plan, m i t   v e r e i n t e n   K r ä f t e n ein erschöpfendes lateinisches Wörterbuch zu schaffen, immer weiteren und festeren Boden. War es schon ein gewaltiger Fortschritt von dem zwischen Fr. A.   W o l f und seinen Freunden besprochenen Plane bis zu dem Umrisse einer Organisation, wie ihn K.   H a l m   der 18. Philologenversammlung zu Wien im Jahre 1858 vorlegte und wie er im Wesentlichen auch dem jetzigen Unternehmen zu Grunde liegt, so musste das sich steigernde Bedürfnis doch auch noch die schwierigere Frage lösen, durch welche äussern Umstände die Ausführung zu ermöglichen, vor allem wie die nötigen Geldmittel zu sichern seien. Und während W ö l f f l i n   in seinem 'Archiv für lateinische Lexikographie und Grammatik' direct dem Thesaurus vorarbeitete, während immer mehr Schriftsteller in kritisch sicheren Texten herausgegeben wurden, während das Corpus inscriptionum immer neue Tausende unbekannter oder erst jetzt richtig gelesener Inschriften nutzbar machte und das Corpus glossarum antikes Material an Worten und Worterklärungen darbot, reiften auch langsam die Pläne zur Ausführung des Werkes, das den alten und neuen Sprachstoff geordnet vorlegen sollte.

Es gelang nach einem von B ü c h e l e r   und   W ö l f f l i n   im Jahre 1893 entworfenen Plane, die fünf deutschen Akademien zu Berlin, Göttingen, Leipzig, München und Wien zur Unternehmung des Werkes zu vereinen. Jede Akademie entsandte ein Mitglied in die Commission, welche die Ausführung leiten und überwachen sollte, und sicherte für eine Reihe von Jahren einen grösseren Geldbeitrag zur Bestreitung der Kosten. Nun konnten im Juli 1894 die Vorbereitungsarbeiten beginnen.

Der Bearbeiter eines Thesaurusartikels sollte – das war das Ziel dieser Vorarbeiten – das lexikographische Material möglichst   v o l l s t ä n d i g   und möglichst   z u - v e r l ä s s i g   beisammen haben. Darum wurden für die Schriftsteller bis zur Mitte des 2. Jahrh. nach Chr. vollständige Specialwörtersammlungen angelegt, indem durch mechanische Vervielfältigung von Textabschnitten für jedes in einem Autor vorkommende Wort ein Zettel hergestellt wurde. In zahllosen Cartonschachteln stehen jetzt diese Sammlungen, chronologisch geordnet, auf dem Bureau des Thesaurus; z. B. nimmt das Specialwörterbuch zu Livius allein eine große Wand ein.

Bei dieser 'Verzettelung' begnügte man sich aber nicht damit, die neuesten und besten Ausgaben zu Grunde zu legen, sondern die einzelnen Texte wurden noch von besonders qualificierten Gelehrten 'abcorrigiert', d. h. es wurde überall auf die besten bekannten Handschriften zurückgegriffen, sichere Conjecturen wurden mit Angabe der Überlieferung als solche bezeichnet, zweifelhafte aus dem Texte verbannt, lieber die als corrupt bezeichnete Überlieferung substituiert – alles, um eine unverrückbare Grundlage für die Sicherheit der Citate im Thesaurus zu schaffen. Die späteren Schriftsteller bis zum Ausgang des 6. Jahrh. wurden zum kleineren Teil verzettelt, zum grösseren Teil 'excerpiert', d. h. sie wurden von Specialforschern für die Zwecke des Thesaurus, wieder unter möglichstem Zurückgehen auf die beste Überlieferung, durchgearbeitet und das lexikographisch Wichtige auf besondere Zettel notiert. Selten hat die Commission auf die Bitte um Übernahme einer solchen Arbeit eine Absage bekommen, und die meiste Arbeit ist unentgeltlich geleistet worden: ein Beweis für das grosse und opferwillige Interesse, mit dem von allen Seiten das Werk begrüsst wurde. Besondere Erwähnung verdient noch, dass auch die I n - s c h r i f t e n bis zum Ende des 1. Jahrh. n. Chr. 'verzettelt', die späteren 'excerpiert' worden sind, dass das C o r p u s   g l o s s a r u m 'verzettelt' wurde – zwei Quellen, aus denen dem Thesaurus eine Fülle neuen Stoffes zugeflossen ist. Auch 'L i t t e r a t u r e x c e r p t e' wurden gemacht, d. h. aus Zeitschriften, Opuscula u. a. wurde auf Zettel notiert, was irgend für die Bedürfnisse des Lexikographen erforderlich und nützlich schien.* |

Nach Abschluss dieser Vorarbeiten hat nun im October 1899 die eigentliche Arbeit am Thesaurus, d. h. die Abfassung der Artikel, begonnen. Zu München ist im Gebäude der Akademie der Wissenschaften alles Zettelmaterial vereinigt und unter Leitung eines Generalredactors ein Bureau von einem Dutzend jüngerer Gelehrten eingesetzt worden. Dessen Mitglieder schreiben die Artikel auf Grund der nun aus allen jenen Specialwörterbüchern und Excerpten zusammengeordneten Zettel. Ein solcher Artikelbearbeiter verfügt also über einen Stoff, der den bei Forcellini immer an kritischer Sicherheit, fast immer auch an Vollständigkeit weit übertrifft. Des Bearbeiters Aufgabe ist es, auf Grund des ihm gelieferten Stoffes die Geschichte des Wortes zu schreiben, indem er für seltenere Wörter das Material möglichst vollständig giebt, bei häufigeren Wörtern die Bedeutungsdifferenzen und -entwicklungen klarlegt, alles ohne viel eigene Worte, möglichst nur durch klare, übersichtliche Anordnung der Citate.

Die grösseren Artikel zerfallen von selbst in zwei Teile: der sogenannte 'Kopf' giebt genau die Form des Wortes an (mit Bezeichnung der sicher überlieferten oder zu erschliessenden Vocallänge), verzeichnet ungewöhnliche Formen und Schreibun-

---

* Ausführliche Darlegungen über die Geschichte des Planes und seiner Verwirklichung geben H e e r d e g e n (Handb. d. class. Altertumswiss. II² 625–635), W ö l f f l i n (Archiv f. lat. Lexikogr. VII, 1892, 507–522), L e o (Nachr. d. Gesellsch. d. Wiss. zu Göttingen, geschäftl. Mitt. 1899, Heft I), D i e l s Elementum (Leipzig 1899), W ö l f f l i n (Archiv XI 300. 450), B r u g m a n n (Anzeiger für idg. Sprach- und Altertumsk. X, 1899, 368–373), T h e s a u r u s Vol. I, praefatio.

gen mit Anführung der Grammatikerzeugnisse über derartiges, sammelt die zur Übersetzung verwendeten Glossen und giebt endlich, wo möglich in knappester Form, Beobachtungen zur Geschichte und Bedeutungsentwicklung des Wortes, soweit sich diese nicht unmittelbar aus dem nachfolgenden Material herauslesen lassen. Bei sehr häufigen Wörtern (z. B. Partikeln) ist, wo es von Wert erschien, eine Statistik über das Vorkommen des Wortes in seinen häufigsten Verwendungsarten zugefügt worden. Ausserdem enthält der 'Kopf' die Notizen über Etymologie sowie über Fortleben in den romanischen Sprachen; diese, nur das Nötigste, aber auch nur das S i c h e r e enthaltenden Angaben sind Beiträge eines Linguisten und eines Romanisten und als solche durch Namenschiffre gekennzeichnet. – Der zweite Teil, der eigentliche Artikel, enthält dann die Citate, möglichst nach der Bedeutungsentwicklung chronologisch geordnet, die einzelnen Gruppen durch den Druck klar von einander geschieden. Den grössern Abteilungen sind ganz kurze Titel gegeben worden, mit möglichster Benutzung der einschlägigen Glossen, in denen in den meisten Fällen auch das oder die griechischen Parallelwörter genannt werden; kleinere Abteilungen von Beispielen werden meist nur durch Spatien gekennzeichnet.

Betrachten wir z. B. den Artikel *animosus* p. 88, 32 ff. Auf das Lemma folgt die Bemerkung [Thurneysens]: *ab 'animus'*, die nicht überflüssig ist. Denn aus einer Cicero-Stelle (Z. 34) könnte man auf Ableitung des Adjectivs von *anima* schliessen, und auch Verbindungen wie *animosi euri, animosa tempestas* p. 89, 3 könnten beim ersten Anblick auf die Herleitung von *anima* führen, während das Alter und Übergewicht der andern Verbindungen beweisen, dass durch Personification Übertragung erfolgt ist. Da über Form und Flexion von *animosus* weiter nichts Auffallendes zu verzeichnen ist, stehen im 'Kopfe' nur noch die ältesten Belege (Cic. Liv.) für den Comparativ; der Superlativ fehlt: nur vom Adverb finden wir *animosissime*, darum p. 89, 43 gesperrt gedruckt. Weiter ist im 'Kopfe' noch eine Cicero-Stelle angeführt, weil Cicero dort das Wort nicht nur gebraucht, sondern von ihm und seiner Ableitung selbst spricht. – Im ersten Teile (**I**) des eigentlichen Artikels folgen nun, historisch geordnet, die Belege für den ältesten und verbreitetsten Gebrauch im Sinne von 'mutig, beherzt', wofür die Glossen die entsprechenden Graeca gut mit ἔμψυχος, εὔψυχος, θυμικός angeben. – Durch Spatien getrennt sind einzelne Gruppen. Die erste enthält die Beispiele, in denen das Wort direct vom M e n - s c h e n gebraucht wird: Verbindungen mit Städtenamen oder mit *iuventus* konnten wegen der leichten Übertragung in der Reihe stehen bleiben. Am Schlusse steht das Beispiel aus den Physiognomonici, wo einmal das Wort technisch gebraucht wird, dann wieder der griechische Paralleltext εὔψυχον bietet. Überall sind die Beispiele so weit ausgeschrieben, dass etwa dabeistehende Gegensätze und Synonyma sofort zur Erklärung der Bedeutung von *animosus* beitragen. Durch den Druck hervorgehoben ist die singuläre Verbindung bei Ammian: *animosus contra.* – Es folgen zwei kleine Gruppen, einmal wo *pectus* und *sanguis* die Eigenschaft localisieren, zweitens wo *animosus* mit geistigen Abstracta | verbunden wird; hieran schliesst sich eine

Seneca-Stelle, wo der Philosoph das Wort fast technisch gebraucht, worin ihm Tertullian folgt: dabei ist auf die p. 89, 14 citierte Glossenstelle verwiesen, weil sie die von Seneca statuierten Gegensätze bringt, während sie ihre eigentliche Stelle unter II finden musste, da sie doch wohl, vielleicht in christlichem Sinne, von Demütigung eines Stolzen zu verstehen ist. Es folgt, mit 'audacter' gekennzeichnet, die Statius-Stelle, wo *animosum frigus* den Schauer des ehrgeizigen Stolzes und zwar des Pferdes bezeichnet; daran schliessen sich die übrigen Stellen, wo das Adjectiv von T i e r e n oder S t e i n e n gesagt wird. – Eine weitere Gruppe bringt die Übertragung auf mutige Thaten der Menschen, wie *bella, pericula*; hier heben sich leicht zwei kleinere Abschnitte ab, wo *animosus* vom mutigen Ertragen des Todes und von kühnen Aussprüchen gebraucht wird. – An diese Gruppe schliesst sich, kurz erklärt, der Ausdruck des Properz von Statuen des Lysipp *animosa signa* an, was nicht etwa auf lebendigen, sondern auf mutvollen Ausdruck der Erzbilder geht. Dann folgt die schon erwähnte Gruppe der Übertragung auf W i n d, W a s s e r, F e u e r. – Ein Wort der Erklärung bedürfen etwa noch die Klammern p. 88, 42 und 88, 46: sie bezeichnen engste Verwandtschaft der eingeschlossenen Beispiele mit dem gerade vorhergehenden; z. B. steht Cic. Cato maior 72 Hor. carm. 2, 10, 21 u. s. w. auch *animosus* mit *fortis* verbunden wie Tuscul. 2, 57, und das Gedicht Poet. lat. min. V 81, 3, 2 hat den Versschluss des Ovid *animosus in armis*. – Die Gruppen **II, III** und **IV** zeigen nun schon durch die Beispielreihen, dass *animosus* die Bedeutungen 'stolz', 'zornig', 'bereitwillig' oder 'eifrig' erst später angenommen hat; für III und IV liefern wieder die Glossen die guten griechischen Parallelen. Z. 27 bezeichnet eine kurze Bemerkung, dass die Auslegung des Eigenschaftswortes dem Artikelverfasser an dieser Stelle nicht hinlänglich sicher erschien. An das Adjectivum schliesst sich das Adverbium *animose* unmittelbar an: die Gruppen haben dieselbe Reihenfolge wie bei *animosus*, nur findet sich das Adverbium nicht im Sinne von 'erzürnt'. – Das spätlateinische Substantivum *animositas* (p. 88, 2 ff.) leitet sich von der jüngern Bedeutung von *animosus*, 'zornig', her, wie die Belege zeigen; hervorgehoben ist Z. 25 der pluralische Gebrauch und eine Sidonius-Stelle, wo die Verwendung des Wortes auf *animosus* 'mutig' hinweist.

Das Beispiel sollte zeigen, wie ohne lange Auseinandersetzungen die Geschichte des Wortes, soweit sie dem Verfasser erkennbar war, vollständig in der durchgearbeiteten Anordnung des Artikels zu Tage tritt. Überall sucht die Reihenfolge der Abschnitte und Gruppen, deren Einteilungsgründe natürlich bei verschiedenen Wörtern und Wortarten verschiedene sein müssen, der wirklichen Geschichte des Wortes gerecht zu werden; nur bei grösseren Artikeln (z. B. bei *an*) mussten die grossen Abschnitte mit besonderer Rücksicht auf bequeme Übersichtlichkeit und leichte Auffindbarkeit von Einzelheiten nach äusseren Einteilungsgründen bestimmt werden; hier wird der Benutzer z. T. selbst combinieren, z. T. wird ihm durch kurze Bemerkungen (wie z. B. p. 10, 21 f.) der Weg gewiesen. Besonders wurde darnach gestrebt, den Leser des Artikels nicht durch lange trockene Zahlenreihen zu ermüden und zu enttäuschen, sondern möglichst deutliche, leicht verständliche Citate zu geben. Trotzdem ist es wohl nicht zu viel gesagt, dass der Thesaurus, wo überhaupt der Stoff vermehrbar war, auf etwa doppeltem Raume b i s z u m Z e h n f a -c h e n dessen bietet, was Forcellini bringt. Z. B. nimmt der Artikel *animosus* bei Forcellini 33 Zeilen ein, im Thesaurus 80; Forcellini citiert 21 Stellen, der Thesaurus, abgesehen von den Glossen, 130. Unter *animo* giebt Forcellini 54 Zeilen mit 24, der Thesaurus 113 Zeilen mit 139 Citaten, *animatus* umfasst bei Forcellini 48 Zeilen mit 26, im Thesaurus 35 Zeilen mit 48 Stellen. Auch den Unterschied in der Methode und Zuverlässigkeit können diese kleinen Artikel wenigstens andeuten: Forcellini geht bei *animo* wie *animosus* von falschen Grundbedeutungen aus; unter *animosus* fehlt die Rubrik 'iratus' vollständig. Der Artikel *animosus* citiert Naevius statt Novius; von den 3 Plautusstellen unter *animatus* lautet eine heute ganz anders, die zweite ist falsch erklärt, 7 andere fehlen; unter *animosus* sind die Stellen Ov. met. 6, 134 und Prop. 3, 9, 9 ganz falsch verstanden. Das alles in den zwei kleinen, zufällig herausgegriffenen Artikeln. |

Es darf noch hervorgehoben werden, dass der Thesaurus auch die für die Geschichte der Sprache so wichtigen E i g e n n a m e n umschliesst. Natürlich konnte hier nur die s p r a c h l i c h e Seite berücksichtigt werden; für das Sachliche gestatteten Zweck und Raum nur kürzeste Notizen. Dass alle überlieferten Namen ohne Ausnahme gebucht seien, soll übrigens nicht behauptet sein; bringt doch jeder Tag neue Zeugnisse. Immerhin bietet der Thesaurus die für jetzt vollständigste Sammlung besonders durch die Aufnahme aller erreichbaren inschriftlichen Namen, die bisher nur verstreut in den Indices zu den einzelnen Bänden des Corpus inscriptionum oder andrer Publicationen zu finden waren, und zwar bietet er die Namen möglichst nach ihrer sprachlichen Verwandtschaft zu Gruppen geordnet, eine neue, der lexikalischen Arbeit gemässe Methode der Zusammenstellung.

Es konnte nicht die Aufgabe des Thesaurus sein, zur W o r t erklärung ausführliche S a c h erklärung zu gesellen: diesem Zwecke dienen andere Werke. Nur sparsam sind über die Stellen, an denen sachliche Belehrung zu finden ist, kurze Verweisungen beigefügt worden. Dass direct und indirect die grossen Sammlungen des Thesaurus auch der Sachforschung zu Gute kommen, ist für den Kundigen ohne Weiteres klar; bei zahllosen Stellen, zu deren richtiger Auslegung der Thesaurus den Stoff giebt, wird erst das Verständnis der Schriftstellerworte die klare Erfassung der behandelten Dinge ermöglichen.

Die Verlagshandlung wünscht diese Mitteilungen durch Folgendes zu ergänzen:

Mit Recht trägt das grosse Werk den Namen THESAVRVS. An diese Schatzkammer werden alle anklopfen müssen, die irgend selbständig forschend mit lateinischer Sprache und Litteratur zu thun haben. Die lateinische L e x i k o g r a p h i e, die bislang der Gefahr ausgesetzt war, mit unvollständigem und unzuverlässigem Materiale Kartenhäuser zu bauen, wird hier den Stoff finden, mit dem ihr wissenschaftlicher Auf- und Ausbau allein möglich ist. Ihre Aufgabe wird es sein, durch Verknüpfung des noch durch die alphabetische Anordnung Getrennten allgemeinere Gesetze darzulegen, verwandte Bedeutungsschiebungen vollständig zusammenzuordnen, durch Zusammenordnung Verstreutes zu erklären. Sie findet im Thesaurus ihren Stoff nicht nur gesammelt, sondern schon gesichtet und gesiebt, so dass das Wesentliche klar aus dem Unwesentlichen hervortritt. – Ganz ähnlich wird die lateinische G r a m m a t i k in dem Thesaurus ein unentbehrliches Werkzeug haben. Auch sie findet für Formenlehre wie Syntax reichstes Material sorgfältig in den verschiedenen Artikeln verzeichnet und wird duch Sammlung und Ordnung des hier Verstreuten manche neue Erkenntnis, manche Berichtigung irriger Tradition gewinnen. Alle die Arbeit, die oft mit dem Neuerkennen des Längsterkannten und an entlegenen Orten Vorgebrachten vergeudet wurde, kann nach dem Erscheinen des Thesaurus dem Erforschen von wirklich Neuem zu Gute kommen. – Durchgreifende Wirkung wird der Thesaurus ferner auf dem Gebiete der T e x t k r i t i k üben können. Für unzählige Fragen wird hier das μέτρον des Urteils zu finden sein und so endlich an Stelle von subjectivem Geschmacke und schweifender Phantasie festes Wissen treten können und müssen.

Aber weit über die Kreise der classischen Philologie hinaus wird das Werk Anregung und Früchte spenden. Der T h e o l o g e, aus dessen Gebiete z. B. Tertullian, soweit er verlässlich herausgegeben, Augustin de civitate dei u. a. vollständig 'verzettelt' worden ist, während anderes von hervorragenden Sachkennern 'excerpiert' wurde, wird des Thesaurus zum Verständnisse seiner | Quellen nicht entraten können. Den H i s t o r i k e r geleitet der Führer auch durch das Gestrüpp verwildernden Lateins oder weist ihm doch die Wurzeln, aus denen spätere Missbildungen erwachsen sind. R o m a n i s t wie L i n g u i s t finden in dem Stoffe des Thesaurus die Grundlage, von der aus sie rückwärts oder vorwärts schauend die Bahnen der Sprache verfolgen können.

So darf man wohl von dem Erscheinen des THESAVRVS LINGVAE LATINAE in vielen Dingen einen gewaltigen Fortschritt der lateinischen Studien erhoffen. Die in Gemeinschaft geleistete Arbeit wird der Allgemeinheit zu Gute kommen; auch dem bescheidensten Arbeiter werden die bisher nur durch langjährige Specialarbeit erreichbaren Resultate einer organisierten lexikographischen Thätigkeit für seine Studien bereit liegen.

Vollendet soll das ganze Werk in 12 Bänden zu 125 Bogen in 15 Jahren vorliegen. Beide Zahlen werden, wie bereits jetzt in bestimmte Aussicht gestellt werden kann, keinesfalls überschritten, eher nicht erreicht werden. Völlige Sicherheit bietet hierfür, wie für die sachliche Durchführung der Aufgabe die unter Leitung der Akademien geschaffene Organisation. Die Ausgabe erfolgt in L i e f e r u n g e n zunächst von etwa 1 5 B o g e n. Es werden im Allgemeinen 2 B ä n d e n e b e n e i n a n d e r zur Ausgabe gelangen, und zwar im L a u f e e i n e s J a h r e s i n s g e s a m t e t w a 1 0 0 B o g e n. Der L a d e n p r e i s des Werkes ist zunächst so niedrig festgesetzt, als die bei dem Inhalt – jeder Bogen enthält über 83 000 Buchstaben – hohen Herstellungskosten es irgend ermöglichen, um eine thunlichst weite Verbreitung zu gestatten. Er soll zunächst nur etwa 4 8 P f e n - n i g f ü r d e n B o g e n, also etwa 7,2 0 M f ü r d i e L i e f e r u n g betragen, deren im Laufe eines Jahres 6–7 erscheinen werden. Die j ä h r l i c h e n A u f w e n d u n g e n werden sich somit n u r a u f e t w a 4 8 M belaufen. F ü r j e d e n f e r t i g e n B a n d w i r d d e r P r e i s u m e t w a 2 0 % g e g e n d e n S u b s c r i p t i o n s p r e i s e r h ö h t. Ausserdem würde nach Vollendung der ersten beiden Bände eine geringe Preiserhöhung überhaupt eintreten können, falls die erforderliche Anzahl der Subscribenten bis dahin sich nicht gefunden haben sollte oder die Herstellungskosten wesentlich steigen würden.

Mit den ersten Lieferungen werden besonders angefertigte S a m m e l e i n - b a n d d e c k e n zu billigem Preise den Subscribenten zur Verfügung gestellt werden, die d i e M ö g l i c h k e i t d e r s o f o r t i g e n B e n u t z u n g der jeweils laufenden Bände mit d e r G e w ä h r f ü r e i n e t a d e l l o s e A u f - b e w a h r u n g vereinigen. Für die a b g e s c h l o s s e n e n B ä n d e werden E i n b a n d d e c k e n von bester Ausführung ebenfalls zu mässigem Preise jeweils zur Ausgabe gelangen. – Der Bezug kann durch jede leistungsfähige Sortimentsbuchhandlung erfolgen. Nur wo eine solche nicht vorhanden ist, liefert die Verlagsbuchhandlung unmittelbar an das Publicum.

GRUNDSÄTZLICHES ZUR LEXIKOGRAPHIE

Nr. XI

Eduard Wölfflin

Moderne Lexikographie*
(1902)

Es giebt zweierlei Arten von Wörterbüchern, je nachdem dieselben rein praktische oder wissenschaftliche Zwecke verfolgen. Die ersteren stellen gewöhnlich zwei Sprachen sich gegenüber und sollen uns anleiten, welche Wörter der beiderseitigen Sprachgebiete sich decken oder entsprechen, beziehungsweise wie man ein Wort in eine andere Sprache zu übersetzen habe. Die andern ruhen nicht auf bilinguer Grundlage, sondern sie wollen die G e s c h i c h t e   e i n e s   W o r t e s innerhalb der Einzelsprache, die Entwicklung der Form wie der Bedeutung, uns vorführen. Zu den letzteren gehört der Thesaurus linguae latinae.

Wie überall, spielen auch in der Lexikographie die Begriffe Z e i t   und   R a u m eine Hauptrolle. Auf das quis? und quid? folgt das quando? und das ubi?, denn ohne beide giebt es keine wissenschaftliche Erkenntnis. Die Bedeutung des ersten Faktors wird indessen immer durch die praktischen Interessen zurückgedrängt. Wer das Lateinische erst erlernen will, wird zuerst von der mustergültigen Litteratur ausgehen, darnach fragen, was ein Wort bei Cicero bedeutet, und erst in zweiter Linie wissen wollen, wie es im älteren und ältesten Latein gelautet, und was es im Spätlatein bezeichnet hat. Da nun ein Handwörterbuch, wie das vorzügliche von Georges, ebensogut für Schüler wie für Lehrer bestimmt ist, so darf man sich nicht darüber wundern, wenn die historische Betrachtung entweder unvollständig oder in der Disposition des Artikels nicht streng durchgeführt ist. Für den Gelehrten kann die erste Frage immer nur lauten: wo taucht | ein Wort zuerst auf? In keinem Artikel darf die älteste Belegstelle fehlen. In dem Artikel f a c i o muß die fibula Praenestina mit der reduplicierten Perfektform fefaced, welche man bis 450 vor Chr. hinaufrückt, obenan stehen. S u p p l i c o ist nicht erst bei Plautus bezeugt, sondern schon durch das Carmen saliare, f o e d e r a t u s nicht bei Cicero, sondern im Sen. Cons.

[*Arch. Lat. Lex. 12 (1902) S. 373–400.*]

* Da ich namentlich seit dem Erscheinen der Thesauruslieferungen öfters um meinen Akademievortrag vom 3. März 1894 'Die neuen Aufgaben des Thesaurus linguae latinae' gebeten wurde, die Separatabzüge aber vergriffen sind, benütze ich gern den Anlaß, in freier Umarbeitung die sowohl gekürzte als erweiterte Abhandlung an dieser Stelle zu wiederholen.

de Bacanalibus, e x i m o wiederum nicht zuerst bei Plautus, sondern bereits in der
Inschrift der Columna rostrata, deren Wortbestand wir in die Zeit unmittelbar nach
dem J. 260 vor Chr. setzen müssen. Ja unsere bekannten Klassiker sind für die
Wortgeschichte noch lange nicht ausgenützt, und so erscheint uns nach Georges
manches Wort jünger zu sein, während es thatsächlich ein oder zwei Jahrhunderte
älter ist. Beispielsweise tritt s e p t e m t r i o nicht zuerst bei Varro auf, sondern bei
Plautus Amph. 273; m a r i t a nicht bei Horaz, sondern bei demselben Plautus;
o b n i t o r nicht bei Lucretius, sondern bei Ennius; o b i t e r nicht bei dem Philosophen Seneca, sondern bei dem Kaiser Augustus (Charisius p. 209); a q u i l o
nicht bei Cicero, sondern bei Naevius; r e q u i e s c o nicht bei Cicero, sondern bei
Ennius; m a g i s t r a nicht bei Terenz, sondern bei Plautus Stichus 105, während
in dem Senatus Consultum de Bacanalibus m a g i s t e r generis communis ist:
magister (sacrorum) neque vir neque mulier quisquam eset, was bei Georges nicht
verzeichnet ist. Bei dem Worte c a m p a n a ist der Nachweis der ältesten Stelle so
wichtig, daß derselbe das einzige Mittel ist, um das approximative Alter der Glocken
zu bestimmen (Arch. XI 537), und durch das Studium der Lexikographie ist es
möglich geworden, die Erfindung vorläufig um 2 Jahrhunderte weiter hinaufzurük-
ken. Neubildungen mit Sicherheit an den Namen bestimmter Männer zu knüpfen, ist
uns leider nur selten vergönnt; doch möge man sich an das erinnern, was Sueton
Div. Iul. 67 von Caesar sagt: milites pro contione blandiore nomine c o m m i l i -
t o n e s appellabat. Von a d o r a r e ist glaublich, daß man es dem Vergil Georg.
1, 343 verdankt. Vgl. Heerdegen, Semasiol. Unters. Heft 3, S. 101. P a c a l i s
geht auf Ovid zurück, ist aber bald verschollen. Weitere Beispiele zu Dutzenden und
Hunderten aufzuzählen ist zwecklos; es genügt nachgewiesen zu haben, daß man aus
dem Buche von Georges keine Wortgeschichte aufbauen kann und also die Vorstel-
lung abwerfen muß, als könne man sich auf dieses Hilfsmittel verlassen. |

Die Berücksichtigung dieses historischen Faktors soll sich indessen nicht nur bei
dem ersten Auftreten eines Wortes zeigen, sondern auch bei dem ersten Auftreten der
Formen, Verbindungen, Konstruktionen und Bedeutungen. Unter a p u d müssen
wir also nicht nur die längst bekannte Festusstelle finden, welche uns von einer alt-
lateinischen Form apor berichtet, sondern auch den Beleg der Fuciner Bronzeplatta
a p u r finem, welcher denn auch im Thesaurus neu hinzugekommen ist. Wer zuerst
die Form c i r c a statt des älteren circum gebraucht, muß man zuerst wissen, bevor
man die Form zu erklären unternimmt. Wenn man die Form circumcirca aus dem
Spiele läßt, finden wir circa zuerst in den Verrinen Ciceros (Arch. V 295) dreimal,
und wenn wir auch nicht an dem Jahre 70 vor Chr. festhalten wollen, so wird doch
damit die Zeit des Auftauchens annäherungsweise bestimmt sein. Vgl. Stowasser,
Wiener Studien 1900, S. 120 ff.

Soweit die Formenlehre Neues reicht, besitzen wir an diesem Buche einen verläs-
sigeren Führer, obwohl einem die Nachprüfung nie erspart bleibt.

Es ist hier unter anderem darauf zu achten, welche Neubildungen durch das Bedürfnis des Hexameters hervorgerufen, von Dichtern geschaffen und von den Pro-
saikern der Kaiserzeit übernommen worden sind. M a x i m i t a s für das ungefüge
magnitudo hat Lucretius gebildet und sein fleißiger Leser Arnobius sich angeeignet,
gerade wie auch n o m i n i t o ; s u p e r v a c u u s dagegen (Arch. XI 509), seit
Horaz bekannt, hat in weiteren Kreisen Aufnahme gefunden, und das vergilianische
e l o q u i u m für eloquentia ist ein Lieblingswort der Kirchenväter. Wie weit darin
Ennius vorangegangen, läßt sich bei dem Verluste seiner Annalen höchstens vermuten.

Wir bezeichneten es oben als Aufgabe der Lexikographie, womöglich die Prägung
gewisser Formeln und Wortverbindungen auf das Jahr zu bestimmen. Wer hat also
die bei Cicero und Sallust häufige Allitteration m a n s u e t u d o e t m i s e r i -
c o r d i a zuerst in Umlauf gesetzt? Alle Spuren leiten darauf, daß Caesar sich dieser Wendung bedient habe in der berühmten Senatsdebatte über die Bestrafung der
Catilinarier, und auf ihn beziehen sich also Catos Worte bei Sallust Cat. 52, 11: hic
mihi *quisquam* mansuetudinem et misericordiam nominat, auf ihn 52, 27 nae *ista*
vobis mansuetudo et misericordia in *miseriam* convortat; und die politische Erregung
machte aus der Phrase bald ein ge|flügeltes Wort. Caesars Liebe zur Allitteration ist
ja bekannt, nicht nur sein Veni, vidi, vici, auch sein Ausspruch, den er nach der
Schlacht bei Munda gethan, non de victoria, sed de vita certasse (Arch. VII 568).
Cicero hat sich jenes Ausdruckes mehrfach bedient in den nach seinem Konsulate
gehaltenen Reden und schon in der Niederschrift der Mureniana 90; in den Verrinen
5, 115 schreibt er noch *clementiam* mansuetudinemque. Einen Vorläufer der Sub-
stantivverbindung haben wir übrigens bei Cornificius 2, 25 mansuetus et misericors.

Das Wagnis, neue Konstruktionen auf ihre Urheber zurückzuführen, bleibt trotz
allem Fleiße darum ein gefährliches Unternehmen, weil so große Massen der Litteratur verloren gegangen sind und man abgesehen von der Litteratur noch mit der
Umgangssprache zu rechnen hat. Und gewiß nicht leichter ist es, die sich verändern-
den Wortbedeutungen chronologisch zu fixieren. Es wird daher nicht unpassend
sein, wenn wir einige Beispiele aus der Muttersprache heranziehen, um aus unseren
eigenen Lebenserfahrungen einige allgemeine Gesichtspunkte abzuleiten. Nehmen
wir das Wort 'Ü b e r m e n s c h', so werden wir zuerst an die Philosophie von
Nietzsche erinnert, und doch ist das Wort viel älter. N. hat die Münze allgemein in
Kurs gebracht, aber selbst geprägt hat er sie nicht. D u r c h q u e r e n wird auf die
neuen Afrikaforschungen zurückgehen. Noch weiß ich davon zu erzählen, wie man
anfänglich schwankte zwischen T e l e g r a p h e m und T e l e g r a m m ; doch
siegte bald das letztere. Ein besonders lehrreiches Beispiel für die Raschheit des
Wechsels geben uns die verschiedenen deutschen Ausdrücke zur Bezeichnung der
schöneren Hälfte des Menschengeschlechtes. Die ursprünglichen Gegensätze sind
wohl Mann und Weib, männlich und weiblich; allein dem Ausdrucke Weib hat sich
mit der Zeit etwas Unedles angeheftet, und als daher die weltbewegende Frage auf-

tauchte, ob und wie weit den Universitätsstudium betreibenden Jünglingen weibliche Kolleginnen an die Seite gestellt werden könnten, war man um ein Wort verlegen. Mädchen durfte man die Studentinnen nicht nennen, da die 'Mädchenschulen' einem tieferen Lebensalter entsprechen, und so siegte über das 'D a m e n studium' das 'F r a u e n studium'; die 'Frauen' mußten die verheirateten wie die unverheirateten umfassen, indem der Begriff 'erweitert' wurde. Die neue Bedeutung fällt mit einer großen Kulturbewegung zusammen und findet in derselben ihre Erklärung. Über das Sinken des | Wortes Jungfrau, Jungfer und über Fräulein ist schon früher im Archiv gesprochen.

Will man also die Ursachen einer Bedeutungsverschiebung erforschen, so muß man für das betr. Wort nicht nur reiche Materialien aus allen Zeiten haben, sondern meist auch die konkurrierenden Synonyma in die Betrachtung hineinziehen. In neuester Zeit haben wir zwei Monographien erhalten, welche zur Aufklärung beitragen können, E l e m e n t u m von Herm. Diels (Arch. XI 443; XII 141) und S p e - c i e s von dem Unterzeichneten (Arch. XI 540 ff. = Münchn. Sitz.-Ber. 1900, 1– 30). Weiter verschlungene Wege, welche bisher nur nach einer Seite verfolgt sind, hat ohne Zweifel das Wort species zurückgelegt, indem es, ursprünglich Übersetzung des aristotelischen εἶδος, durch das Medium der juristischen Litteratur bis zu dem modernen Spezereiladen führtc. Was aber in der Untersuchung einzelner Wörter gewonnen wird, trägt neue Frucht, indem man es nach den Gesetzen der Analogie auf bisher unerklärte Fälle anwendet.

Daß c o m p l e x ursprünglich den Amtsgenossen bezeichnete, lehren uns die Wörterbücher; der Papst Gelasius hat indessen das Wort zur Bezeichnung der Parteigenossen, und zwar in malam partem des Sektenanhängers gebraucht, was im Zeitalter der Häresien nicht auffallen kann. Indem er eine Stelle des Acacius (consors insaniae) erklärte, änderte er die Worte in 'complex insaniae Petri' und behielt dann den ihm zusagenden Ausdruck an einigen 30 Stellen bei. Allein genau betrachtet steht die Sache doch wie bei dem Übermenschen. Gelasius hat den neuen Ausdruck durchgesetzt, wenn er auch nicht der Urheber ist. Denn schon Simplicius (um 480) hatte ihn e i n mal gebraucht; die Erklärung der Bischöfe (494) verbindet das Alte mit dem Neuen (Petri complicibus atque consortibus); zum Siege verholfen hat dem letzteren Gelasius, und im Französischen wie im Italienischen bezeichnet das Wort n u r noch den Mitschuldigen. Vgl. Arch. XII 7 f. Zu solchen Beobachtungen gehört aber eben zweierlei: daß die Philologen erkennen lernen, was zu wissen notwendig sei, um die Lebensgeschichte eines Wortes zu schreiben, und dann, daß sie auch den erforderlichen Fleiß einsetzen, um das Material zu sammeln.

Wenn man im Spätlatein neue Bedeutungen nachweist, so kann es ausnahmsweise auch unsere Aufgabe sein, die Urbedeutungen im archaischen Latein zu rekonstruieren. Ein Beispiel | dieser Art bietet uns p r a e s e n s in der Inschrift der Columna rostrata, wo es von Duilius heißt, er habe praesented | Anibaled | dictatored die karthagische Flotte besiegt. Daß man mit der Übersetzung 'in Gegenwart des

Oberadmirales' zu einem Nonsens gelangt, muß zugegeben werden, nur ist das Argument, damit die Unechtheit zu begründen, zu schwach. Das Altlatein besaß nicht nur die Dii consentes (συνόντες); es existierte auch ein 'insens' nach Carm. epigr. 366 Büch. und neben absens wahrscheinlich auch ein adsens, welches freilich nach vollzogener Assimilation mit jenem zusammenzufallen drohte. Um den Gegensatz schärfer auszudrücken, griff man zu absens – praesens (voran befindlich, z. B. unter den Zeugen vor Gericht = anwesend). Aber was mußte nun praesens vor diesem Tausche bedeutet haben? Es war einfach Particip zu praeesse, sodaß praesented dictatored bedeutete ἡγουμένου ναυάρχου, gerade wie Polyb 1, 23, 4 schreibt ἡγεῖτο δ' 'Αννίβας. Man hat nun verschiedene Versuche gemacht, das Particip praesens in diesem Sinne auch anderswo nachzuweisen; ob mit Erfolg, möchte ich nicht entscheiden. Auson. epigr. 26 (p. 320 Peip.)

Phoebe potens numeris, praesens Tritonia bellis,

nach cod. M, während gewöhnlich praeses ediert wird. Vergil. gramm. p. 19, 2 H.

Beherrscht nun auch die historische Betrachtung die ganze moderne Wissenschaft, so reicht doch aller Fleiß nicht aus, um aus der erhaltenen Litteratur ein Bild der lebenden Sprache und ihres Reichtums zu gewinnen. Wie viele Wörter blühten, welche in der geschriebenen Litteratur keine Spur hinterlassen haben!

So kennen wir s c r i b o, - o n i s erst aus den Schriften Gregors des Großen. Für die romanischen Sprachen nützt uns dies nicht viel, da diese ein s c r i b a n u s entwickelt haben (frz. écrivain). Gleichwohl muß die Form scribo viel älter sein, da der Name der gens Scribonia nur von scribo abgeleitet sein kann. Während die Litteratursprache an scriba festhielt, schuf die Volkssprache oder Soldatensprache ein scribo mit Augmentativsuffix. Möglicherweise konnten die Soldaten den die Skripturen führenden Feldwebel so nennen, oder der Geist der Bureaukratie bauschte die scribae zu scribones auf.

Müssen wir allen Wert darauf legen, daß uns der Thesaurus unter allen Umständen die älteste Belegstelle biete, so wäre theoretisch genommen auch die Forderung zu stellen, daß er auch das letzte Zeugnis von Wörtern biete, welche in den roma|nischen Sprachen untergegangen sind. Allein diese Untersuchung hat nur einen geringen praktischen Wert. Wenn nämlich gewisse Wörter in der Volkssprache zurücktreten und schließlich absterben, so erhalten sie sich immer noch in den Schriften gelehrter Autoren, welche dieselben aus der Lektüre der Klassiker schöpfen. Durch dieses Fortleben im Treibhause dürfen wir uns freilich nicht täuschen lassen, vielmehr erwächst uns die neue, schwierige Pflicht, auf anderem Wege dem Untergange der Wörter in der lebendigen Umgangssprache nachzuforschen. Hier gelten die ungebildeten Autoren mehr als die gebildeten; denn sie allein geben die Sprache ihrer Zeit wieder, während diejenigen, welche eine gute Schule durchgemacht haben, und Männer der Wissenschaft, welche litterarische Quellen benützen, durch ihren Unterricht und ihre Lektüre beeinflußt sind. Wo die Quellen noch erhalten sind, wie bei Solin die Naturgeschichte des Plinius, bei Orosius die Weltgeschichte des Justin und andere historische Werke, da läßt sich die Sprache eines Autors scheiden in seine eigene und in die von Vorgängern übernommene; in den meisten Fällen jedoch ist dies nicht mehr möglich. Apuleius und Ammian haben so viel gelesen, daß wir namentlich bei dem ersten oft gar nicht entscheiden können, ob ein Wort dem afrikanischen Sprachschatze und dem zweiten Jahrhundert angehört, oder ob es aus einem alten für uns verlorenen Autor gezogen ist. Durch genaue Beobachtungen, wie sie freilich zur Zeit noch nicht gemacht sind, kann es indessen gelingen, das Absterben eines Wortes nachzuweisen. S a e p e ist nicht nur in den romanischen Sprachen spurlos verschwunden, es muß schon in der römischen Kaiserzeit auffallend zurückgegangen und durch subinde (souvent), frequenter u. a. verdrängt worden sein. Denn wenn man bedenkt, daß bei Pomponius Mela auf 3 saepe ein Dutzend subinde treffen, in den ersten 4 Büchern der Astrologie des Firmicus Maternus auf etwa 3 saepe annähernd 60 frequenter, bei Cassius Felix auf 3 saepe mehr als 70 frequenter, ein Adverb, welches Caesar, Sallust u. a. gar nie gebraucht haben, so zeigt dies doch wohl, daß saepe keine festen Wurzeln hatte, mögen es auch gelehrte Autoren noch so oft gebrauchen. Oder wenn d i u bei Caelius Aurelianus fehlt, wie in den romanischen Sprachen, abgesehen von den Komposita tandis und jadis, so erkennen wir auch darin eine Bestätigung davon, daß die sogenannten romanischen Veränderungen im Sprachgebrauche viel weiter hinaufreichen. ∣ Länger als saepe und diu haben ohne Zweifel saepius, saepicule, saepissime, saepenumero, persaepe, diutius, diutissime, diutule, diuturne u. a. gelebt.

Wenden wir uns von der Zeit zum Raume, also zu den ö r t l i c h e n V e r s c h i e d e n h e i t e n der lateinischen Sprache, so kommen wir auf eine Art der Betrachtung, welche den Alten fremd gewesen ist, während sie für die Unterschiede des älteren und des jüngeren Lateins ein offenes Auge gehabt haben. Wohl wissen wir, daß das Latein von Praeneste nicht identisch war mit dem von Rom; ob aber das Latein ganzer Länder, wie Gallien, Spanien, Afrika, verschieden war von dem Italiens, d. h. ob sich die Vorläufer der romanischen Sprachen schon im Lateinischen erkennen lassen, darüber gehen die Ansichten der Gelehrten auseinander, was auch ganz begreiflich ist, da die Untersuchungen erst in den letzten Jahrzehnten begonnen haben. Nur der vielgereiste Hieronymus kommt uns zu Hilfe in der vielcitierten Stelle Comment. Gal. 2, 3: cum et ipsa latinitas et regionibus cotidie mutetur et tempore. Wenn aber ein Sprachkenner ersten Ranges so etwas schreibt, so dürfte damit bewiesen sein, daß f ü r s e i n e Z e i t sein Urteil richtig ist; ob auch für das erste Jahrhundert der Kaiserzeit, wäre eine andere Frage. Wir möchten daher die Frage offen lassen, ob das Latein, welches die römischen Legionen nach Hispanien brachten, durch den Einfluß der iberischen Landessprache schon damals modifiziert wurde und ob die Sprache der Soldaten Caesars in Gallien ähnliche Veränderungen durch die Einwirkung des Keltischen erlitt; stehen uns doch für ein hispanisches Latein höchstens Litteraturdenkmäler des ersten Jahrhunderts nach Chr. zur Verfügung und Werke von Verfassern, welche eine gründliche grammatisch-rhetorische Bildung hatten. Aber für die späteren Jahrhunderte der Kaiserzeit müssen wir die Frage aufnehmen, um so mehr, als es Gelehrte giebt, welche die Spaltungen des Lateins nach Ländern zwar nicht grundsätzlich leugnen, aber doch die Forschung darnach für vergebliche Mühe erklären. Wir geben zu, daß manches von dem, was man als gallisches oder afrikanisches Latein ausgegeben hat, nicht stichhaltig ist, aber auf das weitere Suchen verzichten wir darum nicht.

Das schlagendste Beispiel scheint mir die Umschreibung des Komparativs zu sein, da das Spanische und Portugiesische magis wählten, das Französische und Italienische plus, und das spa | nische, das gallische, das italienische Latein des 5. Jahrhunderts im großen und ganzen die nämliche Scheidung zeigt. Die Spanier sind also die besseren Klassiker, und es hat sie nicht geniert, ihr mas in doppeltem Sinne anzuwenden, im Sinne von mehr und im Sinne von vielmehr, aber (frz. mais, ital. ma). Aber eben darin sehen wir auch den Grund der Wandlung in Frankreich und der Apenninhalbinsel. Denn das Spätlatein hat es in den meisten Fällen vermieden, einem und demselben Worte zwei verschiedene Funktionen aufzulegen, und lieber zu zwei Wörtern gegriffen, um zu differenzieren. Da aber die Verbindung von plus mit Adjektiv nicht klassisch ist, so muß man auf die Anfänge des Gebrauches zurückgehen und erstaunt, schon bei Ennius trag. 261 R. plus miser sum zu finden, noch mehr vielleicht, bei Tertullian de spectac. 17 wieder plus miser. Derselbe Ennius hatte aber auch in den Annalen 315 M. die beiden Komparative durcheinandergeworfen:
Ergo plusque magisque viri nunc gloria claret,
während die Klassiker magis magisque sagten. Daß nun Hispanien an dem guten Sprachgebrauche festhielt, beweist uns nicht nur Columella, sondern auch Orosius im Anfange des 5. Jahrhunderts, 1, 2 magis utilis – celeber; 4, 23 m. deformis; 7, 1 m. suadibile; 7, 33 m. miser, m. novus. In Gallien ist damals Sulpicius Severus noch unberührt von der Neuerung, während Sidonius Apollinaris entschieden plus bevorzugt, z. B. Epist. 3, 13, 2 plus rusticus; 3, 13, 4 p. fetidus; 6, 4, 3 securam. Ebenso Alcimus Avitus von Vienne.

Damit wäre der Principienstreit erledigt. Was wir romanisch zu nennen pflegen, kann man auch als spätlateinisch bezeichnen. Auf die lateinischen G a l l i c i s - m e n hat neuerdings namentlich Paulus Geyer die Aufmerksamkeit gelenkt, Arch. II 25; VII 461; VIII 469. Nur im gallischen Latein hat a p u d die Bedeutung von c u m angenommen, woraus sich das französische a v e c = apud hoc erklärt. Also le roi avec la reine: der König, daneben die Königin = der König nebst der Königin. (Nach Thes. ling. lat. II 344, 54 ist im gallischen Latein loqui apud aliquem dem klassischen 'cum' substituiert worden.)

Oder wenn wir das lateinische q u a r e mit wenig veränderter Bedeutung im Provenzalischen zu quar, im Französischen zu c a r (denn) verkürzt finden, im Italienischen aber nicht, so werden wir die Schlußfolgerung wagen dürfen, schon im gallischen | Latein habe quare die nämliche Funktion übernommen, wie ähnlich quippe 'denn' und 'weil', quamquam 'allerdings' und 'obschon' bedeutet, also sowohl einen Hauptsatz als einen Nebensatz einleiten kann. Und wirklich heißt es an einer Stelle der aus Aquitanien stammenden sogen. Silvia, Peregr., welche der Excerptor Petrus Diaconus p. 33 Riant erhalten hat: naves ibi multae sunt; quare (denn) portus famosus est pro advenientibus ibi mercatoribus de India. Hat hier der Benützer den Wortlaut des Originales beibehalten, so hätten wir den Gebrauch für das Ende des 4. Jahrhunderts bezeugt.

In derselben Peregrinatio wird, wie Prof. Cornu Arch. XII 186 beobachtete, der Hahn konsequent p u l l u s genannt, statt g a l l u s, und im franko-provenzalischen Gebiete hat sich dieser Gebrauch erhalten. Es wird nun Sache des Latinisten sein, nachzuforschen, ob nicht dem spanischen gallo ein span.-lat. gallus entspricht.

Kaum hat man bisher versucht, h i s p a n i s c h e s   L a t e i n aufzudecken, und doch verdient das Land um so mehr Beachtung, als es vor Gallien der römischen Herrschaft unterworfen worden ist. Nur in Spanien heißt das Gesicht r o s t r u m (Schnabel), das Bein p e r n a (Schinken), der Bruder g e r m a n u s (statt frater), essen c o m e d e r e (statt manducare). Einer der ältesten Vertreter Hispaniens in der römischen Litteratur, der Verfasser de re rustica, Columella, nennt uns 12, 39, 2 b r i s a = Weintrichter als Landesausdruck, welcher sich denn auch heute noch erhalten hat. Ja der Name des Verfassers, C o l u m e l l a, erscheint uns echt spanisch. Denn versteht man das Wort in dem Sinne, wie es bei Varro vorkommt, nämlich = Stockzahn, so kann nicht wohl ein Mann nach einem fast unsichtbaren Körperteile benannt sein; bedenkt man dagegen, daß das spanische colmillo (eigentlich kleine Säule) den Augzahn bedeutete, so paßt dies ungleich besser zu einem Eigennamen. Vgl. Isidor orig. 11, 1, 52: dentes caninos pro longitudine et rotunditate vulgus columellos vocant. Die Römer haben solche Leute Dento oder Dentatus genannt. Nur im Spanischen und Portugiesischen heißt der Roggen nicht secale (Schnittkorn, Sichelkorn, im Gegensatze zu dem gemähten Weizen), sondern c e n t e n u m, weil er hundertfältige Frucht trägt. Doch wurde der Ausdruck auch in anderen Ländern wenigstens verstanden. Vgl. Edictum Diocletiani, de pretiis rerum venalium 1, 3: centenum sive sicale. Plin. 18, 40.

Um so mehr ist über die A f r i c i t a s geschrieben worden, | und der Name klingt uns heute so bekannt, als ob er von den Alten zur Bezeichnung einer dialektischen Verschiedenheit gebraucht worden wäre, was freilich nicht der Fall ist, da Spartian im Leben des Septimius Severus cp. 19, 9 nur von der afrikanischen Aussprache des Kaisers berichtet, nicht von den der Africitas eigentümlichen Wörtern und Strukturen. Über den Verlauf der Untersuchungen und den gegenwärtigen Stand der Frage vgl. man Arch. X 533f. Die romanische Sprache, welche sich in Afrika gebildet hatte, wurde leider von den Arabern zerstört. Man gestatte uns, auf ein bisher bloß in Afrika nachgewiesenes Wort aufmerksam zu machen.

In einer neugefundenen Predigt des Afrikaners Augustin ist von der Himmelfahrt Christi die Rede und dem, was er uns hinterlassen habe. Der Redner vergleicht dieses Vermächtnis mit dem Geldstücke der i t o r i a (sc. pecunia), welche der in die

Fremde Ziehende den ihn geleitenden Freunden hinterläßt, damit sie sich gütlich thun und seiner gedenken sollen. Nach den beigefügten Worten, sicut dici solet, muß diese uns nicht bekannte itoria, wenigstens in Afrika, etwas ganz Gewöhnliches gewesen sein. Zur Bestätigung schreibt der afrikanische Bischof Optatus gegen die Donatisten 1, 1, 1: antequam in caelum ascenderet, christianis nobis omnibus itoriam per apostolos pacem dereliquit; denn so muß ohne Zweifel nach der älteren Petersburger Handschrift geschrieben werden statt des in jüngeren Hdschr. überlieferten, aber kaum erklärbaren storiam (= stoream?). Arch. VIII 139 und Weyman Arch. IX 52. Es dürfte sich verlohnen, in anderen Pfingstpredigten, z. B. denen des Hieronymus (ed. Morin), nachzusehen, ob das nämliche Bild wiederkehrt und welcher Ausdruck für dieses 'Trinkgeld' gebraucht ist.

Nahe aber liegt die Vermutung, daß die punische und griechische Sprache in Afrika auf die Syntax des Lateins gewirkt haben. Nachdem wir Arch. X 535 auf die Verbindungen ex summo studio, ex summis opibus bei Florus, Fronto, Apuleius hingewiesen haben, bringt uns Helmreich Arch. XII 313 aus der Editio princeps des aus Sica stammenden Caelius Aurelianus e x s p o n t e profectus, womit Renier Inscr. Afric. 4112 (sua ex sponte) vortrefflich übereinstimmt.

Ebenso klingt Caralis u r b s u r b i u m bei Florus 1, 22 (2, 6, 35), Moesi b a r b a r i b a r b a r o r u m bei demselben 2, 26 (4, 12, 13) wie ein Punismus, gerade wie in saecula saeculorum oder caeli caelo|rum aus der Psalmenübersetzung. Vgl. Arch. VIII 452. Damit vergleichen sich die bekannten afrikanischen Identitätsgenetive wie cupiditates libidinum, superbiae fastus, imperii iussio. Thielmann, Arch. VII 503. Dagegen wage ich nicht, die spätlateinische Konstruktion d o c - t i o r a b a l i q u o als Semitismus aufzufassen, da die Präposition zwar mit dem hebräischen 'min' stimmt, dieses aber den Positiv zu sich nimmt. Wenn also die strenge Übertragung doctus ab aliquo ergeben hätte, so braucht darum nicht in Abrede gestellt zu werden, daß nicht die hebräische Konstruktion von einigem Einflusse auf die lateinische könnte gewesen sein; denn diese tritt zuerst und besonders stark in Afrika auf. Daß man aber auch anderwärts auf das nämliche verfallen konnte, beweist das mittelgriechische und neugriechische πλουσιώτερος ἀπό τινος. Denn die Präposition bezeichnet nur deutlicher, was der alte Separativus-Ablativus hatte ausdrücken sollen, sodaß Donat Gr. lat. IV 433, 18 mit Recht schreibt: quando dico doctior ab illo, re vera eadem invenitur elocutio (wie bei dem bloßen Ablativ).

Wenn wir nun den historischen Entwicklungsgang jedes einzelnen Wortes genauer verfolgen und uns daran gewöhnen, auf die geographische Verbreitung zu achten, wo sich etwas Bestimmtes ermitteln läßt, so nähert sich die Philologie der Biologie und damit den Naturwissenschaften. Dies wird noch mehr geschehen, wenn wir einen dritten, bisher gänzlich vernachlässigten Gesichtspunkt dazu nehmen, die Beobachtung des F e h l e n s d e r W ö r t e r; wir fügen der positiven Angabe, wo und wann ein Wort vorkomme, die negative hinzu, wo es nicht vorkomme, noch nicht oder nicht mehr. Wir wollen nicht daran erinnern, daß die Römer das Wort g r a t i t u d o nie gebildet haben, weil sie kein Bedürfnis dazu empfanden, während sie doch latitudo von latus ableiteten; sie haben es auch versäumt, die Wortgruppe salus, salvus mit salvare und salvator zu bereichern, was erst die Christen gethan haben. Also wie lange fehlten ihnen die beiden, wie man glauben sollte, unentbehrlichen Wörter (frz. sauver, sauveur), und womit hing dies zusammen? Es fällt dies um so mehr auf, wenn man die griechischen Reihe σῷος σώζω σωτήρ σωτηρία vergleicht. Die salus rei publicae, die Phrase rem publicam salvam velle ist allen geläufig, aber s a l v a r e rem. p. oder s a l v a t o r rei p. hat kein Heide gesagt. Dafür sagen sie s e r v a r e rem p. und s e r v a t o r rei p., indem sie die Wort|familie zusammensetzen wie fero, tuli, latum. Salvator konnte nicht gebildet sein, sonst hätte Cicero Verr. 2, 154 nicht geschrieben: is est soter, qui salutem dedit. Und sich selbst nennt er pro Plancio 89 und an anderen Stellen servator rei publicae. Die Korinthier begrüßten den Quinctius Flamininus bei seiner Abreise aus Griechenland nach Liv. 34, 50, 9 als servatorem liberatoremque, d. h. als Soter. Bei Plinius nat. h. 34, 75 wird der Ζεὺς Σωτήρ Iupiter servator genannt. Von dem Freigelassenen Milichus, welcher die Verschwörung gegen Nero entdeckte, schreibt Tacitus ann. 15, 71 conservatoris sibi nomen, graeco eius rei vocabulo, adsumpsit, ein lehrreiches Beispiel, wie ängstlich Tacitus als Purist das Fremdwort Soter vermied. Warum er aber nicht salvator schrieb, wird uns nicht erklärt. Vgl. Hermes 15, 593.

Ebenso konsequent wird das Verbum s a l v a r e vermieden. Die gute Prosa hat, abgesehen von servare, mit s a l v u m   r e d d e r e, parare, saluti esse u. a. die Lücke auszufüllen versucht, und auf diesem Standpunkte der Umschreibung stehen noch alte Bibelübersetzungen, wie 1. Timoth. 1, 15 σῶσαι] salvos facere, auch von Hieronymus beibehalten; Hebr. 7, 25 σώζειν] salvos perficere; 1. Tim. 1, 4 σωθῆναι] vult salvos fieri, und allgemein bekannt ist ja das Domine, salvum fac regem, welches aus Psalm 19, 10 stammt.

Das Fehlen der Substantivbildung fiel schon dem Martianus Capella auf, welcher 5, 510 bemerkt: Cicero s o t e r e m   s a l v a t o r e m noluit nominare, sed ait 'qui salutem dedit'; illud enim nimium insolens videbatur. Auch dem Augustin ist die Thatsache nicht unbekannt, da er de trinit. 13, 10, 14 schreibt: verbum (salvator) latina lingua antea non habebat, sed habere poterat, sicut potuit, quando voluit. Und in den Sermon. 299, 6 heißt es: Iesus, id est Salvator: nec quaerant grammatici, quam sit latinum, sed Christiani quam verum. Salvare et salvator non fuerunt haec latina, antequam veniret Salvator; quando ad Latinos venit, et haec latina fecit. Richtig fühlt der Kirchenlehrer, daß der Ausgangspunkt der Wortbildung für die Christen die Person gewesen sei, nicht der Verbalbegriff. Solange aber salvare fehlte, durfte man von salvus kein salvator ableiten, so wenig als bonator oder malator von bonus oder malus. Darum schreckte Cicero vor salvator zurück, und Augustin erkennt die grammatischen Bedenken an. Hier half das sachliche Bedürfnis über die formellen Schwierigkeiten hinüber. Die Christen konnten ihren | Heiland nicht wohl servator oder conservator nennen, weil dieses die Nebenbedeutung des 'Erhalters' hatte. Daß der Geist der Latinität noch einen Genetiv verlangt hätte, wie servator hominum oder generis humani, wie Arnobius schrieb und auch in der gallikanischen Messe zu lesen ist, bildet eine Frage für sich; die Hauptsache war, daß die genaue Wiedergabe des griechischen σωτήρ einen Anschluß an salus, salvus verlangte. Dies zeigt sich schon bei Tertullian, welcher es mit s a l u t i f i c a t o r, s a l u t a r i s, s a l v i f i c a - t o r versuchte (pudic. 2. res. carn. 14. ieiun. 6. adv. Marc. 2, 19. Rönsch, Itala 59), doch auch schon salvator wagte adv. Marc. 3, 18. 4, 14. adv. Iud. 10. S a l u t i f e r erinnere ich mich nicht bei ihm gelesen zu haben. War es nun ein Fehler, von salvus abzuleiten salvator, so korrigierten die Christen denselben sofort, indem sie auch das Verbum s a l v a r e (retten) bildeten. Auch dieses war ihnen nötig, da servare außer 'bewahren' und 'erhalten' auch 'beobachten' (observare) bedeutete. Vgl. Thielmann Arch. VIII in dem Aufsatze über die Sirachübersetzung. Ob auch die hispanische Kirche diese Übersetzung annahm, kann ich darum nicht bestimmt behaupten, weil im Spanischen salvar Lehnwort ist. Tertullian hat salvare nur in zwei Bibelcitaten gebraucht, also selbst das Verbum noch nicht gebilligt. Auch Lactanz schwankt noch Instit. 4, 12, 6 Iesus, qui latine dicitur salutaris sive salvator, quia *cunctis gentibus salutifer venit*, doch zieht er selbst ibid. § 9 salvator vor.

Und nicht viel weniger verwickelt wäre die Geschichte des Wortes mediator (μεσίτης, Mittler). Man versuchte es mit sequester, arbiter, sponsor, interventor wiederzugeben; die wörtliche Übersetzung mediator verbot sich, solange das Verbum m e d i a r e fehlte; dieses mußte nachfolgen, sobald das Bedürfnis den mediator erzwungen hatte. Übrigens gehört es auch zur Geschichte der Semasiologie, daß ein so edles Wort wie mediator auf die Bedeutung von 'leno' herabsinken konnte, d. h. leno wird im Corp. gloss. V 602, 66 mit mediator erklärt. Sobald man aber die Wortgeschichte von diesem höheren Standpunkte betrachtet, wird uns die Lexikographie nicht mehr als mechanische Arbeit erscheinen, sondern es muß einer ein durchgebildeter Philologe sein, wenn er sich mit solchen Studien beschäftigen will.

Noch in einem anderen Sinne ist die Beobachtung der nicht zufällig fehlenden, sondern konsequent vermiedenen Wörter wünschenswert und notwendig. Wer die von den Alten dem C a e s a r | nachgerühmte e l e g a n t i a voll würdigen will, muß dieses Lob auf den delectus verborum beziehen, und da wissen wir denn, daß Caesar, als strenger Analogist, eine große Anzahl von Wörtern von seiner Prosa aus- schloß, welche von Zeitgenossen unbedenklich gebraucht wurden. Eine vollständige Zusammenstellung steht ja noch aus; doch habe ich einiges Arch. VIII 143 heraus- gehoben und nenne hier als fehlende Wörter: f l u v i u s, a m n i s, n e q u e o, n e s c i o, r e o r, i g i t u r, q u a m q u a m, a b s q u e. Seine Gründe lassen sich meist noch erraten. Für necopinans bildete er i n o p i n a n s. Rhein. Mus. 37, 101.

Dieses Fehlen führt uns von selbst auf die zwei weiteren Faktoren in der Sprach- geschichte, die K o n k u r r e n z und den E r s a t z. Wenn Wörter fehlen, weil der Inhalt einer Schrift die Begriffe ausschließt, z. B. militärische Ausdrücke bei einem Mediziner oder umgekehrt, so kann uns dies selbstverständlich nicht berühren. Anders steht es mit dem Begriffe 'Fluß' bei Caesar. Daß er das von Sisenna nach Analogie von pluo pluvia gebildete fluvia verwarf, wird jedermann begreifen; er schrieb flumen wegen der Analogie nuo numen, acuo acumen. Und das ist die leichtere Aufgabe, aus dem Reichtume des Vorhandenen auszuwählen. Wenn aber ein Wort aus irgend einem Grunde abstarb und sich nicht behaupten konnte, z. B. weil es in seiner lautlichen Entwicklung mit einem Homonym zusammenfiel, woher soll die Sprache die Lücke ausfüllen, wenn kein passendes Synonymum vorhanden ist? Solche Fragen kann der Thesaurus noch nicht im Zusammenhange behandeln; denn wenn auch Vollmer bemerkt, das längere a n g i p o r t u s (angiportum) sei später durch v i c u s verdrängt worden, so müßte man auch den Gebrauch dieses Wortes überblicken können, und dann wäre die weitere Frage aufzuwerfen, ob nicht vicus seinerseits durch v i l l a oder ä. entlastet worden sei. Alle diese Untersuchungen sind, wie alle, welche eine Vergleichung des ganzen Wortschatzes voraussetzen, erst nach Vollendung des großen Werkes möglich; was heute geschehen kann, muß sich darauf beschränken, den Sinn für diese Art der Betrachtung zu öffnen, und darum wird es nicht unpassend sein, einige allgemeine Bemerkungen zu machen.

Konnte man bisher nicht einmal das Absterben eines Wortes konstatieren, so noch viel weniger, was an dessen Stelle getreten sei, weil die einzelnen Vokabeln in den Wörterbüchern nach amerikanischem Zellensystem abgesperrt und in keine Verbindung | mit einander gebracht wurden, obwohl sie doch nicht als Junggesellen, sondern in Familiengemeinschaft leben. Und doch ist neben der Produktion der ersten Wörter für die einzelnen Begriffe, also gewissermaßen der Ursprache, die Ausfüllung der entstandenen Lücken eine der großartigsten Leistungen der Sprache, deren Sorge einem Kriegsministerium gleicht, welches nicht nur die Gefallenen durch Nachschub ersetzt, sondern auch sich alle Mühe giebt, die Kranken und Verwundeten am Leben zu erhalten. Oder wie der Finanzminister Ausgaben und Einnahmen im Gleichgewichte halten muß, so hat der Sprachgeist als Nationalökonom dafür einzustehen, daß alle Bedürfnisse gedeckt werden. Es ist freilich ein ungenauer Ausdruck, wenn man sich vorstellt, erst nach dem Absterben eines Wortes habe sich die Sprache nach einem nicht vorübergehenden Stellvertreter, sondern nach einem bleibenden Ersatze umgesehen; denn dann kämen sie viel zu spät. Vielmehr tauchen die Neubildungen schon zu dessen Lebzeiten auf und erdrücken dasselbe.

Die Wörter werden krank durch den häufigen Gebrauch, wie die Münzen durch das Abschleifen. Auslautende Konsonanten verstummen, Endsilben fallen ab, lange Vokale werden kurz, kurze ausgestoßen. So wurde das viersilbige griechische Ἰωάννης durch Aufgeben des Anfangsvokales lateinisch dreisilbig Johannes, zweisilbig mit abgeworfener Endung Johann, wie im Altfranzösischen Jehan, zuletzt einsilbig Hans oder franz. Jean. Wenn es aber allen Wörtern ähnlich ginge, so bekäme die Sprache zu viele Einsilbler, die sich als vielfach homonym nicht alle neben einander halten könnten. Die Sprache begegnet dieser Einschrumpfung durch A n s e t - z u n g   v o n   S u f f i x e n, namentlich der sogenannten Deminutiv- und Augmentativendungen. Hatten diese in der klassischen Zeit den Zweck, das Nomen in die Sphäre des Kleinen, Zierlichen, Gemütlichen zu rücken, oder umgekehrt unter ein Vergrößerungsglas zu bringen, so dienen sie im Spätlatein wesentlich dazu, das Wort ohne Veränderung des Sinnes länger zu machen. A u r i c u l a   muß ursprünglich ein kleines Ohr bezeichnet haben, aber der Arzt Marcellus Empiricus benützt die Form, während er an den dreisilbigen Genetiven und Dativen festhält, um den zweisilbigen Formen, wie dem Genetiv oder Dativ Singularis, durch auriculae aufzuhelfen (Arch. VIII 591), und schließlich heißen bei den Franzosen alle Ohren oreilles.

F u r o, furonis muß als Schimpfwort ursprünglich einen 'Erz|dieb' bezeichnet haben, wovon weiter furunculus 'gemeiner Dieb', auch in der übertragenen Bedeutung von 'eiterndes Geschwür' (nicht = furvunculus, wie Georges glaubt), abgeleitet worden ist. Aber in der St. Galler Epitome des Codex Theodosianus entspricht furone dem einfachen 'fur' der Quelle, ist also ohne Bedeutungssteigerung bloß verlängerte Form, wofür auch Du Cange s. v. weitere Beispiele aus späteren Gesetzbüchern anführt, und das Frettchen, welches die Italiener mit Deminutivsuffix furetto nennen, heißt bei Isidor orig. 12, 2, 39 mit Augmentativsuffix furo. Vgl. über cardus (Distel) und cardo Arch. IX 6.

Wie man dann von taurus nicht nur zu   t a u r u l u s, sondern zu dem kräftigeren, nach Analogie von ager agellus gebildeten   t a u r e l l u s   kam, ohne daß das Tier darum kleiner geworden wäre, ist in diesem Hefte S. 306 auseinandergesetzt. Durch Kombination mehrerer Suffixe, wie -co, -lo, konnte man weiteren Silbenzuwachs schaffen, und so entstanden Wörter wie   s o l i c u l u s, ursprünglich wohl die liebe Sonne, im Französischen (soleil) die Sonne überhaupt. Da nun auch die Adjektiva Suffixe anhängen, so bot sich nicht nur die Möglichkeit, medius zu   m e d i a n u s   (moyen), aeternus zu   a e t e r n a l i s   (éternel) zu entwickeln, sondern diese Adjektivformen konnten zu Substantiven erhoben werden, z. B. mons,   m o n t a n e a, montagne; hiems,   h i b e r n u m   (hibernus), hiver; medicus,   m e d i c i n u s, médecin; pectus,   p e c t o r i n a, poitrine.

Für die Verba war das lebenserhaltende Element die Frequentativ- oder I n t e n - s i v f o r m. Auch hier verblaßte der Begriff der wiederholten oder der gesteigerten Thätigkeit immer mehr, und schon zu Plautus' Zeit zog der gemeine Mann die volleren Formen auf -āre denen auf -ĕre vor. Denn während die Klassiker sagen tibiis   c a n e r e, wie fidibus canere, finden wir bei Plautus, Nepos, Gellius und in der Vulgata zu Lucas 7, 32 tibiis   c a n t a r e, offenbar ohne Bedeutungsunterschied. Die romanischen Sprachen haben oft nur die Intensivformen erhalten, welche also an die Stelle der Stammverba geschoben sind, wie chanter (canere), casser (quatere), jeter (iacere), oser (ausare = audere). Dazu kam, daß in den Zeiten der Völkerwanderung für die das römische Reich überschwemmenden Fremden die regelmäßige erste Konjugation leichter zu handhaben war als die unregelmäßige dritte.

Am wenigsten war den einsilbigen P a r t i k e l n zu helfen, und sie haben daher auch die größten Verluste erlitten: cum als Konjunktion (präpositional in 'con' erhalten), die Präpositionen | ab, ob und ex, die vieldeutigen ut (Arch. X 374 f.), vel und seu, sed und at, quin und nam sind so gut wie spurlos verschwunden; daneben auch manche zweisilbige, wie autem, enim, quia, ergo, selbst dreisilbige wie igitur mit Ausnahme des Altfranzösischen (wenn giers von igitur herzuleiten ist) und itaque.

Ließ sich hinten kein passendes Suffix anhängen, so konnte vorn durch die ursprünglich verstärkende, aber nunmehr abgeschwächte P r ä p o s i t i o n a l z u - s a m m e n s e t z u n g eine Silbe gewonnen werden. In consoler gegenüber solari, dépouiller neben spoliare, conduire neben ducere, annoncer neben nuntiare sind die Präpositionen nahezu zu Imponderabilien herabgesunken. Natürlich ist diese Entwertung schon im Lateinischen vorbereitet oder vollzogen, namentlich ist aus con die Bedeutung der Gemeinschaftlichkeit verschwunden, so wenn Megaronides im Trinummus des Plautus V. 23 ff. sagt, Freunde zurechtzuweisen sei ein undankbares Geschäft (amicum castigare ob meritam noxiam), gleichwohl werde er diesmal ihm 'tüchtig' den Kopf waschen (c o n castigabo pro c o m merita noxia). Bei dem streitsüchtigen Lucifer ist sogar con eine Schimpfpartikel geworden in Zusammensetzungen wie: coarrianus, conblasphemus, concarnifex, condesperatus, condetestabilis, coerraticus, cohaereticus, cohomicida, coidolatres, coimmundus, conperfidus, conpestilens, consacrilegus, conspurcatus, contyrannus, conviperinus. Wie frühe diese Bildungen eindrangen, zeigt uns der Verfasser des Bellum Africum, welcher an neun Stellen n u r convulnerare gebraucht statt des bei Caesar allein üblichen vulnerare; der nämliche Kommentar teilt auch mit dem Bellum Hispaniense eine sichtbare Vorliebe für convallis = vallis.

In diese Reihe der Präpositionen ist auch das uns oft unverständliche r e einzufügen, da ja nach dem Absterben von linquo das zusammengesetzte r e l i n q u o dem griechischen λείπω entsprach; ebenso gebrauchten Dichter gelegentlich recurvus statt curvus, wenn ihnen eine Silbe fehlte, und in Grabschriften wechseln quiesco und requiesco ohne merklichen Unterschied. Arch. XII 227. Daß das französische r e m p l i r inhaltlich dem lateinischen implere entspricht, wird kaum bestritten werden; allein es muß doch bemerkt werden, daß im Altfranzösischen emplir und remplir neben einander stehen und daß das letztere 'wieder (oder seinerseits) füllen' bedeutet. Vgl. Bonnet, Latin de Grégoire de Tours 288. Meyer-Lübke, roman. Gramm. II 631. |

Als drittes Mittel stand die U m s c h r e i b u n g oder die Auflösung in zwei Teile zur Verfügung, z. B. l o n g u m t e m p u s (= longo tempore), frz. longtemps, für diu, vereinzelt mindestens seit Catull, der regelmäßige Stellvertreter bei Caelius Aurelianus; m u l t u m (auch magnum) t e m p u s, altfranzösisch multemps für saepe; m e d i u m (dimidium) t e m p u s, frz. mitan, mittlerweile; und anderes der Art im Arch. VIII 595 f. P r i m u m   t e m p u s, frz. printemps, statt ver, Frühling; v e r n u m   t e m p u s (neben aestas, auctumnus und hiems bei Augustin de gen. ad litt. lib. imperf. 13, p. 487, 20 Zycha), wofür im Italienischen der Plural p r i m a   v e r a (Ephem. epigr. II 310 Nr. 409) eintritt, da verno (= h i - b e r n u m) den Winter bezeichnet, wie frz. hiver. An die Stelle von semper ist im Französischen toujours (vgl. alleweil) getreten, an die Stelle von medietas Mitte m e d i u s   l o c u s, milieu u. s. w.

Wenn aber alle diese Mittel versagen, so muß die Sprache unter den S y n - o n y m e n Umschau halten, ob eines entbehrlich sei, wobei dann nicht vermieden werden kann, daß einem und demselben Worte zwei verschiedene Funktionen (Bedeutungen) auferlegt werden, falls es nicht gelingt, für den in das vordere Glied vorrückenden Hintermann selbst einen Ersatz zu finden. Und Doppelbelastung hat die Sprache im ganzen zu vermeiden gesucht und sich lieber bemüht, durch andere Geschäftsverteilung abzuhelfen. Wie nun das Recht bei einem Todesfall bestimmte Erben einsetzt, oder bestimmte Personen, welche Vaterstelle zu vertreten haben, so greift auch die sprachliche Logik auf die nächste Verwandtschaft, auf das Allgemeinere oder das Besondere, auf das genus oder die species. Paßt dem Dichter g l a - d i u s nicht, oder erscheint ihm das Wort als zu trivial, so hilft er sich mit f e r - r u m oder mit m u c r o (Schwertspitze, Klinge), indem er den Teil für das Ganze setzt.

Die in den romanischen Sprachen untergegangenen Substantiva u r b s und o p p i d u m hatten schon von Plautus an Konkurrenz an c i v i t a s (Merc. 635 civ. Eretriam, Corinthum). Wie das Italienische und das Spanische beweist, fiel diesem Worte die rechtliche Nachfolge von urbs zu. Anders in Frankreich seit der Zeit, wo man die Landhäuser vor den Thoren, die v i l l a e, in den erweiterten Stadtrayon hineinzuziehen begann; denn durch diese Einverleibung der Vorstädte konnte nun auch villa zu der Bedeutung von Stadt aufsteigen, mit der Beschränkung freilich, | daß die Altstadt oder die Innenstadt immer noch civitas hieß, die cité von Paris wie die city von London.

So haben wir nicht nur verschiedene Lösungen der Probleme nach den verschiedenen Ländern, sondern auch verschiedene in verschiedenen Zeiten, und gar oft liegt zwischen den klassisch-lateinischen und den vulgär-romanischen Ausdrücken mancherlei in der Mitte, was über den Versuch nicht hinausgekommen und für die heutige Lexikographie in Vergessenheit begraben ist. Zwischen p a r v u s und dem italienischen p i c c o l o (frz. petit) liegen m i n o r, minimus, minutus, dann m o - d i c u s, exiguus, p u s i l l u s, brevis (?), was sich am bequemsten aus der Übersetzungslitteratur nachweisen ließe, gerade wie neben g r a n d i s Wörter wie ingens, enormis, immensus als Erben von m a g n u s konkurriert haben. Vgl. Rönsch, semasiologische Beiträge II 3, und Arch. IX 93. Die Gründe dieses immerwährenden Wechsels im Sprachschatze sind sehr verschieden, wenn auch Kürze des Wortes und Zusammenfallen mit einem Homonymum die hauptsächlichsten.

Nehmen wir m u s, m u r i s, die Maus. Das Monosyllabum fiel, während davon m u s i o für Katze abgeleitet wurde, vielleicht unter germanischem Einflusse, da man eher murio erwartet. Vgl. Papias und Isidor orig. 12, 2, 38: musio appellatus, quod muribus infestus sit; hunc vulgus catum ... vocant. Als Nachfolger von mus hätte das Deminutiv m u s c u l u s sehr gut gepaßt, wie apicula für apis; allein die Form war nicht mehr frei, weil musculus sogar doppelt, für 'Muskel' und 'Muschel', in Beschlag genommen war. So wählten denn die Franzosen die Species Spitzmaus, s o r e x, souris; die Italiener griffen sogar in der Verzweiflung auf t a l p a, der Maulwurf, ital. topo, und die Spanier nennen alle Mäuse R a t t e n.

Andererseits sieht man von formeller Seite aus kaum recht ein, warum das Wort für Krankheit, m o r b u s, nicht auf das Italienische und die romanischen Sprachen übergegangen ist. Heißt c o r b o (corvo) der Rabe, warum nicht morbo die Krankheit? Der Arzt vermied eben das Wort, um den Kranken nicht zu erschrecken; er sprach lieber von einem Schwächezustande, einer i n f i r m i t a s (ital., altfranz., span.), oder einem schmerzhaften Leiden, einer * d o l e n t i a (portug.), oder einem Übelbefinden, einer καχεξία (franz. maladie von m a l e   h a b i t u s). Das Latein der späteren Ärzte hat aber außerdem noch die Ausdrücke p a s s i o, a e - g r i t u d o,   v i t i u m,   i n a e q u a l i t a s,   a f f e c t u s (vgl. Herzaffektion), l a n g u o r, | q u e r e l a (etwas, worüber man zu klagen hat), m a l i g n i t a s, i n c o m m o d i t a s u. a. gebildet. Vgl. August. civ. d. 14, 9 morbos seu vitiosas passiones. Auch c a u s a, ursprünglich der Grund, aus welchem einer aus dem Militärdienste entlassen wurde (woher causarius, Tert. pudic. 20), ist für Krankheit gebraucht worden. Während Min. Fel. Oct. 25, 8 noch sagt morbi et malae valetudines, verwendet die lateinische Übersetzung des Muscio Soranus das einfache valetudo in dem nämlichen Sinne. Isid. rer. nat. 39 languor ... aegritudo. Außer den Medizinern bietet namentlich der Astrolog Firmicus Maternus reiches Material, und ein kleines Buch darüber zu schreiben wäre keine Kunst. Vgl. Münchener Sitz.-Ber. 3. Juli 1880, S. 386–394. Wenn nun der Artikel morbus bei Forcellini ohne Ausblick in die Zukunft schließt, so wäre doch zu wünschen, daß der Thesaurus, wenn auch nur durch Verweisung auf diesen Aufsatz oder meine eben angeführte Akademieabhandlung, die Leser auf den überaus reichen Wechsel aufmerksam machte. Das Interessante daran ist, daß jedes Wort, welches zur Hilfe herangezogen wird, da es sich doch nicht verdoppeln kann, eine Lücke hinterläßt, deren Ausfüllung oft einen zweiten und dritten Tausch nötig macht. Causa erfüllte doch nicht alle Bedingungen, um bleibend morbus zu vertreten. Denn da das einsilbige r e s unterging, bot c a u s a (chose, cosa) den natürlichsten Ersatz; dann konnte es aber auch nicht mehr den 'Grund' bezeichnen (cause ist mot savant), sondern wurde durch r a t i o (raison) ersetzt, wie dieses selbst wieder in der Bedeutung von 'Art und Weise' durch m o d u s (manière) abgelöst, und modus (Maß) nochmals durch m e n - s u r a. Oder hätte sich p a s s i o für Krankheit festgesetzt, dann konnte es nicht daneben die Leidenschaft oder die Leidensgeschichte Christi bezeichnen. Diese Verschiebungen, diese großartige sprachliche Bilanz werden uns später die Lexikographie und die Semasiologie darzustellen haben, wenn es durch den Thesaurus möglich werden wird, die Wörter nicht isoliert, sondern in ihrem Zusammenhange mit ihrer Verwandtschaft zu betrachten.

Um noch an einem Beispiele zu zeigen, was wir alles zu leisten haben, wählen wir das Wort ĕ d e r e, essen. Form wie Etymologie sind durchsichtig; denn es entspricht dem griechischen ἔδω, womit zugleich auch die Quantität gegeben ist im Gegensatze zu ēdo = ex-do, herausgeben.

Ob man nun die sogenannten unregelmäßigen F o r m e n esse | = edere, essem = ederem, est = edit, estur = editur, edim = edam (eserim oder esserim = ederim ist falsche Lesart bei Apul. met. 4, 22), edundo = edendo im Thesaurus nochmals aufführen solle, während sie doch bereits in der Formenlehre von Neue zu finden sind, ob alle Belege beizuschreiben seien oder nur ausgewählte, ob nur die Namen der Autoren oder auch die Titel der Werke, sowie die Buch-, Kapitel- und Paragraphenzahlen, darüber könnte man verschiedener Ansicht sein; wenn der Thesaurus das ganze oder doch ein sehr reichliches Material giebt, so geschieht es, weil in der Regel einzelne bei Neue oder bei Georges (Wortformen) fehlende Beispiele hinzukommen oder andere bisher aufgeführte gestrichen werden müssen. Notwendig aber ist unter allen Umständen, daß die Angaben über die Bedeutungen aus den lateinischen Glossaren zusammengefaßt werden, da dies bisher nicht geschehen ist.

Dann wird der i n t r a n s i t i v e Gebrauch als der ältere an die Spitze zu stellen und mit den ältesten Beispielen zu belegen sein, z. B. mit Plautus bibite este, namentlich mit denjenigen, wo durch Gegensätze oder Synonyma die Bedeutung besonders klar hervortritt; auch Cicero wird nicht fehlen dürfen, z. B. edit et bibit iucunde. Aber ebenso wäre der bekannte Spruch des Sokrates aufzunehmen: non ut edam vivo, sed ut vivam edo, teils weil hier das Verbum einen andern Gegensatz hat, teils weil Beispiele mit abgeschlossenem Sinne den erst aus dem Zusammenhange verständlichen vorzuziehen sind und in sprichwörtlichen Redensarten das Gemeinlatein, befreit von jeder individuellen Färbung, zum Ausdrucke zu gelangen pflegt. Klotz und Mühlmann, welche das Beispiel haben, führen es aus dem Citate bei Quintilian 9, 3, 85 an, wo auch die Ausgabe Halms keine ältere Quelle nachweist, während wir besser auf den nahezu zwei Jahrhunderte älteren Cornificius 4, 28, 39 (ut edas etc., wo Codex H die Konjunktivform 'edis' giebt) zurückgreifen werden. – Die öfter befolgte Praxis, von den Verbindungen mit Objekt auszugehen und dann mit einer Rubrik zu schließen 'omisso obiecto', erweist sich gewöhnlich als unhistorisch; a priori ist sie nicht berechtigt und nur da zulässig, wo aus der Prüfung sämtlicher Beispiele der absolute Gebrauch des Verbums als der jüngere sich ergiebt.

Nach einer neuerdings beliebten Methode würden nun die S u b j e k t e zu unterscheiden sein, miles, puella, Iuppiter edit u. ä., allein dies hat für den wissenschaftlichen Lexikographen durchaus | keine Bedeutung; wohl aber hat der Thesaurus, was bisher nicht geschehen ist, anzugeben, wie weit, abgesehen von den Menschen, das Wort edere auf Tiere Anwendung findet. Edere und essen im Gegensatze zu fressen decken sich nicht, da die Tiere, welche grünes Futter fressen (pabulum, pasci) doch nur einen Teil bilden; Mäuse oder Raben, welche sonst für Menschen bestimmte Speisen genießen, haben im Lateinischen Anteil an dem edere. Ja in den Prodigialaufzeichnungen wurde nach Livius 30, 2, 9 von Raben berichtet: aurum edisse.

Bei der Darstellung des t r a n s i t i v e n Gebrauches spielen selbstverständlich die O b j e k t e die Hauptrolle; indessen kann es doch kaum unsere Aufgabe sein, alle Speisen, welche gegessen werden, in einer alphabetischen oder historischen Reihenfolge aufzuzählen. Beispiele der verschiedenen Arten von Lebensmitteln, wie edere panem, caseum, carnem, pisces, ova, mala, werden genügen, da eine Übersicht der Reichhaltigkeit römischer Menus in die Privat- oder Kochaltertümer gehört. Allenfalls mögen aus kulturhistorischen Rücksichten Delikatessen, welche erst die Kaiserzeit kultiviert hat, wie muraenas edere bei Seneca clem. 18, 2, boletos (Champignons) bei Juvenal und Martial, durch die früheste Stelle des Vorkommens zu markieren sein; oder es mögen Gerichte, welche halb fest, halb flüssig (sorbilia) sind, wie weichgesottene Eier, in den Lexikonartikel Aufnahme finden, weil hier edere mit sorbere konkurrieren kann (vgl. Suppe essen), möglicherweise ein Brei (puls) in verschiedenen Jahrhunderten verschieden zubereitet sein kann, wodurch sich das Verbum verändert. Nur der noch nicht ganz ausgerotteten Vorstellung, als ob es ein Verdienst und eine Erweiterung der Philologie sei, zu zwei Belegen von caseum edere einen dritten hinzuzufügen, müssen wir mit aller Entschiedenheit entgegentreten.

Bei dem b i l d l i c h e n Gebrauche des Verbums wird vor allem darauf zu achten sein, ob der Tropus im Lateinischen zuerst auftritt, oder ob er im Griechischen vorgebildet ist, wie sich das horazische 'si quid est animum' (animam bei Georges scheint Druckfehler) offenbar an Homer anschließt, zumal schon Cicero Tusc. 3, 63 das homerische ὃν θυμὸν κατέδων mit ipse suum cor edens übersetzt hatte. Hier ist es ein Vorrecht der Dichter, den Sprachgebrauch zu erweitern, wie es Vergil, Horaz und Ovid gethan haben, und darum müssen auch die Belege zahlreicher sein als bei dem allgemein üblichen Sprachgebrauche, weil hier Indi|viduelles hervortritt. Wenn also unsere Lexika die Phrase des Vergil Aen. 4, 66 'est mollis flamma medullas' von der Liebe der Dido zu Aeneas anführen, so fehlt zweierlei, einmal, daß dieselbe schon dem älteren Catull gehört (35, 14. 66, 23), welcher auch medullas an das Ende des Hexameters gestellt hat, zweitens, daß das Vorbild bei den Griechen zu suchen ist, wie bei Theokrit 30, 21 ὁ πόθος τὸν ἔσω μυελὸν ἐσθίει.

War das Bisherige nur Kritik der bestehenden Lexikographie, so haben wir noch auf unsere zukünftigen Aufgaben einzugehen. Über das erste Auftreten des Wortes können wir uns kurz fassen, da es so alt ist als die lateinische Sprache und bereits bei Naevius vorkommt; dagegen ist es schwierig und darum auch noch nicht versucht, das Ableben zu beobachten. Abgestorben ist edere sicherlich, da es in sämtlichen romanischen Sprachen fehlt; es fragt sich nur, wann und warum, und wie wir dies beweisen sollen.

Nun fehlt sowohl in der um das Jahr 525 geschriebenen Diätetik des Anthimus als auch in den acht Büchern des afrikanischen Arztes Caelius Aurelianus, welcher im fünften Jahrhundert nach Chr. schrieb, das Wort gänzlich, was unmöglich auf Zufall beruhen kann. Denn wenn auch Caelius als praktischer Arzt bei der Regulierung der Diät meist von dem 'Verordnen' der Speisen spricht (dandus cibus, dandi porcini pedes, dabimus ostrea u. ä.), nicht von dem Genusse seitens der Kranken, so kommt doch der Begriff 'essen' an Dutzenden von Stellen vor, ohne daß er übrigens je mit edere ausgedrückt wäre. Bei Anthimus wird vollends gegen 60mal vom Essen gesprochen. Aber schon in der um 385 geschriebenen, ohne zwingende Gründe der Silvia beigelegten Peregrinatio nach Jerusalem, in welcher doch oft vom Essen die Rede ist, wird man das Wort vergeblich suchen, was so viel bedeutet, als daß es in der Umgangssprache Galliens fehlte, während der gelehrtere Gregor von Tours, welcher Litteratur- und Volkssprache mischt und daher als Maßstab weniger in Betracht kommt, das Verbum mehrfach verwendet hat. Noch bedeutsamer indessen ist das auffallende Zurücktreten in den um 200 entstandenen lateinischen Bibelübersetzungen. Denn obschon das ἐσθίω der Septuaginta (welches freilich frühzeitig durch τρώγω, nagen, zurückgedrängt worden ist, vgl. Hausleiter in Arch. IX, Heft 2) und des Neuen Testamentes das lateinische edere schützen mußte, weil man es liebte, griechische Wörter mit lateinischen desselben Stammes wiederzugeben (vgl. Arch. IX 83), so ist doch | edere viel seltener, als man glauben sollte, und wo es in einzelnen Rezensionen auftritt, bieten andere Varianten und Konkurrenzausdrücke. Die Vulgata des Alten Testamentes hat edere kaum 30mal, comedere über 500mal, und nicht selten als Gegensatz zu bibere.

Es giebt übrigens noch andere Mittel und Wege, den Krebsgang eines Wortes zu konstatieren. Wenn der bekannte Ausspruch des Appius Claudius Pulcher, als er die Hühner der Auguren ersäufen ließ, lautete: ut biberent, quoniam e s s e nollent, nach Cic. nat. deor. 2, 7 (die Stelle fehlt bei Merguet s. v. edo, weil der Sammler esse von sum ableitete), Val. Max. 1, 4, 3, Suet. Tib. 2, sodaß höchstwahrscheinlich auch Livius diesen Ausdruck gebraucht hatte, nach der Periocha Livii 19 dagegen: pullos, qui c i b a r i nolebant etc., so wird der in die letzten Jahre des Tiberius fallende Epitomator von der Überlieferung abgegangen sein, weil für seine Leser esse nicht schön oder nicht deutlich genug war. Auch muß es ja befremden, daß in Glossaren edere und die davon abgeleiteten Wörter so oft erklärt werden, so Corp. gloss. V 164, 21 ff. esus, esum (Particip), V 565, 6 edit] comedit, V 192, 7 edulium.

Nun besaß das einen Tribrachys bildende edere nicht die nötigen Eigenschaften zum Fortleben; im Spanischen wäre es zu 'er' zusammengeschmolzen, da ja aus comedere geworden ist comer; zudem aber kollidierte es, seitdem man die Quantität zu vernachlässigen begonnen hatte, mit dem daktylischen ēdere; endlich hatte es Nebenformen ohne Bindevokal, es, est, esse, essem, welche mit Formen von sum zusammenfielen – Grund genug, ein so trügerisches Wort aufzugeben.

Den nächsten Ersatz hätte das Frequentativum e s i t a r e bieten können, nach unsern oben S. 389 gegebenen Darlegungen. Diese Form ist auch gebildet worden, doch hat sie nie die frequentative Bedeutung ganz abgelegt und auch wegen der Kombination von Supinalableitung und dem Suffixe -it die Pflicht gehabt, etwas mehr auszudrücken als das Verbum simplex. Was mir Schmitz einmal schrieb, esitare sei nicht durchgedrungen wegen der Konkurrenz mit haesitare, klingt mir nicht sehr wahrscheinlich, da beide Verba verhältnismäßig selten sind.

Lieber griff man auf das Kompositum c o m e d e r e , ursprünglich zusammenessen, aufessen, sodaß nichts mehr übrig bleibt. Die Volkssprache, welche gern übertreibt, macht von solchen ver|stärkenden Zusammensetzungen so unmäßigen Gebrauch, daß sie dadurch an Wert verlieren. Vergl. oben S. 390. Und siegreich durchgedrungen ist comedere in Spanien und Portugal mit c o m e r , und schon dem Bischof von Sevilla, dem gelehrten Isidor, fühlt man es nach, daß für ihn, wenn er auch gelegentlich das klassische edere gebraucht, doch comedere der Normalausdruck ist; schreibt er doch Orig. 20, 1, 1 a comesu mensa (spanisch ohne Nasal mesa); 20, 1, 21 coctum usui comestionis aptum; 20, 2, 37 favum comeditur magis quam *bibitur*; φαγεῖν (woher er favum ableitete) enim comedere 10, 58; und aus dem von ihm zuerst gebrauchten c o m e s t i b i l i s , eßbar, hat die gelehrte Sprache des XVI. und XVII. Jahrhunderts franz. comestibles, span. comestibiles abgeleitet. So stimmt das spanische Latein mit dem modernen Spanisch. Freilich wäre es ein Irrtum, zu glauben, daß nur auf der iberischen Halbinsel dieses Wort als Ersatz benützt worden sei; vielmehr tritt es auch bei Anthimus und anderen Autoren kräftig auf, und wer darüber mehr zu wissen wünscht, vergleiche nur die alten lateinischen Übersetzungen des Irenaeus, des Hirten des Hermas, des Clemensbriefes an die Korinther (Arch. IX 81 ff.) mit den griechischen Originalen, um den Gebrauch und den Wert von comedere kennen zu lernen.

Durchgedrungen ist comedere nördlich der Pyrenäen allerdings nicht, sondern diese Länder haben das Problem auf anderem Wege gelöst. Denkbar wäre zunächst, daß man den für die Tierwelt gültigen Ausdruck auf die Menschen übertragen hätte, etwa wie das Volk 'fressen' oder 'futtern' (intrans.) für 'essen' gebraucht, oder wie das Lateinische pellis für cutis, dorsum für tergum, rostrum (Schnabel, span.) für os, oris. Dergleichen mag von Einzelnen versucht worden sein; allein in den romanischen Sprachen finde ich keine Spuren, welche auf eine allgemein betretene Landstraße hinwiesen. Nur im Griechischen ist τρώγω (nagen) frühzeitig als Konkurrent von ἐσθίω aufgetreten. Der Occident hat sich eines anderen Hilfsmittels bedient.

Das 'Essen' zerfällt nämlich in drei Akte: das Beißen, was zunächst in edere lag nach der Etymologie dens = edens = ὀδούς, der Zahn (Vergil. Gramm. p. 100, 38 H.); das Kauen oder Mischen mit Speichel, endlich das Schlucken. Aufgabe war es, eine Bezeichnung eines Teilbegriffes frei zu machen und mit der Figur 'pars pro toto' zum Ganzen zu erheben. Vgl. oben S. 391. M o r d e r e könnte nicht aushelfen, da es seinen ursprünglichen | Platz zu schützen hatte und auch in den romanischen Sprachen für 'beißen' erhalten ist. (Dialektisch kenne ich zürch. 'hürebeiß' von heuer = primitiae).

Dafür war 'kauen' mindestens doppelt besetzt, durch m a n d ĕ r e und das von manducus (vgl. cadere, caducus) abgeleitete m a n d u c a r e (vgl. Verg. Gramm. p. 102, 1. 2 H.), und dieses letztere ist durch Bedeutungserweiterung der Erbe von edere geworden, ital. mangiare, franz. manger. Diese Verba, zu denen noch die Komposita commandere und commanducare hinzukommen, identisch mit griech. μασάομαι, kauen, essen, sind übrigens nicht erst zur Zeit des Absterbens von edere herangezogen, sondern schon in der alten Volkssprache in diesem Sinne gebraucht worden, wie das Substantiv mando, mandonis bei Lucilius beweist; deshalb besaß auch das Stammwort mandere die gleichen Erbschaftsansprüche. Beispielsweise hat der oben genannte Caelius Aurelianus mandere für essen, manducare gar nicht, und für 'kauen' das jüngere m a s t i c a r e. So blieb den einzelnen Autoren ein großer Spielraum übrig, ihre Wahl unter den verschiedenen konkurrierenden Ausdrücken zu treffen; doch sind die beiden vulgären Worte für essen erst in der Kaiserzeit in die gute Litteratur eingedrungen. Wenn Augustus (Suet. 76) schrieb 'duas bucceas manducare', so geschah dies eben in einem Briefe, dessen volkstümliche Färbung auch buccea verbürgt, und mit derselben Freiheit, mit welcher er in einem andern Briefe comedere für edere gebrauchte; aber bei dem Naturforscher Plinius wird mandere mehrfach von dem Essen zubereiteter Speisen gebraucht (8, 210. 22, 92), wie bei anderen umgekehrt von dem nicht Gekochten. Siegreich ist manducare beispielsweise in den vorhieronymianischen Übersetzungen des Neuen Testamentes und in der Peregrinatio ad loca sancta.

Von den Verben des Schluckens konnten g l u t t i r e und [d e] v o r a r e in Betracht kommen und sind auch wohl versuchsweise an die Stelle von edere eingerückt; schon Cicero sagte nat. d. 2, 122 von den Tieren: alia carpunt, alia vorant, alia mandunt; doch behielten die Worte in den romanischen Sprachen die ursprüngliche Nuance ihrer Bedeutung, wie auch Caelius Aurelianus den letzten Akt mit transvorare bezeichnet.

Wenn wir nun in den romanischen Sprachen den sauberen Rechnungsabschluß vor Augen haben, indem comedere jenseits der Pyrenäen fortlebt, manducare im Osten, so ist doch damit | das Ringen der Sprache von ferne nicht zur Anschauung gebracht. Wir wollen nicht von g u s t a r e, γεύεσθαι, sprechen, welches eine Specialität des Essens, unser 'kosten', d. h. mit Genuß essen, bezeichnet, auch nicht von Wörtern wie prandere, cenare, merendare (Isidor, Orig. 20, 2, 12, eigentlich von dem Mittags- oder dem Abendbrote, welches man erst durch die Tagesarbeit verdienen muß). Die Sprache hat auch, wie wir schon oben sahen, auf c i b a r i gegriffen, und so heißt die Essenszeit für den Kranken bei Caelius Aurelianus acut. 2, 204. 207. chron. 1, 171 tempus cibandi, und schon früher sagte Commodian instr.

2, 20, 19 'laute cibatum' für laute cenatum. Ein vulgäres Wort war, da es nur bei Plautus und Persius (abgesehen von den Glossen, vgl. Index gl. emend.) vorkommt, p a p p a r e, welches im Corp. gloss. II 141, 53 mit μασᾶται (kauen) erklärt wird und in den romanischen Sprachen zwischen 'essen' und 'fressen' schwankt. Vgl. auch Varro de liberis educandis bei Nonius 81, 3: cum cibum ac potionem p a p p a s ac buas vocent.

Der vorstehende Aufsatz ist nicht als Reklame für den Thesaurus geschrieben; wir bedürfen derselben nicht, da der Absatz schon jetzt das Dreifache dessen beträgt, was Sachverständige gerechnet hatten. Wohl aber möchten wir gegenüber dem stark entwickelten Sammelfleiße der Philologen betonen, daß nicht die Quantität die Wissenschaft ausmacht, sondern der Standpunkt des sprachgeschichtlichen Ausblickes, und wir sind noch viel zu wenig daran gewöhnt, unsere Augen nach der Ferne zu richten. Vor Jahrhunderten sind die Holländer mit vorwiegend stilistischen 'Observationen' vorangegangen; es gilt, dieselben auf die höhere Stufe der Sprachentwicklung zu heben und statt des einzelnen Autors die ganze Latinität zum Objekte zu nehmen.

Nr. XII

Wilhelm Ehlers

Der Thesaurus linguae Latinae
Prinzipien und Erfahrungen
(1968)

„Was auch immer jemand bei den Griechen und Römern suchen will, es gibt für ihn keinen anderen Weg als durch die Sprache". Diese einfache Erkenntnis, von Wilamowitz[1] einmal beiläufig formuliert und immer aufs neue bewiesen, hat ein Unternehmen ins Dasein gerufen, dessen Bedeutung jedem an der lateinischen Kultur und ihrer Wirkung Interessierten bewußt ist. Heute, da der Thesaurus linguae Latinae – Vorbereitungen und Materialsammlung nicht gerechnet – auf ein fast siebzigjähriges Leben zurückblickt, scheint es geboten, sich auf die Prinzipien zu besinnen, nach denen eine minutiöse Kleinarbeit so hohe Ziele verfolgt, und die dabei gewonnenen Erfahrungen zu überschauen. Ich freue mich, daß ein solcher Versuch in Ihrem Kreis ohne große Worte zur Sache kommen kann, in einer Stadt, die als Hochburg moderner Lexikographie bezeichnet werden darf – wird doch Lexikographie in Tübingen nicht nur mit Leidenschaft ausgeübt, sind doch auch ihre Prinzipien und Erfahrungen, alte wie neue, gerade hier immer wieder in lebhaftem Gespräch.

Das Anliegen des Thesaurus linguae Latinae ist also – das liegt in seinem Namen und muß trotzdem immer wieder einmal ausdrücklich festgestellt werden – primär und mit Vorzug ein sprachliches, dies nun freilich in weitestem Umfang: alles soll zur Behandlung kommen, was für die einzelnen Stichwörter sprachlich irgend von Interesse ist. „Die Lebensgeschichte" – so lautete Eduard Wölfflins ideale Forderung, und so heißt es denn auch im endgültigen Begründungsplan[2] –, „die Lebensgeschichte der einzelnen Wörter, ihre Entstehung, Verbindung, Vermehrung, Abänderung in Form und Bedeutung, ihre gegenseitige Vertretung und Ersetzung, endlich ihr Absterben" soll „durch alle Jahrhunderte, in denen das Latein lebendig war, also bis zur Abtrennung der romanischen Tochtersprachen" Darstellung finden. Ein höchst anspruchsvolles Programm also, das Wölfflin in eigenen Einzeluntersuchun-

---

[Antike u. Abendland 14 (1968) S. 172–184.]

Vortrag, gehalten am 17. 7. 1967 in Tübingen auf Einladung des Philologischen Seminars der Universität. Für den Druck wurden die Quellennachweise je nach Zweckmäßigkeit teils im Text detailliert, teils zu Anmerkungen erweitert oder neu hinzugefügt.

[1] Erinnerungen 1848–1914 (o. J. [1928]) 286.

[2] Archiv f. lat. Lexikographie u. Grammatik 8 (1893) 622.

gen und seit 1884 auf breiterer Basis in einer besonderen Zeitschrift erprobte, dem „Archiv für lateinische Lexikographie und Grammatik mit Einschluß des älteren Mittellateins als Vorarbeit zu einem Thesaurus linguae Latinae". Der Plan fand früh das Interesse Mommsens, und dieser gab zu Beginn der neunziger Jahre mit einem Gutachten[3] den entscheidenden Anstoß zur Verwirklichung; er erkannte, daß | ein so umfassendes Werk von einem einzelnen nicht zu bewältigen war, und gewann die damaligen fünf Wissenschaftsakademien deutscher Zunge für ein erstes interakademisches Gremium, die Vorstufe zur heutigen Internationalen Thesaurus-Kommission. An Mommsens Seite trat der geniale Wissenschaftspraktiker Hermann Diels: in Diels' Haus zu Berlin wurde 1893 das Unternehmen konstituiert, und er war es nun, der nach Wölfflins Intentionen das Gesicht des Thesaurus vielleicht am stärksten und nachhaltigsten geprägt hat.

Zunächst ging es um die Prinzipien der Materialsammlung. Sollte man, um eine letzte wissenschaftliche Gewähr zu erreichen, alle Autoren und Schriften bis zum Beginn des Mittelalters vollständig verzetteln, also auch die ungeheure Produktion eines Ambrosius, Hieronymus, Augustinus mit allen Belegen für *et, habere, is, qui, res, esse* usw. erfassen, von den wachsenden Inschriftenmassen ganz zu schweigen? Sollte man grundsätzlich nur exzerpieren, d. h. das Verfahren vorhandener Wörterbücher lediglich erweitern und vertiefen? Diels drang mit seinem Votum für eine vermittelnde Lösung durch: Lückenlosigkeit für die archaische, klassische und silberne Latinität, für die Folgezeit von etwa 150 bis 600 n. Chr. im wesentlichen nur Exzerption lexikalischer Besonderheiten[4]. Auch in einer Gegenwart, die ganz neue

---

[3] Sitzungsberichte d. Berliner Akademie 1891, 685 ff. (zu einer ebd. 671 ff. abgedruckten Denkschrift von M. Hertz über „Bedeutung, Geschichte, Plan und voraussichtliche Kosten eines lateinischen Wortschatzes") = Th. M., Gesammelte Schriften VII 808 ff. Schon 1879 hatte Mommsen an Wölfflin geschrieben: „Ich bin seit vielen Jahren der Meinung, daß es kein größeres und kein populäreres Problem in dem mir bekannten Literaturkreis gibt als eine historische Bearbeitung des lateinischen Wortschatzes, die die Brücke schlägt von Cicero auf Dante" (F. Vogel, Bayer. Blätter f. d. Gymnasial-Schulwesen 66 [1930] 345). Die vordringlich einem 'Thesaurus latinitatis' geltenden Wiener „Verhandlungen betreffend die Bildung eines Verbandes wissenschaftlicher Körperschaften" (Almanach d. kaiserl. Akad. d. Wiss. 43 [1893] 183 ff.) fanden im Beisein Mommsens statt, und dem Protokoll läßt sich entnehmen, daß das Projekt auf seine Initiative bei dem Wiener Generalsekretär und bei W. v. Hartel zurückging.

[4] Während noch Hertz in der Hauptsache an Exzerptionen dachte, bezeichnete Mommsen in dem genannten Gutachten „eine Verzettelung wenigstens der wichtigsten Schriftwerke" nicht nur von Profanautoren, sondern auch von Kirchenvätern mit der lateinischen Bibel als „unumgänglich", machte freilich auf die Kostenfrage aufmerksam und wollte ohnehin nicht die gesamte Literatur verzettelt wissen. Trotzdem hielt Wölfflin im wesentlichen an dem Prinzip bloßer Exzerption fest (Archiv 7 [1892] 511). Aber dann heißt es in seinem Protokoll der Gründungssitzung vom 21./22. 10. 1893 (Abschrift bei der Thesaurusdirektion), Diels habe „seine abweichenden Ansichten" vorgetragen und „einen ausführlich ausgearbeiteten, mit Collegen durchgesprochenen Plan" für vollständige Verzettelungen verlesen; der folgende Beschluß habe dies Prinzip für die archaische und

Möglichkeiten rascher Materialsammlung erschlossen hat, scheint uns immer noch, daß eine solche Entscheidung die einzig richtige war. Dem idealen Ziel, das gesamte Sprachgut aus acht Jahrhunderten absolut vollständig zu erfassen, stand die nüchterne Berechnung von Zeit und Kosten gegenüber, eine Berechnung, die sich dennoch bald als weit zu optimistisch erwies. Ich möchte aber auch einmal sagen dürfen, daß die Frage zugleich eine psychologische Seite hat. Die neun Millionen Thesauruszettel stellen, wie ihr Bearbeiter weiß, eine nicht durchaus verächtliche Masse dar, im ganzen gesehen ebenso wie bei häufigen Stichworten des genannten Typs. Aber was ist der Fleiß jener Sammler in den neunziger Jahren gegen eine Maschine, die täglich viele tausend Zettel herzustellen versteht, so daß sich riesige Karteilager, ja Karteihäuser füllen und ein einzelnes Unternehmen mit 250 Millionen Zetteln zu rechnen nicht nur nicht entsetzt, sondern stolz ist? Hier kann, so möchte ich glauben, eine glänzende Chance zur Verführung werden, hier wird über der Sammelleidenschaft der Lexikograph vergessen. Denn der Bearbeiter – und das ist bis auf | weiteres der Mensch oder doch die Maschine nicht ohne ihn – ist überfordert, wenn er sich Lebensabschnitte hindurch auf dem kleinen Sektor eines einzelnen Wortes bewegen, vielleicht Monate hindurch diesem Wort bei einem einzelnen Autor nachgehen soll.

Der Thesaurist also findet die Belege etwa auch für Pronomina, Präpositionen und Partikeln mit Freuden vollständig für die ersten Jahrhunderte vor und nach der Zeitenwende. Für später liegen ihm Auszüge vor, die bereits auf einer ersten Sichtung beruhen und so seine Spannung eher erhöhen als schwächen. Diese Auszüge finden nun aber auch manche Ergänzung. Die erste Exzerption der Autoren aus den christlichen Jahrhunderten erfolgte zweifellos ungleichmäßig, jedenfalls nicht immer nach den Gesichtspunkten, die eine gerade auch mit Hilfe des Thesaurus fortschreitende Forschung anwenden muß. Wenn die Texte in neuerer Zeit nachexzerpiert wurden – das geschah oft zum wiederholten Mal –, so las man sie mit anderen Augen und verfolgte z. B. syntaktische Eigentümlichkeiten, Evolutionen und Deformationen aufmerksamer als dies unsere Pioniere tun konnten, die für die Spätantike vielleicht mehr auf rare Wörter, auf „Addenda lexicis Latinis" ausgehen mochten. Ohnehin wurde etwa noch für Tertullian von Anfang an Vollständigkeit angestrebt, stichprobenweise auch für einzelne Autoren oder Schriften sonst (Augustins Gottesstaat, Commodian u. a.); dazu kommen laufend Indices oder Spezialwörterbücher, auch ungedruckte Spezialkarteien, aus denen sich Auskünfte holen lassen – all dies in dem Sinne, daß die anfangs gesetzten Grenzen keineswegs eine Abriegelung bedeuten, sondern lediglich eine Demarkationslinie, die man zu eigenem Nutzen überschreiten darf und soll.

Schon solche Bemerkungen dürften deutlich machen, daß der Thesaurus von vornherein dem Ehrgeiz abgesagt hat, als Schlußstein zu gelten. Das mag in einer Zeit, die Perfektion will und in einem begrenzten Rahmen vielleicht erreicht, wun-

---

klassische Periode, aber bei entsprechenden Mitteln auch für die silberne Latinität anerkannt und das Exzerptionsverfahren auf das Spätlatein beschränkt (vgl. Archiv 8 [1893] 623 f.).

derlich und rückständig erscheinen. Was dahinter steht, ist eine Profession, der es nun einmal wichtiger scheint, die Probleme in Fluß zu bringen und im Fluß zu halten als vollendetes Museumsgut zu schaffen. Das wird noch eindrücklicher, wenn wir uns jetzt den Gesichtspunkten zuwenden, die bei der Auswertung des Thesaurusmaterials zur Anwendung kommen.

Friedrich Leo, der bei der Materialsammlung eine der zwei Arbeitsstellen geleitet hatte, schlug vor, bei der Bearbeitung nicht nach der alphabetischen Folge schlechthin, sondern nach zusammenhängenden Wortgruppen vorzugehen[5]. Danach hätten beispielsweise gleichzeitig mit *accedere, accessio, accessus* auch bereits das Simplex *cedere* und die anderen Komposita jeweils mit den zugehörigen Ableitungen bearbeitet werden sollen, *aequus* mit *iniquus, amens* mit *demens* und *mens* und so fort. Unter rein wissenschaftlichem Aspekt war dieses Prinzip zweifellos bestechend, ja schlagend richtig, und wir finden es heute z. B. in Kittels Theologischem Wörterbuch angewandt. Aber hier erfolgt auch die Drucklegung nach Gruppen; das ist sinnvoll und in diesem Fall durchführbar, weil nur ausgewählte Begriffe erfaßt werden. Der Thesaurus aber mit | seiner lückenlosen Lemmaliste hätte für den Druck auf die alphabetische Folge zurückkommen müssen, und da läßt sich leicht berechnen, daß die erste Lieferung für den Buchstaben *A* erst hätte gesetzt werden können, wenn weite Strecken aus dem Folgenden bearbeitet waren, und wenn das Spätere zum Satz kam, wären die Artikel weitgehend veraltet gewesen. Und wollte man den absoluten wissenschaftlichen Anforderungen genügen, so hätte man das Prinzip mindestens auf die sogenannte Synonymik ausdehnen müssen, hätte also *ab* nicht ohne *de* und *ex* abschließen dürfen (dieses Beispiel führte Leo selbst an), *atque* nicht ohne *et* und *que, aut* nicht ohne *vel, antiquus* nicht ohne *priscus* und *vetus*. Bei einem begrenzten Spezialwörterbuch wird man dieses Prinzip nicht von der Hand weisen, und in neuen Planungen taucht es immer wieder auf; den mit gewaltigen Materialmengen arbeitenden Thesaurus aber hätte es in die Uferlosigkeit geführt, und so kamen die Konferenzen der neunziger Jahre zu dem Schluß, daß auf eine Ausarbeitung nach Wortgruppen zu verzichten sei. Wir bewundern erneut die Disziplin, mit der man sich damals bei großräumigen Planungen von unerreichbaren Idealen auf den Bereich des Bestmöglichen zurückrief und Weiteres dem Fortgang der Arbeiten anheimstellte, indem man zugleich die Initiative des einzelnen aufrief. Denn ein aufgeschlossener Artikelbearbeiter wird den Gesamtkomplex, in dem sein Stichwort

---

[5] Das Protokoll der Wiener Konferenz vom 27./29.5.1896 berichtet: „Herr Leo bringt zur Sprache die Organisation der Verarbeitung der Lexikonartikel (nach Möglichkeit Zusammenhalten verwandter Artikel: *ab de ex, capio accipio, recipio reddo* u.s.w.). Das Prinzip wird als richtig anerkannt, die Frage der Ausführbarkeit soll nach Vorlage eines genauen Planes von Herrn Leo ... behandelt werden". Leo machte am 8./9.6.1897 in Leipzig Vorschläge, denen Gegenvorschläge von Wölfflin und eine lebhafte Diskussion folgten; er wurde „ersucht, das von ihm vorgelegte und von der Commission principiell gebilligte Gruppenschema zu vervollständigen". Aber dann verschwindet der Plan von den Tagesordnungen. (Die gedruckten Protokolle F. Büchelers aus jenen Jahren befinden sich bei der Thesaurusdirektion.)

nach Bildung und Bedeutung steht, sehr wohl im Auge behalten, wird Stichproben in den anderen Materialien machen, wird sich aber auch bewußt sein, daß seine Behandlung ein gewisses Provisorium darstellt und von anderer Seite ergänzt oder berichtigt werden kann.

Aber hier auf dem Sektor des einzelnen Lemmas, das im Alphabet heransteht, kommt nun der Ehrgeiz des Unternehmens und seiner Mitarbeiter zur vollen Entfaltung. Die Technik der Artikel darzustellen und den Thesaurusbenützer zu leiten, ist nicht das Anliegen eines Vortrags in diesem Kreise; hier und heute geht es mehr um das Grundsätzliche.

Der Artikel ist zunächst einmal eine Bestandsaufnahme zu dem Zweck, die Geschichte des Wortes in allen seinen Funktionen – insbesondere den formalen, semasiologischen, syntaktischen, aber nicht nur ihnen – durchsichtig zu machen. Im Anfang, nach 1900, stand dabei der Wunsch im Vordergrund, die frisch gesammelten Materialien rasch und in einfacher Ordnung auszuschütten. Das hat im Zeitalter des Mikrofilms an Aktualität verloren, und wir sehen die Hauptaufgabe mehr und mehr in der lexikographischen Auswertung. Hier sind, dank der gewaltigen Pionierarbeit der Vorgänger, Ansprüche und Ambitionen stark gestiegen, und es hat sich mittlerweile eine differenziertere Technik herausgebildet, die dem Benützer Geduld und Aufmerksamkeit abverlangt, ihm diese aber auch lohnt. In letzter Zeit lenken wir wieder zu einer etwas einfacheren Darstellung zurück und nehmen – vorhandenen Gegenbeispielen zum Trotz – die Devise ernst, die einst Wölfflin seinen Assistenten ans Herz legte, aber die meisten lexikalischen Unternehmen je länger je mehr aufzugeben pflegen: „Machen Sie's kurz!"[6].

Wölfflin hatte sich von vornherein gegen das Vorurteil gewandt, nur ein vollständiger Abdruck aller vorhandenen oder wenigstens aller gesammelten Belege könne den Anspruch erheben, als Feststellung – wir sagen wohltönender: als 'Dokumentation' – sprachlicher Tatsachen zu gelten. Zwei Jahre vor seinem Tod geht er in einem Rückblick auf diese Frage nochmals ein, nicht ohne einen gewissen Grimm: „In Deutschland wie in Amerika ist dem Thesaurus vorge|worfen worden, daß zahlreiche Stellen in demselben 'fehlen'. Sie fehlen aber nicht, sondern sie sind absichtlich ausgeschieden worden nach dem Motto Hesiods πλέον ἥμισυ παντός. Wenn der Verfasser eines Thesaurusartikels auch von sämtlichen Belegen ... Einsicht nehmen muß, so braucht er doch nicht alle abzudrucken, ja er darf dies nicht einmal, sollen wir mit den zwölf Foliobänden ausreichen"[7]. Soweit Wölfflin, der immer geplant hatte, das Zettelarchiv zu erhalten und für Spezialuntersuchungen zugänglich zu machen. Die Frage, wie bei der Belegung zu verfahren sei, wird auch heute immer wieder gestellt, teils mit Sorge, weil sich jene „zwölf Foliobände" bedrohlich zu vermehren begonnen haben, teils mit jenen alten Bedenken gegen alle Auslassungen. Die Lust an der Vollständigkeit erhält in unserer Zeit neuen Auftrieb durch die Tech-

---

6 G. Dittmann in: E. v. Wölfflin, Ausgewählte Schriften 343.
7 Archiv 14 (1906) 117; vgl. 1 (1884) 14.

nik, aber vielleicht auch durch eine wachsende Scheu vor der Verantwortung: wer auswählt, trifft ja eine persönliche Entscheidung und stellt sich der Kritik – wer nichts riskieren will, flüchtet in die Vollständigkeit. In der Praxis hat der Thesaurus, wie schon bei seiner Materialsammlung, selbstverständlich auch bei diesem Problem stets eine Synthese angestrebt. Neu ist lediglich, daß wir zuletzt den Standpunkt bewußt aufgegeben haben, die Artikelteile müßten die gleiche Proportion zeigen wie die Materialien. Nein, die Auswahl soll nach Gewicht erfolgen. Bei geläufigen, weniger ergiebigen, ja eher problemarmen Gebrauchsweisen ist summarisch zu verfahren und kann es zweckmäßig sein, die Bestandsaufnahme durch Referat zu verkürzen oder zu ersetzen[8]. Dagegen soll das Besondere, Seltene, Irreguläre ohne jede Beengung vorgeführt und erörtert werden.

Hat der Bearbeiter das vorliegende Wortmaterial mit offenem Auge für alles, aber auch alles sprachlich Relevante interpretiert, so steht er vor einer Fülle von Beobachtungen, die ihn zunächst verwirrt. Für den Artikel jeweils den angemessenen Aufbau und die angemessene Darstellungsform zu finden, ist die schwierigste, aber auch die reizvollste Aufgabe des Lexikographen. Immer wieder vermißt der Anfänger oder auch der Außenstehende detailliertere Richtlinien als unser Supplement zur Zitierliste[9] sie in seiner Vorrede gibt, vermißt sozusagen die Zauberformeln, mit denen sich alle Schlösser öffnen lassen. Aber hier muß gleich gesagt werden, daß es ein Artikelschema nicht gibt und nicht geben darf: Sprache lebt, und wer sie darstellen will, wird dieses Leben auch in dem beengenden Rahmen eines Lexikons zur Geltung bringen müssen.

Im allgemeinen wird die semasiologische Entwicklung im Vordergrund stehen und den Aufbau des Artikels bestimmen: man wird also zeigen, wie, wann und wo sich ein spezieller oder technischer Gebrauch verallgemeinert, ein genereller sich verengert, ein konkreter Begriff auf Ungegenständliches übertragen wird oder umgekehrt eine Metonymie vom Abstrakten auf Gegenständliches stattfindet usw. Aber das genügt noch nicht und läßt vielleicht Wesentliches außer acht. Ein beliebiges Beispiel: *hostis* ist – abgesehen von einer altlateinischen Vorstufe und einer späten Sonderbedeutung – als „Feind in Waffen" außen- und innenpolitisch in der Hauptsache semasiologisch festgelegt. Besonderes Interesse beansprucht hier einmal das Verhältnis zu *inimicus*, einem Wort, das nicht nur und nicht so stark, wie man zu lernen pflegt, den „Privatfeind" bezeichnet, sondern feindliche Gesinnung zum Ausdruck bringt, durchaus legitim | auch die Gesinnung von *hostes*; es hat von hier aus früh genug Konkurrenzkraft gewonnen, um schon in christlicher Zeit vielfach für *hostis* einzutreten und sich im Romanischen allein durchzusetzen. Ferner wird es im Artikel *hostis* darauf ankommen, die staatsrechtliche Phraseologie bei der Erklärung zum Staatsfeind festzuhalten, also die Verbindungen *hostem iudicare, in hostium numero*

---

[8] Ergänzungen zur Geschäftsordnung des Thesaurus linguae Latinae vom 21.5.1964 S.2.

[9] Thesaurus linguae Latinae, Index librorum scriptorum inscriptionum ex quibus exempla adferuntur / Supplementum (1958).

habere usw. ebenso wie *hostis rei publicae, hostis communis* usw. darzustellen, einerseits als Material für stilistische Vergleiche, anderseits zugleich als Grundlage für christliche Bezeichnungen des Teufels oder der Gegner im Glaubensstreit. Ähnliches mag etwa für *iniuria* gelten; aber hier kommt noch ein anderes Postulat hinzu, nämlich außerhalb des engeren Gebrauchs („Körperverletzung", „Beleidigung") die Bereiche abzustecken, in denen „Unrecht" fast zum solennen Terminus wird, also Völker- und Staatsrecht, Geldwesen, Liebesleben usw. Anderseits wird sich bei einem Verbum wie *induere* das Syntaktische vordrängen (*induo, induor, me induo* mit den verschiedenen Konstruktionen), werden bei Enklitika die Stellung, bei Defectiva die Formen besonderes Interesse verdienen, kurz: man wird vielfach das Stichwort zumindest auch unter einem anderen Aspekt als dem semasiologischen behandeln, wird verschiedene Querschnitte legen. Ein primär nach Bedeutungen gegliederter Artikel wird in einem Anhang auf die syntaktischen und stilistischen Fragen eingehen; empfehlen sich andere Einteilungsprinzipien als nach der Bedeutung, so läßt sich diese in einem Vorspruch differenzieren, und Fragen der Formenlehre oder Statistiken über Vorkommen und Konkurrenzen haben normalerweise im sogenannten Artikelkopf einen festen Platz. Immer gilt es, das Wort von allen Seiten abzuleuchten und seine Funktionen im Sprachganzen aufzuzeigen.

Denn das muß wieder einmal ausgesprochen werden: der Thesaurus ist kein Übersetzungswörterbuch oder ist es doch nur in dem Sinne, daß er die Übersetzung als Verständigungsmittel benützt. Mit harten Worten hat Wölfflin es als eine vorwissenschaftliche Stufe der Lexikographie bezeichnet, wenn man „nichts anderes erstrebe als den Leser zu belehren, wie man ein Wort am richtigsten übersetze"[10]. Die Sprache, in der der Thesaurus zum Leser spricht, ist das Lateinische, und ich brauche Ihnen nicht auszuführen, wie sehr diese Unmodernität der Präzision und Sachlichkeit zugute kommt. Aber lateinische Interpretamente? Lassen sich Wörter, wenn überhaupt, in der gleichen Sprache miteinander austauschen, *mors* mit *letum, murus* mit *moenia, labes* mit *lapsus*? Tun wir es scheinbar, so werden die Begriffe sofort semasiologisch, stilistisch, historisch zu differenzieren sein. Und greifen wir zur raschen Verständigung auf griechische Termini zurück (es ließen sich auch deutsche oder beliebige andere wählen), so mögen *mors* θάνατος, *murus* τεῖχος hingehen, aber etwa bei *iugum* ζυγόν ist hinzuzufügen, daß die Vorstellung vom „Bergjoch", im Lateinischen verbreitet und auch uns geläufig, dem griechischen Wort fremd ist. Vielleicht wird mancher Ideogramme empfehlen, Verkehrszeichen, die den Näherkommenden schnell, stumm und präzise informieren. Nun, selbst Zeichen ließen sich entbehren, und der Thesaurus hat gelegentlich schon auf Interpretamente überhaupt verzichtet, hat geläufige Gebrauchsweisen gegenüber Besonderheiten überhaupt nicht charakterisiert.

---

[10] Archiv 14 (1906) 114.

In jedem Fall kann das Interpretament nur einen vorläufigen Anhaltspunkt bieten. Jeder von uns erinnert sich seiner ersten Begegnung mit der fremden Sprache und seines Vergnügens, beim Übersetzen Worte und Sätze wie im Spiel mit Deckbildern Zug um Zug auszutauschen. Man | erhielt einen gewissen Vorrat an Austauschmaterial, der nur in einem bestimmten Rahmen Bewegungsfreiheit zuließ: *mittere* ist (ich folge einem bekannten Schulbuch) nur „gehen lassen, schicken, werfen", *hilaris* „heiter", *iuvenis* „Jüngling" und *senex* „Greis". Begegnet der tiro in einem deutschen Text den Worten „senden", „fröhlich", „junger" oder „alter Mann", so stehen ihm nicht nur keine lateinischen Wörter dafür zur Verfügung, sondern *mittere, hilaris, iuvenis, senex* sind für ihn falsche Tauschwerte, bis er lernt, daß selbst sein Übersetzungswörterbuch nichts anderes wollte als ihm Begriffe verständlich machen. Erst allmählich wird er sich von jenen ebenso praktischen wie primitiven Anhaltspunkten lösen, wird denkend wählen – *intellegere* –, wird sich über die Stilunterschiede Rechenschaft geben und sozusagen die Übersetzungsmaschine überwinden lernen. So wird die Lexikographie von selbst zur Stilkunde, löst sich aus den Fesseln antiker wie moderner Schulweisheit und interpretiert nicht nur das Einzelwort, sondern mit dem Einzelwort die Aussage selbst.

Dafür wieder ein Beispiel. Vergil schildert, wie die liebende Dido ihre Pflichten vergißt: Türme wachsen nicht weiter empor, Waffenübungen ruhen, keine Hafen- und Befestigungsanlagen (*propugnacula*) werden mehr gebaut, nein: die Arbeiten bleiben halbfertig liegen, himmelhohe Podeste ebenso wie „ungeheures Mauerdräuen" – *minaeque murorum ingentes* (Aen. 4, 88). Servius und die Glossen erläutern *minae* hier als „Zinnen" oder „Festungswerke" (*propugnacula* wie vorher), und der antike Schulunterricht scheint diese Auffassung so dogmatisiert zu haben, daß spätlateinische Historiker mit *minae murorum* tatsächlich kurzerhand Festungswerke bezeichnen, auch zur Übersetzung von griech. ἐπάλξεις oder τύρσεις. Unsere Handwörterbücher, auch selber im Gefolge der antiken Vergilerklärer, setzen eine solche konkrete Bedeutung von *minae* als die älteste an, etymologisch bestechend, da sich konkretes *eminere, imminere, prominere* zum Vergleich anbieten. Das würde heißen, daß Vergil hier als erster und über viele Jahrhunderte hin als einziger – denn seit dem Altlatein heißt *minae* ja nichts weiter als „Drohung" – den echten Sinn bewahrt hat. Dasselbe müßte für *minari* und *minax* gelten, die mit konkretem Sinngehalt ebenfalls zuerst in der Aeneis auftreten. Die Frage erhält Gewicht in der Landeszene 1, 159 ff., die Pöschl[11] behandelt hat, als eines seiner Beispiele für das Streben des Dichters, überkommenem Erzählungsgut aus eigener Sicht Farbe und Stimmung zu geben. Ein Seesturm ist vorausgegangen, die Landenden haben ungewisse Gefahren vor sich, und so hält sich die Schilderung des Platzes zunächst in düster-unheimlichen Farben. In leiser Reminiszenz an Skylla und Charybdis heißt es, daß zwei Felsen gen Himmel ragen (*geminique minantur in caelum scopuli,* bei

---

11 Die Dichtkunst Virgils (1950) 231 ff. Die homerischen Elemente der Szene registriert G.N. Knauer, Die Aeneis und Homer (1964) 373, vgl. die ebd. 244, 2 angeführte Literatur.

Homer nur οὐρανὸν εὐρὺν ἱκάνει) und daß sich mit schauerlichem Schatten ein schwarzer Hain über das Wasser neigt (*horrentique atrum nemus imminet umbra*). Man hat gegen Pöschl bezweifelt, daß die Szenerie etwas wirklich Drohendes habe, und hat gemeint, jenes *minantur* sei nur im alten Sinn des „Hochragens" gebraucht[12] – obwohl doch gleich darauf bei *imminet* die Aspekte „schauerlich" und „schwarz" gegeben sind. Und die „drohende Klippe", auf der in der Schildbeschreibung des 8. Buchs Catilina vor den Höllenfurien zittert (668 *minaci pendentem scopulo furiarumque ora trementem*), ist nicht nur eine 'hochragende' oder 'überhangende', sondern eine „gefährliche" Klippe, 'periculosus', wie Eduard Fraenkel in unseren Fahnen formuliert hat. | Diese Erkenntnisse haben den Aufbau der Thesaurusartikel *minae, minari, minax* bestimmt und für die Entwicklung ein anderes Bild ergeben. Und wenn wir den sonstigen Befund jetzt überblicken können, so werden wir sagen, daß Quintilian recht hatte, den vergilischen Gebrauch als Beispiel für eine Hyperbel anzuführen (inst. 8, 6, 68): vorhistorische Zusammenhänge zwischen *minari*-Gruppe und Komposita vom Typ *imminere* selbstverständlich zugegeben, so greift doch Vergil für jene schwerlich auf verschollenes Sprachgut zurück, sondern tönt das Bildhafte im Begriff des Drohens („Mauerdräuen" statt „dräuende Mauern") nur in Analogie zum Typ *imminere* an – es ist ein sprachschöpferischer Vorgang, den wir im Deutschen unschwer nachvollziehen können.

Dieser kleine Umweg sollte dartun, wie gefährlich es ist, von herkömmlichen Interpretamenten auszugehen, und wie nötig, sie zumindest mit gebotener Vorsicht zu modifizieren. Eine solche Modifikation kann oft fruchtbarer sein als das doch mehr oder weniger grobe Interpretament. Daß etwa *iucundus* so viel wie *gratus* bedeutet, scheint belanglos gegenüber der Feststellung, daß es sich gern mit *gratus* verbindet und dadurch gesteigert werden kann (*quae omnia mihi iucunda, hoc extremum etiam gratum fuit*, sagt Cicero fam. 10, 3, 1) oder eine Einschränkung erfährt (*veritas, etiam si iucunda non est, mihi tamen grata est*, so wieder Cicero Att. 3, 24, 2) – beides zeigt ein ideelles Plus bei *gratus* und gewisse Vorbehalte gegen den Begriff *iucundus*, die bis zur Aversion gegen das Wort selbst gehen können. Der Artikel *iucundus* wird dies in einem Vorspruch festhalten, aber solche Pointierungen natürlich nicht zum Einteilungsprinzip machen, sondern z. B. geistige und sinnliche *iucunditas* differenzieren und besonders wieder auf jene Bereiche eingehen, in denen der Begriff eine Rolle spielt: Literatur- und Kunstkritik, aber auch die Sprache des Arztes oder Apothekers, der sein Rezept als „angenehm" empfiehlt. Das ist alles durchaus keine neue Art, ein Wort zu betrachten und darzustellen. Aber im ganzen darf man wohl sagen, daß auf die einfachen, oft allzu einfachen ersten Bände des Thesaurus eine Zeit folgte, die die lexikographischen Methoden glänzend entwickelte, jedoch in der semasiologischen Differenzierung einen Optimismus zeigte, den wir heute nicht mehr in vollem Umfang teilen. Die allgemeine Tendenz der Gegen-

---

12 F. Klingner, Gnomon 24 (1952) 137.

wart mag sich etwa darin ausdrücken, daß wir der Bedeutung eine gewisse Streu-
weite einräumen und den Besonderheiten ein 'generatim', 'in universum', 'vario
usu' ohne nähere Erläuterung gegenüberstellen, also Etiketts, die lediglich als Folie
dienen und neben der Dispositionsziffer bisweilen durchaus entbehrlich scheinen.
Daß die syntaktischen und stilistischen Phänomene immer stärkeres Gewicht erhalten, entspricht den Erkenntnissen, die die Latinistik vor allem auch der skandinavi-
schen Länder in den letzten Jahrzehnten gewonnen und zum Gemeingut gemacht hat.
Dazu treten vergleichende Wortstatistiken etwa über poetischen und prosaischen Gebrauch – hier weist Bertil Axelsons Büchlein über „Unpoetische Wörter" (1945)
ausgezeichnet den Weg – oder über Konkurrenzbegriffe, die die antike und her-
kömmliche Grammatik semasiologisch zu differenzieren versucht hat, zu Unrecht
etwa bei *inscius* und *nescius, invenire* und *reperire, iuvenis* und *adulescens.*

„Ein *inscius* weiß etwas nicht, ein *nescius* weiß nichts: der eine irrt teilweise, der
andere ganz" (*inscius aliquid nescit, nescius nihil novit: alter in parte errat, alter in
toto*), so lehrt Charisius. In Wirklichkeit liegen die Dinge ganz anders: *nescius* bleibt
in klassischer Prosa auf Wendungen des Typs *non sum nescius* beschränkt, *inscius*
entfaltet sich freier, wird aber durch *insciens* in Grenzen gewiesen; denn man sagt
me insciente factum est und *insciens feci*, während *me inscio factum est* nach| cicero-
nisch und *inscius feci* poetisch ist – nichts spricht für den Gesichtspunkt, ob das
Nichtwissen komplett ist oder nicht[13]. Die traditionelle Ansicht, *invenire* bezeichne
ein zufälliges Antreffen, *reperire* ein Finden nach zielbewußtem Suchen, hat schon
Einar Löfstedt in seinem großen Erstlingswerk widerlegt und durch eine stilistisch-
historische Differenzierung ersetzt[14]. Noch erregender aber ist Bertil Axelsons Arbeit
über die Synonyme *adulescens* und *iuvenis*[15]. Varro hatte bekanntlich – ich weiß
nicht, auf Grund welcher Doktrin – die Lebenszeit des Menschen in Perioden von 15
Jahren eingeteilt und hatte behauptet, *adulescens* bezeichne die 15- bis 30jährigen,
iuvenis die 30- bis 45jährigen, und diese Theorie ist nicht nur von späteren Grammatikern beibehalten und – wie vereinzelte Spuren wiederum in der späteren Literatur
nahelegen – in der Schule gelehrt worden, sondern herrscht noch in den meisten
neueren Wörterbüchern und etwa bei Krebs-Schmalz in ihrem bekannten und angesehenen Antibarbarus. Es ist ergötzlich zu lesen, mit welchem Hohn Axelson nicht
die Lehre Varros, aber den Schlendrian seiner Gefolgsleute anprangert durch den
schlagenden Nachweis, daß – auf eine kurze Formel gebracht – in klassischer Zeit
adulescens das prosaische, *iuvenis* das poetische oder ironisch, herablassend, auch
feierlich pointierte Wort ist, das erst in früher Kaiserzeit die Prosa erobert und im
Romanischen durchdringt. Dies wird der bereits ausgearbeitete Thesaurusartikel
bestätigen und durch neue Einzelzüge beleuchten.

---

13 Thes. VII 1, 1839, 40 ff.
14 Philolog. Kommentar zur Peregrinatio Aetheriae (1911) 232 ff., vgl. Thes. VII 2, 135, 2 ff.
15 Mélanges de philologie, de littérature et d'histoire anciennes offerts à J. Marouzeau (1948) 7 ff.

Ich erwähne den Fall, um mit ihm ein weiteres und diesmal noch krasseres Beispiel dafür beizubringen, in welchem Umfang neuzeitliche Lexika und lexikonähnliche Handbücher noch immer in alten Traditionen befangen sind, die sie nicht als Theoreme früher Zunftgenossen erkennen, sondern für Fakten nehmen, für um so zuverlässigere Fakten, als sie von Autoren gelehrt werden, die selber noch Latein sprachen und es also wissen mußten. Etymologen, Historiker und Religionswissenschaftler fühlen sich längst von alten Konstruktionen frei – aber der Lexikograph? Man sollte sich endlich klarmachen, daß die grammatische Überlieferung vielfach nichts weiter als antike Gelehrsamkeit, insbesondere Schulgelehrsamkeit bietet und daß jedenfalls der Pädagoge, früher wie heute, einfache und eindeutige Regeln geben muß, daß er dem tiro gegenüber nicht mit Begriffen wie 'poetisch' oder 'prosaisch', 'nüanciert' und 'affektbetont' arbeiten kann. Wer allein eine unvoreingenommene Beobachtung des Befundes zur Richtschnur nimmt, wird sich, wenn nötig, aus dem Bann der Tradition lösen und sich durch die Einigkeit der Handbücher nicht einschüchtern lassen. Er wird eine Bereitschaft dazu auch bei dem Benützer voraussetzen, soll sich nun aber auch vor eigenen Theoremen hüten und soll so objektiv informieren als ihm nur möglich ist. Statt das Wörterbuch zum Tummelplatz von eigenwilligen Experimenten zu machen, wird er seine Gesichtspunkte vielleicht nur zur Diskussion stellen und in einem ergänzenden Aufsatz näher begründen.

Wenn wir den Gebrauch eines Wortes möglichst vielschichtig schildern und zugleich die Sprache als lebendes Wesen anerkennen wollen, so bedarf jedes Schema, zu dem uns das Lexikon zwingt und in das wir die Wörter zwingen müssen, einer umsichtigen Auflockerung. Vom Artikelkopf, von Vorbemerkungen und Anhängen war schon wiederholt die Rede. Dazu tritt nun eine Bezugnahme hinüber und herüber durch Querverweise, die den Faden dort wieder auf|nehmen, wo er im Verfolgen nur einer von vielen Linien verlorenging. Freilich soll man dem Benützer genug eigene Beweglichkeit zutrauen, um sich ohne einen Schilderwald zurechtzufinden, wenn der Artikel vernünftig geplant ist; auch hier hat der Thesaurus anfangs zuwenig, später vielleicht manchmal zuviel getan, dies zur Belastung auch für den Hersteller, dem Blockaden in den Fahnen Korrekturkosten im Bogen bringen. Aber vor allem größere Artikel können durch Verweise von Abschnitt zu Abschnitt, ja unter Umständen von Beleg zu Beleg vortrefflich und auch raumsparend erschlossen werden.

All diese Hinweise deuten vielleicht schon an, welche Haltung der Thesaurus in der heutigen Situation der Sprachwissenschaft einnimmt, wie er zu aktuellen Problemen unserer Tage steht. Man hat kürzlich einmal von dem schlechten Gewissen gesprochen, das manchen Geisteswissenschaftler gegenüber den sogenannten exakten Naturwissenschaften beschwert und ihn a priori einer deskriptiven Sprachwissenschaft zuwendet[16]: er will die Spracherscheinungen auf Meßbarkeit reduzieren

---

[16] M. Leumann, Glotta 42 (1964) 72.

und ihre Beziehungen logisch oder mathematisch zu formulieren versuchen, um so dem Hierarchieanspruch der Naturwissenschaften Widerpart zu bieten. Ich glaube, daß es sich lohnt, solche Tendenzen ernst zu nehmen, um sich auf seine eigentlichen Ziele zu besinnen. Über die Wünschbarkeit einer deskriptiven Sprachwissenschaft besteht Einigkeit; der Terminus „Meßbarkeit" aber, soweit er Neues will und gar Logik und Mathematik ins Spiel bringt, scheint uns so lange problematisch, als er bloßes Postulat bleibt und konkrete Vorschläge fehlen. Denn der Strukturalismus, zunächst der Phonetik zugewandt, hat seine Methoden noch nicht weit genug entwickkelt, um der praktischen Lexikographie Wegweisung zu geben; das hat sich kürzlich hier bei Besprechungen über das Goethe-Wörterbuch leider ergeben. Die maschinelle Lexikologie ist in vollem Gange, eine maschinelle Lexikographie noch kaum angebahnt und jedenfalls über Erfassung von Äußerlichkeiten bisher nicht hinausgelangt; ja, als ich kürzlich mit einem Fachmann eine maschinelle Umschrift des Thesaurusmaterials erwog, tauchten Zweifel auf, ob sich Lochkarte und Magnetband für Intentionen wie die unsrigen in Zukunft überhaupt bewähren würden. Immerhin ist zu erwarten, daß die Entwicklung maschineller Methoden einmal Möglichkeiten eröffnet, von denen sich beide Seiten – Techniker und Philologen – noch keine Vorstellung machen können. Aber wer glauben wollte, die Maschine könne aus einer nützlichen, sehr nützlichen Dienerin des Lexikographen eines Tages zu seiner Meisterin werden, würde meines Erachtens den Boden der Realitäten verlassen. Denn die Sprache ist ein Kunstwerk wie die Musik, die sich in voller Gesetzmäßigkeit zu vollziehen scheint und sich dennoch dem messenden Verstand nicht erschließt. Wohl lassen sich in einem Tonsatz die Themen sondern, läßt sich die Durchführung nach Instrumentengruppen und Tonarten bestimmen, ja durch Proportion der Taktzahlen kennzeichnen; aber selbst einem Thomas Mann ist es nicht gelungen, ein ungenanntes Musikstück durch detaillierte Beschreibung auch nur erkennbar zu machen[17].

Bleibt der Lexikograph sich der Grenzen bewußt, die aller Kunstbeschreibung gesetzt sind, so wird er solche Grenzen nicht mit jenem schlechten Gewissen zugeben, sondern umgekehrt | als förderlich bezeichnen. Auf unser Thema angewendet, heißt das, daß gerade auch der Thesaurus mit seiner umfassenden Wortsammlung und Wortforschung Arbeitsinstrument sein will, mit Hilfe, Rat und Anregung eingreifend überall dort, wo es um die lateinische Sprache als Mittel zur Erkenntnis antiken Wesens geht. Eduard Wölfflin hatte, wie erwähnt, sein „Archiv für lateinische Lexikographie" als „Vorarbeit zu einem Thesaurus" ins Leben gerufen; als „Ergänzung zu dem Thesaurus" lief es weiter, als das Unternehmen bereits Faszikel und Bände er-

---

17 Th. Mann, Die Entstehung des Doktor Faustus, Kap. IX (Gesammelte Schriften im S. Fischer Verlag XI 213) über Äußerungen Adornos zum Briefwechsel zwischen dem Romanhelden und seinem Musiklehrer („Doktor Faustus", Kap. XV): „Noch mehr aber lobte er die eingewobene Musikbeschreibung, deren Modell (das Vorspiel zum dritten Akt der „Meistersinger") er aber merkwürdigerweise nicht erkannte. Er täuschte sich über die Dimensionen und glaubte an ein viel längeres Stück eigener Erfindung ..."

scheinen ließ. Wölfflin sah also von vornherein das große Werk als ergänzungsfähig an, ja, er bezeichnete selbständige Forschungen neben dem Thesaurus als „dringendes Bedürfnis"[18] und ließ selber in seiner Zeitschrift Spezialuntersuchungen durchführen, wie wir sie seit 1934 in kleinerem Rahmen als laufende „Beiträge aus der Thesaurusarbeit" wieder aufgenommen haben, erst im Philologus, jetzt im Museum Helveticum. Natürlich hatte Wölfflin auch von vornherein betont, daß übergreifende grammatische Fragen nicht bei dem Einzelwort, sondern „in weiterem Zusammenhang" durch „eingehende Monographien" zu behandeln seien[19].

Wiederum muß für das Prinzipielle vor allem auch der Name Hermann Diels genannt werden. Als 1899 die Ausarbeitung des Thesaurus begann, widmete er dem damaligen Wiener Delegierten Wilhelm von Hartel seine Schrift „Elementum", deren Untertitel „Eine Vorarbeit zum griechischen und lateinischen Thesaurus" ihre Entstehung und Tendenz andeutet: aus der Arbeit an einer Art Probeartikel hatte sich eine Untersuchung entwickelt, die die lexikalische Basis verbreiterte und auf ein noch größeres Projekt vorauswies, den heute begonnenen griechischen Thesaurus. Aber das Ziel war nun, wie Diels ausdrücklich sagt und wie sein Buch bestätigt, nicht mehr ein Probeartikel: im Gegenteil wollte er ein Exempel dafür statuieren, daß es nicht Aufgabe des Lexikographen sein kann und darf, selbst bereits auch Begriffsgeschichte zu schreiben, d. h. in diesem Fall bei Gelegenheit eines lateinischen Stichworts einen Terminus der philosophisch-physikalischen Kunstsprache griechischer Provenienz zu untersuchen. Er bekennt im Vorwort (S. VI), gerade dies aus seiner Arbeit gelernt zu haben, „daß eine ähnlich eingehende und überall auf das Technische gerichtete Vertiefung bei den Artikeln des künftigen Thesaurus weder geleistet werden kann noch soll". „Die Bearbeiter der Lexikonartikel", so fährt er fort (S. VIII), „dürfen ihre Zeit nicht damit vergeuden, z. B. über *animus, mens* und *ratio* jahrelang brütend erschöpfende Monographien herzustellen oder sich wegen der technischen Ausdrücke heute in die Tiefe der Jurisprudenz, morgen in die Geheimnisse der Astrologie, übermorgen in die Mysterien der Veterinärmedizin zu stürzen. Sie sollen ihr Material mit dem Auge des sprachlich geschulten, in den Realien nicht gänzlich unbewanderten Philologen betrachten, und, so gut es geht, anordnen". Soweit Diels, und wir fügen hinzu: dieses „So gut es geht" ist Forderung und Selbstbescheidung zugleich. Hier zerstört ein unbeirrter Praktiker schonungslos die Illusion, man könne im Rahmen eines einzelnen lateinischen Wortes Komplexe darstellen, die sich offensichtlich in dem Einzelwort nicht erschöpfen, und er wagt es auszusprechen, daß das Werk „unvollkommen werden muß".

Wie überall, so wird der Thesaurus also gerade für ideologische Felder in seinen Wortartikeln grundlegendes und einschlägiges Material erschließen; aber dann bedarf es monographischer | Weiterarbeit mit freier Umschau auf lateinische Nachbarbegriffe und griechische Substrate. Eduard Fraenkels Thesaurusartikel *fides* etwa und

---

[18] Archiv 14 (1906) 114.
[19] ebd. 113.

seine Folgerungen daraus[20] haben Jahre später den berühmten Artikel von Richard Heinze ausgelöst, der – griechische und römische Gedankenwelt gegeneinander abwägend – den Begriff der *fides* als einer sittlichen Bindung und Sicherung auf allen Lebensgebieten des römischen Volkes aufzeigte[21]. Klingners Arbeit über „Humanität und Humanitas"[22] gewinnt aus den im Thesaurus vorgelegten Materialien ein umfassendes Bild von dem römischen und insbesondere ciceronischen Bildungsbegriff, der in dem einen Wort die ganze Skala echten Menschentums zusammenfaßt; aber die Diskussion über *humanitas* geht weiter, in engem Kontakt mit unserem Stellenmaterial, aber zugleich mit kultur-philosophischen Systemen vor allem auch Griechenlands. Hinzu kommt als selbstgesetzte Grenze der Verzicht auf vollständige Erfassung der Spätzeit, der es unmöglich macht, etwa einen christlichen Zentralbegriff auch nur im lateinischen Bereich erschöpfend darzustellen, Probleme der spätlateinischen Syntax abschließend zu behandeln oder den Übergang ins Romanische, der sich ohnehin eher außerliterarisch vollzieht, im einzelnen nachzuzeichnen. Nirgends kann und will der Thesaurus die Diskussion abschneiden, überall möchte er sie im Gegenteil beleben oder überhaupt auslösen.

Die hier skizzierten Prinzipien wurden und werden, so hoffen wir, zugleich fest und beweglich genug gehandhabt, um ihren Zweck zu erfüllen. Hier nun noch ein Wort zur äußeren Organisation.

Die hauptsächliche Materialsammlung, die Anlage eines Grundstocks durch systematische Verzettelungen, wurde seinerzeit so auf München und Göttingen verteilt, daß München unter Wölfflin die Masse der Prosa, Göttingen unter Leo vor allem Poesie und Inschriften übernahm. Man erwog zunächst[23], auch die Ausarbeitung getrennt durchzuführen oder gar teilweise mit auswärtigen Kräften zu arbeiten, wie es heute viele Unternehmen tun. Der Thesaurus hat sich aber damals für eine Zentralisierung in München entschieden und hat dieses Prinzip seither ohne Konzessionen aufrechterhalten: die Artikel werden ausnahmslos im Münchner Institut geschrieben, redigiert und korrigiert, freilich gehen die Druckfahnen einer ganzen Reihe von auswärtigen Gelehrten zum Mitlesen zu. Die Vorteile für eine einheitliche Ausrichtung des Werkes, bei der Variationen nicht vermieden werden können und durchaus nicht

---

20 Rhein. Museum 71 (1916) 187ff.

21 Hermes 64 (1929) 140ff. = R. H., Vom Geist des Römertums 25ff.

22 Beiträge zur geistigen Überlieferung (1947) 1ff. = F. K., Römische Geisteswelt⁴, 690ff.

23 Die Leipziger Konferenz von 1897 sah vor, daß die Arbeitsstellen in München und Göttingen vergrößert werden und die Artikelbearbeiter zeitweilig hier oder dort Aufenthalt nehmen sollten. Aber bei dem Berliner Treffen vom 2./3. 6. 1898 taucht der Plan auf, ein gemeinsames Bureau unter Leitung eines Generalredaktors einzurichten, und zwar in München, Leipzig oder Berlin; W. v. Hartel als Vorsitzender wurde beauftragt, in München zu sondieren. Als man hier am 13./14. 10. 1899 wieder zusammentrat, war die Entscheidung bereits gefallen und die Übersiedlung aus Göttingen vollzogen. Der damals eingeführte Generalredaktor F. Vollmer beantragte am 7./8. 10. 1901, „das Zettelmaterial für größere Artikel (wie *cum*) an Auswärtige zur Bearbeitung zu versenden"; die Kommission lehnte dies „nach eingehender Debatte" ab.

vermieden werden sollen, diese Vorteile liegen auf der Hand, wenn Redaktoren und Mitarbeiter im persönlichen Meinungsaustausch bleiben können. Auch das Zettelarchiv und eine präparierte Spezialbibliothek befinden sich (eine jüngst nach Princeton gegebene Filmkopie der Zettel nicht gerechnet) an einem Ort, | eben in München; so können wir Besucher oder Korrespondenten beraten – eine überall gern benützte Chance und ein wichtiger Faktor bei einem Werk, dessen Ausarbeitung und Druck sich über lange Fristen hinziehen. Denn auch das gehört zu den Erkenntnissen des lateinischen Thesaurus, daß ein solches Wörterbuch in 15 Jahren, wie man im Vorspruch zur ersten Lieferung zuversichtlich versprach, oder in 30 Jahren, wie man nach mehrjährigen Erfahrungen noch zu glauben wagte, nicht bewältigt werden kann. Wenn der Thesaurus in 67 Jahren, die freilich durch Kriege und Kriegsfolgen gezeichnet sind, die Mitte des Alphabets überschritten, aber noch nicht allzu weit hinter sich gelassen hat, so sollte das modernen Riesenunternehmen zur Warnung vor einem Optimismus dienen, der niemanden mehr erstaunen kann als uns. Auf die Gefahr hin, als banausisch oder allzu skrupulös zu gelten, halten wir uns dem wissenschaftlichen Publikum und unseren Geldgebern gegenüber für verpflichtet, in ständiger Bilanz die bisherige Leistung nachzurechnen und die künftige Leistung abzuschätzen, ohne wider Wahrscheinlichkeit und besseres Wissen mit einem nahen Endtermin zu kokettieren. Eins freilich wollen wir uns nicht nehmen lassen. Ein keineswegs kontemplativer, sondern sehr tatkräftiger Kenner hat es einmal eher stolz als kleinlaut ausgesprochen[24], und meine Ausführungen wollten es unterstreichen: der Wert solcher Arbeit liegt in ihr selbst – sie bleibt Forschung, jeder Schritt führt weiter und vorwärts, unabhängig davon, in welchem Abstand vom Ende er vollzogen wird.

Wenn Sie aus meinen Ausführungen das Fazit ziehen, so mag es Sie überrascht haben, wie sehr mir daran lag, das Prinzip einer gewissen Selbstbescheidung, das unsere großen Archegeten Wölfflin und Diels vertreten haben, als notwendig und richtig zu erweisen, gerade für ein Unternehmen, das zu hoch bewundert wird, um nicht vielleicht dem einen oder anderen unnahbar zu scheinen und ihn befangen zu machen. Ich wollte den Thesaurus nicht nur als lebendiges Wesen erweisen – lebendig wie es sein Gegenstand ist, eine angeblich tote Sprache –, sondern wollte zeigen, daß Humanitas, und das heißt doch: menschliches Wertbewußtsein im Bewußtsein menschlicher Grenzen, auch für den Lexikographen der Boden ist, auf dem allein sein Tun als Wissenschaft gedeihen kann. Denn eine bloße Mittlerrolle genügt nicht, und wird Lexikographie recht gepflegt, so kommen ihre eigenen Kräfte mächtig zur Entfaltung. Wenn der Thesaurus die lateinische Sprache über acht Jahrhunderte verfolgt, so brauchen wir uns nur einen solchen Zeitraum in der eigenen Muttersprache, die wir ein Einzelleben lang in unermüdlicher Wandlung sehen, vorzustellen, um zu erkennen, welche geistige Welt hier durchwandert wird. Kennen wir die Geschichte

---

[24] G. Jachmann in: Arbeitsgemeinschaft für Forschung des Landes Nordrhein-Westfalen / Mitteilungsblatt 3 (1955) 10.

der Wörter, die wir selber sprechen, bis zu Barbarossa zurück, kennen wir die lateinischen Wörter auch nur der Antike? Wer Jahrzehnte am Thesaurus tätig war, erlebt das Entdeckerglück auf gewohnter Reiseroute immer von neuem, an sich und anderen. Ein Lexikograph, der dieses Glück empfindet, wird es auch dem Leser seines Reiseberichts vermitteln wollen und vermitteln können: dem Benützer seines Artikels. Der Artikel soll hart an der Fahrtroute bleiben, Baedeker und Kursbuch zugleich sein, aber auch spannend wie die Odyssee. Man soll ihn nachschlagen, aber man soll ihn auch lesen können. Ich denke, man kann es.